爆发式成长

唤醒你的人生超能力

［瑞典］亨瑞克·费克塞斯（Henrik Fexeus）著　　　　杨清波 译

HOW TO GET
MENTAL SUPERPOWERS

中信出版集团｜北京

图书在版编目（CIP）数据

爆发式成长：唤醒你的人生超能力 /（瑞典）亨瑞克·费克塞斯著；杨清波译. -- 北京：中信出版社，2021.5

书名原文：How to Get Mental Superpowers

ISBN 978-7-5217-3043-2

Ⅰ.①爆… Ⅱ.①亨…②杨… Ⅲ.①成功心理—通俗读物 Ⅳ.①B848.4-49

中国版本图书馆CIP数据核字 (2021) 第060573号

How to Get Mental Superpowers by Henrik Fexeus
Copyright © Henrik Fexeus 2011 by Agreement with Grand Agency, Sweden, and Andrew Nurnberg Associates International Limited, UK.
Simplified Chinese translation copyright © 2021 by CITIC Press Corporation
ALL RIGHTS RESERVED

本书仅限中国大陆地区发行销售

爆发式成长——唤醒你的人生超能力

著　　者：[瑞典] 亨瑞克·费克塞斯
译　　者：杨清波
出版发行：中信出版集团股份有限公司
　　　　　（北京市朝阳区惠新东街甲4号富盛大厦2座　邮编　100029）
承　印　者：天津市仁浩印刷有限公司

开　　本：880mm×1230mm　1/32　　印　张：16.5　　字　数：401千字
版　　次：2021年5月第1版　　　　　印　次：2021年5月第1次印刷
京权图字：01-2020-6265
书　　号：ISBN 978-7-5217-3043-2
定　　价：62.00元

版权所有·侵权必究
如有印刷、装订问题，本公司负责调换。
服务热线：400-600-8099
投稿邮箱：author@citicpub.com

谨以此书
献 给

我的父母英格丽德和拉尔斯，
他们总是放手让我走自己的路。

种一棵树最好的时间是二十年前,其次是现在。

目 录

前言　我为什么写这本书 / V

第 1 章

一切皆有可能
——唤醒你的创造力

你比自己想象的更有创造力　/ 003
恐惧会扼杀创造力　/ 013
寻找自己的心流体验　/ 019
唤醒超级创造力　/ 024
正确使用语言的重要性　/ 032
创造性环境与创造力　/ 036

第 2 章

正确使用大脑，做出更好的决定
——唤醒你的决策力

你认为自己是理性的吗　/ 055
大脑的反应先于你的行动　/ 058
情绪化决策　/ 062
多巴胺的缺点　/ 069
做出理性决策　/ 075
唤醒超级决策力　/ 087

第 3 章

找到生活中的幸福、意义和快乐
——唤醒你的幸福力

幸福并不难 / 101
幸福的要素 / 108
希望与乐观：知道自己能做到 / 117
重构：为大脑提供新视角 / 150
唤醒超级幸福力 / 159
关于幸福的最后总结 / 189

第 4 章

正确利用人际关系和社交网络
——唤醒你的社交力

所有其他人 / 195
人类的社交天性 / 197
信任的力量 / 206
男性与女性 / 214
唤醒超级社交力 / 226
我们对你的看法 / 239

第 5 章

改变你的缺点
——唤醒你的精神力

是时候做出改变了 / 265

唤醒超级精神力 / 267

特殊能力一：摆脱焦虑 / 279

特殊能力二：激励自己，达成目标 / 287

特殊能力三：释放不必要的压力 / 310

实用的思维编程 / 330

第 6 章

那个……
叫什么来着？
——唤醒你的记忆力

永远不再忘事 / 345

你记住了什么 / 352

差一点儿就想起来了 / 356

唤醒超级记忆力 / 365

高深的记忆技巧 / 380

第 7 章

如何快速阅读
——唤醒你的阅读力

所有你希望有时间去做的事情 / 405
如何打开一本书 / 407
唤醒超级阅读力 / 417

第 8 章

看清真相
——唤醒你的判断力

学会判断错误的观点 / 435
什么是正确的，什么是错误的 / 437
与生俱来的错误理解 / 453
有些事情看起来并不偶然 / 457
替代疗法的问题 / 463
关于超自然的一些说法 / 475
会有人未卜先知吗 / 483
理解不可能的巧合 / 493
唤醒超级判断力 / 497

后记 / 501

前言
我为什么写这本书

每一个复杂的问题,
都有一个清晰、简单的答案——错误答案。

——H.L.门肯

欢迎回来

  我们又见面了!对于读过我之前作品的人,我想说:"欢迎回来!"如果你是第一次翻开我的作品,满心欢喜地以为能在里面发现英雄主义的故事或委婉动人的情诗,那我也在此向你表示最热烈的欢迎!

  本书是我早期作品中一些思想的自然延伸,主要涉及《读心》和《影响力法则》这两本书。当然,要想理解本书中的思想,你不需要阅读我的其他作品。本书和我之前所写的其他著作相比存在一个显著的区别:其他作品都是关于你与周围世界的互动——无论是你如何与他人沟通,还是世界如何与你沟通;而本书的内容是关于你与你自己的互动。

  多年来,我一直鼓励大家关注他人,但这一次,你只需关注自己。没错,这就是本书的基本思想。

  因为余生很长,你与自己相处的时间会很多,因此,我希望大家能抓住这次机会,打破僵局,认识自己,与自己握手言欢。

关于自助

我想最好从一开始就交代清楚：这是一本自助读物。希望大家能喜欢这种类型的作品，然而，对我来说，写这样一本明显属于自助类型的书，绝非我的本意。我可能把这一切都搞砸，但我还是想解释一下为什么要写这本书。

在过去的几十年里，自助文化已经发展成为一个庞然大物。有时候，我在想，除足球之外，自助文化是否是我们这个时代的宗教。别误会我，我认为人们希望了解自身的内在机制并改善自己这一想法很好，值得敬佩，值得提倡。我认识几个朋友，他们以当人生顾问和自助读物作家为生，但我从没想过自己也能成为他们中的一员，也从来没有把自己写的书看作自助类书籍。现如今，如果有人想写那种书，都要归功于他们！但在我看来，自助读物领域情况很复杂，理论和专家良莠不齐，很难判断该信任谁，该相信哪种理论。

近年来，心理学和神经科学领域的研究人员开始将目光转向自助顾问数十年来一直在研究的主题——自我提升。因而我们现在第一次有了科学证据，能够证明哪些方法有效，哪些无效，其中大量的新研究是从积极心理学这一学科中产生的。

但除此之外还有许多其他途径。前面提到的门肯的那句话很容易被理解为：没有快速解决问题的办法，即便有人能提出这样的方法也很可能没有抓住问题的本质，或者更糟的是，这个人可能是在行骗。江湖骗子总是无处不在，只要有利可图。但这句话也可以用另一种方式来解读：我们认为复杂的许多问题实际上相当简单——其解决方案也是如此，只是其中一些解决方案与我们过去所学的正好相互矛盾。

根据心理学和神经心理学研究带来的新见解，我决定撰写这本终极自助读物，尽管之前我还心存疑虑。我希望自己写的这本书能运用我们目前所掌握的最前沿的相关知识，全面彻底地阐明哪些方法有效，哪些无效。你可以从中发现一些有效的技术，可以用来从各个方面提升自己，其中包括发掘创造力、训练记忆力、提高幸福体验以及情感决策能力。我不想只是简单地告诉你该怎么做，我还想告诉你这些方法是如何发挥作用的，以及为什么会发挥作用。

如果你能够像本书所写的那样控制自己潜在的思维能力，那你肯定能获得我所说的超能力。

我不认为自己是在吹牛。你将从我这里学到的方法之一是如何训练你的记忆力。我在电视上演示这种方法时，有位参与者认为这太不可靠了，觉得我应该加入马戏团，周游世界展示我的能力。然而，最终你会发现，记忆力训练是本书中传授的最普通的一种超能力，至少从它对你和你的生活产生的潜在影响来讲是这样的。在本书每一章中，我都汇集了当今世界顶级的技术与方法，能够让你真正优化你的超级大脑。

唯一需要你来做的，就是设计你用来打击犯罪的战斗服装。

思维动物

今天，我们可以在瞬间与全球实现沟通。地球另一端发生的事情，三秒钟后，我们就可以在某人的社交媒体上读到。即便在电视上看不到（因为用手机拍摄的视频需要通过电子邮件发送给新闻编辑，再由他们传到自己在全球的服务器上），我们也可以在网上看到，并能够在无数论坛上实时评论正在发生的事情。我们生活在一个即时的、全球化实时通信的时代，电信网络已经成为全人类共同的耳目。如今，我们通过这些网络交流的是什么内容呢？我们交流的是思想，我们个人的想法是当今世界最主要的创造力，我们的思想比以往任何时候都要强大。如果科学技术继续以目前的速度发展，那很难预测其最终结果。[在我写作本书时，人们正在讨论平视显示器（head up display，HUD）隐形眼镜，它可以让你手机或电脑上的文字和图像显示在你的隐形眼镜上，让它们出现在你眼前的半空中。早在本书最初的瑞典语版本交付印刷时，3D电视就试图在市场上打开销路，结果却被更新潮的 iPad 所超越。]

时至今日，人类已不再依赖体力，而是依赖智力与洞察力。（与许多其他动物相比）我们缺乏体力，这在一定程度上促使我们发明了工具，比如自动武器、卡车和奶酪刨丝器等。随便一只普通大小的黑猩猩就能轻而易举地抓起我们的脚后跟，把我们扔到附近的墙上去，而它自己却面不改色。对此，我们不得不想办法进行弥补。

我们人类真正的力量不是体力，而是思维能力。所以，为什么我们不从根本上真正弄清楚这种超级能力并彻底掌握它呢？说到这里，你可能会表示反对，说尽管我们已经进行了几十年的智商测试，但是人类智力中的一些重要方面以前没有得到承认，也没有用智商测试衡量过。心理学研究人员对这些东西也不太感兴趣，因为智商测试中的大部分内容缺乏依据、模棱两可、难以衡量，而且不够科学，比如，其中的情感因素。在人类思维活动中，情感因素的应有地位一直没有得到足够的重视，并且学院派心理学一直在尽可能地回避这个话题。但是，有些人的做法恰恰相反：自助书籍在西方和日本非常流行，这表明许多人渴望改善他们个人的生活。

改善的驱动力

一直以来，个人发展领域对女性具有特别的吸引力。究其原因，这可能是因为女性比男性更能感知自己的情绪状态（这是事实，我们稍后会详细讨论这一点），这使得女性非常重视她们的情绪。这进而又对文学产生了影响，使其将情绪描写主要聚集于女性，因而进一步疏远了男性与情绪之间的联系。如今，男人们常常把情绪之类的事情看成自艾自怜或者无病呻吟。总而言之，情绪方面的事很少以一种对男性和女性都有意义的方式被讨论。我之所以写这本书，也正是想尝试纠正这种错误。

我们今天所掌握的许多知识都依赖于认知心理学领域的进展。认知心理学是第一个真正重视思想、情绪和行为之间密切联系的学科。这些事情对于像你我这样的外行人来说似乎是显而易见的,但在心理学上,它在相当长一段时间内都是一个有争议的话题。认知心理学家认为,如果你认为事情会出问题,你就会感到很焦虑,从而使你在行为上强调自我保护,比如,回避压力。然而,如果你认为一切都会好起来,你就会感到很有信心,从而使你在行为上表现出这种信心,这将反过来帮助你成功完成任务。认知治疗师通过研究我们人类的思维模式和想法,开发了一整套方法来帮助我们改变情绪和行为。

　　鼓励人们做出改变的最成功的方法代表了各种学科中的最佳方法。换句话说,改善只是以一种更有效的方式去做你一直在做的事情。近年来,认知疗法融合了一些来自东方的思想,如正念和冥想。也有很多人对积极心理学产生了兴趣,我之前提到过。然而,研究人员和心理学家有时也会经历失败。就当前的情况来看,这有点儿像从十种不同的食谱中选取你最喜欢的配料来烘焙。有时结果会令人失望(不管椰子巧克力蛋白派比萨一开始听起来多么诱人),有时则让人兴奋不已。通过不断研究和使用这些新的心理学技巧,我们逐渐掌握了什么才是真正有效的方法——以及什么时候最好不加番茄酱。

　　渴望成为更优秀的人、渴望了解自己,是人类根深蒂固的野心。遗憾的是,这种令人钦佩的品质有时也会带来一些其他的遗传特性,比如一厢情愿、自欺欺人,以及对速效策略的过度信任,认为这些快速解决问题的办法能保证自己不费吹灰之力就得到想要的结果。出于这个原因,我在介绍自助技巧的同时,也想谈谈我们对诸如自助宗教之类的东西的非理性信仰,并解释为什么我们如此愿意相信实际上并不起作用的超能力,比如顺势疗法,为什么能轻易相信那些自称能未卜先知的人,以及为什么我们会忍不住要读通俗小报上关于最近流行的极端节食法的报道。迷信并不仅仅与黑猫、仙子和兔脚有关,它在我们思维的各个方面扮演着重要的角色,其中既包括在重要的商业活动中举行的仪式,也包括相信速效自助解决方案。

　　人们在研究如何提高生活质量时,经常发现这样一个思维方面的基本事实：感觉自己能掌控生活的人比感觉无法掌控自己生活的人更成功、更高效、更幸福。因此，我撰写本书的目的就是尽我所能给诸位提供多种方法，帮助大家尽可能掌控自己生活的方方面面。

如果你真能掌握本书中所传授的一项或多项技能，你很快就会意识到本书的书名绝非言过其实的营销伎俩，你会发现自己的确具有超级思维能力。不过，我想澄清的是，这不是一种哲学，也不是一种意识形态，更不是一种宗教，它们只是一些方法技巧，而你可以利用它们让自己的生活变得更轻松。你把事情想得越简单，事情就会变得越简单。这一点不仅对你自己有利，而且在很多情况下，你周围的人也会从中受益。

你的大脑总是处于工作状态，总是在朝着某个方向前进。你要么试着驾驭它朝着你认为合理的方向前进，要么冒脱离正轨的风险。比较理想的办法是控制自己的思想和情绪，更好地利用大脑的能力。为什么不尽量让自己感觉良好一些、开心一些呢？

工作与个人生活

我们在开始了解自己的时候，会选择使用职业之外的术语来定义自己，不再把自己首先看成伐木工、裁缝或财政官员。因为我们知道，人生不仅仅是工作。把生活分成工作和个人生活两个方面是最近才出现的一种创新做法，但人们已经欣然接受这种分法。

我们中的大多数人认为，我们需要一套技能来处理生活中的一种情况（工作），需要另一套完全不同的技能来处理另一种情况（个人生活）。事实并非如此。例如，解决战略问题的突出能力在个人生活中也是一种难能可贵的品质，解决焦虑和情绪压力的能力不但是家庭生活中的重要技能，而且也是工作中必不可少的关键技能。

如果我们感到沮丧，情绪低落，这不仅会对我们处理个人生活的能力产生负面影响，还会影响我们在工作中的效率。如果你对自己和他人都能做到公开、公平，那这对你所有的人际关系都有好处。大家应当明白,问题的关键是,不管你是在工作,还是在处理生活琐事,做这些事的人都是你,你是你所做的一切的根本。这意味着,你思维能力的强弱,对你自己的生活质量和你解决工作问题的能力都是至关重要的。

这一点似乎是显而易见的。然而,如果前往本地的书店,你会注意到心理学图书专柜(比如《更好的自尊》之类的书)和管理学图书专柜(比如《成功人士的思维方式》之类的书)之间隔的距离比较远,仿佛这两种类型的图书属于完全不同的领域。但实际上,从办公室到你家的距离并没有那么远(诸位请理解我这样说的意思,我是从思维角度来讲的——我不想假装知道你早上上班要花多长时间)。你需要同样的方法和手段来让自己感觉良好、做事高效,并感受到生活的意义,无论你此刻身处这两个世界中的哪一个。书店图书专柜的分布有点儿像服装店中的童装区:为了方便顾客,二者都高度依赖性别刻板印象。女人们知道她们应该去心理图书专柜,而男人们则会去商业管理图书专柜,纯粹是为了别出问题。但我认为现在是时候停止区分蓝色和粉色(男人与女人),停止区分行动和情绪了。这种想法源于陈旧的刻板印象,对任何人都没有好处。你在本书中学到的技术将帮助你制定成长策略,不管你想在哪个世界里成长。

关于大脑的常见错误观念

我上中学的时候,有一天被定为禁毒日,在这一天我了解到为什么闻胶水和喝啤酒对我们如此有害——因为我们的脑细胞数量有限,在我们的一生中不会得到补充。与身体中的其他细胞不同,一旦我们进入青春期后期(大约是我们的骨骼停止生长的时候),大脑就不再产生新的脑细胞,那些死亡(比如因闻胶水而死亡)的脑细胞也就永远消失了。

这是20世纪80年代初公认的事实。然而今天,我们知道事情不是这样的。我们的大脑一直在变化,在我们死亡之前能够不断地产生新的脑细胞,不断地在大脑中形成新的结合。今天,我们甚至可以在显微镜下看到不同脑细胞之间的结合。每次学习新事物时，脑细胞之间的结合和网络就会发生改变。这意味着读完本书之后，你大脑的内部结构就会和以前看起来不一样。不管我多么想将此归功于我，这都不是我的功劳（好吧，我还是想说，能够做到这一点，我肯定居功至伟），而是你的生物结构所决定的不可避免的结果。但从根本上说，你的大脑发生的变化取决于你选择从本书中学习的内容。大脑是你自己的，你想怎么做就怎么做。①

随着年龄的增长，大脑会变得僵化，思维会变得缓慢——这种过时的观点现在不再有人支持。如果随着年龄的增长，我们的思维开始变慢，那是由于缺乏刺激，而不是由于衰老本身。不幸的是，许多老年人最终都生活在几乎没有任何有趣的感官刺激的环境中。因此我推测，如果老年人思维缓慢，那是因为他们的大脑没有得到有用信息，没能经常得到锻炼（敬老院中土黄色的墙壁以及墙上挂着的陈年旧画根本不会产生任何感官刺激）。但我们错误地认为衰老与大脑思维迟缓之间存在着某种联系。

相反，如果我们继续使用和挑战我们的大脑，效果会非常显著。就拿任何一个年纪大的人来说，如果他不相信这个关于自身的错误观念，也没有简单地认为自己会随着岁月的流逝而衰老，而是一直保持着活力和好奇心，那结果是不一样的。比如我妻子的祖父，他已经90多岁了，目前正忙着撰写自己的第四部史诗，同时还经常使用社交媒体，发送电子邮件的数量不亚于任何一个20岁的年轻人。现在，他的眼睛基本上什么也看不见了，但这并没能阻止他。他把电脑连到了家中那台48英寸的高清电视上，字号也设得很大，好像是三号字体。

一生保持活跃的人往往也有非常准确的记忆力，他们快速吸收新知识的能力（比如如何使用社交媒体）往往比年轻人强，因为年轻人虽然热情有余但往往经验不足。只要大脑能得到合适的营养和照顾（而且不

---

① 顺便说一句，即使你真能长出新的脑细胞，闻胶水也是个很糟糕的主意。

患上脑部疾病），那大脑的能力就会随着年龄的增长而增强，不会出现衰退迹象。换句话说，不管你的大脑当前的状态如何，只要你选择光明的未来，那你的未来看起来肯定是光明的。

精神力

想象一下，假如你刚在城里吃喝玩乐了一个晚上，喝得酩酊大醉，或者你独自一人在晚上享用了一顿比萨、冰激凌和油炸薯条，结果会怎样呢？度过这样一个放浪形骸的夜晚之后，第二天早晨起来你就会体会到身体和精神健康之间的关系。你既会感觉到精神上的焦虑，也会感受到身体的不适。你头脑中那个自作聪明的声音会耐心地向你解释这是你必须付出的代价。然而，精神和身体之间的关系并不是只有当我们行为不端时才会显露出来。我们在从事比较有益健康的活动时，这一点也会变得十分明显。例如，如果你养成了晨跑的习惯，你就会知道晨跑结束之后，你当天的思维会变得更加清晰。

改善身体健康也会改善精神健康。现在，身体健康已经不是只有我们不舒服的时候（或者刚刚消灭了一整桶冰激凌之后）才会想到的事情。大多数人知道，身体需要不断的保养才能保持良好的状态。①

在过去的几十年里，保持身材的想法已经渗透到我们所有人的意识中。它对你的脑灰质细胞也有好处。正如有帮助改善身体健康的方法一样，也有一些具体的方法可以改善精神状况。你可以利用这些活动和方法让大脑和思维变得更强大、更敏捷、更灵活，而这反过来又可以帮助你在生活中保持巅峰状态，帮助你勇敢面对生活中无可避免的压力和困难。

---

① 虽然你可以通过体育锻炼来改善精神状态，但反之则不成立——训练你的大脑对你的身体形态毫无帮助。仅凭大脑思考，你永远也不会拥有职业冰球明星韦恩·格雷茨基或网坛名将塞雷娜·威廉姆斯那样的体型。尽管实验表明，被提醒每天在工作中消耗多少卡路里的清洁工比没有被提醒的清洁工减去了更多的体重，但我们还没有找到一种可靠的方法，让人们仅通过思考就能塑身。

此外，使用本书提供的方法还可以让你整个人保持完美状态，而不仅仅是你在健身房所保持的那部分。

关于本书

毫无疑问，你已经注意到了，我在最后几页中大量使用了"研究"这个词。我喜欢科学。你将在本书中读到的一些内容对你来说可能只是常识，然而，有些"常识"是正确的，有些是错误的，所以需要进行验证，就像其他心理学理论一样。心理学家之所以会煞费苦心地研究那些在我们其他人看来显而易见的事情，正是因为他们明白不应将与人类的内在机制相关的任何事情视为理所当然。

理论为我们提供了一套适用于我们所做事情的标签，这样我们就可以互相讨论。它也为我们提供了一幅图谱，让我们看清事物之间的联系。实践经验很重要，因为最好的学习方法是去观察和体验抽象信息（你将在本书中读到的内容）对现实的影响。如果这个受到影响的现实恰好是你自己的生活，那就再好不过了。

无论你的目标是希望能在工作中更有创造性，还是仅仅记住驯犬课程上其他参与者的名字，你的成功程度将完全取决于你自己的精神状态，因为正是你的内在思想塑造了你的外在存在。你的情绪状态会影响你对个人经历的反应，以及你从中得到的教训。我写本书的目的之一就是帮助你更好地享受生活，取得更大的成功，不管你个人对成功的定义是什么。我想告诉你如何培养你的内在天赋和潜在的能力，帮助你过上你想要的生活。

然而，我不会告诉你如何生活，因为这取决于你自己。

我将在接下来的章节中提供大量的观点和技巧。它们或多或少都与你和你的日常经历有关，这取决于你的身份。所以，请选择最适合你的内容。我在这里所提供的是自助餐，如果有你第一次没有吃到的东西，欢迎再回来吃第二次或第三次。诸位想必都明白，生活在不断地变化，你的需求也随之变化,因此我甚至还会免费送给大家续杯的咖啡,怎么样?

学以致用

我希望各位读者会觉得本书很有趣,因为我就是这么认为的。本书基于我们对人类大脑的一个最基本的认识:大脑总是可以找到改进的方法。我之所以选择阐述本书中的观点和技巧,是因为它们能够提高你的效率,给你带来巨大的好处。你可能很熟悉其中的一些观点和技巧,但是目前没有正确地使用它们(或者根本没有使用)。如果是这样的话,我希望我能给你一点动力,让你重新开始使用它们。正如影片《终结者2》中所说:"未来不是上天决定的。"相反,未来是令人兴奋的未知领域。因此,没有必要墨守成规,没有必要让过去的事情阻碍你的发展。[①]

就我个人来说,我发自内心地希望你能静下心来,刻苦钻研本书内容,获得超级思维能力。如果我们能实现这一目标,那你就会成为少数精英分子中的一员。自助类书籍如此畅销的原因之一是,人们往往读完一本之后会再买另外一本,而没有去实践他们从第一本书中学到的东西。人们总是希望仅仅通过阅读一本书就能变得更优秀,这种做法肯定是徒劳无功的。

但是,当你真正去实践,成为少数精英分子中的一员时,你不仅会比以前更聪明、更睿智、更高效、更快乐,而且会比大多数人更聪明、更睿智、更高效、更快乐。这将使你完全有能力同我一道打造更美好的世界。

或者,至少你能感觉良好。

---

① 警告:1871年,美国教育部发表了一篇题为"学习与精神错乱的关系"的报告。在该报告中,人们研究了1741个精神错乱的案例,得出的结论是其中205个案例的起因是"过度学习"。一些受过教育的人也说:"身体健康因用脑过度而恶化的情况并不少见。"所以,你可能不想一次持续学习超过一个小时。超级能力固然重要,但我不想因此而受到任何良心谴责!

大家觉得这样挺好吧？既然如此，那就行动起来，准备开始塑造全新的自我！

郑重提示

在诸位开始提升自己所选择的超级能力之前，先给大家一些简单的提示：

全力以赴。如果你想利用本书中的信息并运用其中的方法，那就必须进行练习。那些快速迅捷、毫不费力地解决问题的办法基本上都是骗人的把戏。虽然书中很多方法可以很快学会，但需要你付出更多努力。并不是所有的方法都很费劲，但很多方法需要你全力以赴，投入时间和精力，提高自己的思维能力。没有付出就没有收获——道理就是这么简单！建议大家现在就制订计划，为超级能力训练做好准备。

做好笔记。你可以随手在书的空白处或在纸上做笔记，如果不方便，你甚至可以记到自己手上。记录下训练时你自己的想法和体会，这些笔记将会对你以后的学习大有帮助。

实事求是。我希望本书所阐述的内容能帮助你将自己的能力发挥到极致。但是每个使用这些信息的人都有一套自己独特的知识体系，每个人的能力不尽相同，每个人进步的速度也因人而异。这就使得我们在衡量自己所取得的进步时必须考虑自己以往的实际水平。别人在某方面成功或失败，对你自己的成长没有任何影响。

第 1 章

一切皆有可能
——唤醒你的创造力

世上没有无趣的事物，
有的只是不感兴趣的人。

——切斯特顿勋爵

你比自己想象的更有创造力

关于创造力

假设你正在开会讨论某个问题，只有解决了这个问题之后才能做其他事情。你甚至可能是为了解决这个特殊问题而专门召开这次会议的。会议期间有人发言说："好了，伙计们，现在该是大家发挥创造力的时候了！"结果必然事与愿违：你可能感觉到自己的大脑逐渐趋于停滞，之前所有的想法似乎突然之间都显得不够理想，也提不出合理的建议。此时此刻，你需要创造力，不管这意味着什么。

在电影《金钱帝国》（The Hudsucker Proxy）中，蒂姆·罗宾斯饰演的诺维尔四处游说，试图向他遇到的每一位潜在的金融家推销自己的好点子。但每当他向他们展示他的蓝图时，他们顿时就失去了兴趣：那只不过是一张纸上画的一个圆圈而已。最后，他找到了一个能理解他想法的人，呼啦圈就这样诞生了。这就是创造力！

在你的会议上，你应该怎样做才能取得类似的效果呢？事实上，你可以随时发挥你的创造力。这一章将告诉你如何实现这一点。

创造性思维的能力是贯穿本书的一个反复出现的主题，因此，我选择把整个第 1 章都用来阐述创造性思维这一问题。创造性思维并不意味着你可以自由地联想，直到最终产生了不起的想法。事实恰恰相反：当你富有创造力的时候，你会有意识地控制大脑中思想的形成。无论你是想提高记忆力，还是想改善生活，这种控制对于其他任何一种超级思维训练都是必不可少的。控制思维过程并将其转化为超级能力是一种创造性思维活动，还有什么比从这一点开始更好？

或许你内心对此表示强烈反对，因为你毕竟刚刚入门，根本没有准备好去破解这么大的一个难题，而且创造力这种东西又是如此深奥而难以捉摸，能有一种可靠的方法来衡量它吗？创造力难道不是因人而异的吗？

不要还没有开始尝试就主动放弃。你和西方世界的大多数人一样，都存在这样的误解。如果你能摒弃对蓬头垢面的艺术家或离群索居的小说家（或者呼啦圈的发明者）的所有偏见，那么创造力其实并没有那么难。

人人都有创造力

那么，什么是创造力呢？尽管我们对此都有自己的想法，但我们可能会一致认为我们总体上都喜欢创造性的表达方式。无论是在家里、在学校，还是在工作中，创造力几乎总是受到肯定。我们非常重视创造力，甚至想出各种办法奖励有创造力的人。格莱美奖、艾美奖、托尼奖和奥斯卡奖都是为了向有创造力的人表达我们的感激之情，诺贝尔奖也是如此。人们甚至可能还会对这些天才产生一点儿嫉妒，怀疑他们的创造力是常人无法企及的。

其实，所有人都会时不时地在行动或思想上表现出创造力。你所看到的周围的一切，包括卷筒卫生纸中间的硬纸卷筒，都是创造性努力的结果。尽管创造力看起来似乎是某种神秘的超能力，有些人有而有些人没有，但实际每个人都可以使用这种能力，包括声称自己没有创造力的人。

创造力经常被误认为是艺术天赋或与生俱来的能力，被误认为是具备丰富的想象力（其实"想象力"这个术语和"创造力"一样难以定义）。

然而，你不必非得是艺术家才能具有创造力，使用微软的 Excel 软件也可以体现出你的创造力。

虽然创造潜力因人而异，有些人更容易产生新想法，但我们大多数人比我们自己想象的更有创造力。一般来说，我们往往低估自己拥有的创造力。当人们在调查中被要求对自己的创造力进行排名时，60% 的受访者通常会声称自己的创造力不如普通人。当然，这在统计学上是不可能的。

经典的创造力测试

正如我们试图测试智力一样，人们也试图测试创造力。通常使用的方法是给某人布置一项任务，比如在几分钟内尽可能多地写出一个普通曲别针的用途。大家为什么不亲自尝试一下呢？放下此书，休息两分钟，看看你能想出曲别针的多少不同用途。然后，数一数你想到的例子，把这个数字除以 2。这就是你每分钟发明不同用途的平均速度。我看过有人说，他的平均速度大约是每分钟想出 4 种不同用途。如果能达到一分钟 8 种，那就很多了。每分钟能想出 12 种，那就是非常多了。很显然，每分钟能想出 16 种不同用途的受试者不到千分之一。

这种测试一度非常流行，被用于测试人们在工作中的创造力。然而，正如创意大师托尼·布赞几十年前指出的，这个测试存在一个问题：它的设计不正确。该测试真正测量的是你在单位时间内能够想出的想法的数量，而不是这些想法到底多么有创意。上述测试的结果实际上只表明你可以对"用途"这个词产生多少联想或做出多少解释。从狭义（但比较准确）的角度来说，曲别针是用来别东西或者把东西夹在一起的。基于这种解释，如果有人只能想出几个例子，那也不足为奇。从广义上说（我们姑且称之为从创意上说），对"用途"这个词的解释应当是"与……相结合"，这样就能让我们想出更多的用途。

这就是创造力的真正含义：将两个先前分离的思想结合起来，并利用它们创造出新的事物。正如我前面所提到的，上面的测试并不是测量你的创造力，而是你从"用途"和"曲别针"这两个词汇中得到的联想的数量。下面让我们来真正测试一下你的创造力吧。

超级练习
经典的创造力测试——终极版

我不知道你做前面测试的时候想出了多少种用途，但能想出16种用途的人不到千分之一。就我个人而言，我相信你至少能想出30种（也就是将近两倍）创造性地使用曲别针的方法，只要换一种方法提问：如何将曲别针与其他事物结合起来？

宇宙飞船	杯子	灯
橘子	意大利	酒瓶
镜子	狗	云
盐	桌布	袋子
假期	水	鞋子
女人	报纸	鸡
太阳	西兰花茎	电视节目
树	信封	毛衣
耳朵	智能手机	汽车
轮子	纸牌	椅子

花几分钟浏览一下上面这个列表。我保证你能想出办法，把每一件

东西都和曲别针结合起来，即使是那些一开始看起来不可能的东西。你能不能把曲别针当作锐利的工具使用？能否熔化它？能否改变其形状？能否大量使用？即使你现在已经明白了我的意思，也浏览一下上面的列表吧。我保证你会玩得很开心。

如果你做得如我希望的那样好，并且使用了列表中的所有事物，你也许会对自己感到不满，认为你的许多建议都不太好，其中有些甚至很糟糕。我们认为，创造性思维对于解决某一特定问题一定是或多或少有用的。根据学术界对创造力的定义，只有那种既有独创性（也就是说，以前没人想到过）又有用途的想法才能被称为创造性思维。我怀疑你在刚才做的练习中给出的一些解决方案在现实生活中可能有点儿不切实际——你应该看看我给出的方案！但不管怎么说，这些都不重要，真的。这个测试的目的是告诉你什么是创造力，告诉你创造性思维实际上对你来说是小菜一碟。同时，你还需要记住的一点是，这个测试并不能证明你在其他领域（比如音乐或金融）的创造力，只能证明你多么善于想出创造性地使用办公用品的办法。

创造性思维训练

能够随心所欲地进入创造性思维状态是一种非常强大的超级思维能力。不妨回忆一下过去那些让你陷入困境的会议和情况，当时你无法提出任何新的或有用的想法。想想看，现在你再也不需要经历那种窘境了。

有时候，你必须刺激一下你的创造力，因为我们喜欢墨守成规，思考的总是事物已有的样子，忘记尝试思考事物可能的样子。我们花了太多的时间分析已经存在的东西，从来没有考虑过是否可以把它们塑造成我们喜欢的样子。对很多问题来说，单凭关注你自己的进展、试图消除一切没用的东西、希望下次能做得更好，是解决不了的。我们常常需要开辟新的道路，不断进步。遗憾的是，没人教过我们如何在这一点上做得出彩。在学校教育和社会规则的培养下，结构、数字和逻辑一直是我们的首要焦点，这让我们非常善于评估事物、得出结论。然而，我们却因此丧失了创造性思维的能力。

很多人错误地认为，创造性的解决方案和想法就像闪电一样从天而降。其实，大多数创造性的观点都是在对某个特定问题长期努力钻研之后，一段时间内不再积极尝试解决这一问题，而是在潜意识中不断地进行思考时诞生的。大多数有创造力的人甚至在开始之前就或多或少知道他们的目标是什么，即使他们可能很难描述自己的目标（有时甚至对自己都表达不清楚）。然而，他们对自己想要的结果有一种直觉。从很大程度上来说，创造性工作就是用文字来描述这种直觉，并想出实际的细节。

因此，创造力并不是某些非常聪明的人不需要付出努力就能信手拈来的事物。相反，它是努力工作和天生的创造性思维能力相结合的结果。事实上，创造力甚至与智商高低无关，没有证据表明智商越高，创造力越强。①

真正有益于提高创造力的是练习"发散式"思维——为了能够以新的、有趣的方式组合各种想法，你需要有大量动态的意象、思考和想法，这样它们才能相互碰撞。实际上，本章中所有的练习都是为了帮助你达到这种特定的思维状态。

> 从大脑的角度来看，新想法只不过是在同一时间重新出现的一些旧想法。

变味的奖励

快速扼杀人们（尤其是孩子）创造力的方法就是奖励他们。这对你

---

① 很多人不知道的是，智商测试本身并不是基于科学，而是根据猜测来设计的，以此来衡量学生在课堂上的表现。经典的智商测试没有任何深层次的理论支持，测试的问题仅仅是为了模拟"孩子们在学校做的事情"。记住，下次再听到有人吹嘘他们的智商分数时，要一笑了之，因为这仅仅意味着他们善于完成学校作业而已。

来说可能听起来很奇怪——奖励怎么会产生负面影响呢？但这种特殊现象已经得到了反复的证明。证明过程大致如下：实验人员要求两组孩子用蜡笔在纸上画画。其中一组被告知他们画完后会得到一枚精美的奖牌，而另一组没有任何奖励。几周后，当他们再次被要求用蜡笔在纸上画画时，之前得到过奖牌的孩子花在画画上的时间明显缩短了，而且总体上他们的积极性也低于另一组。心理学家认为，这些孩子内心可能是这样想的："大人往往会在我做了一些自己不想做的事情时奖励我。既然他们奖励我画画，那一定意味着我不喜欢画画。"相反，那些没有得到奖励的孩子却觉得这个任务具有内在价值。

　　奖励本身并没有什么错，错的是我们如何奖励孩子让他们完成无趣的任务——这意味着我们不能再奖励那些有趣的任务（因为单纯提供奖励会将原本有趣的任务贴上无趣的标签）。作为成年人，我们应该更容易看透这一点，但尽管如此，我们仍然会时不时地陷入儿童思维模式的窠臼之中。比如说，如果你开始练习一项运动，那是因为你喜欢这项运动本身，对吧？你练习肯波流空手道的原因是你喜欢这项运动，这意味着你训练的目的应该是进行这项运动，而不是赢得比赛。赢得比赛可能是比较理想的训练结果，但并不是进行训练的首要目标。然而，我们依然发现无数运动员错把金牌当成自己的终极目标，就好像那是他们生命的意义。其实，对他们来说，真正的价值在于享受整个过程，享受骑行或者平行障碍滑雪，否则他们永远不应当开始训练他们所参加的这项竞技运动！

　　奖励不仅会削弱动机，让有趣的任务变得枯燥乏味，它甚至还会干扰枯燥乏味的任务，因为为了奖励而努力会让原本乏味的任务看起来更加无聊。这样一来，任务本身具备的、本来可以缓解其中无趣成分的内在价值（比如打扫房间时发现之前找不到的东西）就消失了，剩下的只有枯燥乏味。

　　不给予奖励（或给予适当的奖励）并不等于不给予关注。如果你想鼓励某人或激发他们的创造力，那就关注他们的工作和付出的努力，告诉他们，他们的付出给你留下了深刻的印象，或者你很高兴看到他们为你布置的任务投入如此多的时间。这种奖励远比任何一枚金牌更有建设性，更有可能激发未来的创造力和兴趣。实际上，这种奖励甚至更有意义。

正视失败

励志顾问史蒂芬·柯维经常讲述他过去每年冬天都去滑雪的事。当时，他练习得很刻苦，努力提高滑雪技术。他知道自己在进步，因为他经常摔倒。对于没有滑过雪的人来说，这可能听起来很奇怪。但是如果你曾经穿过滑雪靴或者用过滑雪板，你就会知道，如果不摔倒，那是因为你没有给自己足够的压力。柯维从18岁开始滑过斜坡时就不再摔倒了，也正是从那时开始，他停止了冒险。他不再考虑如何滑得更出色，只想着避免犯错。尽管柯维现在声称自己仍然滑得相当不错，但他坚称自己从18岁起就再没有进步过。

我的故事与柯维的故事几乎如出一辙。我滑雪和滑板都玩得相当不错，但我已经有很长一段时间没有摔倒过了，也没有受过伤。我年纪大了，胆子小了，滑雪的次数也少了，如今每次滑雪都适可而止。我现在滑得可能还没有我18岁时滑得好。

我希望大家能明白我在这里想要表达的意思：如果我们不偶尔经历一下失败，那就永远不会进步。我们大多数人尽量避免犯错，要么是因为我们害怕自己看起来像个失败者，要么是因为我们太过注重自己的形象。然而，聪明一点儿的话，你就应当知道，失败是学习过程的一部分，也是生活的一部分。

记住，失败本身没有负面影响。这是对待失败的正确态度。失败只是表明结果与你的期望不一致。换句话说，失败实际上代表了重要的反馈，你可以利用这些反馈提高自己、改进方法。如果你富有创造力，那就应当探索未知的领域。这就是为什么你必须学会从错误中吸取经验教训,并利用它们来规划新的行动方向。如果你去了别人从未去过的地方,那你的失败将是能帮助你提高的全部资源。正如布鲁斯·韦恩的管家阿尔弗雷德在《蝙蝠侠:侠影之谜》中所解释的那样:

"先生,我们为什么跌倒?是为了学会自己爬起来。"

超 级 练 习
创造性地解决问题

创造性思维模式非常适合解决问题。然而,创造性地解决问题是一个多阶段的过程。具有创造力并不意味着你马上就能找到解决问题的办法。按照下面列出的步骤去做,你的大脑就会进入解决问题的模式。挑选一个你目前正在努力解决的问题,或者虚构一个有趣的问题,然后按照下面的步骤去做,看看会发生什么。

一定要把下面这个步骤清单应用到你日常生活中遇到的问题上。如果你陷入困境,可以回顾一下这些步骤,看看你是否不小心漏掉了其中某一步:

1. 选定一个你想要解决的问题(最好是你觉得有趣的问题)。
2. 创造一个没有干扰的环境,在这种环境中解决问题。灵感固然重要,但要确保你清楚灵感和干扰之间的区别,否则你最终会分散注意力。
3. 像往常一样,采用你习惯的方法来解决这个问题。连续进行一段时间,不要有任何中断,记录下结果。如此一来,你就对正在解决的问题有了初步的认识。
4. 采用某种比喻、某种形象、某种假想画面,或者某种富有诗意的方式来表达你的问题,以此阐明你所面临的挑战。不要跳过这一步！如果你对自己面临的任务有更深入的直觉性理解，你就能够与自己交流思想，而这一点是以其他方式极难做到的。

5. 培养当前问题所需要的能力。你需要擅长哪些事物？需要复习一下法语吗？需要开始练习某项运动吗？需要学习演奏某种乐器吗？

6. 首先确保你具备所需的知识。如果你不理解所涉及的数学方面的知识，那就无法解决数学问题。你需要参考手册吗？需要参加培训班吗？需要上夜校吗？

7. 对任何事情都不要想当然。在接触任何领域时，一定要表现得好像你对此一无所知。如今大多数应用程序的自动保存功能都源于这种方式：如果你对电脑一窍不通，你就会想当然地认为你在电脑上写的任何东西都会自动储存起来，不需要你自己进行任何操作，因为在其他场合，写下的东西都不会丢失。尽管如此，自动保存功能还是经过了一段时间之后才成为所有应用程序的预期功能。

8. 提出疑问。为什么事情是这样的，而不是那样的？为什么人们总是以同样的方式在做一些事情？是因为这种方式是最佳选择，还是只是习惯问题？

9. 执行任务是因为你想这样做，而不是因为你会得到奖励。确保最终结果是让你自己满意，而不是一味想要超过别人。要根据你自己的目的树立目标，不要根据别人的目的。

10. 当你提出想法和潜在的解决方案时，要勇于承担风险，敢于释放自己的奇特想法，看看它们能把你引向何方。

11. 相信你可以进一步提高自己的创造力。

12. 如果你陷入困境，写下某个问题或潜在解决方案的所有属性，并尝试以新的方式进行组合：删除、替换、更改、重新排序或者调整该问题一个或多个特征，看看会有怎样的结果。

13. 如果你仍然无法解决问题，那就从你的最终目标往回追溯，将其分解成子目标，然后，着手解决子目标，一次解决一个。

14. 把问题放在一边，开始做其他事情或者去看场电影。让这个问题在你的潜意识里酝酿一段时间，等你感觉头脑清醒时再去解决它。

15. 在量上下功夫——一定要进行大量的创造性尝试。最具创造性的解决方案会在你最有效率的时候出现。

恐惧会扼杀创造力

阻碍你前进的想法

恐惧与创造力有关吗？当然。二者是反向相关的：其中一个强，另一个就弱。你还记得诺维尔和他的那张纸吗？他把他的想法展示给他遇到的每一个人，每次都带着同样的热情。事实上，我们经常会反复分析自己的创意，不会轻易把自己的想法写在纸上。我们会克制自己，不会以身犯险（尽管这样才能发挥创造力），因为我们担心自己可能表现不好，甚至失败。对失败的厌恶往往源于恐惧。然而，我们不太清楚为什么自己会害怕失败。我们似乎认为，如果失败了，我们就会不喜欢自己，或许别人也会不喜欢我们。但是，如果我们不去尝试，我们会更不喜欢自己。难道不是这样吗？

如果你仍然感到非常害怕和紧张，我建议你找个孩子聊一下，问问他害怕什么，问问他如何应对恐惧心理。儿童经常遭受最真切的恐惧——他们可能害怕死亡、核战争或隐藏在黑暗角落里的怪物。尽管我不能代表你，但对我来说，对于明天不能给团队做一次精彩报告的恐惧似乎不及被一个真正的怪物吃掉的恐惧。孩子们都能处理好这种事情，你也应该能做到。

写这本书的时候，我正在进行名为"心灵马戏团"的心理实验大型巡演。这种表演难度极大，非常辛苦，因为我要在舞台上独自面对5 800名付费观众，度过漫长的两个半小时，却不知道事情是否会进展顺利。说实话，这种场面颇为可怕，但也极具乐趣。每当有我没有预料到的事情发生时，我都会有新的收获，同时也会改进接下来的表演。尽管我经常冒险，可能在上千人面前出丑，但我不得不说，这与害怕被丑陋的怪物吞噬相比，简直是小巫见大巫。

你可能会反驳说："你说得倒是轻巧。"你可能觉得我显然不知道真正的恐惧是什么意思。既然如此，让我们换一种说法：我承认，我上面所说的"做总比不做好"会让你真切体会到自助类图书那种典型的过度简化模式。所以，让我们再深入一点。有一种理论认为，除非你已经确定了是哪种昆虫入侵你家院子，否则你无法购买合适的驱虫剂。同理，你需要先确定你害怕的是什么东西，然后才能对症下药，消除你的恐惧。有5种恐惧会在你开始行动之前就阻止你前进。在此，我将它们全部列出，同时分别给出解决方法。说实话，解决方法其实都是一样的——勇气。然而，找到你所需的勇气的道路会因你的恐惧而不同。

恐惧一：害怕被嘲笑

这是我们最基本的恐惧之一，从我们很小的时候起就影响着我们。由于害怕成为嘲笑的对象，我们只好伪装起来，不去尝试新事物，以免丢面子。担心别人的想法，会耗尽我们的精力和自尊。

如果你正在与这种恐惧心理斗争，你应该确保你周围都是和你想法相同的人，从中寻找与你有同样追求的合作伙伴。这些人不一定非要与你一起积极解决问题。他们能够支持你去验证你的想法并理解你，这就足够了。如果世界上其他人不理解你在说什么，你可以向这些人寻求力量、安慰和勇气。

你可能还记得，历史上所有的天才一开始都会遭到嘲笑，被称为疯子。只要看看科学家阿尔伯特·爱因斯坦、发明家尼古拉·特斯拉或者宜家家居创始人英格瓦·坎普拉德，你就明白了。当然，人们嘲笑你并不能说明你就是天才，但道理就是这个道理。

恐惧二：害怕失去我们所拥有的

　　这就是为什么我们喜欢谨慎行事、墨守成规，不喜欢惹是生非。你不再是为了赢而比赛，而是为了不输而比赛。你总能找到不错的理由让自己今天不采取行动或不向前迈出一步，但这只会增加你的焦虑感，让你觉得你的日常生活中一定还有更多有意义的事情可做。苹果公司创始人史蒂夫·乔布斯曾被邀请到麻省理工学院2010届毕业班做演讲。他告诉毕业生，他每天都会站在镜子前问自己："假如今天是我生命中的最后一天，我还会去做今天已经计划好的事情吗？"如果答案连续很多天都是"不"，这就表明他已经失去不少机会，必须做出改变。

　　对付这种恐惧的方法就是行动起来，现在就开始，做什么都可以。做什么并不重要，重要的是一定要做，确保自己不再停滞不前。只要你采取行动挑战自己的恐惧心理，那你肯定会发现要做的事情远没有自己担心的那么艰难。一旦开始，你就会产生动力，接下来的障碍都会迎刃而解。

　　正如你可以把大的目标分解成小的子目标（我们将在有关动机的一章更深入地讨论这个问题），大的恐惧也可以分解成小的恐惧，使其一目了然。你真正害怕失去的是什么？列出一份清单，确保你知道清单中每一项的真正含义。然后，采取行动，依次解决每一个问题。即使进步不大，也要表扬自己。

恐惧三：害怕被排斥

　　这是另外一种恐惧，当我们还是孩子的时候，这种恐惧对我们的影响就已深入骨髓。上学之后，其影响更大，我们一眼就可以看出那些被排斥和欺负的人所面临的危险。成年之后，我们对被排斥在圈子之外的恐惧会比以往任何时候都更强烈。人类的进化历史让我们深深明白了一个道理：被排斥的人生存机会很小。所以，我们选择隐藏我们的想法，希望自己不要过于显眼。假如我们保持沉默，做事按部就班，那就不太可能卷入任何纷争，这肯定意味着其他人会继续喜欢我们，对不对？或者至少会接受我们，是不是？当你最终停止尝试任何可能让自己显山露水的事情时，这种恐惧会造成可怕的后果，让你变得冷漠，患上幽闭恐惧症。

如果这听起来跟你的情况很像，那你需要正视这种情况。下面的话听起来会有些老套，但却是有关人类的一个基本真理。试着真正理解和体会它的意思，不要走马观花地看一眼，心想"我知道，我知道"。

你的行为并不代表你的为人。

我知道我们喜欢根据人们的行为来判断他们的为人，但事实并非完全如此。我们要清楚，你的行为是你的个人愿望、个人努力，以及你按照自己的愿望使用自己掌握的方法行动的结果。如果你的想法没有成功，那并不意味着你失败了，而是意味着在这一过程中——从努力程度到知识储备、计划周密程度，再到行动本身——有些地方需要改进，意味着你正在经历一个学习的过程。其他人也明白这一点，除非你自己接受了指责，告诉别人你有多糟糕，这都是你的错，你永远做不好任何事。告诉他们事情的结果不是你所期望的，你会调查失败的原因。你会发现这样做丝毫不会削弱你在团队中的地位，相反，它会巩固你的地位。我们都尊重那些对自己的行为负责并对其展开分析的人，至于这些行为是否产生了预期的结果，并不是最重要的。

重要的是，你要重新开始采取行动。刚开始的时候谨慎一点儿是应该的，不要过早地冒太大的风险。确保你有一个合理的应急预算，并且一定要提前做好计划。一定要采用简单、清晰的想法，一定要稳妥行事。

此外，你还应该制定应急预案，以防事情没能按计划进行。如此一来，你就会树立起勇气和自信，最终可以大步前进。除非你勇于尝试自己目前做不到的事，否则你永远不会成长。

恐惧四：害怕未知事物

许多人认为，在踏上人生的冒险之旅或者开始成功的团体活动之前，他们必须详细计划好每一步。对未知事物的恐惧会让我们变得格外重视安全，而这反过来又会阻挠我们的行动。如果我们总能得到一份详细的流程图，列出我们所做的每件事的开始、中间和结尾，那肯定很方便。但事物的发展并非如此。不安全感是生活的一部分，正是这种不安全感让生活变得精彩刺激！

想象一下，假设你能准确地知道自己的生活会是什么样子：知道什么时候会遇到你的人生伴侣，什么时候你们会闹翻、分手，知道你们会在哪里重归于好，知道你垂暮之年弥留之际电视中会播放什么节目，等等。这听起来像是一场噩梦，对不对？无论如何，你不可能提前知道这些事情。

不管愿意与否，你都得带着不安全感生活。你应该接受这种不安全感，不要试图赶走它。要相信自己有能力适应和处理出现的情况。其实你过去一直在这样做，只不过你没有想过而已。事情的确可能变得一团糟，无论是在你的社交生活中、工作中，还是在其他任何社会环境中。但你对此无能为力，所以也不必想太多。（当然，除非你能主动地处理你所面临的情况。我并不是建议你完全忽略即将发生的事情，但是，你可以采取行动应对那些情况，要么是你已经知道的，要么是你非常有把握预测到的。你的恐惧主要是围绕着未知情况，围绕着那些即使你努力也无法发现或应对的情况。）

如果事情开始让你感到害怕，只要记住过去的事情有多顺利就好了（忽略所有进展不顺的事情）。你以前成功处理过，所以这一次也能做好。

如果你一时难以找到前进的方向，这可能是因为你还没有看清楚。试着换一个不同的角度来看待这件事。想想你尊敬的那些人，想一下：他们在这种情况下会怎么做？你为什么不能像他们那样做，有什么充足的理由吗？这种方法通常可以帮助你理清头绪。

恐惧五：害怕被揭露为骗子

这是所有情绪中最让人崩溃的一种：害怕别人会发现你是一个大骗子，你远没有看起来那么聪明、有创造力、有魅力、富有、勇敢或果断。你知道这种恐惧最显著的特点是什么吗？它实际上是每个人时不时都会经历的。据我所知，至少有一位顶级商业人士曾为此接受过治疗。此人曾常年担任瑞典最大的一家公司的首席执行官，可谓事业有成，大多数人都认为他是一个非常成功的人。然而，他的恐惧根深蒂固，最后不得不寻求帮助。

对此有两种解释：一方面，我们认为别人对我们非常感兴趣，其实不然（人们通常远没有我们想象的那样关注我们，注意我们的能力或弱点）；另一方面，我们偶尔也会自视过低，怀疑自己应对各种情况的能力。这种自我怀疑，再加上认为一直有人关注自己的表现，足以让任何人无法采取行动，不管其本质有多么不合理。

如果这种情况发生在你身上，你所能做的就是继续采取行动，不要理会那个说每个人都能看出你是个骗子、是个傻瓜的小声音。它只不过是噪声而已。

勇气就是尽管有这种噪声的存在，但仍不断采取行动。如果是某个人发出这种声音，你可以完全忽略它。他所做的一切都是出于嫉妒，感觉受到威胁，因为你有勇气采取行动，而他没有。

同时，还要弄清楚哪些是自己的分内之事，哪些不是。如果他人要求你做的事情超出你的能力范围或者你不感兴趣，那最好表明态度，不要勉强答应他们的要求。

回想一下：过去你是否做过你从未想过自己能做的事情，而且最后还做得非常出色？你之前玩过蹦极吗？做过三道菜的晚餐吗？你给同事或同学做过演讲吗？你当时是怎么限制自己的呢？现在又打算怎么做？

顺便问一句：最糟糕的结果可能是什么？你需要对此具有大局观。我的意思是，即便你彻底把事情搞砸了，会要了你的命吗？不会吧？我也认为不会。你最次也能在便利店找到一份工作吧？应该没问题。事实上，生活中很少有事情会因为没有按照你的计划进行而最终要了你的性命。至于其他事情，那就更不值一提了，顶多会让我们对结果感到惭愧而已。我在此想要强调的是，感到惭愧当然不是什么好事，但你一定不能让这种感觉阻止你去做自己真正擅长的事情。

寻找自己的心流体验

全身心投入的美妙感觉

大多数人认为自己的生活会一帆风顺，没人希望经受考验和磨难。然而，在现实中，正是考验和磨难让我们成长为独立的个体。甚至可以说，正是某种刚好适合我们自身能力的挑战让我们达到了一种被称为"心流"的美妙状态。达到这种状态之后，我们就会全身心地投入任务中，表现得坚定果敢，并且完成任务之后会感到十分满足。

从未让我们经历考验的世界听起来单调乏味。大家不妨尝试一下，看看生活在这样一个世界里是什么样子：吃，你只能吃加热即食的冷冻快餐；玩，你只能观看有线电视频道的日间节目。

对这种没有任何挑战的世界，人们不会忍耐太久，因为我们需要考验与挑战。假如你给大脑提供的唯一刺激就是食物或电视节目，你很快就会开始体会到这种生活是多么难熬，因为你的大脑会非常渴望挑战，会接受任何事物。比如，你可能会想："电视剧《百战天龙》和《实习医生风云》是同时上映的吗？我到底要怎样才能弄清楚这件事？"这就解释了为什么那些请了长时间病假的人会一本正经地计划两天后自己和理发师的约定，却不知道如何处理由此带来的真正压力。如果我们缺乏其他挑战，我们就会把必须做的事情变成挑战。

我之所以选择在这里提到心流这一概念，是因为我认为它可以被视为创造力的一个特例。这是一种非常有益的状态，但是达到它需要满足一些要求：你需要面对某个挑战，这个挑战要求你全身心投入，几乎将你的能力发挥到极限。这个挑战或任务也必须是能够完成的，要有一个明确的目标，必须能让你第一时间知道你是离目标越来越近还是越来越远。无论什么时候，你都需要确切地知道自己与目标之间的关系。你还需要全神贯注，这样你就可以将自我意识暂时搁置一边。你需要与你的任务融为一体，就好比是舞者融入了舞蹈，歌手融入了歌曲，鼓手融入了节奏，水手融入了帆船。

当我们处于心流状态时，我们所做的一切都是为了这件事本身。一开始，我们可能还会对任务怀有一些外在的目标（比如赢得奖牌或者给某人留下深刻印象），但进入心流状态后，这些就变成我们最不关心的事了。我们既不会考虑自己在做什么，也不会考虑是否可以用其他方式来做，我们只是一心一意地做。甚至就连我们的时间概念也会发生变化：击打网球的瞬间，我们可以将其作为慢动作来体会；而在读一部经典佳作时，几小时可能过得就像几秒钟一样。此时的你，完全处于一种直觉的状态，与周围的环境融为一体。

你知道你喜欢心流体验

从纯生物学的角度来看，心流意味着大脑中多巴胺的分泌达到峰值。多巴胺（下文中我们还将再次讨论这种物质）是一种帮助我们专注于相关信息的化学物质，能使我们的思维变得更快、更敏捷，但它恰巧也是我们对自己的奖励性毒品。每当我们为自己做的好事感到高兴时，都是因为我们刚刚给自己补充了多巴胺。换句话说，人体构造十分巧妙：随着专注度的增加，多巴胺的分泌也会增加，二者在纯生理层面上，既能使人达到最佳表现，又能唤起积极的情绪。

心流是一种状态，几乎每个人都会时不时地体验到（通常表现得比较温和、比较短暂，被称为"微心流"）。正如我所提到的，当你在做自己力所能及的事情时，或者做得比以前更好时，你更容易进入心流状态。一个明显的例子就是，当两人身体水乳交融时比较容易进入这种状态，就像辣妹组合歌中所唱的："当两人合二为一的时候。"这和其他类似的紧张、兴奋的活动是一样的。

心流的特点是它能让人产生自发的喜悦，甚至是着迷。这种体验如此之美妙，因而它本身就是一种奖励。与自我满足不同，这种感觉并不需要告诉别人我们对自己有多满意，它是一种整体的内部体验。

心流体验比较有趣的一点是，当我们置身其中时，我们会觉得一切都在掌控之下。稍显矛盾的是，此时我们实际上是放弃了同等程度的控制权。由于心流只存在于绝对的当下，因此我们无法再追踪最终的结果，也不知道最终会在哪里结束。然而，一旦进入心流状态，我们就不会再去想这些事。在那一刻，未来对我们来说并不存在。

我们可以在各种活动中体验心流的感觉，尽管一般来说，它仅限于那些我们为自己选择的活动。例如，许多优秀的教师在给学生布置家庭作业时会尽量考虑作业的难易程度和学生的实际能力。但是由于家庭作业是强制的而不是自愿的，因而它很少会给学生带来心流体验。

孩子们其他的日常活动，比如看电视或和朋友出去玩，也不能产生心流体验，因为这些活动没有达到要求。换句话说，这里存在一个悖论：既然我们如此喜欢心流体验，那为什么我们很少参与那些我们知道会产生这种体验的活动呢？为什么我们会选择容易的道路，而不是充满挑战的道路呢？

关于这一悖论，我们可以用大多数人熟悉的一种现象来解释——假心流，或伪心流。电子游戏、真人秀和八卦就是很好的例子。① 这些活动中的某些因素能产生心流体验，比如沉浸与专心，但它们并不是特别具有挑战性。参与这种活动很少或从不会让我们感到充实和满足（也许你在观看电影《美国角斗士》或《墙上的洞》时，会感到满心欢喜，忘记时间，但这种时刻恐怕少之又少）。我们可以轻松地获得假心流体验，这使得它极具诱惑力，但它会分散你的注意力，让你无法追求标准更高但最终更令人满意的真正的心流体验。

心流是对勇敢的回报

心流会使我们对他人对我们的看法不那么敏感。当我们完全沉浸在某种体验中时，这种体验本身会比其他人对我们所做之事的看法有趣得多。再强调一次：当我们面对的挑战和我们克服挑战的能力相匹配时，我们会体验到心流这种感觉。更准确的说法是，当我们对挑战的认识和对我们克服挑战的能力的认识相匹配时，我们会体验到心流这种感觉。这意味着如果你改变自己的观点——无论是对你的个人能力还是对挑战的性质——你就可以改变自己的体验，从而达到心流状态。

也许你已知道，只要你认为"我永远不会成功"，那你永远都不会产生心流体验。但请记住，这只不过是一种想法，你可以随时改变这种想法。也许你要完成的任务最终证明超出了你的能力范围，但是你仍然可以知道自己能做到多好，对吧？要想达到心流状态，你应当这样想："我认为我会成功的——看起来我马上就会成功的，一定会的，肯定会的！"（当然，当你处于心流状态时，你会因为太忙而根本无暇思考这些事情。）

---

① 在我最终成为愤怒的游戏玩家的攻击目标之前，我想首先承认一点：有些视频游戏确实会产生一种类似心流的状态，能够进入这种状态甚至是在游戏中取得好成绩的条件之一。这些游戏大多属于射击类游戏，它们玩法简单，不断重复，并且对快速模式识别和反应时间要求极高。对于这种游戏，有些人喜欢，很多人讨厌，但每个人都无法忽视。

你应当每天至少尝试一次新的冒险,这对你来说具体意味着什么取决于你是谁,你会在本书的练习中找到一些这方面的建议。内在动力会使你表现得更好,会提高你的耐力、你的创造力、你的自尊和幸福感。在开始寻找有意义的挑战时,你最好记住,最佳的体验往往是在你能力的极限边缘处找到的。当你意识到自己突然之间全身心投入挑战时,你就知道你已经达到这种状态。但是要记住一点:过犹不及。

正如心流体验研究者米哈里·契克森米哈赖所说:"最佳时刻通常发生在当一个人的身体或思想被拉伸到极限,心甘情愿地努力完成艰苦卓绝的任务的时候。因此,最佳体验是我们自己创造出来的。"

郑重提示
— 发现心流 —

因为我敢肯定你曾经在某个时刻经历过心流体验,所以我知道你清楚这种体验多么美妙,并且清楚它是如何提升你之后的自我意象的。心流体验非常重要,因此我认为你应该给自己尽可能多的机会去体验它。首先,试着找出那些与你的个人能力相匹配的任务,分析一下你的工作环境,找出那些干扰你工作的因素,比如任务单调,或者挑战太简单或太困难(信不信由你,沃尔沃公司和瑞典警方都曾分析过他们的工作流程,目的是更好地提升员工的心流体验)。把时间花在可以不断取得进步的运动或游戏上,花在你可以很容易就接触到旗鼓相当的对手的地方。

人们通常会在仪式化行为的背景下获得心流体验,这就是为什么它经常出现在涉及唱歌、跳舞和冥想的宗教活动之中。你不需要重生就可以体验到仪式化的心流感觉:你可以上夜校,培养你在舞蹈、音乐、节奏或冥想方面的天赋。无论你决定做什么，一定要坚持每天都做。

你也可以保持对周围世界的好奇心，不断地问问题，时刻渴望学到更多知识，从而获得一种更具思想性的心流体验。一旦你经常挑战自我，你就会更加相信自己有能力战胜挑战。而这反过来也会让你更容易鼓起勇气去产生新的想法。

唤醒超级创造力

时刻保持创造力

到目前为止，你既明白了什么是创造力，也知道了如何避免让那种对不同事物的恐惧阻碍你取得成功（这种恐惧如影随形，但也是人之常情）。因此，现在是时候开始真正发挥创造力了。本章接下来的内容主要包括几种不同的方法，用以优化你刚刚意识到的自己所具备的超级能力。这些方法尽管作用方式不同，但都很有效，所以你应该找到最适合你自己的方法。如果你能经常使用这些方法，那么在你读完本书之前，你就会产生新的、令人兴奋的、奇特的、有用的想法。

至于创造力的极限是什么，目前尚没有一个令人满意的答案。创造力似乎和其他能力一样：每个人都有自己独特的天赋。例如，只有少数几个人能在奥运会上获得手枪射击的金牌。但是，通过练习，我们所有人都能够比以前有所提高，击中目标的次数会更多，距离靶心会更近。

郑重提示
—— 让别人为你创造 ——

当你陷入困境，或者只是想找点乐子的时候，你可以利用下面这个经典的实用技巧来找到颇具创意的解决方案：想一想其他人会如何解决这个问题。

> 汤姆·克鲁斯会怎么做？
> 甘地会怎么做？
> 布偶明星青蛙克米特会怎么做？
> 奥巴马会怎么做？
> 我钦佩的那个人会怎么做？
> 精通此道的人会怎么做？
> 他们将如何处理这个问题？
> 他们会做什么？
> 他们会给出什么建议？

每个人都有自己独特的个性，这赋予了他们解决问题的独特视角。就我个人而言，我喜欢像银幕角色威利·旺卡那样做事。

不要让好主意白白浪费掉

我敢打赌，下面这种情况在你身上肯定发生过很多次（在我身上一直发生）：当你在超市收银台前排队、早上刷牙或者去厨房的时候，一个想法突然出现在你的脑海里。这个想法也许是某个问题的解决方案的一部分，也许与你意识到需要向朋友请教的事情有关，或者是对家中挂画最佳位置的看法。不管这个想法是什么，它都是一个好主意，所以你对自己说："我必须记住它！"

假如你正着手进行的项目或任务比较艰巨，你可能会在一天中多次产生同样的想法："没错！就是它！我必须记住这一点！"但是，如果你不能立即把这个计划转变成行动——也就是说，不能立即着手解决这个问题，打电话向朋友请教，或者找来锤头和钉子——那必然会出现下面这两种情况中的一种：你要么继续漫无目的地瞎想，试图抓住脑海中出现的所有想法，留住它们，直到需要用到它们的那一刻；要么相信这个想法会在适当的时候再次回到你的大脑中。

如果你属于第一种情况，那你的大脑很快就会装不下，因为一天之中你还需要记住一大堆其他事物，比如，打一个重要的电话，在回家的路上去趟图书馆，土豆是煮了15分钟还是25分钟。通常情况下，这会让你担心忘记你需要记住的东西。当有人要求你记住另一件你需要做的事情时，你会叹口气说："我现在要做的事情太多了。"

相反，如果你属于第二种情况，相信这个想法会再次自动回到你的大脑中，那肯定会经常出现这种状况：当你想使用你的那个想法时，却发现根本想不起来了。你会安慰自己说："真是的！我本该那样做的！好吧，下次一定记住。"但等到了下次，十有八九你还是记不住。

有很多方法可以确保你记住一些东西，而不需要把它们全都记在脑子里。例如，你可以将其写在便利贴上并贴在冰箱上，或者记在电脑或智能手机中。但这里的问题是，当你想要记住自己想到的某件事情时，身边可能没有笔记本或电脑。再者，你还需要在你的想法再次消失之前，迅速地将其记录下来（我发现有时候我们的想法稍纵即逝）。有时，技术也会妨碍我们记录，比如：你正准备记下一些东西时，忽然发现邮箱里有5封未读电子邮件，因而无法抽身；或者你可能会忙于纠正你在智能手机拼写检查程序中发现的拼写错误。当这一切发生的时候，你忘记了自己刚开始想要记下的内容。所以，我建议你采用下面这种简单的、技术含量低的方法。我自己就使用这种方法，尤其是当我手头同时进行很多事情、大脑需要快速转动的时候。

首先，去办公用品店买一些记号笔。一定要找一支你觉得写起来又容易又舒服的笔，笔尖稍宽一点的也不错，比如荧光笔，确保你写的东西能看清楚（同时一定确保你的字迹足够大）。另外，再买一叠索引卡片，就是普通的那种厚纸板，可以是有格的，也可以是空白的（我更喜欢空白的），长12厘米，宽8厘米。

接下来，你需要在你可能经常去的每个地方都放一些这种卡片和一支笔，比如，你的办公室，你家的客厅、厨房，你的床头柜上（这里一定要放），你的书桌上，你的口袋或钱包里，等等。

这样一来，无论你在哪里，当你突然产生某种想法的时候，你一定能够把它写下来。如果你正在厨房搅拌白汁调味酱，突然意识到忘了填写孩子学校发的活动授权表，或者动作冒险游戏《战神3》中打败终极boss的秘密是什么，都没有关系。纸和笔就在你身边，你可以把你的想法写下来，把卡片放回原处，然后不要再去想它。这种方法的美妙之处在于：你再也不需要在脑子里时刻记着这些东西了！用科技潮人的话来说就是，你运行的是一系列外部存储单元，而不是你自己的工作内存。不要舍不得那几张索引卡片，不要因为客厅里已经放了一些卡片就不在厨房里放了，毕竟从厨房到客厅也就几步远的距离。这样做其实还是挺危险的，因为等你做完白汁调味酱，弄好千层面，把它放进烤箱，然后再回到客厅的时候，你可能已经把自己刚才产生的重要想法忘得一干二净。

你会发现，这也是一个可以用来捕捉所有转瞬即逝的想法的绝佳手段。所有那些"假如"和"或许"之类的想法似乎总是来去匆匆，还没等我们认真考虑就消失得无影无踪。如果你能马上把它们记到口袋里装的纸条上，你很快就会意识到，你在出门买牛奶的时候想到了很多好主意。

每天晚上，在家里四处转转，把所有你写过东西的卡片收集起来，将上面的内容进行分类：哪些事情应该马上去做，哪些可以稍后再做，哪些想法需要进一步斟酌之后再做决定。或者，你可以将其分成"孩子"、"个人"、"工作"和"未来计划"这样几类。无论你选择如何处理这些卡片，你都可以把当天所有的重要想法集中起来，一个也不会忘记。

当我同时忙于多件事情时，这种方法不止一次地帮助了我。我的脑子里一直在转各种想法，突然之间，与眼前的事情完全无关的某个想法冒了出来。我立即把这个想法写下来，然后暂时搁置一边，避免大脑因需要记住的东西太多而过于紧张。这样一来，我心里就会想："我现在不需要为此担心，等我需要的时候再回去看看记录就可以了。"这种方法可以让我的大脑得到彻底解放，因此我建议你也这样做。

先睡一觉再说？不行，必须马上行动

你是否曾经在即将入睡的时候突然想出一个好主意？然后，你心里想："我明天就开始做！"第二天早上醒来后你还记得昨晚怎么想的吗？我认为你是记不住的。

这就是为什么一定要在床边放一叠索引卡片，因为我们很多绝妙的主意是在睡前想到的。把笔和纸放在身边，你可以确保当时就能把它们记下来，而不是等到第二天早上——到那时你可能会忘得一干二净。你甚至不需要开灯，只需要摸黑写下来就可以。只要你的字不是特别糟糕，你做的标记就足以让你在看到它们时想起自己当时想写什么。

除能在事后提醒你之外，入睡前写下你的想法还有另外一个原因：你在接近睡眠状态下的想法往往特别有创意。历史上许多思想家都刻意寻求这种半睡眠状态，以求激发出新的、令人兴奋的想法。据说画家萨尔瓦多·达利和发明家托马斯·爱迪生在这方面都获益匪浅。他们采取了差不多同样的方式：他们会在自己最喜欢的扶手椅上闭目休息一会儿，但又确保自己在即将睡着的那一刻醒来。爱迪生手里拿着钢制轴承，只要手一放松，轴承就会碰到金属板上，发出很大的声响。达利则拿着一把勺子，只要他一睡着，勺子就会掉下来，把他吵醒。这些噪声一把他们吵醒，他们就立刻把自己的想法记录下来。

在你即将入睡时，你的大脑开始关闭外部感官输入，转而专注内部信息处理。在这种半睡眠状态中，在半睡半醒之间，你不再记录外部的感官数据，但你对自己的想法仍然有意识。此时此刻，你开始产生幻觉，开始做梦，尽管你感觉自己是醒着的。我猜这种体验对你来说并不陌生。

你的外部参照系统消失，这也会对你的内部参照系统产生巨大的影响。以前可能完全分离的想法开始融合，形成全新的联系——这是创意过程的初步阶段——其中一些新的联系可能正是你解决问题所需要的！

除了半梦半醒、接近梦乡，还有更多的因素会帮助你发挥创造力——平躺也有助于激发你的创造力。有项研究表明，存在于我们大脑中的一种化学物质去甲肾上腺素会抑制创造性思维。去甲肾上腺素有时有助于提高脉搏，促进全身血液流动。我们站立时，重力会对我们上身的血液产生拉力，我们需要保持一定的血压以确保大脑的血液供应，这时我们体内会产生更多的去甲肾上腺素。如果我们躺平，身体受到的地心引力就会变均衡，产生的去甲肾上腺素也因此减少。如果较高水平的去甲肾上腺素抑制了创造性思维，那么我们有理由认为，较低水平的去甲肾上腺素可能会促进这一过程。

所以，躺下来试试吧！它可能会帮助你找到你正在寻找的想法或解决方案。

超 级 练 习
做专业人士做的事

就像达利和爱迪生所做的那样，你也可以轻易利用这种认知混乱的幻觉状态来产生新的、有趣的想法。你可以这样做：

确保手边有笔和纸。
躺下，或者坐下来。保证姿势舒服。
将一只胳膊肘放在一个平面上，前臂笔直向上，手掌放松。
思考一个你想解决的问题。

一边思考这个问题，一边开始入睡。

如果你过于放松，手臂就会歪斜，这会把你弄醒。

写下你刚要开始入睡时心中想到的所有创造性想法。如果你还是觉得似睡非睡，那就再试一次。

创造性的输出需要创造性的输入

你有没有过这样的经历：坐在一间陈设完美、整齐干净的房间里，试图想出一个自己之前从未有过的主意？也许这是一次工作中的头脑风暴，大家都试图在全新的会议室里为公司提出新的价值主张。一切准备就绪，一块白板擦得干干净净，桌上几瓶矿泉水摆放得整整齐齐。或者，你和你的另一半正在厨房里计划你们的假期，厨房看起来与以往没有任何不同。你们今年很想想出与以往不同的度假计划，但最终想到的还是老一套。

到底是谁认为，只有当我们周围除自己的想法之外再没有其他刺激的时候，我们才能想出最好的主意？这种观点很糟糕，而且也是错误的。实际上，你应该把主意想成雪花或雨滴——只有空气中有凝结核的时候才能形成雪花或雨滴。你需要一个核心、一个中心、一粒种子。如果你一开始没有想法，那最终也不会有想法。你需要某种输入性的刺激，需要由图像、声音和体验组成的无序混乱的、意想不到的信息。最好是从其他地方获取信息，而不是从你习以为常的那些地方，因为那些地方你已经挖掘过了，对吧？我们都有既定的模式和惯例，当需要创新的时候，我们会默认遵循这些模式和惯例。这样的习惯是有用的，但有时候我们会被它们束缚住。下面是一些打破束缚的方法：

- 浏览广告柱上五张模糊的广告海报（如果海报上标有网址，

查看一下）。

- 倒着读广告。
- 从你路过的每家商店的名字里取一个字母，直到组成一个新单词。
- 把电视打开10秒钟，然后关掉。或者，换个频道，然后再换一次。
- 随便翻开一本书，读完一整页。
- 买一本你平常根本不看的杂志，从头到尾读一遍。
- 买一本你看着却抽不出时间看的杂志，读完其中一篇文章。
- 读一首歌的歌词，想一下它想表达什么意思。
- 找个你不认识的人聊聊天。

无论你选择做什么，其目的都不是让你被动地接触你所获得的信息。无论这一信息看起来多么荒谬或多么没有意义，都不要跳过它去寻找更好的内容。要知道，如果你那样做了，你就有可能马上开始寻找与你惯有的思维相匹配的信息。不要那样做，而要根据你接收到的信息让自己展开自由联想。它让你想到了什么呢？试着把它和你正在做的项目联系起来，或者与任何需要你拿出创造力的事情联系起来。即便你能找到的唯一的联系看起来很荒谬，也不要担心，还是要遵循这种思路。也许在你永远也想不到的地方，这种做法就会让你有所收获，并最终想出一个绝妙的主意。

郑重提示
— 多观察 —

激发创造力的一个简单方法就是经常对你周围的一切事物提出疑问。当然，不要满世界嚷嚷，因为那会使你成为一个令人难以忍受的讨厌鬼，在心中默默地问自己就可以了。花一两分钟的时间，针对你所看到的一切事物问自己一些问题，并想出合理的答案：

- 他为什么穿那套衣服？
- 为什么她的眼镜特别红？
- 为什么沥青是黑色的？
- 他们为什么选择那种字体？
- 他们要去哪里？
- 为什么井盖是圆的而不是方的？

这种方法可以提供三个方面的训练：观察、透过现象看本质，以及迅速对问题给出不同寻常的回答。如果你有志成为一个更具创造力的思考者和问题解决者，那么精通这种方法可以让你受益无穷。

（顺便说一下，上面列出的最后一个问题的答案符合常理，并且实用。你能想明白其中的道理吗？）

正确使用语言的重要性

你的语言控制你的思维

我们几乎总是使用明喻、隐喻和类比等手法来描述事物。每次你把一件事比作另一件事，那就是在使用隐喻。当我们说某个人注意力不集中，说此人"思想开小差"时，我们采用的就是隐喻。我们可以利用这种语言现象来促进创造性思维，从新的角度看待事物。

其中一个较好的方法是"认知融合"，也就是把一个想法的某些方面应用到另一个想法上。简单的做法就是从类比开始。通过将一个特定的意念结构应用到另一个完全不同的意念结构上，你可以想出新的、具有创造性的解决方案。

让我们举一个例子：假设你正在做一个项目，比如产品发布、机构重组或者学校作业。你可以把这个项目比作一个故事，例如：

> 这个项目中的主角是谁（或是什么事物）？
> 需要克服的障碍是什么？
> 其中的反派人物是谁？
> 怎样才能得到一个圆满的结局？圆满的结局包括哪些方面？

通过比较，你可以开阔视野，发现过去忽略的事情，或者用新的眼光看待它们。也许你从来没有意识到某人是这个项目的主角，直到你开始把该项目当作一个故事。或者，也许你可以把这个项目比作一场嘉年华？

> 什么相当于入场费？
> 其中哪些游乐设施可以吸引游客，哪些可以赚大钱？
> 什么是棉花糖和气球（附加销售）？
> 谁来操作这些游乐设施？
> 谁负责检票？
> 如何解决好这一主题公园的所有问题，然后开始下一个项目？

在把这个项目比作一次嘉年华之前，你可能从来没有想过，你在新组织或新项目中的工作最终会成为一种通用的工作方法，可以应用到未来其他项目中。

现在，你可能会想，我花了很多心思才想出这两个适用于项目的不错的类比。其实并非如此，我只是随手采用了脑子里出现的前两个比喻。

当然，某些类比会比其他类比更好、更有用。但是，如果你想用这种方式来唤醒你的创造力，一定不要花太多时间寻找一个合适的类比。如果你这样做了，你最终决定采用的比喻在结构上与你已有的想法会过于相似。关键是采用其他的比喻，采用意想不到的事物，以此引导你进入新的创造性思路。因此，早期阶段自然产生的比喻非常珍贵。经过一段时间之后，你就会开始注意到哪些类比对你有效，你以后可以一直使用它们。

当你决定进行类比时，我强烈建议使用结构化的方法。将进行比较的各个方面写在表格中，其中比喻写在表格右侧，问题对应的各个方面写在表格左侧。如果你想到的某个比喻没有提供任何明显的切入点，不要放弃。当然，如果某个比喻不是很合适，也不要强行为之。但是，当你不能马上弄清楚反派人物或棉花糖所对应的事物时，也就是你开启创造性思维的时候，是乐趣开始的时候。

注意隐藏的价值

这也意味着你需要谨慎对待你所做的类比。正如我所提到的，类比会为你的思想提供一个框架，从整体上影响你对待自己想法的态度。然而，这一框架的构成以及比喻的含义都是主观的，不同的人会有不同的理解。你要避免让你产生消极想法的类比，因为这些消极想法最终会变回你最初的想法，丝毫不具有创造性。所以说，尽管有些框架可能比其他框架更适合你，但有些框架实际上可能是有害的。

我在说类比能影响我们的思想时，我是认真的，这种影响是非常具体的。大约 2400 年前，柏拉图把思维描绘成一辆由两匹马拉着的战车：其中一匹马是明智的、合乎逻辑的、理性的（这匹马更适合担当主要责任），而另一匹马是不守规矩的、狂野的、情绪化的（这匹马需要受到约束）。虽然他用的是一个比喻，但他对情感与理性所做的划分产生了巨大的影响，并成为西方文明的基础，影响了许多伟大的思想家，如奥维德、笛卡儿、培根、杰斐逊和康德，一直到弗洛伊德。在柏拉图做出最初的比较 2300 年后，弗洛伊德仍然在谈论这两匹马。唯一不同的是，他将马称为我们的"本我"，也就是我们的激情与情感，将骑手称为我们的"自我"，也就是理性的自己。

直到科技进步给我们带来了计算机，柏拉图的类比才终于换了一个新的说法：现在，我们开始认为大脑就像是一台计算机，我们的思想就是计算机程序。这一比喻较以往略有改进，因为它帮助我们创造性地思考问题，发展人工智能（假如我们还在使用马车那个比喻，这种情况是绝对不会发生的）。然而，将大脑比作计算机有一个巨大的缺陷：计算机没有情感。所以，我们决策过程中的相关部分被认为是绝对理性的，就像计算机程序一样。情感无法融入组成程序代码的逻辑单元中，因此它们从来没有被包含在内。①

日常生活

从更广泛的意义上说，这种关于隐喻的观点也适用于纯粹的情感层面，以及生活哲学层面。虽然你的确可以把你的生活比作监狱，并为看守你的狱卒和你剩下的刑期都找到相应的类比对象，但如果你决定把你的生活比作一场聚会，那可能会产生一种更好的精神状态。你可以通过语言的变化来创建自己人生的真相。既然一切都取决于解释，那么决定杯子是半满还是半空的人就是你自己。人生在世多磨难？还是人生多乐事？语言能对我们的思想产生一种神奇的影响。你选择什么，结果就是什么。

---

① 值得指出的是，后来，麻省理工学院杰出的思想家、人工智能的先驱马文·明斯基等人做出了非凡的努力，试图用逻辑单元来描述情感。

创造性环境与创造力

利用周围的一切

当你需要创造性地思考问题时，你可以利用身边的任何东西。既然某个东西就在你身边，你不妨用它来激发灵感，让自己进入新的精神状态或者找到触发新想法的新视角。下面的提示都是关于如何做到这一点的。

多思考

如今，冥想作为一种寻找生活平衡的方式，比以往任何时候都更受欢迎。这在很大程度上是因为研究人员第一次成功地使用科学方法评估了冥想的效果，并确定它的确有效。不过，接下来我要建议的不是冥想——确切地说几乎与冥想相反。我提到冥想只是为了不让你把它和这个方法弄混，因为至少从表面上看，二者似乎非常相似。

不管你的生活压力有多大，我敢肯定你的空闲时间肯定是充裕的。每天早上等车的那 5 分钟，骑自行车去上班的那 15 分钟，每天走过地下通道的那段无聊的时间，等等。现代技术给了我们一种方法来填补所有这些空闲时间，这意味着我们并没有真正注意到它们。我们用这些时间来发短信、打电话、玩游戏或者听音乐，偶尔，我们可能会读书或看杂志。这些通常都是毫无目的的活动，但总比什么都不做要好。这听起来熟悉吗？

然而，这些时间也是处理问题的绝佳机会。此刻我并不是建议你去想那些困扰你的事情，比如："他到底是什么意思？"我不是在讨论那种问题。我也不是建议你应该做白日梦，那会让你变得没有条理，并没有什么益处。我的建议是，用你坐车或等朋友的那 10 分钟时间进行一些有建设性的思考。关掉音乐播放器，把你的思想转向内心，选择一个需要解决的具体问题，在头脑中反复思考，看看是否有你没有考虑过的角度。趁现在没有别的干扰，可能思考起来更容易。一定要严格要求，引导自己的思想，如果你发现你的思维开始飘忽不定，一定要重新回到问题中来。

就我个人而言，我觉得如果耳朵里放着音乐，脑子里天马行空般地任意驰骋，那是非常放松的。坐地铁的时候，我经常这么做。不过，我也知道，如果我有重要的事情要考虑，不放松自己是十分有效的。我经常利用散步或者乘坐地铁的时间，让自己集中注意力，专心思考问题。

我们每时每刻都会收到海量信息的轰炸，常常不得不同时思考几件事情，以至于能够不受干扰地专注于一件事情已经变成一种奢侈。即使我们在解决问题或需要创造力的时候，我们往往也会同时做许多其他事情。当你没有做任何一会儿也能做的事情时（那条短信可以等15分钟之后再发），日程表上的这些小空档是你冥想或集中注意力的宝贵机会。

郑重提示
— 以音乐为抓手 —

许多人，包括我自己，喜欢一边工作一边听音乐。这样做的好处是不仅能得到放松，而且还可以用音乐来激发你的创造力。或者，它能帮你进入你所需要的那种精神状态。你可以这样做：首先，选择你想用来帮助你进入创造性状态的音乐。不要挑选你最喜欢的新专辑。你寻找的音乐应当是那种只有在需要创造力的时候才会听的音乐，最好是选择器乐。众所周知，当我们听到唱歌或说话的声音时，大脑的语言中枢就会被激活，你需要大脑的这部分来解决复杂的问题。顺便说一下，这也解释了为什么在输入你记不太清的门禁密码之前，你会关掉音乐播放器，以及为什么当你需要努力思考该走哪条路才能到达你想去的地方时,你会关掉车载电台。

其次,考虑一下你需要多少音乐。时长5小时的播放列表可能有点儿过了,因为我们的目的是让你在某个特定的创意阶段听完大部分音乐。时长5分钟的音乐也不行,因为时间可能不够,而且你也不想重复播放太多遍。人的大脑保持专注的周期大约是90分钟(我们稍后再回来讨论这个问题),所以我建议采用接近这个时长的音乐播放列表(如果你喜欢在中间短暂休息之后继续思考问题,可以将这个时长增加一倍)。把选择好的曲目在手机上设置好,你就可以开始工作了。

然后,在音乐和所需的精神状态之间建立一种思维上的联系。假设你希望能够快速进入高效解决问题的状态,当你第一次听音乐的时候,你就一边听一边解决有把握的问题。这时,你已经对解决方案有清晰的认识,只需要付诸行动。在这种情况下听的音乐,将成为你以潜意识解决问题的状态的背景音乐(它不同于你面对过于困难的问题处处碰壁时的背景音乐)。

这样做了几次后,你就可以开始通过使用你选择的音乐,引导自己进入所需的精神状态。下次当你需要做一些创造性的工作或遇到棘手的问题时,听一听你的播放列表,快速唤醒用于解决问题的神经网络。

改变自己周围的环境

我曾经写过关于颜色、形状和环境如何影响情绪和思想的文章(也曾在我的电视节目《心智风暴》中演示过这方面的内容)。在几项研究中,一些专家学者研究了我们周围环境中的各个方面是否可能有利于创造性思维,或是抑制创造性思维。结果都是一样的:你周围的事物能对你的思想产生影响。

以下是一些研究结果：试卷上名字被印成绿色的学生的成绩要好于名字被印成红色的学生。经典的色彩理论认为，绿色能让人产生创造性自由联想（所以才有"一路绿灯"的说法），而红色则表示缺乏许可、立即停止工作（因此才有"红灯禁行"的说法）。

如果房间内挂着一幅抽象绘画作品，画中有11个绿色十字架和1个黄色十字架，那么看到这幅画的人要比看到另一幅12个十字架全是绿色的画的人更容易摆脱既定的思维模式，能更好地完成任务。其原因在于，黄色的十字架与绿色的十字架相结合，能更好地激发创造力，让我们产生足够的、有利于我们的潜意识联想，从而影响我们对某一特定任务的思考。

你可能还想知道，那些被要求想到"朋克"的人会比那些被要求想到"工程师"的人想出更有创造性的解决方案，因为朋克一直给人一种刻板印象，被认为比较叛逆，总是特立独行；而工程师则被刻板地认为过于迂腐，做什么事情都喜欢照本宣科。

上面讲的这些都是其他人，现在，轮到你了。想想你自己周围的环境。你的墙上有什么？你周围是什么颜色？你听什么样的音乐？任何印象都会给你的潜意识带来一套独特的联想。如果你想更轻松地进行创造性思考，那就应该确保你周围的事物能帮助你做到这一点！

（这里需要简单地提醒一下：如果你的墙上贴满像阿尔伯特·爱因斯坦或列奥纳多·达·芬奇这样的人的画像，那么，似乎会产生相反的效果。如果此人太过伟大，我们自己往往会受到限制，思维会受到禁锢，无法变得具有创造力。）

郑重提示
— 放心大胆地嚼口香糖 —

当我小的时候，我父母认为口香糖是有史以来最糟糕的一种糖果。我母亲解释说:"这样咀嚼口香糖,就是在欺骗你的胃,让它以为食物马上就会到达,因而开始分泌胃酸,准备分解食物。结果却什么也没有等来,胃酸就会变得很浓烈,结果就会造成消化不良。"[1]

我不知道我母亲说的是真是假,但我终于有了一个嚼口香糖的好理由:虽然还不完全清楚为什么会这样,但似乎嚼口香糖和增强思维能力(尤其是记忆力)之间存在某种联系。其中一种解释与我母亲曾经告诉我的有着惊人的吻合:咀嚼的动作会导致身体分泌更多的胰岛素,为可能出现的食物做准备,这反过来又促进了体内葡萄糖的吸收(它可能来自口香糖,也可能来自你吃的其他东西)。葡萄糖是糖,也就是高能养料,如果大脑中忽然有了更多可用的葡萄糖,那也就有了更多用于认知功能的能量。

此外,还有一种解释称,咀嚼能提高身体的活动水平,稍微提高身体的警觉性,帮助你更清晰地思考问题。

不管事情的真相是什么,你都可以通过嚼口香糖来提高你的智力,为下一次考试做准备(我推荐大红牌口香糖)。如果有人问的话,让他们查看研究结果就可以了。

---

[1] 20世纪70年代末80年代初给人的感觉是大量头条新闻都在报道可能对儿童造成危险的各种事物。我当时知道了这样几件事:一定要把锋利的刀具尖头朝下放在洗碗机里,因为据说美国有个孩子摔倒在洗碗机上,被刀刺死了;蛋壳也能导致致命的危险。做煎饼面糊或者吃煮蛋时你必须格外小心,因为即使最小的蛋壳碎片到了喉咙里,也好比是吞下了一块玻璃碎片,喉咙马上就会被划破。我认为我的父母同其他父母一样,也比较担忧这些事情。这是因为几十年前,我们中的大多数人更容易不加批判地接受小报提供给我们的"信息"——当然可能也是出于善意。而今天,我们更容易看穿各种小道消息……你同意我的观点吗?

快乐起来,玩得开心点

毫无疑问,你已经注意到,当你心情好的时候,你更容易找到解决问题的方法,无论是个人问题还是专业问题。所以说,好心情有助于提高灵活思考问题的能力和思考复杂问题的能力。你玩得越开心,你的大脑就会运转得越好。笑声和高昂的情绪似乎能帮助我们展开思维,进行更自由的联想,从而帮助我们发现那些我们可能错过的联系。这很重要,不仅在创造力方面,而且在感知复杂的关系和预测各种行为的后果方面也是如此。这也意味着你可以通过给朋友讲笑话来帮助他想出一些好主意。对于需要创造性解决方案的问题,开怀大笑是最好的方法。研究人员在一项研究中发现,在挑战之前刚刚看了一段滑稽视频的人比在挑战之前没有享乐的人更善于解决经典的创意难题。

为什么不试一试呢?以下是他们在研究中使用的测试方法:

给你一支蜡烛、一些火柴和一盒图钉(如图1-1所示),你的任务是把蜡烛固定在墙上的软木板上,这样蜡烛燃烧时蜡油就不会滴到地板上。你会怎么做呢?仔细想一想。

图 1-1

我猜你现在手头没有道具,无法马上进行实测,所以我就先假设你提出了人们在做这个任务时最常提出的两个建议:

一、不,你不能用图钉把蜡烛钉在软木板上,因为那会把蜡烛弄断的。

二、你也不能把蜡油滴到木板上,然后用力按压蜡烛,把它"粘"上去,因为蜡烛太重了,会掉下来的。

那该怎么办呢?

如果你现在不能马上找到解决办法,把书收起来,打开视频网站,看一段有趣的视频。(也许我应该什么都不推荐,因为幽默是一件很主观的事情。根据梅克的科幻风格编排的《驼鹿山丘迪斯科》视频总能让我感到阳光灿烂,无论天空多么阴暗。如果这种视频不能让你高兴起来,那肯定还有其他滑稽视频,比如宝宝糗事视频等。)在你开怀大笑之后,再回到这里,重新尝试一下蜡烛上墙挑战赛。

这次你是怎么做的?

即使你仍然找不到解决方案,你肯定也会发现与你上一轮的想法相比,你现在的想法可能不那么传统了,可能变得略微疯狂了一些——从本质上讲,变得更有创意了。

如果你放弃挑战,答案就在下一页。

很抱歉,提供的火柴与实际解决方案无关。它们只是为了转移注意力,当然点蜡烛还是要用到火柴的!

即使你没能解决这个问题,也不要失望。正如我所提到的,这个难题是心理学家长期用来测试创造力的一个方法,它之所以有效,是因为它实在太复杂了。面对这一挑战,大多数人会陷入一个名为"功能固着"的陷阱,这个词的意思是,人们在想到各种物体时,只会考虑它们的正常用途,被物体的正常功能所吸引。

但是,解决问题需要你跳出思维定式——在这个例子中,你其实需要利用那个装图钉的盒子。在我之前提到的研究中，人们发现那些在测试前观看滑稽视频的人比那些观看数学教学视频的人更容易想出物体的其他用途（新功能）。这些新用途帮助观看滑稽视频的那组中的很多人找到了正确的解决方案（如果你能稍事休息，大笑一番，也许你也能找到）：用图钉把图钉盒固定在软木板上，用作烛台（如图1–2所示）。

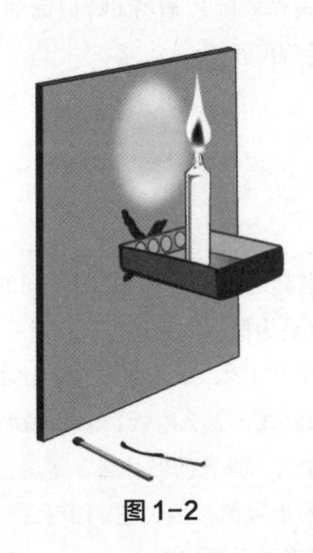

图 1–2

当然，你不必笑得前仰后合就能影响自己的思维模式。就像我说的，你只需要一个好心情，因为你对记忆的提取直接取决于你的情绪状态：当你情绪低落的时候，你更容易想起令人情绪低落的事情，而当你心情好的时候，你更容易想起积极的记忆。如果你在心情很好的时候总结利弊，你的记忆会把你朝着友好的方向推动，使你从更有益的（而不是有害的）视角来看问题，这反过来又会让你更愿意冒险，更愿意勇敢地行动起来。

同理，如果你心情不好，你的想法也会变得消极，这将使你更有可能表现得过于谨慎，不敢做出冒险的决定。不受控制的负面情绪会抑制你的智力和创造力。

换句话说,在需要解决问题的时候,刺激一下自己内心那种冒险的、打破常规的一面,看看《冒牌天神》中金·凯瑞在新闻直播时遥控台上史蒂夫·卡瑞尔扮演的新闻播报员的那一幕,或者听一首《和谐飞行》(Flight of the Concords)专辑中的歌,或者找人挠你痒痒,直到你求饶为止。

我们应当采纳美国作家阿尔伯特·哈伯德的建议:"别把生活看得太严肃,反正你不会活着离开。"

可谓一语中的。

打破固有习惯

这是对那种近乎老套的观点——"采用不同的途径,获得一些新体验"的一种比较简练但更为极端的表述。

详细列出你的习惯性行为,试着想一下,比如,你早上是怎样穿衣服的,上班走的是哪条路线,怎么吃饭,怎么喝水,怎么和别人打招呼,回家做的第一件事是什么,睡觉前做什么,等等。你可能需要几天的时间才能发现自己所有的小习惯,因为它们中有许多隐藏得很深。但是,一旦你发现了它们,或者说得更实际一点儿,一旦你发现了其中10个左右,那就很容易进行相反的尝试。

你总是在吃虾卷之前吃鳄梨卷吗?你总是把沙拉盘斜放在餐盘的左边吗?试着反过来做一下:把沙拉放在你的右边,用鳄梨结束你的晚餐;吃覆盆子派时先从宽端而不是尖端开始;改在下午看报纸,而不是早上,而且不要像往常那样先看增刊。感觉怎么样?是不是有点儿不舒服?

习惯可以很容易地让我们自动地应对这个世界,不需要特意去思考我们的行为,同时还可以为我们提供一种安全感和舒适感。习惯是一种很微妙的方式,让你相信这个世界仍然像你希望的那样是有组织的,仍然在正常运转。因此,改变习惯会让人感到害怕,即使是一些不起眼的习惯。这感觉就像把一块你根本不知道存在的地毯从你脚下抽走,对这个世界的不安全感会不知不觉地侵入你的思想。如果在你打破自己的某个习惯时出现这种情况，你应当考虑不去改变那个特定的习惯（当然，前提是这个习惯不会因为其他原因而对你自己或他人造成伤害）。

然而，当你开始以相反的方式做事时（比如，用另一只手拿手机、买另一个牌子的果汁，或仰躺着睡觉），你会体验到一些变化，这些变化会让你感觉很棒。

为什么你需要花这么大的力气去对你的行为做出这些看似微不足道的改变呢？我们不是应该学习超能力吗？是这样的，这样做会消除你过去的做事方法对你的影响，包括一成不变地应对生活的方法。而且，你还能教会你的大脑主动起来、学会提问——这都是创造性思维的必要条件。

好好休息

到目前为止，你已经读了很多关于如何采取各种行动使自己更有创造力的内容。但实际上，休息好，和这些行动至少一样重要。是的，你没有看错。

在睡着的时候，我们的睡眠周期会在轻度睡眠和深度睡眠之间来回转换，持续时间是90~110分钟。在醒着的时候，我们的身体也遵循与此类似的周期，对休息的需求也因时间的不同而不同。我想你对这个已经很熟悉了。即使不认识你，我仍然敢打赌，在一天中，你也会有注意力不集中的时候。你可能会突然觉得比以前累多了，或者你的大脑会变得很糊涂，很难集中精力。也许你开始打哈欠，或者不得不伸伸懒腰，长叹一声。或者，你发现自己眼睛盯着窗外，脑子里胡思乱想，但就是不想自己应该思考的问题，完全陷入了自己的世界里。如果突然有人跟你说话，你的反应可能是："对不起，你说什么？"因为你刚才走神了。所有这些都表明你的身体极度疲劳，需要好好休息一下。如果你观察一下自己一整天的行为，你就会发现这个周期不断重复，大约每90分钟一次。

忽略休息周期是非常糟糕的。你当然可以试着把这些身体疲惫的迹象在你的脑海中屏蔽掉，然后继续坚持下去，但这很快就会让你变得非常易怒、不舒服，甚至可能会感到沮丧，就像睡眠不足那样。

为了充分利用你的精力和体力，一定要让你的生理系统得到它所需要的休息：大约每 90 分钟休息 5~15 分钟。通过倾听自己身体发出的信号，你可以准确地判断出它对你产生的影响。瑞典人传统的工作作息是这样的：上午 10 点休息一次，中午 12 点到下午 1 点为午饭时间，下午 3 点休息一次。这种作息安排非常符合身体休息周期。我不知道这一传统是如何形成的，但无疑是天才之举。原本会浪费在白日梦上的创造力和时间现在却变成了轻松随意的（通常也是高效的）茶歇会议！遗憾的是，在我们这个充满压力的时代，这种方式似乎就要过时了。我认为这对职场创造力来说是一种严重的退步。

如果你想为你的创意过程腾出空间，有规律的休息必不可少。但这并不意味着你必须像机械战警那样，在每次休息时关闭所有功能。相反，休息时间是进行创造性白日梦的绝佳机会。

当你注意到你的思想并没有集中在你应该写的那封邮件上时，你应该把它放到一边，让你的思想自由地漫游几分钟。等你准备好重新返回任务中时，你应该试着回想一下你休息时脑子里在想什么。想想你刚才想到的事情（至少一件）可以如何应用到你面临的任务或问题上，即使它可能是完全不相关的事情。在找到可能的解决方案之前不要放弃。请记住，所谓创造力，指的是将两种截然不同的想法结合起来，从而到达一个全新的高度，一个你从未到达过的高度。即使你提出的解决方案被证明是不现实的或无益的，你也得到了以一种全新的方式思考问题的机会，这是弥足珍贵的。想要做到这一点，你只需让自己在需要的时候放松一下，做点白日梦。

郑重提示
— 独立思考 —

头脑风暴是收集创意的一种流行做法，其理念是这样的：人们聚集到一个房间里，畅所欲言，说出能想到的所有想法，不要批评，也不要评价。做完之后，仔细分析所有想法，判断它们是否合理、有用。

如今，越来越多的证据表明，实际上，头脑风暴过程中产生的创意比参与者单独思考时产生的创意要少。对此，一种可能的解释是，当人们独自思考时，他们只需要对他们的结果负责：如果结果较好，他们得到所有的赞扬；如果结果不好，他们承担所有的责备。然而，一旦更多的人参与进来，个人在这方面的投入就会削弱。一方面，即使事情进展顺利，个人赢得的荣誉也会减少，因为荣誉是属于整个团队的；另一方面，如果事情进展不顺利，你还可以归咎于其他人。

来自世界各地的调查显示，与团队合作相比，人们独自工作时会更投入、更努力、更具创造力。

这并不意味着小组会议总是一件坏事，但是一个小组应该只有在所有成员都尝试过自己解决问题之后再聚在一起讨论。这样一来，小组从一开始就讨论所有成员自己想出的思路和想法，在团队环境中，这些想法可能会激发出新的想法。当然，前提是还没有人找到理想的解决方案。

不要想太多

假设你在玩一种猜拳游戏，一只手里握着一块黑石头，另一只手里握着一块白石头。你的对手需要猜出你握着白石头的那只手。如果他猜对了，你就得给他一美元；如果他猜错了，他就得给你一美元。问题是他非常聪明，总能猜出你的心思。如果你故意把白石头藏在右手，他就会选那只手。如果你认为他知道你要把石头藏在右手，因而试图欺骗他，把石头藏到左手，他也会猜出你的心思，然后选择你的左手。无论你把白石头藏在哪只手里，无论你怎么想要领先对方一步，他总能知道你在做什么，总能猜中握着白石头的那只手。

几年前，我曾经在舞台上做过一个类似的游戏，我在里面扮演的角色就相当于上面的例子中那个无所不知的对手，任务是猜出观众哪只手里握着一枚小硬币或彩色的石头，连续反复猜测。我们每猜一次就下10美元的赌注。当然，我的想法是设法保住我的钱（我大部分时间猜对了，但并不是每次都猜对，即使每一次我都作弊）。接下来，我们互换角色，由观众来猜我哪只手里握着硬币或石头，连续反复猜测。这一次，我的任务是让观众猜错，因为如果他们猜对了，钱就归他们了。这个游戏我做了几百次，我怀疑自己总共损失了120多美元。但后来，我能够以一种在现实生活中几乎不可能的方式来控制游戏结果。

假如你参加类似的游戏，如果全凭运气，你应该有50%的机会猜对，因为你是从两个中选择一个。但许多人猜对的概率远低于我们期望的50%的概率，无论是他们跟我玩时，还是在心理学家进一步研究这种现象时，结果都是如此。之所以如此，是因为我们有时想得太多。在本书后面的章节中，你会读到有关大脑奖励系统以及为什么我们有时会想得太多等方面的内容。但就目前来说，这足以让你意识到，在某些情况下，有创造力是没有用的。如果你得到的结果是由偶然因素决定的，那似乎你只能听天由命，而不是跟概率作对。试图"克服"概率往往只会让事情变得更糟（否则我就可以保住我的钱了）。

在这些情况下，富有创造性的做法是相信概率，并最大限度地提高你获得好结果的机会。举个具体的例子，当你拿着不同颜色的石头时，你的最佳策略是把它们在手里摇一摇，就连你自己也不知道哪一块是什么颜色，然后每只手随便选择一块。事实上，在任何情况下，如果最终胜负概率为 50% 对 50%，而你的竞争对手又比较善于推理，那这就是最好的策略了。

对你的对手来说也是如此，他能做的最好的事就是通过抛硬币来决定选哪只手。无论你选择哪一边，你都不可能期望得到比 1/2 更好的结果，因此你的最佳策略应当是随机的 50% 对 50% 选择。每当我们面对只有对或错两种选择的情况时，我们往往会想得太多，结果往往比瞎猜的结果还要糟糕。听天由命似乎是不负责任的表现，也可能有点儿让人不安。但如果我们这样做，我们至少有一半的时间是对的。在某些情况下，这已经是最好的结果了。

一个富有教育意义的故事

在 19 世纪，有一个著名的科研人员，名叫路易斯·阿加西。据说有一次，他在伦敦演讲时，一位女士在演讲结束后走过来对他说，她从来没有机会学习任何东西。阿加西问她是做什么的，她回答说她为自己的姐姐工作，她姐姐经营一家宾馆，而她的工作是削土豆。阿加西问她："夫人，在做这些有趣而又平常的事情时，您坐在哪里？"

"坐在厨房楼梯最下面一级台阶上。"她回答道。

"您的脚放在哪里？"

"放在釉面砖上。"

"什么是釉面砖？"

"我不知道，先生。"

"您坐在那里多久了？"

"15 年。"

"夫人，这是我的名片。您能拨冗给我写封信，介绍一下釉面砖的特点吗？"

这位女士把他的话当真了。她查字典，读文章，了解到釉面砖是玻璃化高岭土和水合硅酸铝盐。因为她不知道那是什么意思，于是她接着往下查。她去了博物馆，又学习了地质学，还前往一家砖瓦厂，了解了120多种不同的砖瓦。然后，她写了一篇36页长的关于釉面砖和瓷砖的论文，把它寄给了阿加西博士。阿加西博士在回信中说，如果她愿意让他发表这篇文章，他就给她一笔不菲的报酬。然后，他问她："那些砖下面是什么？"

"蚂蚁。"她告诉他。

他回答说："跟我说说蚂蚁吧。"于是，她又开始研究蚂蚁。研究结束之后，她写了一篇360页长的关于蚂蚁的文章，然后寄给了阿加西。阿加西以书的形式出版了她的稿子。利用这本书的收益，这位女士得以踏上她梦寐以求的环球旅行。

马里昂·D.汉克斯是后期圣徒教会的领袖，他在美国各地演讲，探讨人类尚未开发的潜能。他经常讲述上面这个故事，讲到最后，他会问听众：

"各位，大家在听这个故事时，是否真切地感觉到我们在座的所有人脚下都踩着玻璃化的高岭土和水合硅酸铝盐——下面还藏着蚂蚁？"

我不知道阿加西和那个女人的故事是真是假，但我对它所传达的信息没有任何怀疑。

如果你已经做了这一章中的练习，或者已经开始在生活中应用这些技巧，那就意味着你已经开始微调你的大脑了。如果你已经不止一次地做了某个练习，你可能已经注意到第二次做时是多么容易，更不用说第三次了。创造性地思考问题并提出新的思想组合，一开始似乎很困难，但正如你现在所知道的，你所需要的只是稍加练习。

你的第一个超能力已经开始运行了，我希望你对此感觉良好。当我们在你开启创造性思维的情况下谈论你对事物的感觉时，你常常能感觉到一个想法是好是坏。但这到底是怎么回事？我们是应该相信自己的感觉和直觉（即使我们对此并不理解），还是应该集中精力展开符合逻辑的理性思维，以确保我们能做出正确的决定？答案可能是前者，也可能是后者，这完全取决于你如何看待它。你大脑中的化学反应和演绎策略，以及你的直觉，会在你根本意识不到的情况下影响你的思维，并且有时候，你会骗自己做出十分糟糕的决定。

我将在下一章中解决所有这些问题。

第 2 章

正确使用大脑，做出更好的决定

——唤醒你的决策力

我们的思想并不代表我们,
但我们可以自由地观察它们。
我们也认识到我们的思想并不代表现实,
所以我们不必将其当真。

——艾伦·卡尔

你认为自己是理性的吗

感性思维

假设,像许多人一样,你决定要买房子了。也许你已经住在自己的房子里了,如果是这样,你决定换所大房子。或者,你住在公寓里,所以你要买的将是你的第一所房子。不管你属于哪种情况,你都要去看房。然而,你会发现很难做出正确的决定,难以权衡各种利弊。就拿你现在正在看的房子来说吧,也就是你正在认真考虑要买的那所。

缺点是房子的位置——你每天上下班得多花一个小时。优点是这房子的客房很大。如果你住在这里,你的父母、你的姻亲或任何远道而来的客人都可以经常来家里做客,住在那间客房里。一方面是亲戚来往方便,另一方面是通勤时间更长,该如何选择呢?你很确定为客人提供住宿更重要,因为这会给你的生活带来全新的社交空间。假如你发现午后的阳光能照到客厅,那选择似乎变得很容易。你马上决定交易,相信这是一个理性的选择。毕竟,如果你有一所漂亮的、宽敞的、阳光充足的房子,能为朋友和家人提供足够的空间,生活怎么可能不美好呢?

现在,我们往前跳一年。你能看到被堵在车流中的你或者挤在公交车上的你吗?你能感觉到你在指责自己吗?也许你在抱怨:与之前相比,今年你在上班的路上多花了 350 多个小时，这样做值得吗？在过去的一年里，这间客房一共使用过 3 次：你对象的父母来住过一次，你的父母来住过一次，你住在澳大利亚的妹妹来住过一次。这个房间总共使用了 40 个小时左右，比你在交通上多花费的时间的 1/10 多一点。为什么会这样？你当初不是仔细思考过吗？！

我们所做的各种选择会受到很多因素的影响，这对你来说并不是什么新鲜事，但我们一直不太清楚这种影响达到何种程度。直到今天，在现代科技的帮助下，我们才能正视大脑，看到我们思考和选择的过程。事实证明，我们生来并非特别理性，这与我们对自己的认识相悖。我们的思想由一大堆不同的网络组成，它们不是特别理性，而是比较感性。

每次当你试图做出理性的决定时，你的大脑就会充满各种情绪。即使你试图保持理智和冷静，这些情绪冲动也会干扰你的判断和决策，而你对此甚至毫无察觉。有时候，你的情绪甚至会完全控制你的思想。

人类大脑的一个永恒的悖论是，它对自己知之甚少。你知道的比你知道自己知道的多得多。有意识的大脑部分对它所依赖的基础没有概念。它忽略了发生在额叶之外的所有活动——额叶是大脑中产生意识的部分。这就是为什么我们会产生各种情绪。情绪是我们潜意识的窗口，代表了那些我们已经在处理却没有意识到的信息。

由于情绪和思想关系密切，并且都与需求有关，所以我们常常很难搞清楚二者哪个是哪个，我们在说话的时候甚至都懒得把它们区分开。例如，我们会说我们"感到"累了或者饿了，但是疲劳和饥饿不是情绪，而是需求。情绪或感觉是迅速发生的化学和物理反应，并以同样快的速度发挥作用，能让我们感到高兴、悲伤、惊讶、生气、害怕等；而需求是人类生存所需要的东西，比如食物、睡眠或身体接触。

或者，我们会谈论"快乐的"思想。但思想是命令，告诉身体去感觉什么，以及我们的现实是如何构成的。思想本身并不是情绪体验，尽管它们可以触发各种情绪。

除了情绪，我们的大脑还与环境相互作用。我们所有的决定都是我们基于自己眼中的世界做出的。诺贝尔奖得主、心理学家赫伯特·西蒙曾把人类的思维活动比作一把剪刀，其中一个刀片是大脑，另一个刀片是大脑所处的环境。要想了解剪刀的使用方法，你必须同时观察两个刀片。所有事情都是相互联系的：我们在做决定时，外部世界以及我们的需求和情绪对我们的影响，和理性对我们的影响一样大（如果不是更大）。

潜意识中的超级能力

我们在谈论思想时，指的是我们的思维，指代其他任何事情都会显得很奇怪。然而，我们的意识过程只占我们大脑活动的一小部分。研究人员约瑟夫·勒杜声称，意识是生理的奴隶，我们的很多想法实际上是由情绪控制的。人的情绪不是随机的，它们是对我们无法通过意识直接获得的信息的反应，比如我们的体验。举例来说，如果一位经验丰富的电影导演不能将自己的情绪作为利用多年所学知识的捷径，那么在拍摄每一个场景之前，他就必须有意识地分析每一种可能的选择。如果这样的话，电影永远也拍不完。对于其他所有需要依靠自己"知道"做什么才能执行任务的人来说，道理是一样的。

你潜意识中的超级计算机可以处理所有相关信息，并将其转化为强烈的情绪信号，然后你就可以采取相应行动。当你知道你应该做某件事是因为它"感觉正确"的时候，实际上就是你的潜意识在向你的意识传达它深思熟虑的结果。这一切都与"直觉"这个词的经典定义非常接近——"不需要有意识的推理就能理解某事的能力"。即知道某件事，却不知道你是怎么知道的。[①]

遗憾的是，有了这个聪明的系统并不意味着我们的大脑总能做出合理的决定。尽管无数自助类书籍都将直觉奉为灵丹妙药，但它并不

[①] 我很清楚像"直觉"这样的词所带来的偏见和歧义。然而，我们都具有上述意义上的直觉。

是万能的。情绪有点儿像信使，从潜意识里向意识传递信息。如果信息比较重要，情绪就会很强烈，它会猛烈地敲击你的大门；如果信息非常重要，它会敲得更响；如果你忽视它，它会继续敲门，声音会越来越大，直到你放它进去。然后，它会告诉你它所传递的信息，这些新信息将成为你的一部分。你的思维活动的一部分会发生改变——你对某事的想法会产生变化。至此，情绪就完成了它的使命。但这并不意味着每种情绪都是我们行动的完美向导，也不意味着它们永远不会出错。事实远非如此。有时候，情绪会让我们误入歧途，让我们犯一些只要我们用心去做就可以避免的错误。大脑中产生理性思维的区域，也就是我们过滤掉来自各种情绪的信息的区域，是大脑中最大的区域。

这是有充分理由的。

有关超级计算机和信使的比喻只能帮我们到这了。要想做出正确的决定，你需要知道具体涉及哪些方面。这种超级能力与其说是被实践唤醒的，不如说是被认识唤醒的。如果你认识到其中的奥秘，你就能跳过危险的认知陷阱，躲过猛烈的情绪攻击，就像《古墓丽影》的女主角劳拉·克罗夫特或《神秘海域》的男主角内森·德雷克一样。能否做出正确的决定——无论是在你开始写书时参加的创意会议上选择正确的想法，还是投资一套带客房的新房子——主要取决于你能否对自己如何决策有一个全新的认识。所以，让我们先来研究一下你身体整天顶着的那块巨大的脂肪——你的大脑。

大脑的反应先于你的行动

大脑的结构以及为什么情绪影响更快

大脑分为几个部分，它们出现在人类进化的不同阶段。这些部分在你的决策过程中都发挥着一定的作用，但具体作用有所不同。为了帮助你了解自己是如何决策的，比如买房子或汽车，或是不得不从两份当地报纸中选择一份，我们最好直接进入大脑的核心。

从原始大脑到边缘系统

我们大脑最原始的部分是脑干，位于脊柱的顶端。所有拥有最小神经系统的动物同我们一样，都长有脑干。这个"原始大脑"负责调节维持生命的基本功能，如呼吸和消化。它还控制某些模式性的反应和动作。这个原始大脑无法产生思想或学习事物，只是一个预先设定好的设置，确保身体正常运行，让我们能够存活下去（这有点儿像把你的电子宠物设置成自动运行状态）。这种原始大脑是爬行动物统治世界时的必备利器，并且至今仍然由它指挥蛇发出嘶嘶声，表明要发起进攻了。

以这个原始的根为基础，大脑边缘系统开始萌生。它和第一批哺乳动物一起出现。边缘系统由环绕脑干的几层环状结构组成，这个系统是我们情绪的中心，爱、愤怒、沮丧和恐惧等情绪都起源于此。当你不惜任何代价一定要得到某物时，当你深陷情网时，或者当你蜷缩在角落里吓得瑟瑟发抖时，你已经成为你自己边缘系统的精神囚徒。如果你以前从未这样思考过你的情绪与大脑之间的关系，我完全理解。如果我们称边缘系统为大脑的心脏，或许会更容易理解。

全新的、会思考的大脑

一亿年前（误差大约一个月），哺乳动物的大脑产生了巨大的飞跃，边缘系统上面已经有两层薄薄的东西，用于计划、理解印象和协调动作。这几个新薄层的出现，给智力带来了前所未有的好处。

大约20万年前，当第一批智人带着他们巨大的大脑出现在地球上时，一切发生了彻底的改变，世界上第一次出现了能够思考自己思维方式的动物。人类能够反思自己的情绪，并将文字作为探索世界的工具。我们能够把现实看作一长串的因果关系，能够积累知识，能够条理化地分析问题,能够说出复杂的谎言,能够规划未来。

当时的人们有时甚至能贯彻计划。

构成人类大脑顶层的那一大团组织使我们成为人类。它正是我们真正的思维能力和推理能力的所在,也是我们将感官印象结合在一起并把握其意义的所在。它使我们能够对某种情绪进行反思,对艺术、思想或符号等抽象事物产生情绪反应。

不言而喻,大脑为智人在艰苦环境中的生存带来了巨大的好处,因为他们能够为未来制订战略和计划,这提高了他们后代生存下来继承同样神经回路的机会。这些新的能力也被证明是非常有用的。然而,正如我前面提到的,它们是全新的。因此,使这一切成为可能的这一部分大脑也在苦苦挣扎,其痛苦程度不亚于任何新技术所遭受的痛苦,因为该"软件"仍然充满了设计缺陷和漏洞。人类的大脑有点儿像第一代苹果手机或微软的 Windows Vista 系统——没有完全准备就绪就早早投入市场,目的只是满足急不可耐的用户。

这就是为什么便宜的计算器在运算速度上总是比数学教授快,这就是为什么计算机可以打败国际象棋世界冠军,这也是为什么我们经常把随机关联误认为因果关系。① 至于大脑中较新的部分,进化还没有完全解决其中的难题。

年龄等于速度

在过去的几亿年间,人类的情绪大脑逐渐得到了完善。它经过反复的测试和修改,现在已经能够在非常少的信息基础上闪电般地做出决定。这一点在美国的一项研究中表现得很明显。在这项研究中,神经科学家

---

① 当我们在只掌握明显的相关性的情况下就开始寻找因果关系时,阴谋论就诞生了。例如,你知道 40 岁以下的共和党参议员的人数与人类记录的太阳黑子的数量相当吗?这是真的——我有数据支持!这一定意味着什么,对吧?但问题是……(从电视剧《X 档案》中得到的启发。)

研究了运动员在击球时的心理过程。如果查验数据,你会觉得难以置信。正常的投球从投手到击球手大约需要 0.3 秒,相当于两次心跳之间的平均时间。但对击球手来说不利的是,他的肌肉做出击球动作需要 0.25 秒,这样一来留给大脑决定如何击球的时间只剩下 1/20 秒,也就是 0.05 秒。但即便如此,这个估值还是过于乐观了。要知道,感官数据从眼角膜传到大脑的视觉中心需要几毫秒,所以实际上击球手只有不到 0.05 秒的时间来感知、分析来球,并决定是否要击球。

遗憾的是,我们无法思考得那么快。大脑需要大约 20 毫秒的时间来处理一种印象——这还是在理想的实验室条件下。所以说,如果棒球运动员不是每隔几分钟就去未来看看下一个投球会是什么样子,那他们怎么会击球呢?

答案是,早在球离开投手的手之前,击球手的大脑就开始收集有关投球的信息了。从击球手看到投手的那一刻,他就开始留意一些事情,这些事情可以帮助他预测球的走向。比如投手外表看起来多强壮,他的手臂和手的形状以及他移动的方式是什么样。当然,击球手不会有意识地进行这种分析,也无法向你解释为什么他击打到这个球,而不是那个球。然而,他的行动是基于这些信息的。

人们也曾对网球运动员、板球运动员和足球守门员进行过同样的过程研究。在触球之前,他们需要预测球的走向,这意味着他们必须依靠一些微妙的、潜意识的线索。一项涉及职业板球运动员的研究表明,他们只需要看 1 秒钟投球手奔跑的视频,就能准确预测球的运行速度和方向。

我们认为这种自动能力是理所当然的,原因很简单,因为它表现得十分出色。进化在设计我们的大脑时,并没有把所有功能性的情绪过程转换成新的、可控的过程。总而言之,住在我们大脑顶层阁楼的人类特有的那部分,完全依赖于住在地下室的原始大脑。思维过程需要情绪,因为情绪能帮助我们理解所有我们无法掌握或没有时间立即掌握的信息,比如球的运行轨迹,或者怎样拍出最好的电影场景。

如果我们的理性思维和情绪化思维是平等的，那么只有同时利用它们，才会对我们有利。但是对于我们人类来说，激情和情绪一次又一次地战胜了理智，其原因还是要归结到大脑的结构上。进化为我们配备了调节我们感情生活的生物回路，其方式适合过去的几代人。这里我所说的"过去的几代人"，不是指5代或50代，进化的速度极为缓慢，所以我所指的更接近5万代。在那之前，进化已经花了数百万年的时间来塑造我们的感情。在过去的一万年里，人类文化的剧变几乎没有对我们的生物情绪程序产生任何影响。

这意味着你下次遇到另一个人时的体验以及你对他的反应，并不仅仅取决于你的理性判断和记忆，也取决于你继承下来的遥远过去。这意味着，我们在面对生活中遇到的后现代困境时，往往会以一种更适合猛犸象猎人的情绪化方式来应对。

情绪化决策

决策中未知的一面

理性思维是你通常能意识到的一种理解方式——认真推敲、深思熟虑或沉思反省。然而，除此之外，还有另外一种思维方式——情绪大脑中那种冲动的、诱人的、偶尔不合逻辑的思维方式。这两种不同的思维方式互相补充，构成你的思维现实。

这种对理性和情绪的划分相当于比较通俗的对"心脏"与"大脑"的划分。当我们指着胸口说"我这里感觉是对的"时候，我们指的是一种更深层次的信念，而不是简单地认为某事是合理的。正如我所提到的，情绪化思维能够战胜理性思维：情绪越强烈，理性思维的效果就越差。这是我们与生俱来的，它似乎源于我们所享有的进化优势，我们能够让情绪和直觉在我们面临致命危险并且需要立即做出反应时引导我们。然而，现代人很少遇到这种只要停下来深思熟虑就会丧命的情况。我们在日常生活中所遇到的紧张局面并不涉及很多发怒的熊，我们往往更担心不同品牌牛奶的脂肪含量。总之，过去几千年对进化的影响并不大。

相反的情况——理性的想法可能会战胜情绪化的想法，特别是如果理性的想法理由充分——并不会自然而然地发生在我们身上。但是，这是现代社会中的一种重要能力，你应该练习掌握这种能力，这样就不会沦为个人情绪的受害者。

研究表明，在我们注意到某事后的最初几毫秒内，我们不仅能下意识地注意到它是什么，还会决定自己是否喜欢它。当信号到达我们的意识时，我们已经对它有了一个看法。我们的情绪并不总是与我们的理性一致。情绪大脑非常敏感，它所需要的只是印象的碎片，而这些碎片又会使我们想起遗传记忆的一部分。如果它认为我们正面临着某种致命的威胁，就会发出警报。有时候，这很好，就像我们在电影院被电影场景吓到一样。但在现实生活中，这些快速的情绪化反应可能会引起问题，尤其是考虑到我们对它们的反应是多么过时。

杏仁核的意义

在我们的决策过程中，情绪大脑中起最大作用的部分叫作杏仁核。它是一个杏仁状的细胞结构，位于脑干顶部（靠近边缘回路的较低部分），由两部分组成，大脑的两个半球各有一个。杏仁核就像情绪记忆的储物柜。因此，它也是一切意义的容器，因为我们通过情绪联想来创造意义。

可以毫不夸张地说，杏仁核非常重要。

大脑的结构也使杏仁核成为情绪的看门人，只要它愿意，它就能够劫持大脑的其他部分。来自眼睛和耳朵的信号首先通过大脑传递到丘脑（有点儿像感官数据的中转站），然后丘脑再传递两种信号：一种传递到杏仁核，另一种传递到大脑的思维区域。然而，通往大脑意识部分的路径比通往杏仁核的路径要长，这就给了杏仁核一个机会，在我们有意识地评估信号并考虑如何做出反应之前，抢先对信号做出反应。这就是当我们"不假思索"地行动时发生的事情，比如跳进水里去救溺水的人，或者踩下自行车的刹车以避开正在驶来的汽车——我们在做这些事情之前甚至意识不到自己要这么做。

杏仁核和丘脑之间的这种特殊联系可以让情绪系统独立于我们的意识思维而活动。情绪记忆可以在没有任何意识参与的情况下形成。储存在杏仁核中的记忆和反应可以控制我们的行为，而我们却永远不知道自己为什么会那样做，因为这些信号永远不会到达大脑的意识部分。这条旁路让杏仁核成为我们从未（也永远不会）完全意识到的情绪印象和记忆的仓库。当我们使用杏仁核做出反应时（比如汽车驶近时），我们的反应就像原始动物，因为杏仁核属于边缘系统的一部分。

这既是一件好事，也是一件坏事。

说这是件好事，是因为正如我提到的，它使我们反应更快；说它不好，是因为错误的情绪有时会在我们没有意识到的情况下与事件联系在一起。我们所注意到的只是我们自己奇怪的反应。比如一个人不知道为什么每当看到某种花时总是那么沮丧。原来，他的杏仁核储存了他1岁时的创伤记忆——他的母亲在送来一束那种花后就离开了他和他的父亲。尽管他对这件事没有任何有意识的记忆，但他的杏仁核却清楚地记得当时的感觉。

但是，没有情绪的记忆或没有杏仁核的生活，是没有任何意义的。杏仁核不仅仅与积极、消极的体验有关，还与激发我们以任何方式行动的每一种情绪有关。杏仁核受伤或被移除的动物缺乏恐惧和愤怒的能力，丧失了竞争与合作的本能，并失去了对自己在群体社会等级中的地位的意识。它们的情绪反应迟钝，或者根本没有反应。

如果杏仁核和额叶之间的连接遭到破坏，这将使你在做决定时变得很糟糕，以至于可能无法照顾好自己。患有这类创伤的人智商不低，认知能力也不弱，但他们在工作和个人生活中做出的选择却很糟糕。他们会花几个小时完成一项看似无关紧要的任务，比如选择开会时间。他们是糟糕的决策者，因为他们无法进入情绪认知过程。大脑额叶和杏仁核之间的通道是我们的思想和情绪交汇的地方。没有它，我们就无法回到我们在生活中变得喜欢和不喜欢的事物中去。

　　理性的头脑在思考问题时，通常会触发过去与这些想法相关的情绪反应。但是，如果与杏仁核情绪记忆的联系被切断，就不会触发联想，所有的情绪都将是中性的和灰色的。以前喜爱的宠物或鄙视的亲戚将不再引起你的注意或让你心生蔑视。患有这种创伤的人已经"忘记"了他们所得到的所有这类情绪体验，因为他们再也无法打开杏仁核的情绪储物柜，这使得他们无法选择下次会面的时间。毕竟，如果每件事都同样重要或者同样不重要，那你应当怎么区分事情的轻重缓急呢？如果清理洗碗机和去巴哈马度假一年听起来同样诱人，你会怎么选择呢？

　　杏仁核和额叶之间的联系被发现之后，一些研究人员得出这样的结论：尽管情绪具有非理性影响，但它在理性决策中起着至关重要的作用。面对世界提供给我们的大量选择机会（例如，我应该住在哪里？我应该和谁结婚？他们再次修改了退休计划条例，我应该如何投资？我应该选择薄荷巧克力片还是覆盆子冰糕？），我们从经验中积累的情绪知识会向我们发出信号，帮助我们简化决策，从一开始就排除某些选项，重点突出其他选项。我们的情绪引导着我们，让枯燥的理性逻辑为我们提供优质服务。借此，情绪大脑在我们思维中扮演着和我们的理性大脑同样重要的角色。因此，（不管这听起来多么奇怪）我们的结论是：只有感性，才能理性。

郑重提示
— 倾听自己内心的声音 —

　　情绪大脑的信号在不同的人身上会产生不同的体验，所以如果你想练习倾听自己内心的声音，你必须清楚你的"直觉声音"是如何与你对话的。如果你还在"直觉"这个词上纠结，我给你另外一个更科学的术语。安东尼奥·达马西奥是第一个发现大脑额叶中与情绪、决策和社会行为相关的区域的人，他把这些情绪信号称为"躯体标记"。根据他的说法，我们所做的每一个选择都会收到这样一个标记，然后这个标记就会在生理上反映在我们对这个特定选择的情绪上。这种反映就是你所体验到的"直觉"或"本能"。"直觉"与"躯体标记"指的是同一事物，只是用词不同而已。以下是一些你可能需要注意的事项：

- 你有什么感觉吗？
- 还是突然产生某种想法？
- 是不是仿佛有什么东西把你"拽向"正确的方向？
- 你是否觉得有些东西永远不会离你而去？
- 你在身体的哪个部位体验到它？

记住，你的直觉或躯体标记，并非神谕，所以你仍然可能是错误的。不过，它还是值得倾听的。

了解自己的情绪

能够在我们不知情的情况下影响我们的不仅仅是杏仁核，我们也能进入我们意识不到但仍然会影响我们决定的情绪状态。对潜伏在我们思想之下的情绪而言，虽然我们并不知道它的存在，但它仍然会对我们的体验和反应产生巨大的影响。这应当引起我们的注意。回想一下某天清晨你对某人生气的情景，也许他无端地对你无礼。我敢打赌，你那一天中大部分时间情绪不佳，觉得自己遭到那些没有恶意的人的攻击，你还无缘无故地冲着别人大发脾气。你也很有可能完全没有意识到自己的行为。然而，如果有人向你指出，你就能够用理性的大脑来分析自己的行为。你会意识到他们是对的，你本来可以改变自己的情绪，认为之前发生的事情没什么大不了的，并且你当天做出的一些决定很有可能会完全不同。

能够分析自己的情绪是摆脱坏情绪、迅速从挫折和烦恼中恢复的重要技能，是思维过程中的必备利器。

当然，这并不意味着我们应该完全避免情绪化状态。我们在思考问题时，总是使用情绪化的、想象出来的形象。无论我们是在解决几何问题、规划环湖最佳徒步旅行，还是改变发型，我们都不得不去想象并不存在的东西。对于我们面临的每一个问题，想象力都是绝对必要的。我们的情绪能帮助我们处理与事实相反的情况，这是做决定的基本能力。只有当你能改变某个事物的表现方式，你才能开始考虑其本质。

郑重提示
— 让潜意识发挥作用 —

当你需要在你的个人生活或者你的职业生涯中做出一个重要的决定，并且确保能做到最好的时候，你一定要挖掘出所有相关的事实，并且权衡各种选择。此时，你可能已经做出了理性的决定，或者你仍然不知道自己应该做什么。无论是哪种情况，你都要给自己 5 分钟不受干扰的时间，这样才可能受益。把问题记在心里，不要试图马上解决它，只需意识到问题的存在，让它在你的大脑里转悠。不要想太多。相反，要让自己意识到它给你的感觉：你脑子里出现了哪些情绪、图像和感受？有时候，你需要做什么似乎显而易见。如果是那样，那就马上行动起来。此时，你的情绪自我与你的理性自我是一致的。

但有时候，感觉可能没有那么好。如果是那样，那么它就是一个信号，告诉你你需要先收集更多的事实。因为不知出于何种原因，你的杏仁核将你当前的决策过程与一些消极的东西联系起来，你需要找出这种原因。

拿我自己来说，当我的理性认为我找到了解决问题的最佳方法时，在开始实施之前，我会坐下来想一想，有时会产生一种不安的感觉，总觉得实际上还有更好的解决方案。问题是我的杏仁核不想告诉我这个解决方案是什么，甚至它自己可能也不知道。它只知道目前的解决方案有一些不尽如人意的地方。

当出现这种情况时，我知道我需要进一步刺激我的大脑，以便找到更好的解决方案。所以，即使我知道自己找错了方向，但我还是会按照我最初的想法继续下去。有时，我甚至有时间在现场观众面前尝试，但最终，我的大脑会受够我的胡说八道，同意告诉我更好的解决方案。

即使我知道我正在努力实践的是错误的方案，我也会继续努力解决问题，这样可以让我的大脑一直处于解决问题的模式中。它会继续产生新的想法，直到出现一种比原来好得多的想法。如果我不再觉得继续走自己选择的道路会让自己出洋相，那我就知道这是一个更好的解决方案。

我提到这一点是为了告诉你：觉得自己走在正确的（或错误的）道路上还远远不够。如果你想要找到一个新的方法，你仍然需要让你的理性大脑参与进来。只要你愿意倾听，你的情绪就会把你推向正确的方向。

多巴胺的缺点

身体自身的奖励性化学物质能够让你前进

关于这一点我已经提到过数次,有一种流行的观点认为,我们的思维和情绪是分开的,存在于不同的世界。我们习惯于把心脏和大脑分开(我们通常认为,我们的右脑是熏香和凉鞋,而左脑是一个十足的纳粹)。这些都是不正确的。真实情况是,情绪是思维的一种类型,它们实际上总是与其理性的对应物交织在一起。

说老实话,我认为当我们说我们的决定受到而且应该受到我们的感觉的影响时,我们所表述的意思是不同的。其中一个方面是潜意识的感觉(比如愤怒)如何影响你的行为和决定,而你甚至不知道你是通过一个"过滤器"来感知现实的;另一个方面是,通过对一堆你没有意识到的数据的潜意识分析,你可以"感觉"什么是对,什么是错。但是,"感觉"这个词有两种不同的意思。

一种意思是潜意识的感觉,与典型的情绪有关,比如愤怒、高兴、悲伤等。另一种意思与一种纯粹的二元感觉有关:要么感觉很好,要么感觉不好;要么想继续,要么想停止。我们可以在不涉及任何其他情绪状态的情况下做出如此强烈的"是"或"否"的反应,这一切都归结于一种叫作多巴胺的化学物质。

多巴胺的工作原理是这样的:大脑会记录下我们犯错的时间,当我们做对的时候,奖励我们,并不断学习,直到它能以最高的效率运转。大脑细胞会记录下我们的期望和实际结果之间任何不一致的情况,并从我们不可避免的错误中吸取教训,以此完善我们的方法。当我们做对了一件事的时候,我们得到的奖励就是额外的多巴胺,它能让我们想要再做一件同样的事,而不是继续做错。多巴胺是我们大脑中的一种物质,能让我们感觉良好和快乐。接下来这种说法可能听起来有点儿凄凉,也不太令人舒服,但你实际上可以说多巴胺是所有快乐的源泉。如果你给老鼠注射过量的多巴胺，它会倒地死去——死于完全的喜悦。做任何事的动机都消失了，它只想快快乐乐地躺在那里。多巴胺解释了为什么我们喜欢性行为、各种兴奋剂和响亮的音乐。它还有助于调节我们的情绪，从喜爱到厌恶。多巴胺是大脑的货币。

　　现在，你可能会说，每次你没有出错、做对了事情的时候，你也几乎感觉不到多么美好和快乐，但实际上你能感觉到，只是你不知道而已！要知道，多巴胺的效果并不总是那么强烈，能让你时刻感觉到。只要你的身体感觉比以往好那么一点点，它就能控制你的行动。一个经典的实验揭示了其工作原理：参与者（玩家）得到四副牌，两副黑牌和两副红牌，以及2 000美元（用的是虚拟货币——研究人员很少使用真金白银）。每张牌都能显示出玩家是赢钱了还是输钱了。实验人员要求玩家出示四副牌中任意一副的第一张，并尽可能多地赢钱。但研究者操纵了这个游戏：这些牌并不是随机分布在每副牌里。其中的两副牌里全是高风险的牌，赢会赢得很多（100美元），但输会输得极惨（1 250美元）。相比之下，另外两副牌则显得沉闷而保守，赢会赢得很少（50美元），但是，玩家也会很少输。如果玩家只从保守的牌堆里拿牌，他一定会赢，而且会赢很多钱。

　　一开始，纸牌的选择完全是随机的。玩家没有理由喜欢一副牌而不喜欢另一副牌，所以大多从所有的牌堆里拿牌，寻找最赚钱的牌。他们中的大多数人在开始只从保守的、有利可图的牌堆中取牌之前，平均需要翻动50张牌。

　　然而，在参与者能够解释为什么他们更喜欢某副牌之前，他们平均需要80张牌，也就是说，在他们"破解"游戏之后还需要30张牌才能做出解释。

　　我们的逻辑推理比较缓慢，但我们的情绪来势迅速。玩家在玩纸牌游戏时，他们的身体被连接到一台测量皮肤导电性的机器上（这是测量压力水平的常用方法）。紧张程度和压力水平越高，皮肤湿度会变得越大，从而导电性越好。研究人员发现，仅仅玩过10张牌之后，当玩家靠近高风险牌堆时,他们的手就会变得紧张。尽管他们还不知道哪副纸牌是最好的,但他们已经对其中一些产生了可以察觉到的恐惧,虽然只是在潜意识中。玩家的情绪早在逻辑判断之前就能判断出哪堆牌比较危险。

那些遭受了我之前描述的那种大脑损伤并因此无法体验情绪的玩家,永远也分不清哪副牌是最好的。在实验过程中,大多数参与者最终赢得了一大笔虚拟货币,但那些没有感情投入、完全理性的参与者往往会破产,需要从研究人员那里借更多的钱才能继续玩下去。由于这些玩家无法将危险大的纸牌与负面情绪联系起来,也就是说他们的手从来不会紧张,所以他们始终都是平均地从四副牌中抽牌。

如果大脑在输的时候没有受到情绪上的打击,那它永远也不会知道如何去赢。

情绪怎么能具有如此精确的作用呢?答案还是多巴胺,它是我们情绪的分子来源。我们的大脑细胞被预先编程,会对将要发生的事情做出预测,然后测量预测与实际结果之间的差异。如果某个预测结果错误,比如参与者选择了错误的那副牌,细胞会立即停止释放多巴胺。此时,参与者就会体验到一种消极情绪(那副牌不再那么有趣了),并学会不再从那副牌中抽牌。然而,如果预测是准确的,比如玩家抽到一张好牌,他就会体验到快乐,他与正确的那副牌的联系就会进一步加强。因而,脑细胞很快就学会了如何赚钱。在玩家能够理解并解释答案之前,大脑细胞就发现了赢家的秘密。

这是一项至关重要的技能。多巴胺细胞会自动捕捉到一些我们可能忽略的微妙的模式,能够吸收我们无法有意识处理的所有信息。在此基础上,它们能对世界运转方式做出一些详细的预测,而这些预测又会被转化为积极或消极的情绪体验。这就是我们对事物的直觉。

> **郑重提示**
> **— 训练体内的奖励性化学物质 —**
>
> 遗憾的是，我们不能被动地从多巴胺细胞的信息中获益。它们需要不断训练，才能做出准确的预测。这些细胞始终需要新的输入。因此，如果你想依靠自己的情绪，那就需要注意并训练它们。你需要经常在某个特定领域内做决定，并接受反馈来告诉你你的决定是否正确，以此训练你的多巴胺细胞。换句话说，训练你的多巴胺来帮助你在选举中投票是很困难的，一方面因为选举每隔几年才举行一次，另一方面是因为很难判断你的投票是否"正确"（这是主要原因）。
>
> 不过，对工作、家庭或学校中你经常需要做的决定来说，依靠多巴胺还是很方便的。只要你能够验证你决定的结果是否符合你的期望（比如预算正确或者做对了考试题），更新你的多巴胺细胞所接收到的信息，那这些细胞就会帮助你用更少的努力和时间正确地思考问题。最终，你可以相信当你感觉良好时，你正走在正确的道路上。

不要贪心

让事情变得复杂的是，多巴胺无法区分我们已经喜欢上的不同事物。多巴胺是一种以期待和奖励为基础的系统，它鼓励我们去实现我们所能想到的任何愿望。人生来总是希望能立即得到最好的东西——这一贪婪的特点有时能诱使我们采取一切无视理性的行动。这就是为什么一定要能够控制自己的冲动。因为如果我们不注意的话，这个系统可能会让我们为达目的不择手段，不管是什么目的。

在大富翁游戏中，我们追求实现愿望的不合理本性是显而易见的。

我们都知道这只不过是一个游戏，胜负结果对人生大局没有任何影响。其最重要的一点是履行了一项社会功能，因为大富翁游戏可以持续几个小时。我们在玩游戏的过程中，能够享受到快乐，也能进行社交活动。但即便如此，如果输掉了游戏，我们还是会忍不住感到恼火，而赢了的时候，我们会特别高兴。随着年龄的增长，我们大多数人变得比较含蓄，不让外界看到这些反应，但我们仍然能感受到失败的痛苦。这并不是因为我们懒惰，而是因为我们在潜意识里想要赢得游戏，因为那是玩游戏的目的。如果这一目的没有实现，多巴胺就会失望，继而惩罚我们。

我们的期望机制并不要求我们采取的行动能实现所有目的——如果真能如此，就没有人会费心去收集《超级马里奥银河》游戏中的所有星星了——只要有一项任务能取得成功，那就相当令人满意了。

情绪上的自我控制——能够延迟满足和抑制冲动——不管听起来多么无聊，都是取得所有成就的关键。要想有所成就，我们必须抵制多巴胺的诱惑，今天就开始行动起来，即使回报可能要等很久才会出现。如果我们不能抛开对即时满足的持续渴望，就没有人愿意完成任何事情，我们所能做的就只是整天游手好闲了。

错误即正确

我们不能完全满足多巴胺的每一个冲动，其中还有另一个原因。人们常说"从错误中学习"，在很长一段时间里，我认为这是对成功的一种相当消极的态度，或者可能是企图为自己的不努力找借口。但就像我在写这本书的过程中遇到的许多其他说法一样，"从错误中学习"这种说法从纯细胞层面上来讲确实是正确的。物理学家尼尔斯·玻尔曾经说过，专家是指已经在某个狭窄领域内犯过所有错误的人。大脑与他的想法一致。所谓"专业性意见"只不过是我们积累的智慧，因为大脑的多巴胺预测并不准确，大脑必须对其进行修正。所以，最好不要避免错误。相反，我们应该明白，犯错是完全允许的，甚至要鼓励犯错，然后仔细研究犯过的错误，这样才能从中吸取教训。

在这方面，我们的学校还有很大的改进空间。就目前来说，我们鼓励学生把事情做对。例如，我们会庆祝考试得高分，因为高分证明你很聪明。同时，我们不鼓励犯错。犯错意味着你不够努力，或者你反应太慢。然而，我们经常发现，那些因为聪明而受到表扬的学生最终却缺乏勇气接受新的、更困难的挑战，因为这意味着可能会犯错，从而显示不出自己的聪明之处。那些因为学习过程而非学习成绩受到表扬的学生更有可能承担更具挑战性的任务。

当人们努力学习或取得进步时，赞扬他们天生的能力（比如聪明）的问题是，这与我们学习的方式不相符。这样做是在鼓励我们避开最有用的学习活动——从自己的错误中学习。

我的一个好朋友固执地认为，学习的最好方法就是把事情做对，而不是把事情做错，因为做对了会感觉很好。因为感觉良好比感觉糟糕更令人愉快，所以我们会想继续把事情做对。但他在这里把两件事搞混了。当你因为做对了事情而感觉良好时，多巴胺会激励你再次做同样的事情。但这只是重复过去的行为，与学习不是一回事。为了学习，你还需要知道自己为什么那样做，以及如果你做不同的事情，甚至找到更好的方法做事，会发生什么。如果你过于害怕犯错所带来的不适，你的大脑就永远不会修改它的模式。在你的脑细胞成功之前，它们需要先失败，需要失败很多次。就像你第一次学滑雪，或者骑自行车那样。你会逐渐进步，不是"虽然"你在不断摔跤，而是"多亏了"不断摔跤。当你不再摔跤时，那是因为你开始重复上次没有摔跤时所做的事情。也许这对你来说已经达到了目的。但就在那一刻，你也停止了进步。如果你已经有10年没滑过雪了，但现在决定尝试一下，那么，有一件事是肯定的：你会摔跤的，并且会摔很多次；但与此同时，你也会开始再次进步。

正如人们常说的，生活中没有捷径。

做出理性决策

我们的情绪是重要的工具，但情绪并不总是能帮助我们。在某些情况下，情绪大脑可能会短路，如果我们继续听从自己的情绪，我们可能会做出灾难性的决定。因此，最好的决策者是那些知道什么时候该忽视直觉反应的人。

当情绪短路

我们已经证实，多巴胺细胞在做预测时非常有用。然而，这是假设所讨论的事情是可以预测的。当多巴胺细胞失去控制，试图预测我们不可能提前知道的事情时，它们会给我们带来麻烦。比如概率的问题。

在一个实验中，一只老鼠被放在一个T形迷宫里（就我个人而言，我认为T形迷宫相当糟糕，但显然老鼠很喜欢），一些食物碎屑被放置在左侧或右侧通道的尽头。摆放食物的位置是随机的，但概率偏向于左侧，食物放在左侧的时候占了60%。要想理解我的意思，想象一下食物的位置是通过滚动一个有10面的骰子来决定的，骰子的4个面上写着"右侧"，其余6个面上写着"左侧"。骰子的哪一面朝上全凭运气，但概率倾向于左侧。

老鼠表现得怎么样呢？还不错，因为它很快就发现左侧的奖励比右侧来得更频繁。因此，它总是在T形路口向左拐，这意味着它成功地在60%的时间里找到了食物。老鼠并不是每次都试图得到完美的结果，它并没有开始寻找"神秘食物分配的高深万能理论"，只是接受了奖励结构中固有的不确定性，并学会了做出整体上效果更好的选择。

后来，类似的实验又在大学生身上（而不是在啮齿类动物身上）重复进行（并且据我所知，没有迷宫）。与老鼠不同的是，这些学生和他们复杂的多巴胺细胞网络固执地试图识别出他们认为决定奖励位置的难以捉摸的模式。他们进行预测，并试图从中学习。问题是，没有什么可以预测的：看似随机的就是随机的。然而，由于学生们拒绝接受这 4 只老鼠接受的 60% 的准确率，他们最终的成功概率只到 52%。所有的学生都确信他们正在取得进步，并且即将破解其中的秘密。但事实上，他们都败给了老鼠。

随机事件会引发我们情绪大脑中的一个缺陷。当看到某个篮球运动员连续两次投篮命中，或者从老虎机中赢得一些零钱，或者猜中食物的位置时，多巴胺细胞会变得十分兴奋，以至于我们的大脑会完全误解眼前发生的事情。我们开始相信我们的情绪，而情绪想要发现模式。因为没有模式就无法预测结果，而如果你不做任何预测，你就得不到任何奖励。

我们的大脑也被设定为会以其他方式在其环境中寻找模式。这种能力涉及从解释视觉印象到理解因果关系的方方面面。由于多巴胺的作用，我们在分子水平上也需要模式。但模式并不总是存在——有时，我们在预测未来的过程中，自己编造了模式。

我们大脑中的这种缺陷会导致我们看到并不存在的模式，从而产生可怕的后果。以股票市场为例。股票市场是随机系统的一个典型例子。在这种语境下，"随机"一词指的是某只股票过去的表现无法用来预测其未来的表现。我知道这样说会惹恼股票交易员，但事实上，20 世纪 60 年代初，经济学家尤金·法玛就指出了股市固有的随机性。他的这一观点论据极为充分。法玛研究了几十年的股票市场数据，得出的结论是，再多的知识或理性分析也无法帮助人们弄清接下来会发生什么。当然，今天我们有了无比强大的计算机，与当时法玛使用的工具相比，它可以处理更多的数据。但当代分析工具得出的结果实际上似乎也支持法玛的观点。（当然，并不是每个人都同意他的观点，但持反对意见的人几乎都是那些碰巧在推销昂贵的股市预测软件的人。难怪他们会表示反对——如果法玛是对的，他们就会破产！）

股市就像一台老虎机：它的不规则运动似乎是可以预测的，至少在短期内是这样。这就是危险所在。我们的多巴胺神经元会竭尽所能寻找股市的秘密，但往往没有什么问题可以解决的！我不止一次地听到某个自鸣得意的短线操盘手吹嘘说，他找到了一种有效的股市操作方法，设法弄清了股票市场的内部运作规律。我通常会问他这样一个问题：对他来说，除经济利益之外，发现股市运作规律之所以如此重要，是否是因为，如果他能向自己证明自己可以控制像股市这样复杂的系统，他就在某种象征意义上证明了，他是自己世界的主人？（对，就像这个句子里面表述的那样，主角总是"他"。）他每次的回答都是肯定的。

换句话说，这一切都与控制有关。如果我们能控制局面，未来就可以预测。然后，我们会因为知道如何行动而得到积极情绪的奖励。正如你将在本书关于幸福的那一章中所读到的，控制自己所处的环境是幸福最重要的决定性因素之一。

因此，我们对理解世界的努力使我们的脑细胞和化学分子拒绝不可预测的事物。我们没有意识到我们所看到的是随机数据，而是在毫无意义的情况下编造系统、感知虚假的规律。大脑研究人员里德·蒙塔古说，我们喜欢玩股票，喜欢在赌场赌博，其原因和我们在天空中看到动物形状的云和裸体者形状的云一样。当大脑接触到某种真正随机的事物时，比如老虎机吐出的零钱或云的形状，它会自动地排除一切干扰，形成一种模式。但天空中那一簇白色的云团并不是米老鼠，也不是裸女，所以你也没有发现暗地里支配着整个股市的某种模式。[①]

对你和你的钱包来说，这里的实际教训是，当你付了一大笔钱让别人替你管理你的股票投资组合时，你只是在盲目地服从你自己的预期系统。无论是你，还是你所信任的投资人，都不具备应对股市波动的多巴胺细胞。这就是为什么从长远来看，完全随机选择的股票投资组合总是会胜过使用时髦软件、资费高昂的专家的选择。与老鼠和大学生的情况

---

① 想要了解关于到处看到模式的危险的警世故事，请看达伦·阿罗诺夫斯基的第一部电影《圆周率》，或者读一下翁贝托·埃科的杰作《傅科摆》。这两部作品都描述了当其他人确信也存在模式，然后继续尽其所能让发现模式的主角沉默下来时出现的问题（而主角实际上只是多巴胺细胞犯错的受害者）。

一样，这也是大多数投资基金被股市指数击败的原因。即使是那些跑赢大盘的公司也只是在短期内跑赢大盘，它们的成功是零星的。研究一致表明，根本不做任何事情来维持投资组合的投资者的表现要比普通活跃投资者更好 10%。

几年前，我为电视台录制了一个实验。在实验中，我为一群参与者提供了一笔钱，前提是他们能弄清楚自己的团队是如何在比赛中得分的。他们渴望发现隐藏的规律，并且同大多数人一样认为我们周围看到的一切都是我们自己行动的结果，这导致两队把比赛中的所有时间都花在提出不同的解释上，试图解释他们自己的行为是如何得分的（或者没能得分）。如果他们想要赢得比赛，他们真正需要做的就是暂时跳出思维定式几秒钟，然后意识到他们的得分与他们的行为没有任何关系，因为这完全是随机的。世界比我们意识到的更随机，只不过我们的情绪拒绝接受这一事实。

郑重提示
— 避开情绪大脑 —

每一种情绪都伴随着一个可以意识到它的机会。通过跟踪你的行为，你甚至可以注意到那些从潜意识开始的情绪。当你意识到自己的情绪时，你也能够考虑为什么自己会有这种感觉。如果某种情绪对你来说毫无意义，比如说，你的杏仁核对一个错误的假设做出了反应，你可以忽略它。你可能仍然会感受到它，但你不需要让它控制你的行为。如果这是一种消极情绪，在采取行动之前要先等上一等，等待它减弱。如果你感到生气，想想自己为什么会生气，这样做是很有用的。一旦我们发现自己是在为错误的事情生气时，愤怒的情绪通常就会自动消失。我们的理性大脑可以选择故意忽略，或者至少抵消我们的情绪大脑的作用。

我承认，在面对强烈的情绪时，试图用意志力来抑制它们是很困难的。如果你没能在此类情绪变得过于强烈之前避开它们（例如，意识到自己的愤怒毫无来由），那么一旦它们完全发展起来之后，你就无法忽视它们。然而，有一件事你可以做，那就是等待。如果你知道自己不该生气，但仍然感到生气，那我建议你什么也不要说，什么也不要做，直到这种感觉消失。你说的话或做的事很可能会受你的情绪状态的影响，而且如果换一种情绪，你很可能不会那样说或那样做。因此，一旦这种情绪消失，你很可能会感到后悔。这种蠢事我们做得已经够多了，即使我们当时完全相信自己是正确的。

理性情绪管理

如果每个人都有一个这样控制着他们的杏仁核，那为什么每个人的行为都不一样呢？为什么我们不像我实验中的参与者那样，总是按照我们的预测系统行事呢？这正是大脑的理性部分发挥作用的地方。在我的实验中，参与者很难独立思考，因为他们时间有限，并且需要彼此竞争。多数人的观点开始控制群体的思维方式。然而，在一般情况下，我们可以使用我们的整个大脑，而且不会面临相同的压力。这样一来，我们就能抵抗多巴胺的诱惑。理性的人并不缺少情绪，他们只是能更好地控制自己的情绪。你已经知道如何做到这一点了，那就是仔细思考这些情绪。只要停下来，仔细思考一下，你就会知道生气的时候该如何做，高兴的时候该如何做。

亚里士多德有一句名言："任何人都会发怒——这很容易。但是，若要发怒的对象、发怒的程度、发怒的时间、发怒的目的以及发怒的方式都恰到好处，那就不容易了。"简单地说，他的意思是说，理性思考最重要的功能之一就是确保能够理智地利用你的情绪。时至今日，依然是这个道理。①

超 级 练 习
快速拍卖

这个练习对你来说可能有点儿奇怪，但是不要想太多。这里不需要你的理性大脑进行任何分析，只要快速回答问题就可以了。稍后我将对此进行解释。

想象一下这种情况：一台用了一年的苹果笔记本电脑正在被拍卖，有两个竞标者在竞争。我不会给你任何有关投标人的性别、年龄或财务状况的信息，只会告诉你他们社保号码的最后四位数字。

其中一人的社保号码是×××-××-8768。

另一个人的社保号码是×××-××-0125。

这台电脑的起拍价是500美元，而它的估价是800美元。我想请你花几秒钟时间来决定每个投标人准备为这台电脑提供的最高报价是多少。我知道你缺少判断的依据，但现在别管这些，请照我说的做。顺便说一下，你的时间马上就到了，所以拿起笔，在下面写下每个人的最高

---

① 在此我要补充一点有趣的事实。过了20岁的人常常认为青少年的行为不负责任、鲁莽轻率。大脑研究最近表明，这不仅仅是老古董们抱怨自己跟不上节奏的表现。儿童的大脑在生长发育过程中，各个部分的进化顺序是一样的（不过幸运的是，儿童大脑的发育得很快）。首先，脑干开始生长发育，然后是边缘系统。等我们进入青春期时，边缘系统已经发育成熟。但是大脑最后进化而出的部分，即负责理性思维的额叶部分，会持续发育，直到我们20多岁才完全发育成熟。这意味着，在我们十几岁的时候，我们的情绪大脑能够充分发挥功能（事实上，青春期分泌的激素会使它们的功能更强大），而用来控制它们的思维部分仍在发育中，因而我们对寻求即时满足的冲动的抵抗力仍然很弱。所以，认为青少年的行为不负责任、鲁莽轻率的观点不仅仅是那些身穿运动开襟衫、胳膊上戴着袖章、嘴里叼着烟斗的老古董发出的牢骚，而且还是神经学上的一个事实。青少年会做出更糟糕的决定，偶尔会做出不负责任的决定，因为他们的确没有成年人理智。

出价。

×××-××-8768 准备出的最高报价_____

×××-××-0125 准备出的最高报价_____

如果一切全由概率决定，×××-××-0125 将在测试进行的一半时间里出价最高，而 ×××-××-8768 将在另一半时间内出价最高（这是因为他们都有 50% 的机会出价最高）。尽管如此，我还是要试着猜一下你的想法：我不敢绝对肯定，不能百分之百地肯定，但我绝对超过 50% 地肯定，你让 ×××-××-8768 出价最高。

（怎么样？）

概率在这里并没有发挥作用，至少这不是故事的全部。很有可能参加这次测试的人会认为 ×××-××-8768 准备出最高的价格，你们中很少有人会选择 ×××-××-0125 作为最高出价人，这太奇怪了，不是吗？社会保险号码与人们准备花多少钱有什么关系？对此的解释很快就会出来。

思维短路

在读到理性的大脑应该控制情绪化的大脑时，你应该不会感到奇怪。毕竟，从孩提时代起，别人就一直教育我们要学会控制，不要太冲动，不要玩得太野。苏格拉底用一种稍微温和的方式表达了这一观点，他说："未经省察的生活不值得过。"但他实际上说的是同一件事：我们的意识思想应该被赋予控制我们内心其余部分的权力。

问题是，事情并没有那么简单。要知道，在有些情况下，理性思维不仅不足以做出正确的决定（比如前面提到过的电影导演和篮球运动员的情况），而且如果我们选择听从理性思维，而不是我们的情绪，甚至可能导致我们做出错误的决定。心理学家蒂莫西·威尔逊在一系列著名的实验中清楚地证明了这一点。在其中一次实验中，他向一群学生展示了一系列的海报，要求他们每个人都告诉他自己最喜欢哪一张。他们必须把他们最喜欢的海报带回家。然而，他还要求一些参与者给出更详细的解释，告诉他为什么他们更喜欢自己选中的那张，而不是其他的。几周后，在一次后续采访中，被要求详细解释自己选择的受访者对自己选择的海报的满意度远远低于凭直觉选择的人。因为那些被要求详细解释的人对他们自己的选择开启了理性分析，以前对他们来说根本不重要的事情（比如印刷质量高低或艺术家是否有名）突然成为他们选择海报的关键。为了更好地匹配关于自己应该如何选择的复杂逻辑，学生们改变了他们的偏好，没有根据直接印象选择带给他们最积极情绪的那幅海报。但这种改变充其量是表面上的。最初的偏好（反映了一个人真正喜欢的东西）并没有改变。我们可以暂时抑制这些偏好，就像这些学生那样，但过不了多久，这些偏好就会重新出现，并质问你到底在玩什么花样。

我相信你肯定有过这种情况：花了很长时间去思考一个其实相当简单的选择，但后来却产生了一种讨厌的感觉，觉得自己可能选错了。对此我的解释是：尽管你花了很多心思去思考，但并没有发现哪里不对，之所以会出现异样感，是因为你想得过多。完全依赖理性大脑是很危险的。在某些情况下，我们完全是在对事情进行过度分析。当你在错误的时间过度思考某件事情时，你实际上是在屏蔽自己情绪中已具备的知识。在这些情况下，过度的自我分析产生的自我认识不是更多，而是更少。突然之间，你想把影片《警察学校 5》的海报贴到你家的墙上，就因为它的色彩效果最好。

理性的极限

遗憾的是，我们不会仅仅因为要做的决定很重要就变得更容易做出理性思考。我们在购买房子和汽车时也会犯同样的错误。我们会欺骗自己，因为我们忽略了对我们来说最重要的东西。

在前文中，我曾让你买了一所新房子，因为它的客房很大，并且一个小时的通勤时间似乎也不算什么大问题。但是你所犯的错误（其他许多购房者也会犯同样的错误）就是没有考虑到，虽然买房之后，当你对象的母亲偶尔来家做客时，你无须在客厅里摆放床铺，但这是否值得每年增加300小时的通勤时间。[1]信不信由你，不管是买房子还是选海报，我们的思维方式都是一样的。最满意的购房者是那些在5分钟内就做出决定的人，他们在开始说服自己，觉得以前他们从未考虑过的窗框两侧的斜边会对他们未来的幸福起决定性作用之前，就已经快刀斩乱麻，迅速做出决定。

为了对抗理性思维的易受影响性，我们必须设法使自己不受不必要信息的影响。但问题是我们生活在一个信息泛滥的文化中。广播电视公司、搜索引擎和社交媒体对此根本毫无助益。毕竟，是我们自己想要这些信息的。如果手头没有搜索引擎，我们会总是在想自己是否知道足够的信息来做决定。然而，如此丰富的信息是要我们付出代价的：我们的大脑不能处理如此海量的数据。我们不断地超越大脑的极限，我们喂给大脑的食物超出了它的消化能力。就像在海报实验中那样，我们最终不可能将有意义的细节与无关紧要的细节区分开来。

脑子里整天装着这么多信息比较麻烦，因为我们的决定受我们最近的想法的影响——不管它们与所讨论的决定是否有关系。如果你被要求在拍卖之前想一下自己（或别人）的社保号码的最后四位数字，假如你的数字数值比较大，那么在拍卖过程中，你的出价会高于你想到较小数值的时候。你的社保号码自然与你竞标出价超过别人没有任何关系，无

---

[1] 你也可以用金钱来衡量时间。有人曾经计算过，在上下班的路上，每多花一个小时，我们需要多挣40%才能像以前一样对生活感到满意。毫无疑问，另一句老话是对的：时间是最宝贵的财富（实际上，这涉及人际关系问题，我们稍后再谈）。

论拍卖的是巴洛克式古镜,还是苹果笔记本电脑。然而,你的大脑太懒了,不会偏离你最近的想法太远。如果这个想法恰好是高数值,那么你的大脑在下一次遇到与数值有关的情况时会继续围绕高数值进行思考。最终,你会为那面镜子付更多的钱,或者让社保号码为×××-××-8768的那个人中标。

这其实是一个颇有争议的观点,因为我们通常认为,我们在做决定之前得到的信息越多越好。但有时,情况恰恰相反。我们的理性大脑一次只能处理非常有限的信息,这意味着如果你让它思考得太多,然后试图根据其中的重要信息来做决定,那你注定会失败。我们一定要知道我们的额叶对过度的工作负担有多敏感,这样你就不会因为急于同时考虑尽可能多的因素而妨碍自己的决策。

事实上,理性思维的神奇极限似乎与我们的工作记忆相同,即只能同时处理的7件事(在本书第6章中可以看到这方面的更多内容)。一群汽车买家在被要求从4个方面(每个方面包括4条信息)比较各种车型时,他们能够理性地思考问题,此时他们做出的决定比根据直觉做出的决定更合理,因为理性大脑能够处理好这4个方面的信息。然而,那些被要求从12个方面(每个方面包括4条信息,总共48条信息)比较同样车型的汽车买家,他们依靠情绪做出的决定远远优于他们根据理性做出的决定,因为他们那可怜的大脑得到的信息太多,无法进行理性思维。

不管你想买什么,道理都是一样的。如果要买的东西很容易进行比较,比如比较两个土豆削皮器,那你随便想一下自己更喜欢哪一个就可以了,只要你喜欢,事后你也不会后悔自己的决定。但对于更复杂的比较,比如你在宜家买家具,此时,如果理性大脑试图处理所有信息,那就会导致过于简单化,而你也可能只会关注一两个甚至与你的购买无关的因素("你瞧,那个沙发和我们家里的窗帘很相配!")。无论选择什么,你在宜家选择的时间越长,你就越有可能对自己的选择感到不满意。简单来说就是,如果你屏蔽掉了自己的情绪,你也就屏蔽掉了一个重要的信息渠道。

郑重提示
— 理性思维的上限是 7 —

经过深思熟虑所选择的海报、房子、轿车都有一个共同点：在做决定的时候，你需要考虑的因素很多。但我们无法处理那么多的信息，更无法衡量各种因素之间的相互影响（比如车辆腿部空间狭小与提速迅速之间如何抉择）。我们的大脑不具备这样的能力。如果需要考虑的因素超过 7 个，我们似乎就无法做出有意识的、理性的决定。

有趣的是，正如你稍后会读到的，7 这个数字和我们在工作记忆中一次能记住的东西的数量是一样的。所以说，我们似乎有理由认定，理性大脑能够同时处理的任务的数量受到工作记忆能力的限制。如果这一点成立的话，你更应当读一读本书后面关于记忆训练那一章的内容：你的记忆经过训练之后，很可能也会提升你正确、理性思考的能力。

安慰剂：不仅仅是安慰

安慰剂效应就是一个很好的例子，它表明我们可以理性地说服自己去选择我们并不真正想要的东西。我想你对安慰剂效应已经很熟悉了，它是指我们通过服用实际上没有效果的药物来康复（比如从感冒中康复）的能力，只是因为我们相信这种药会让我们好起来。因此，安慰剂效应是一种对身体功能（使你康复）的潜意识心理调节，同时相信所有效果实际上都是由某种外部因素（如药片）引起的。这是一种很有效的方法：35%~75% 的病人服用安慰剂类药物后病情有所好转（这一数字比许多药物的实际效果还要好）。安慰剂效应就是自我实现预言的一个例子：我们变得更好是因为我们期待变得更好。

通过这一现象，我们可以清楚地看到理性大脑的力量，它甚至可以影响最基本的身体信号。它不仅仅适用于我们身体感觉不舒服的时候，也适用于像经历痛苦这样的时刻。在实验中被电击的人（请注意，这里的实验对象都是志愿者）报告说，在给他们手上涂了所谓的镇痛药膏之后（实际上是没有镇痛效果的），电击的疼痛感明显减轻。能够印证这一点的是，他们的大脑表现出的疼痛活动有所减少。

所以说，相信药膏或药丸会起作用，能够影响我们对困难情况的反应。这和选择电影海报有什么关系呢？是这样的：大脑中负责屏蔽疼痛信号的区域也会让我们在需要情绪的时候忽略情绪，从而导致我们在日常决策中误入歧途。

懒惰的大脑

我们要做的事情太多，以至于我们迟钝的、充满缺陷的理性大脑没有时间详细分析每一个问题，所以，它常常会根据过去的经验走捷径。因为你的大脑额叶一次只能处理 7 件左右的事情，所以它试图对此进行弥补，把生活中许多复杂事物概括起来，使之成为更大、更容易处理的部分。然而，从本质上来说，思维概括是对现实的简化，而这样做并不合适，因为我们已经深受过于简化的世界观之苦。

对此，我在这里给大家举一个例子，你可以在你家附近的便利店里检验一下：那些研究者最终肯定会对自己向各国学生提供的东西过意不去，因为有一天，他们在宿舍走廊里放了一碗砂糖和一把勺子，任何人都可以随便吃。第二天，他们又在碗里装满了砂糖，但换了一把更大的勺子。结果发现，当勺子变大时，人们多吃了 66% 的糖。这并不是说更大的勺子在某种程度上加剧了他们对糖的渴望——他们本可以在前一天吃同样多的糖，只要多吃几勺就可以了。而是大多数人不会去数他们吃了多少糖，因为我们都太忙了，没有时间注意这类细节，而且数来数去太麻烦了。学生们采用了一种思维捷径：平均每次一勺。他们从没考虑过勺子的大小——勺子越大，他们吃的糖越多。每次别人给我们盛饭的时候也会发生同样的事情——我们往往会一直吃，直到把盘子里的食物全部吃完，根本不考虑一开始食物堆得有多高。当我们的胃告诉我们它已经吃饱了的时候，我们忘记了倾听它的声音，而是选择了理性的捷径，采取"一份食物 = 一顿饭"的原则。即使盘子是原来的两倍大，我们还是会把里面的食物全部吃完。在崇尚数量的美国，餐馆里的菜品分量在过去 25 年里增长了 40%。这一点在一个令人不安的实验中得到了证实：实验人员要求参与者喝一碗汤。参与者所不知道的是，他们中的有些人得到的是一碗永远喝不完的汤，因为碗底有一个秘密的管子，不断地向碗里加汤。在最后说自己已经喝饱之前，那些喝了一碗没有尽头的汤的人比分到正常汤量的人平均多喝了 70%。

如果你对近几十年来标准薯片包装袋的尺寸变化感到过好奇，我猜其中也有同样的原因。生产商可能已经意识到消费者会走捷径：我们购买薯片的数量是根据标准包装里面装的薯片数量而定的。通过加大标准包装袋的尺寸，他们成功地诱使我们购买和食用了更多不健康的零食。但与此同时，我们还像以前一样，每次都只买一袋。我们依赖于把我们引入歧途的捷径，因为我们缺乏以其他方式思考问题的能力。

当理性大脑的捷径不再与现实相符时，我们最好还是听从我们的情绪大脑。但问题是我们已经启动了自动思维模式，所以，我们能做些什么呢？还有可能做出明智的决定吗？别担心，有办法的。

唤醒超级决策力

平衡决策的方法

我知道这一章的内容在理论上讲得比较多，但我想确保你能理解每次你试图做出决定时你的大脑所面临的复杂局面。对我来说，最简单的方法就是告诉你要相信自己的情绪。但是，你知道，情绪有时会失控。

另外，我们也不能盲目相信理性，因为我们的理性大脑在其他方面会给我们带来问题。相信你已经不止一次地意识到这个问题。

你还记得一开始我说过，这种超能力在很大程度上是通过认知而不是通过实践获得的吗？也许这样说有点儿太过，因为毕竟你在阅读本章的时候已经看到过一些练习。但是，你现在对使用你的情绪大脑或理性大脑的利弊的理解，会赋予你一个全新的视角去把握如何最好地利用你的理性能力。大多数时候，生活要求我们做出的决定要比在两个土豆削皮器之间做选择复杂得多。不管你过去知道些什么，刻意去考虑所有的选择可能是错误的做法，因为这种方法会让你的理性大脑信息过载，无法使你做出更好的决定，只会让你花更长的时间。

如果涉及的因素不太多，并且你能一次把所有因素都记在脑子里，那么此时可以采取理性思考的方法。此外，相对简单的选择并不总是充满情绪因素，这意味着你可以运用你的理性思维来控制你的情绪，在缺乏信息的情况下防止它走错方向。如果情况比较复杂，而你又真的想要仔细思考，那我们需要更多地依靠我们的情绪化结论（因为你知道如何训练你脑中的多巴胺），如果感觉正确，那就像希腊胜利女神尼姬那样，只管去做。

超 级 练 习
情绪决策法

在做决定时，你应该用你有意识的思维来收集所有需要的信息，但不要试图有意识地分析信息。相反，你应该给自己的认知放个假（比如可以做本书中的某个与创造力有关的练习），让你的潜意识消化这些信息。不管你的直觉、感觉或躯体标记（不管你想称之为什么）告诉你些什么，它很可能就是最佳选择。

任何需要经常做出艰难决定的人，从公司首席执行官到扑克玩家，都可以受益于比较情绪化的思维过程。也就是说，只要在需要做决定的领域有足够的经验，即你的多巴胺已经接受了足够的训练，如果你不花太多时间有意识地权衡利弊，那你可期待的结果会更好。最困难的决定是那些需要投入最多感情因素的决定。

这可能有点儿难以接受，因为我们通常持相反的观点。你会相信自己的直觉，由它来决定晚餐吃什么，但你不会让它来决定买哪辆车。然而，大多数人的常识在这里把事情弄反了。简单的问题实际上是最适合理性大脑的问题。事实上，它们是如此简单，以至于经常会让我们的情绪大脑犯错——情绪大脑并不擅长在超市里比较商品价格。但是，复杂的问题需要情绪大脑的处理能力。

我并不是说你只要眨一下眼睛就能知道怎么做，潜意识思维也需要学习如何处理信息，但你的情绪往往比你知道的更多。不过有时候，情况正好相反。你需要找到你自己的思维平衡点，让两种思维互为补充。

三种没有意义的决策方法

我们目前对理性思维和客观事实的强调导致了我们社会中对情绪化思维的压制。然而，我希望我已经向你充分表明了情绪化思维也同样重要，而且它并不比我们所意识到的思维过程更特殊或更难以理解。

既然现在你已经知道了我们的思维运作方式，你就能够在未来避免常见的错误。在接下来的内容中，我将讨论三种常见的决策方法，它们往往会在事后引起不满，其原因就在于我们从内心来说始终想要摆脱情绪的干扰，完全专注于理性思维。诸位已经理解了这方面的内容，所以我就长话短说吧。希望你读完之后，永远不要再犯类似的错误。

貌似省钱

只考虑经济方面的因素，完全忽视实用因素。

在一项研究中，参与者被要求在 50 美分的心形巧克力和 2 美元的更大的蟑螂形巧克力中做出选择。他们中的大多数人选择了更大的、蟑螂形的巧克力，其依据是"越多越好"。实验之前，在被问及更喜欢哪种巧克力时，他们发自内心地承认自己想要心形的那种。

事后，他们并不太喜欢蟑螂形巧克力。

如果你曾经买过一大桶冰激凌，其质量比不上你真正想要的那种，你之所以会做出那一决定，是因为你对自己说，花同样的钱，却可以买到比原来两倍还要多的东西——那就是你的蟑螂形巧克力（既然你已经把那桶冰激凌的 3/4 又放回了冰箱里，不如现在就把它扔掉）。

貌似科学

只考虑客观的、容易衡量的"硬"属性，忽视决策过程中主观的"软"属性。

当受试者被要求从两种价格相同的音箱中做出购买选择时，大多数人选择了输出功率更高的音箱（这是一种能够用瓦数衡量的"硬"属性），尽管他们中大多数人之前曾表示，他们更喜欢音质更柔和的另一对音箱。他们的理由似乎是，他们的感觉可能出错，但数字从不会说谎。

这种决策是失败的。猜猜看，你觉得一周之后他们会后悔当初的决定吗？

假如你买的床或扶手椅不是当初你认为最舒适的那种，你之所以选择它，是因为你看到了一个令人信服的横截面图，让你觉得其设计非常巧妙，你让那个图支配了你的决定，那么，你就跟上面购买音箱的人一样，也成了错误决策的受害者。以后每当你的客人选择坐在你的布偶包装袋上而不是你买的扶手椅上的时候，你就会想起自己当初那个错误的决定。

貌似高效

只考虑决策的主要目标，忽略对整体体验一样重要的其他方面。

这个例子并非来自科学研究，而是我从自己的日常生活中得到的。就在昨晚，我和一个心情不好的朋友聊天。她觉得她的同事过于急功近利，在与一个他们想要购买其服务的供应商进行价格谈判时显得过于强势。她的同事则认为我的朋友这样批评他们是不对的。用他们的话说就是："这完全是公事公办。"他们没有看到她所看到的：他们在打压价格的同时也表明，他们根本不重视供应商提供的服务，这损害了他们将来需要依赖的人际关系，并在某种程度上破坏了彼此合作的基调，对双方来说都不是什么好事。从长远来看，这种做法可能让公司付出的代价远远大于他们通过强硬的谈判策略省下的那几美元。

你的目标可能十分具体，但你实现它的时候，也只能是"体验"它，而不是别的。实现目标的过程也是如此，你应该确保这一过程充满意义，否则目标也就失去了意义。如果目标毫无意义，你为什么要费心去实现它呢？

两种特殊情况

在两种特殊情况下，我们的决策往往被误导，不管我们认为自己多么擅长理性思维和情绪化思维：一种情况涉及数字，另一种情况涉及逻辑。无论哪种，原因都是一样的：数字和逻辑在许多情况下是有用的思维手段，但并不总能反映现实。它们是我们人类为自己设计的系统，但我们大脑的进化程度还没有为使用它们做好准备。如果你不想让自己的生活变得过于复杂，那一定要对数字和逻辑的作用方式有一个基本的了解。但这并不意味着我们必须始终根据它们来做决定，尤其是因为，我们并不完全了解它们。

特殊情况 1：数字

我们做的许多决定主要是基于数字做出的。但遗憾的是，我们的大脑并不特别擅长处理数字。这样说算是比较委婉的说法。在人类大脑绝大部分的进化过程中，数字并不存在，只是后来我们人类发明了数字。我们不是生来就会处理数位和数字的，这二者是一种文化创新，依赖的是我们感知单位的能力。这也是一种先进的发明，有些文化所认识的数字从来没有超过 3。数字 0 是一个相对较新的产物（只有 2 300 年的历史），与其他数字相比，0 绝对属于尖端技术。

数字一旦进入我们的大脑，就会发生奇怪的事情。像 3 和 5 这样的小数字是没有问题的——我们知道它们意味着什么，因为我们立即就能感知出来。比如，我们知道 3 块石头是多少块石头。但是 128 和 456 是什么意思呢？那是多少块石头呢？想要想象出更大的数字，我们必须会数数，而为了能数数，我们必须练习。在处理非常大的数字和非常小的数字时，我们在数字方面的问题尤为突出。我们的思维过程中总是隐藏着个人偏好，它们会影响我们的判断，并对我们的思维产生影响。它们也会影响我们处理数字的方式，尤其是当我们没有完全注意到自己在做什么的时候。

超 级 练 习
心 算

第一个任务

用 5 秒的时间将下列数字相乘，时间一到必须马上停下来。即使你没有时间算到最后，你也应该能够估计出最终结果。把结果写下来。如果你身边有朋友，让他们在你开始之前也这样做一下。

开始！

$9×8×7×6×5×4×3×2×1$

第二个任务

用5秒的时间将下列数字相乘，时间一到必须马上停下来。即使你没有时间算到最后，你也应该能够估计出最终结果。把结果写下来。如果你身边有朋友，让他们在你开始之前也这样做一下。

开始！

$1×2×3×4×5×6×7×8×9$

点评

现在这两组数列就在你眼前，你可以仔细看一看，把它们相互比较一下。你能看出它们是一样的吗？很久以前你就知道，改变数字的顺序不会改变它们的乘积。看看你写下的计算结果，它们难道不应该一样吗？如果你写下的结果不同，不妨尴尬而不失礼貌地傻笑一下。

十有八九，你会得到不同的结果，这是因为数字的呈现顺序影响了你。你（和你的朋友，如果你让他们参与练习）对第二个数列的计算结果可能少于第一个数列，并且你两次的计算结果可能都远远低于正确答案——362 880，意外吧！

我们在估算数字时，大多数人是从一个容易记住的数字开始，以这个数字为"基数"，进行后续思考，在思考过程中进行相应的调整。在解一道数学题时，这个基数通常是你遇到的第一个数字。这里有两个问题。首先，我们无法充分调整最初的猜测，以得到正确的答案。比如在上面的练习中，你的猜测结果和实际答案相差甚远。其次，你的猜测很容易受到你所处环境的影响。在上面的计算题中，初始环境就是第一个

数字。由于计算时间紧迫，所以你只能大体估计一下。我们经常面临需要我们进行大致估算的情况，此时，我们通常会选择一个较大或较小的基数，以此为出发点。所选基数的大小取决于我们遇到的第一个数字（此处分别是 1×2 和 9×8 的结果）是大还是小，它对最终结果的影响远远超过合理程度。

刚才从你接到任务的那一刻起，你就开始以最快的速度进行心算，从左到右，时间用完时，剩下的就猜测。你的猜测结果体现的是你遇到的第一个数字的影响——甚至是第一个数位的影响。我们很少能彻底摆脱我们潜意识中那些基数的影响。

有人将你刚才尝试过的那两组数字序列用到了实验中，第一组数列得到的平均乘积是 4 200，第二组得到的平均乘积是 500。心算过程受到数字的呈现顺序及其产生的基数的影响，导致参与者给出的答案过低，就像你刚才那样。

糟糕的是，关于数字方面的问题还有很多。正如前面关于社保号码和电脑拍卖的练习所揭示的，我们的思想可能会陷入与眼前的事情毫不相干的情况中。我们十分不擅长数字，这正是我们很容易被数字欺骗的原因。某个慈善机构向你募捐，你可以选择捐 25 美元、20 美元、15 美元，或者你自己决定捐钱数额。你担心其中有诈，所以要自己决定捐钱数额。然而，我敢向你保证，你确定的数字距离标准选项不会太远。因为，慈善机构为你的思维提供了环境，为你的选择提供了框架。所以，你决定捐 10 美元。但是，你从来没有想过要捐 2.68 美元，或者 1.2 埃及镑。①

---

① 友情提醒：我在本书的不同章节中给出的这类例子，都是基于统计研究结果的。诸位最好记住一点：83% 的统计结果是错误的，它们实际上根本不符合事实。你听懂我的意思了吗？还是说你不假思索地接受了我说的"83% 的统计结果是错误的"？这本身就是一种统计结果！如果这是真的，那么上面那种说法有 83% 的可能性是错误的，因此实际上那种说法是不对的。如果是这样，那统计结果就是正确的，因为说它错误的说法可能是不正确的……我们这是在讨论什么？是数字吗？你确定？

这里的寓意是，除非绝对必要，否则你最好不要在交流中使用数字。大多数时候，数字只会使事情变得更复杂。每次当你遇到用数字和数学问题说明的情况时，试着把它们转化成一些实际的、具体的事物，这样你就可以把事情弄清楚。比如，我手里能装下 3 块石头，但能装下 128 或 456 块吗？你看到那边那个集装箱了吗？

不要让自己被完全基于数字的论点所左右，数字只是现实世界事态的抽象表示。最好是找出这些数字的真正含义，并以此为基础做出决定。

特殊情况 2：抽象逻辑

如果你在内心深处认为自己很擅长逻辑推理，而且能够进行结构化论证，我一点也不奇怪，因为我认为自己也是这样的人。我们每天所进行的各种演绎和推理似乎都非常简单，因此很容易理解为什么有人会相信大脑天生就具备这种功能（我一直在说大脑的"处理能力"，但我绝不是第一个把大脑比作超级计算机的人）。既然如此，逻辑思维到底有多困难呢？让我们试试下面这个练习吧。

下图每一张卡片的一面都印着一个数字，另一面印着一个字母。或许这里面存在这样一个规律：印有元音字母的卡片背面肯定印着一个偶数。为了判断这一规律是真还是假，你需要翻看哪张卡片？

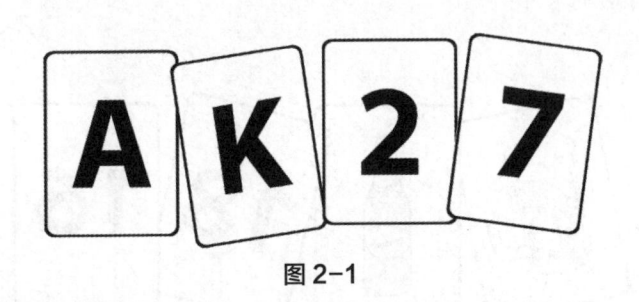

A K 2 7

图 2-1

如果你和大多数人一样，你会选择翻看印着字母 A 和数字 2 的卡片。看起来这样做比较合乎逻辑,对吧?事实并非如此。翻看字母 A 的卡片可以告诉你这一规律的一部分是否正确:你可以看到元音字母的背面是否印着偶数。然而,翻看印着数字 2 的卡片不会给你任何你还没有掌握的相关信息——2 的背面是 K 还是 A 并不重要,因为这条规则没有说明偶数背面的字母是什么,只说明元音字母的背面必须是什么(我希望你能听懂)。除了卡片 A,你还需要翻看数字 7 的卡片。如果 7 的背面印着字母 A,这就表明无论 A 的背面印着什么数字,这一规律都是错误的,因为该规律说元音字母的背面必须是偶数,而 7 不是偶数。正确的做法应当是翻看字母 A 和数字 7 的卡片,而不是 A 和 2 那两张。

如果你没有做对,不要失望,因为很少有人能在第一次尝试时就解决这个难题。如果你正是这样的人,那么恭喜你!这一练习告诉我们,我们天生并不具备抽象思维决策的能力。要解决这类问题,我们必须非常努力地思考,但仍然面临着做错的巨大风险。

然而,不管怎样,我们在现实生活中还能勉强对付过去,即使是非常需要了解逻辑规则的情况下。我们再尝试一下这个练习:下面这些卡片代表的是酒吧。如你所知,许多国家有法定饮酒年龄,比如在瑞典,饮酒的法定年龄是 18 岁,只有超过这一年龄才能在酒吧里喝酒。要想知道这家酒吧是否在法律允许的范围内经营,你需要翻看下图中印着哪些饮料和年龄的卡片?

图 2-2

除了翻看印着啤酒的那张卡片,以确定其背面的最低饮酒年龄之外,我猜你会觉得翻看印着 18 岁的那张卡片,看看 18 岁群体可以喝什么饮料没有任何意义,因为 18 岁已经超过了年龄限制,所以喝苏打水或啤酒都没有关系。看一看 16 岁的孩子可以喝什么则更有意义。略微思考几秒钟,你就会明白其中的道理。

这个问题和之前的那个问题完全一样,唯一不同的是,这个问题用饮料和年龄代替了字母和数字。第一个练习中的卡片 2 相当于第二个练习中的 18 岁,卡片 7 相当于 16 岁。

你认为是什么让这次的问题变得如此简单?

如果用现实生活中的情况(如饮酒和法律)而不是抽象的情况(如元音字母和数字)来表示逻辑问题,那么我们解决起来就容易得多。之所以如此,是因为存在两种逻辑关系(事实上不止两种,但就目前的目的来说,我们只需要处理好这两种就可以了)。第一种是"纯"逻辑。纯逻辑比较抽象,用诸如"如果 A 那么 B"这样的短语来表达,采用的是一些不寻常的、有趣的字符。第二种是道义逻辑,涉及我们在现实生活中遇到的规则、权限和职责。这种逻辑有助于我们解决日常问题,因为我们可以用它来设计策略,帮助我们从纯实用的角度思考问题。

我们的逻辑能力与现实生活的联系更紧密,并且主要用来分析我们在现实生活中经常遇到的复杂的权限和禁令。对此你可能不会感到惊讶,因为这对我们很有用。对生存来说,与知道具备什么条件才能进入酒吧相比,天生能够进行"纯"逻辑分析的能力几乎没有任何价值。

道义逻辑是通过进化而发展起来的,这种观点并不太牵强。果真如此,那就意味着我们生来都能够从逻辑上把握存在于他人之间的代价、利益和社会纠葛。然而,一旦使用抽象术语而非现实世界的术语来描述某种情况时,这种逻辑能力立刻就消失了。为了运用你的逻辑能力,你需要让你掌握的信息更加具体。换句话说,在做决定的时候,避免使用抽象推理。同样,在你向他人提供信息,而他们需要根据这些信息做出自己的决定的时候，也需要如此。我们很难理解抽象概念，而且很容易产生错误的想法。不要讨论印着字母 A 和数字 2 的卡片，努力找到一个更实际的例子。"如果 A 那么 B 但不是 C"可能是正确的，但是换一种说法之后——"如果爱丽丝打了巴特，巴特会不高兴，但是西泽不会介意"——就更容易理解了。这可以使每个人理解起来都更容易，也可以使他们做对事情的次数更多。

很多优秀的著作详细介绍了做出不同决策的不同方法。然而，如果你不能控制自己的理性思维和情绪化思维，那么这些方法对你就没有任何用处。这两个方面的思维能力都需要训练。在训练理性思维时，不要试图一次分析太多的变量，避免采用便捷但不恰当的概括手段，要清楚什么时候应该、什么时候不应该屏蔽自己的情绪冲动，不要把可测量的单位置于经验价值之上。通过训练情绪化思维，你会知道什么时候应该、什么时候不应该听从自己的情绪，并确保你总是能从任何基于正确感觉的行为上得到反馈。一旦你在这两种思维方法之间找到了一个理想的平衡点，并且学会了把那些似乎很难理解的事情具体化，那你就具备了做出完美决定所需要的能力。

在下一章中，我们将讨论自助行业内最大的那棵摇钱树——我们自己的幸福。关于幸福的图书和杂志似洪水奔流，滔滔不息。从这一出版盛况来看，人人都迫切地想要得到比现在更多的幸福。然而，洪流之中，泥沙俱下，现在是时候让我们一起穿越这片欢乐的沼泽了。你会惊讶地发现，如果不怕弄脏双脚，你就可以从这片沼泽中找到很多好东西。我不妨从一开始就说清楚：你的下一个超级能力不会是那种随心所欲获得幸福的能力。然而，它会让你有能力进入强烈的、积极的、具有建设性的情绪状态。只要你想进入，随时都可以。你也会明白哪些事物能够给自己的生活带来意义，会懂得应该为自己设定什么样的目标。这种超能力会让你感觉超棒，让你变得神采飞扬、热情奔放。

还等什么？赶快穿上你的胶靴，让我们上路吧！

第 3 章

找到生活中的幸福、意义和快乐

——唤醒你的幸福力

一个星期前,我妻子的医生说她只能活34年了,
所以我们显然必须把事情想清楚。
为了照顾她,我放弃了自己的工作。
我们要把剩下的时间用来做我们想做的事情。
所以,我们要去住在迪士尼乐园。

——阿曼多·扬努齐

幸福并不难

追求幸福

  我们将在本书的这一章讨论的超能力实际上是所有其他超能力的必要条件。可以把它想象成训练你的大脑进行一场思维篮球赛:你当然可以通过练习掌握运球和投篮,但是如果你没有足够的耐力带球跑动,那对你没有多大帮助。调节情绪状态和保持积极状态的能力是你的基本思维条件,因为,假如你感到痛苦,那么训练你的记忆力或提高你的创造力又有什么意义呢?欢迎来到新手训练营。

  你可能会想,如果幸福是其他思维能力的必要条件的话,我应该从本书一开篇就写关于幸福的内容。你这样想也无可厚非。但是,我担心如果我在第一页就开门见山地告诉你,你可以精确地调节你的精神状态,并且告诉你发现生活中最重要的事情是什么其实无关紧要,那你可能很难认真对待本书。到目前为止,你读这本书已经有一段时间了,我希望我已经赢得了你的信任,因为这种幸福感并不像你想象中那样有很多新奇玩意儿或者充满香氛蜡烛。

超 级 练 习
拼字游戏

在你继续阅读之前,我想让你先做一下下面这个快速练习。它由三个变位词组成,即这些单词可以通过重新排列字母顺序变成其他单词。研究每个词的时间不要超过 30 秒,其实你也不需要更长的时间。即使你以前从未做过变位词练习,我相信你也会做得很好。我们过一会儿再讨论这个问题,届时我会解释这个练习的目的。但现在,我们首先看一下这几个词:

跳(jump)
杆(pole)
危险(danger)

保持对心理学的积极态度

"幸福"这个词在过去几年里肯定是自助行业的头号热词。如今,它有些极端化(毕竟,幸福是一个极具感染力的词)。但这并没有阻止杂志列出一长串能帮你"获得幸福"的生活小妙招。

幸福之所以在今天具有如此强大的发展势头,是因为心理学研究人员最近几十年才开始研究能让我们感觉良好的事物。你可能会感到惊讶:人类花了这么长时间才走到今天这一步!但请听我简单解释一下。在前工业化时代,人类在很大程度上被视为群体动物而不是个体动物,他们需要辛勤劳作才能勉强果腹蔽体，因而自我反省是他们负担不起的一种奢侈品。工业革命解放了人类，让人们（一部分人）有了闲暇时间，能够开始探索自身，发现不同个性之间的差异。

很快，我们发现很多人的举止行为比较奇怪。这倒算不上什么新闻，因为我们经常看到鲁莽、乖戾或神经兮兮的人，不过现在我们第一次认真思考其中的原因。与此同时，对超自然的信仰和对社会等级结构的接受变得越来越难以维持，人们不得不从其他方面寻找自己的价值观，因而许多人将目光转向了内心，于是心理学诞生了。

心理学宝典——威廉·詹姆斯的《心理学原理》于1890年出版。这使得现代心理学成为一门相当年轻的学科。在这之后，弗洛伊德和其他人花了将近一个世纪的时间，试图找出人类精神失常的原因。然后，我们到达了下一个逻辑点：人类本质上是快乐的，所以研究者对"让我们感到快乐的事物"产生了兴趣，同时也开始研究如何利用这方面的认识让我们更快乐。

关于幸福的生理学

当然，这里的一个基本问题是，为什么我们认为幸福如此重要。我们真的需要感到幸福吗？积极心理学通过强调幸福在我们发展中的作用回答了这个问题。对幸福的研究不仅仅是研究让生活变得有趣的事物，还包括研究让生活成为可能的事物。

为了生存，我们的祖先需要吃饭穿衣、养育后代，而这些活动恰巧也是人类快乐与幸福的源泉，这绝不是巧合。由于饮食和性交能让人身心愉悦，所以我们的祖先在寻求一时满足的同时，更容易沉溺于这些活动，而这些活动也使我们更有可能作为个体和物种长期生存和发展。

进化让我们在我们的行为有助于我们复制基因的时候，体验到一种深深的满足感。现在，除了食物、亲热和拥抱孩子，还有其他快乐的来源，其中包括与家人保持亲密关系，与一些人建立深厚的友谊，在更大的群体中保持合作精神，生活在安全、繁荣的环境中，锻炼身体、提高、使用你的技能等。在饮食方面，不仅要吃饱，而且要吃好。所有这些活动都能产生一种幸福感，并且也都有利于生存。

我们生来不仅具有生存的欲望，而且还有生活的欲望。大脑生来就能感受到期望和激动带来的刺激，能感受到兴奋带来的喜悦以及同情带来的温暖。这种特殊的幸福与年龄、性别、智力或教养都没有关系，它是我们的"基本操作系统"的一部分。尽管我们的实际环境确实对我们的整体幸福感有影响，但这种影响比我们认为的要小。作为人类，我们被赋予了在几乎任何想象得到的情况下都能感到快乐的能力。

我们一旦经历一些可能对我们有益的事情，内心的快乐情绪就会立即被触发。比如：与朋友相聚会让我们感到快乐；闻到食物的诱人香味时，我们会流口水；准备约会时，我们整个人都会感到非常兴奋。这些积极的体验是身体的自动反应，证明了自然界的一个基本原理。就连蜜蜂这样简单的生物也发展出了这种能力：它们有一种脑细胞，如果它们触碰到富含花蜜的花朵，这种脑细胞就会让它们感觉良好，从而鼓励它们继续触碰——这就像你表现出色时会得到一剂多巴胺奖励一样。

这并不意味着积极的情绪都是生理方面的。我们的身体得到了发展，我们的文化也得到了发展。人类本质上是社会化动物，我们属于一个在社会交往中代代相传的群体。幸福、快乐、愉悦、满足以及所有其他积极的情绪，是构成人类的重要组成部分，以至于少数无法体验这些情绪的人被贴上了"快感缺乏"的特殊标签。心理学研究人员非常渴望能准确地找出这些人的问题所在。

幸福可以买到吗

我们现在对使我们快乐的事物表现出的兴趣，实际上始于美国经济学家罗伯特·伊斯特林。20世纪70年代，他发现，尽管在过去的28年里，美国人的平均收入翻了一番还多，但是人们对生活质量的看法却没有改变,一切都和以前一样,平淡无奇。这一发现自然让伊斯特林的经济学同行感到恼火,因为这与经济增长可以改善人类状况(我们可以买到幸福)的观点相矛盾。每个人最终都不得不承认自己无法回答这个令人不安的问题——如果金钱买不到幸福,那么能让我们幸福的是什么呢?心理学研究就此展开。

东方智慧一直认为幸福只能来自内心。我们这些在物欲横流的西方环境中长大的人却认为事实恰恰相反:如果你所处的经济环境不错,你就更容易感到幸福,而且环境越好,我们就越幸福。然而,有关幸福的研究证明,我们的这种观点是错误的。正如伊斯特林所总结的,幸福感与生活质量无关。在有史以来关于幸福的最著名的一项研究中,研究人员调查了130个国家(人口约占全球人口的96%)的国民幸福水平和国民经济状况。从那以后,每一本关于幸福的书都引用了他们的研究结果。

调查显示,在一些贫穷的发展中国家,人们每天都在为了糊口而苦苦挣扎,就像希腊神话中西西弗斯那样——好不容易把巨石推上山顶,但一到山顶,石头又会滚下去,前功尽弃。在这些国家中,国民幸福水平处于历史最低点。当你缺乏生存必需品时,幸福就是一种稀缺物品。然而,一旦这个国家的经济状况有了些许改善,百姓居有定所、食可果腹、病有所医,而且未来可期,那他们的幸福水平就会达到高点,并保持稳定状态。之后无论生活质量如何提高,幸福感都不会增加。许多人认为,这证明了财富和幸福之间不存在相关性(只要我们最基本的需求得到满足),这就产生了幸福大师近年来一直在宣扬的一个"基本真理":幸福是买不到的。

问题是,事实并非如此。

的确,生活一旦达到了一定的富裕程度,幸福水平就不会有太大的提高。但这一水平是否仅仅对应"基本需求,如食物、住房和衣服"(该研究结果经常被这样描述),则是一个需要解释的问题。如果看一下实际的数字,我们会发现,在你的年收入达到约 60 000 美元之前,幸福水平似乎不会停滞不前；在那之后，幸福水平会继续上升，尽管幅度没有原来那么大；只有当收入超过 95 000 美元时，它才会停止上涨。我不是很确定，但我猜想，如果尼泊尔的一个稻农一年能挣 95 000 美元，那他可以满足比他最基本的需求更多的需求。所以，我认为幸福和财富之间的联系比幸福运动愿意承认的要更紧密。如果你的年收入低于 100 000 美元，你当然可以买到一定程度的幸福。

然而，我仍然建议你们像东方的智者那样，转向内心寻求幸福。因为那样的话，无论你的年收入是多少，你都能找到幸福。

为自己创造幸运

亚伯拉罕·林肯曾经说过，大多数人的幸福程度取决于他们自己的选择。研究表明，从根本上说，他是正确的。这就意味着，当你不幸福的时候，没有必要嫉妒那些看起来幸福的人。像爱情这样的幸福并不局限于那些非常幸运的人。我们一定要记住幸福和好运之间的区别。表面上看，二者似乎是有联系的（比如，人们会说："你能遇到像他那样的人真是太幸运了，我永远也不会那么幸福！"），但任何幸福的人都知道，幸福是努力工作、仔细评估和艰难决定的结果，而不仅仅凭运气。这就像在咖啡馆里接近一个你觉得非常有趣的人，尽管你没有什么底气。

在我们追求幸福的过程中，另一个潜在的困惑是，我们喜欢将自己的幸福与他人的幸福进行比较。这显然是一个可怕的想法，因为我的幸福是由我自己创造的，而你的幸福是由你自己创造的，二者不一定是一样的。因此绝不能认为，让你幸福的事也会让我幸福，甚至更幸福。即便如此，我们还是会经常这样想："他们穿着比基尼在海滩上玩排球，看起来很开心！我打赌我也会喜欢的！"事情可能会像你想的。但如果你根本不会玩排球，或者穿比基尼看起来不太好看（这两种情况我都占了），那事情就不会像你想的那样。如果邻居拖着你去看亨德尔的歌剧《奥兰多》，而你还没有教会自己的大脑欣赏歌剧，那你就无法从中找到多大乐趣；也许你在听玛丽莲·曼森或艾维奇那些离经叛道的歌曲时会发现更多的乐趣，而你那自命不凡的邻居可能根本欣赏不了。我们每个人都必须自己弄清楚，是什么触发了自己的积极情绪。在判断自己是否幸福时，没有统一的客观标准。

郑重提示
— 也许这将是你读到的关于幸福的 —
— 最重要的几段话 —

积极的情绪似乎能让我们产生更多的想法，想出更多可能的行动。从根本上说，积极的情绪会增强你的思维能力，而这种思维能力的增强也会永久改变你的思维结构，因为你无法忘记自己的新想法。这样一来，你就有了新资源，而这些资源反过来又会改善你的自我意象，并引导你进入更积极的精神状态。近年来，这一观点得到了研究机构的大力支持，而且很容易得到验证：在一项研究中，参与者被要求观看各种视频短片。这些短片展示了积极的、消极的或中性的情绪。观看完每一段视频后，参与者都被要求尽可能多地列出假如他们真的体验到了视频中所展示的情绪，他们所能想到的、自己想要去做的事情。结果表明，积极情绪不仅能让人列出更长的清单，而且还能产生更具创造性的建议。

当你真正要去做你在感到幸福时想到的所有事情的时候，用积极的思维打开思路不仅有利于当下，而且有利于未来。这也能产生直接的好处，例如，你快乐的时候比你沮丧的时候（或情绪处于中立状态的时候）学东西更快。所以，如果你需要学习的东西很多，你应该确保自己心情愉快，这样你学到的东西就更不容易忘记。

积极的情绪会引发一系列的认知和行为现象，这些现象对我们都有好处，包括增强意识、增强工作记忆、改善语言能力、增加求知欲。如果你一直想知道为什么对事物持积极乐观的态度应当被认为是一种超能力，这就是你的答案——积极的情绪能够为你的大脑提供重要的资源，如果没有它，你的大脑将无法获得这些资源。积极的情绪会使你更聪明、更有创造力，从而使你能够更好地利用其他方面的超能力。当然，能够在需要的时候让自己振作起来也很不错。

但请记住：现代心理学所定义的幸福不是为胆小的人准备的。在你忙着做其他事情的时候，幸福不会从天而降。古希腊人也知道，幸福并不是你从外部得到的东西，并不是仿佛来自上天的礼物，相反，幸福是对你将资源和机会优化利用的奖励。亚里士多德说过，幸福和满足源于"充分利用自己的才能"。没有人会意外得到幸福，幸福总是有意识的态度和深思熟虑的行为的结果。体验幸福的能力是一种超级思维能力，一旦你开始使用它，它就能改变你的整个生活，但它需要的训练和所有其他的超能力一样多——如果不是更多。

幸福的要素

怎样才能让自己感觉良好

消极情绪并不都是坏事。如果积极情绪帮助我们看到更多的选择，消极情绪则相反——它们使我们专注于某件特殊的事情，这样我们就能快速有效地处理一个问题。从历史的角度来看，消极情绪在人类的生存中扮演了重要的角色。然而，与5万年前相比，今天的世界已经大不相同了。今天，我们很少面对任何严重的、危及生命的危险，消极情绪也不再像以前那样有必要了。

遗憾的是，世界的变化比我们人类的变化要快得多，这就是为什么我们都比现代社会真正需要的更能忍受愤怒、恐惧和嫉妒。这种令人不安的情绪遗产阻碍了我们体验幸福的能力。

最近的一些进展，尤其是认知行为治疗领域的进展，首次为我们提供了有效的方法，用于处理我们原始的、消极的情绪，并防止它们妨碍我们积极努力地生活。本书中的许多练习都是以人类大脑的认知方式为基础，或是受其启发。在做这些练习的时候，你同时也在调整你的思维、行为，以及你处理人际关系的方式。

但是，用宽泛的、空洞的术语谈论如何获得幸福是一回事，而从实际出发去了解它所涉及的内容则完全是另外一回事。首先，为了让你感觉良好，需要满足下面这些要求：

- 自主权（没有人在控制或强迫你做事）
- 控制自己当前所处的环境
- 对未来充满希望
- 积极情绪多于消极情绪
- 个人成长
- 自我接纳
- 有自己的生活目标
- 能做自己擅长和喜欢的事情
- 与他人关系良好，能够融入社会团体

看来我们需要很多东西才能幸福，不是吗？不要因此而却步。上面所列出的一些条目实际上是重叠的，其中大部分是我们"想要如何生活"的自然体现。然而，这并不意味着我们不需要努力，或者说这些标准很容易达到。在接下来的讨论中，我将解释这些条目的实际含义，以及如何确保它们适合你。只要你知道怎么做，幸福比听起来容易得多。

自主权和控制自己的环境：幸福的基础

我的一个朋友有个会拉大提琴的邻居。她能清楚地听到对方的演奏，仿佛大提琴就放在她家的客厅里。每天晚上 7 点 15 分，她的邻居就开始练习半个小时。幸运的是，这个邻居演奏得非常悦耳，并且通常在半小时内完成练习。这些优美的晚间协奏曲一点儿也没有打扰到我的朋友。

但有一段时间，这位大提琴手要参加比赛，所以需要经常练习。突然之间，大提琴的演奏变得不规律起来，随时都可能听到，比如：下午 3 点或晚上 9 点 45 分，并且在周末经常连续演奏几个小时；有时候只练习 10 分钟，不断地重复相同的 4 到 8 个小节，一遍又一遍练习一些高难度的乐曲片段。我那位可怜的朋友原来对邻居精湛技艺的欣赏变成了一种恐惧。对方的演奏练习可能随时开启，而且你根本不知道它什么时候结束。我能够明显感觉到我的朋友变得十分焦虑，她告诉我说，比赛前的最后几天对她来说简直是一场旷日持久的折磨，她提到最多的一个词是"心理煎熬"。

我朋友的焦虑并不是由于被迫一遍又一遍地听同样的乐曲片段引起的，尽管这确实很烦人。相反，这是因为她没有办法控制演奏时间，甚至不知道演奏什么时候会开始。我相信，假如她掌控着一个按钮，可以启动大提琴练习，以帮助她的邻居取得胜利，她肯定愿意每天按上几次。但事实上我的这位朋友却无能为力（顺便提一下，那位邻居赢得了比赛）。

如果你想要感觉良好，首要的事情就是确保你能掌控自己的生活。置身于自己无法掌控的环境之中绝对是令人极度不安的。不管你是选择服从自己的意志还是别人的意志，关键是你要有选择权。缺乏对生活的掌控肯定会带来压力，也会影响你的幸福，危害你的健康。

但就像大提琴家的例子一样，不管所涉问题多大或多小，我们对控制的需要都同样重要。如果你认为我是在夸大其词，我的朋友不喜欢作曲家德沃夏克的曲子，而且这种控制感必须与生活中更大、更重要的事情有关，那么请考虑一下：在一项研究中，研究人员鼓励养老院的居民加强对自己日常生活的控制。现在，他们可以参与决定做什么饭，不再像以往那样别人做什么他们吃什么。他们还要选择郊游的目的地，需要自己浇花，需要自己决定房间里放什么家具。这些日常生活中的小变化激起了居民的情绪体验涟漪，他们在其他情况下也开始承担责任：他们花更多的时间参与社交，变得更有活力，并解释说他们对自己的生活更满意了。而且，最大的变化可能是：死亡率下降了一半。换句话说，无论大事小事，只要能够掌握主动权，能够参与决定自己生活中将要发生的事情，那就会对人们的身心健康产生深远的影响。

如果失去了控制权，变得无能为力，就会导致压力，对健康造成直接的伤害。当我们对自己的生活失去控制时，就会触发应激反应，这是一种非常古老的进化遗产，不仅所有人类具有这一特点，所有灵长类动物都有。这种反应对于激励我们重新获得失去的控制是必要的（或者如果我们以前没有过控制权，那就是第一次获得控制权），但是如果我们对缺乏控制无能为力的话，那这种反应就不那么有建设性了。

不幸的是，不管情况能否得到解决，我们都会做出同样的反应。在写这段文字的时候，我刚在挪威奥斯陆做完几场报告，正坐在加勒穆恩机场准备返回家中。上周，冰岛刚刚发生了一次较大的火山爆发，巨量的火山灰使欧洲领空关闭了数日。今天早上，他们开始谨慎地解除飞行禁令，我至少可以先飞到挪威。但现在，到了晚上，火山灰似乎变得更浓烈了，从这个机场起飞的航班一个接一个地被取消。在我周围，人们正经历着我上面提到的那种无能为力的压力，因为他们的起飞航班在离港屏幕上显示的全是红色禁飞标记。这种压力丝毫不具建设性，因为我们谁也不能对离港航班或冰岛火山做任何事情。我们现在的处境是，面对完全失控的局面，感到焦虑不安也无济于事。尽管如此，我还是怀疑，我周围那几个准备前往凯斯楚普的旅客在听到目的地机场关闭的消息时，仍然感到相当紧张。

关于我们对自主权的需求与权威发生冲突的情况，一个典型的例子就是常见的青少年叛逆——我们对父母大吼大叫，称他们为白痴，并砰的一声关上身后的门（因为我们仍然住在他们的房子里）。我们在 16 岁或 18 岁左右的时候都做过类似的事情。或许你不记得自己曾做过这样的事情？如果是那样，也并不奇怪。一些精细的研究表明，青少年时期的喧嚣与混乱在很大程度上只不过是传说而已。当然，我们中的一些人确实经历过一段艰难的时期，与父母关系比较紧张，但这只是少数。我们中的大多数人能怀着对父母爱戴和尊重的心情度过青少年时期，尽管其中可能有那么一两次意见不合的情况。即便出现冲突，往往也会通过讲道理和对话得以解决，而不是像传说中那样通过吼叫和争吵来解决。

既然谈到传说，我们再看一下下面这种情况：在所谓的青少年叛逆过后约 20 年，我们开始意识到我们几乎无法控制自己的处境，心中惶恐不安，无法把握事情的结果。此时，我们想要购买一辆摩托车、发生一次外遇，或者让美发师给我们做一个自己 20 岁出头时的发型，希望以此挽回我们认为自己已经失去的东西。如果你有这样的表现，欢迎来到中年危机！

事实证明，这种现象也比较罕见。实际上，在 40 岁左右，我们会变得更加内省，开始重新评估自己在家庭和工作中的角色。对于男性来说，这可能涉及价值观的转变，之后他们开始将家庭置于事业之上；对于女性来说，这种转变可能是另外一种情况，她们可能将事业置于家庭之上。但这种变化很少会引发真正的危机。

有趣的是，这些不实的传说仍然十分普遍。当然，我们中的一些人在青少年时期确实过得比较艰难，与父母之间问题很多，也有一些人确实在 40 岁时遭遇了危机。然而，我们之所以将这些现象归纳为我们都需要警惕的东西，归根结底说明了一件事——我们害怕失去对生活的控制。我们十分害怕，以至于为此编造出了许多故事。我们知道，如果我们失去了机会，无法做出自己的选择，无法影响我们的环境，我们也会失去幸福的机会。

郑重提示
― 控制好你的日常事务 ―

即使是最普通的无力感，比如无法选择午餐吃什么，上司飞扬跋扈，或者无论你多么努力都没有通过考试，都会对你的健康和幸福产生负面影响，所以让自己意识到你实际可以控制许多方面是很重要的。你当前所处的环境就是一个很好的例子。不要随意度过自己的每一天：仔细决定你想如何安排书架上的东西；不要随手打开收音机，而要先选好电台；注意自己工作时的坐姿；决定在做白日梦时要盯着看的东西。有时候，做一些你根本不需要做的事情并没有什么不对，只是提醒自己你能做到。买一袋小红莓干，只是因为它们看起来很有趣。

我知道以这种方式管理你的每一天可能听起来有点儿奇怪，但这一切都是为了提醒你自己，你掌控着自己的生活，你可以自由地做任何自己想做的决定。每次这样做的时候，你都会体验到日常生活中短暂的快乐，这一点一滴都会对你有所帮助。

超 级 练 习
拼字游戏：再度出场

你还记得你在这章开头做的拼字练习吗？这是另外一个练习。我知道上一个练习很难，但我还是希望你做一下这个，即使你上次做得不太好，你这次的表现与上一轮的得分无关。这三个字谜的创作原理与上一个练习中的不同，它们仍然是变位词字谜，但测试的能力与上一个练习不同。它测试的是你大脑的另一个区域。下面，请写出这些词的拼字结果：

蝙蝠（bat）
胡子（beard）
危险（danger）

请记住你拼出了多少单词，马上就要给出解释了！

习得性无助

就像我们可以学会快乐一样，我们也可以学会不快乐。有些人很"勤奋"，每周会练习几次不快乐！人们很容易陷入抑郁和忧虑等消极状态，而这与他们所处的环境关系不大，更多的是取决于他们学会不快乐的程度。这种日常的忧虑，是对我们幸福最大的威胁之一。幸运的是，我们还可以学会新事物。

这里的罪魁祸首就是所谓的"习得性无助"，即你无法改变不舒服的处境的感觉。习得性无助与我们都认为在生活中非常重要的控制感正好相反。无助感让人沮丧的原因是它本质上意味着放弃。如果这种情况持续太久，就会导致抑郁。

心理学家马丁·塞利格曼用狗做了一个让狗感觉相当不愉快的实验，从中发现了习得性无助和抑郁之间的联系。研究人员将这些狗放在两个笼子里，然后给笼子的地板通电，对狗进行剧烈的电击。第一个笼子里的狗能够通过移动操纵杆关闭电击，而另一个笼子里的狗则无法控制自己的处境。然后研究人员把这两个笼子里的狗转移到一个新的不愉快的环境中，再次对其进行电击，但同时笼子里也配备了不同的装置，可以关掉电击开关。结果发现，第一个笼子里的狗找到了开关，并将其关闭。然而，无法影响周围环境的那只狗似乎只是简单地认为它在新环境中也无能为力——它甚至都没有进行尝试，干脆躺在那里，忍受着电击带来的痛苦。

不管我们对这个实验有什么感觉，它确实给我们提供了一个很好的习得性无助的例子。当之前的情况告诉我们没有希望时，我们就会停止尝试——既然之前无能为力，现在为什么要尝试呢？塞利格曼实验中那些无助的狗也表现出了沮丧和冷漠的所有症状——它们吃得更少，对交配没有兴趣，也不想和其他狗玩耍。它们对美好生活的基本要素（食物、繁殖和社会交往）的兴趣完全消失了。

以人类为实验对象的实验也证明了同样的效果。不过，他们没有受到电击，而是被置于超过100分贝的噪声环境中。其中一组人能够找到开关，关掉噪声，而另一组人别无选择，只能忍受。然后，参与者被一次一个地送到另一个房间，里面依然有噪声，但也有可以关掉噪声的开关。

就像狗一样，在前一轮中能够控制自己处境的参与者意识到他们也可以控制这种噪声，但其他人却听天由命。他们甚至不想知道那个控制杆是做什么用的，根本没有试着拉动控制杆来消除噪声。最终，他们漠然地坐在角落里，一言不发。有人邀请他们玩游戏，他们表现得一点儿也不努力，甚至连简单的填字游戏都不会了。

在日常生活中，习得性无助的表现很少像在这些实验中那样引人注目，这是一件好事。然而，每天的变化仍然会给我们带来很多麻烦，你在不知情的情况下实际上已经自己尝试过了。你还记得本章提供的第一个拼字测试吗？你做得怎么样？我猜你做得肯定一点也不顺利。这是必然的，前两个字的拼字测试是不可能解决的，因为这两个单词无法拼成任何其他单词。第三个单词是一个真正可解的拼字游戏，但我怀疑你也解不出来。

然后，就在前几页，我又让你做了一次类似的测试。我想你这次做得好多了，对吧？这一次头两个拼字游戏很简单，bat 可以拼成 tab，beard 可以拼成 bread。第三个，danger 可以拼成 garden，这个有点儿难，但我想它没有给你造成太大的困难。这次你可能把这三个拼字测试都做对了。

这里有一个陷阱：这两次测试中的第三个字谜是完全相同的（为了不让你记住，我特意在这两个练习之间加上了很多内容，目的是把这两个练习隔开）。你解决第三个字谜的能力受到你之前研究的那两个词的影响。如果前两个字谜很容易解决，你就会觉得自己掌控了局面，字谜解决起来很简单，就像榨柠檬汁那样手到擒来。有了这样的心态，你决定解决第三个更复杂的字谜，结果也解决了。然而，如果你在第一个练习中没能解决前两个字谜，这会让你怀疑自己的能力，意识到自己无法控制局面。你将这种态度带入第三个字谜，这使你依然无法解决问题。如果你能换一种方式看待问题，同样的字谜会变得很容易。

在瑞典电视台（SVT）系列节目《寻找幸福》（2011 年）的一次采访中，我让节目主持人试着解开同样的字谜。她的表现就如同教科书一般，让我们看到了相信自己的能力或不相信自己的能力所产生的巨大影响。前两个字谜她没有解开，为此她嘟嘟囔囔地发了一通牢骚，然后一看到"danger"（危险）这个词，她盯着看了 30 秒，口中一直在说："该死，该死，真该死，我解不出来，真是太废物了！"果然她没能解开这个字谜。当她第二次遇到"danger"时，她正为自己解决了前两个字谜而激动不已，所以她的声音听起来与之前完全不同："我一定会解决这个的，一定会的！"她提出了无数的想法（这在第一次的时候是没有的），就在时间快结束的时候，她做出来了！① 这个例子带给我们的启发是：永远

---

① 与你不同的是，她是在间隔很短的时间内连续做了这两个练习（这是我们唯一能采用的方法），因此你可能会说她第二次肯定更容易解决这个字谜，因为她刚在第一次练习中尝试了半分钟。这似乎很有道理。然而，由于她一分钟前刚有过一次真实的消极体验，所以这种体验如影随形，都是与失败有关的极其消极的想法。实际上，她在做第一个练习时和你一样，一再认为这是不可能的，而不是试图努力解决问题。我当时更担心的是她一看到最后这个单词又会立即放弃。

不要仅仅因为第一次尝试没有成功，就认为某事是不可能的，或者认为它不值得再尝试。这种态度不仅会对你造成伤害，而且还会影响你今后的生活。

> 我们对生活的渴望不是取决于某一特定情况的真实本质，而是取决于我们对它的态度。

郑重提示
— 永远不要觉得事情是不可能的 —

让我们再强调一遍：永远不要仅仅因为事情看起来似乎与过去一样，就认为它是不可能的，或者认为自己做不到。

每一次新的机会都会带来新的可能性。

如果无法看清这一点，你就会陷入比玩字母游戏严重得多的境地。你要相信一切都在自己的掌控之中，这会鼓励你采取积极乐观的态度。习得性无助则会让人变得悲观、情绪低落，甚至还会导致抑郁。

希望与乐观：知道自己能做到

希望

希望是一种相信事情会有好结果的积极态度。积极心理学研究人员已经开始注意到，希望不仅仅能在困难时期提供安慰，还能在我们的生活中发挥惊人的作用，在各种情况下为我们带来好处，无论是紧张的学习，还是令人焦虑的求职就业。希望也是幸福的必要组成部分。根据心理学家的说法，当你怀有希望时，你就会确信自己拥有实现目标所需的意志和手段，不管目标是什么。

某些人心中的希望要大于其他人。有些人认为自己是摆脱困境的大师，认为自己总能找到解决问题的办法，而另一些人则认为自己没有实现目标的精力、能力或手段。充满希望的人有一些共同的特点，其中包括自我激励的能力。他们觉得自己足够聪明，无论做什么都能成功，在陷入困境时能让自己冷静下来，并告诉自己一切都会变好的。他们十分灵活，能够找到实现目标的不同途径，或者如果他们的目标被证明是无法实现的，他们就会改变目标，并且十分明智，能够把大的挑战分解成多个更小的、易处理的部分。

这种心理状态对有些人来说是天生的，但对有些人来说，则几乎是不可能的。但就像任何思维能力一样，希望也是一种能力，一种你可以培养的对自己和对生活的态度。不过，我不会给你提供任何具体的希望方面的练习，原因是你需要逐个研究我刚才提到的特征（能产生希望状态的特征）。通过加强你其他方面的超级思维能力，你会发现，正如希望的定义所说的那样，你会拥有做你想做的事情所需的意志和手段。

希望是一种能力，一旦你生活的其他方面步入正轨，你就会获得这种能力。它也是被称为乐观主义的精神状态的近亲。

郑重提示
— 发现希望 —

希望是一种相信自己能够面对和处理未来挑战的信念。当然，要想圆满解决问题，需要精心的计划和准备。以下是4个简单的要点（至少表面上比较简单），当你需要的时候，它们会帮助你唤起希望。

在任何情况下，你都需要这样做：

- 树立明确的目标
- 确定几种可以帮你实现这些目标的不同途径
- 坚定地遵循这些途径
- 重新思考你遇到的任何障碍,将其变成你需要克服的挑战

这看起来很简单,但在现实生活中,我们往往会在第二点或第三点上遇到困难。而且,实话实说,很多时候我们之所以失去了希望,是因为我们从来没有认真对待第一点。

乐观

就像希望一样,乐观意味着怀有强烈的期望,认为自己的生活一定会一帆风顺,尽管一路上会遇到各种失败和挫折。未来总是可以改变的。乐观是一种态度,当人们在生活中遇到困难时,它可以保护人们远离冷漠、沮丧和绝望,使你的生活中有更多的积极情绪,而不是消极情绪,尽管人生中充满挑战。就像希望一样,乐观的态度也会带来巨大的回报。(我们现在所讨论的乐观主义在本质上是基于现实的——基于天真的乐观主义可能会造成极大的危害。如果你试图把每件事都看成积极的,不管什么事,那最坏可能导致你与现实脱节。)

心理学家马丁·塞利格曼(也就是用无助的狗狗做电击实验的那位老兄)是积极心理学的创始人之一,他使用人们向自己解释自己的成功和失败的方式来定义乐观主义。乐观的人往往会把意外的挫折看作为了下次成功而进行调整的事情。换句话说,他们已经理解了你在本书中早些时候学到的东西:犯错误和学东西是一样的。相反,悲观的人往往会把挫折归咎于自己,认为他们的失败是由自己性格中某种固定不变的方面造成的。

你向自己解释世界的不同方式会对你的生活产生巨大的影响。举个

例子来说,假设你因为没有得到你申请的工作而感到失望。如果你态度比较乐观,你就会积极地、满怀希望地做出反应,制订出新的行动计划,把挫折看作自己能够解决的事情。相反,如果你的态度比较悲观,你会认为下一次也没有办法得到一个更好的结果,所以你最终什么也不会去做,不会试着去解决问题。你会认为自己的失败是由你永远无法摆脱的个人弱点造成的。如果你想制订一个行动计划——也许是在你发现的一本很棒的书中看到这一建议之后——你很快就会发现自己无法找到明智的做法。如此一来,这只会强化你的想法,让你觉得自己从一开始就是正确的:对于目前的情况自己无能为力。

乐观主义者认为未来可能不同于过去,而悲观主义者则认为未来是过去的必然重复。

为什么事情会这样呢?答案就在你刚刚学到的关于精神状态的内容中:当我们积极乐观,期待好事发生时,我们的大脑会开始分泌多巴胺,让我们感觉良好、体验快乐。通过保持积极的期望,我们就可以创造积极的情绪体验(与那些躲在角落里见不得人的家伙所能提供的任何东西相比,这也恰好是一种更安全、更合法的体验化学物质带来的快感的方式)。积极的体验也会带来积极的态度,这意味着你会以新的方式思考,从意想不到的方面寻找机会,它不会像消极的态度那样屏蔽掉所有的创造性思维,让你几乎不可能想出好主意。

"乐观主义者"这个词偶尔也会被用在否定的意义上,用来形容那些总是看到事物好的方面的人,即使事物本身极不合理。但是乐观主义者并不是那种无助的浪漫主义者,做一个乐观主义者意味着寻找解决方案,变得灵活而又有弹性——尤其是在事情进展不太顺利的时候。

乐观也会影响身体健康。已经有几项关于这方面的研究,研究人员对一群人进行了长时间的跟踪调查。其中一项研究发现,人们如果在20岁出头时对生活持乐观态度,那么他们在几十年后往往身体比较健康。

40多年前,800名美国患者接受了医生的采访,回答他们对事物的看法是乐观还是悲观。今天再来研究这些结果,我们发现乐观者的寿命比悲观者平均长了 19%。换句话说，40 多年前乐观的病人的寿命比悲观的病人延长了近 1/5。

乐观的态度还能为健康带来其他方面的好处。例如，在一项研究中，研究人员将 102 名初次心脏病发作的病人的态度分为乐观和悲观。8 年后，25 名最悲观的病人中有 21 人死亡（为了确保 8 年前调查时他们的悲观态度不是因为他们知道自己来日不多引起的，研究人员采取了控制措施），而 25 名最乐观的病人中只有 6 人死亡。病人的心理状态比任何传统的医学计量指标（例如，第一次心脏病发作对心脏损害的严重程度、胆固醇水平或血压）更能反映他们的生存机会。

在我们结束对乐观主义的重要性的病理学解释之前，我还想再给大家提供一组数据。在那些因病早亡的人当中，31% 的人是乐观主义者，69% 的人是悲观主义者。因此，假设你患上了某种严重的疾病，那种可能致命的疾病，如果你是一个悲观主义者，那你死亡的可能性要比乐观主义者（认为自己能够影响未来的人）高出一倍多。幸运的是，悲观或乐观这样的心理态度是可以改变的。

超 级 练 习
打破糟糕的模式，培养乐观的心态

这里提供一个有效的五步法，可以让你粉碎悲观的想法，用更乐观的想法取而代之。每当你发现自己开始抱怨自己和自己的能力时，就可以使用这一方法。它将帮助你从一个不同的角度，以一种更具建设性的眼光来看待你的处境。

第一步

如果你遭受挫折，怀疑它可能是由你的某些固有的、消极的特性引起的，你应该首先仔细甄别这种挫折，确定你对自己产生的悲观想法，弄清楚它们如何影响你的情绪。

第二步

采用下面这种方法打破原来的思维模式，分散你对挫折的注意力，把自己从焦虑中转移出来：大声对自己说"停"，同时在手腕上戴一根橡皮筋，每当你发现自己开始变得消极时，就扯一下它，或者有意识地把注意力转移到其他事情上。

第三步

认识到有些解释可能根本与你无关，从而使你摆脱对自己以及自己能力的悲观看法。

第四步

质疑你的悲观想法，研究支持它的证据，并将其与乐观的、其他的解释进行比较，用外在的、具体的、暂时的原因来解释你遭受的挫折（在本书后面的练习中，我将为这一步和前一步提供一些实际操作方法）。

第五步

注意前面四步——甄别、分散注意力、摆脱和质疑——是如何让你的态度和情绪发生变化的。这种变化会给你带来能量，让你能够用更具建设性的眼光看待自己的处境。

乐观是我们的基因

究竟是什么形成了我们对生活的看法，并使我们变成乐观主义者或悲观主义者呢？我们在这件事上有发言权吗？还是说这一切都是在没有我们参与的情况下发生的？这两个问题的答案都是肯定的。最近的研究表明，人类大脑的左半球负责积极的情绪，而右半球负责消极的情绪。①

研究人员通过研究受损的大脑得出了这一观点。据观察，左半球受损的大脑会导致抑郁、恐惧和悲观，这意味着负责积极情绪的中心一定受到了损害，因为消极的想法占据了主导地位；而右半球受损的大脑会导致冷漠（可能是因为分泌了过量的多巴胺），甚至是欣快感，这可能是由于负责消极情绪的中心被移除，所以积极情绪变得过于强烈。在一项有趣的研究中，研究对象被要求用左手和右手触摸相同的物体，然后报告他们对该物体的印象。当使用右手触摸物体时（有神经通向"快乐的"左脑的那只手），他们对物体的描述比用左手时更积极，尽管它们是相同的物体。

我的大儿子在6岁之前走路时一直坚持走在我的左边，这样他就可以用他的右手牵着我的左手。如果不能走在我的左边，他会感到极不舒服，根本不想牵我的手。他的反应与那些触摸物体的受试者的反应是一致的，这是有道理的。用他那只"快乐的手"握着我的手感觉可能要好得多，而用左手牵着爸爸的手感觉就不那么好了，所以那又何必呢？他不是一个有着强迫性冲动的非理性孩子，而是非常理性地用那只恰当的手最大限度地激发自己的积极情绪。从这里我们还可能得出另外一个结论：如果你和某人约会，彼此牵着对方的手，你们中的一个会比另一个更快乐（这里有个小建议：一定要确保对方是更快乐的那个——既然你已经知道了原因，那就应该能承担得起后果）。

我们的积极和消极情绪似乎分布在大脑的额叶，这似乎还不够。我

---

① 请一定注意，这与人们对大脑两个半球的那种普通观点（认为左半球是理性的，右半球是创造性的）无关。这类观点非常普遍，但大多不正确。在本书后面的内容中，你将会摆脱自己原来那种自以为无所不知的态度，并开始嘲笑这种观点。

们似乎生来就有一种倾向，对大脑一侧半球的反应多于另一侧半球。我们中间大约 1/3 的人倾向于做出比较积极的反应（也就是以左半球做出反应），1/3 的人倾向于以自己那"暴躁易怒"的右半球做出比较消极的反应，剩下那 1/3 的人则介于两者之间。

处于主导地位的那个大脑半球不仅会影响我们对事物的认知，而且还会影响我们的个性。大脑左额叶占主导地位的人更自信、更乐观、更冷静。他们很容易与他人交往，并且善于发现事物积极的一面。大脑右额叶占主导地位的人控制负面情绪的能力较差，而且往往比较内向、悲观和多疑。总的来说，他们也更容易感到沮丧，而且往往把任何不幸都视为潜在的灾难，这也影响了他们对其他事情的态度。右额叶比左额叶更容易产生消极情绪，而左额叶比右额叶更容易产生积极情绪。我们大脑的基本情绪是我们给世界上的永恒色彩，要么是代表积极情绪的迪斯科粉色，要么是体现消极情绪的卡夫卡灰色。情绪还会影响身体健康：左脑占主导地位的人往往具有明显优越的免疫系统。

这就意味着我们中的一些人是从幸福之山的山脚下开始，而另一些人则是从山顶开始。我认为这是不公平的。但是，即使右半球占主导地位会让你更容易觉得一切都是灰色无聊的，实际情况也不一定如此。如果你碰巧是用右额叶做出反应的人，那你什么也不会损失。长期以来，人们一直认为基因编程控制着我们大约 50% 的情绪。然而，最近的研究结果表明，基因对我们情绪的影响大约是 30% 左右，略低于 1/3。对此我们几乎无法改变，但是你可以按照自己的喜好来塑造余下的部分。并且，与你之前认为的所不同的是，情绪中，习得的部分远远超过基因对情绪的影响。你对生活的态度 70% 取决于你自己。所有这一切都表明，即便基因所控制的那 1/3 是积极情绪，你也必须更加努力地调整自己的情绪。你需要调整和练习的一些事情可能会让你从直觉上感觉是错误的，因为你生来更喜欢其他的思维方式和其他的情绪状态（与那些幸运的左额叶占主导地位的人不同，他们只需要放大自己已经拥有的某种性格，就能快乐起来）。如果你调整得足够到位，即使你是这场特殊的基因彩票博弈中不幸的一员，你也可以像所有左额叶占主导地位的人一样感觉良好。

这些不仅仅是动听的辞藻，我是有证据的。

全球有 30% 多一点儿的人是右额叶占主导地位的（其中还包括彻头彻尾的悲观者）。但 80% 的人认为自己是幸福的或相当幸福的。这也意味着，如果把地球上所有左额叶占主导地位的人和所有介于左右额叶之间的人都算在那 80% 的幸福人群中，他们仍然只占这 80% 中的 66%（总人口的 1/3 加上另外的 1/3），最后剩下的这 14% 肯定是右额叶占主导地位的。所以，即使我们假设所有左脑占主导地位和所有介于左右脑之间的人都认为自己是快乐的（这种假设当然有些极端），也有将近一半的右额叶占主导地位的人认为他们自己是快乐的。

我猜另一半人已经选择了接受自己的命运，认为他们的一生注定无聊乏味（这些人很可能是你认识的人。你甚至在邀请他们之前就知道他们不会来参加你的生日聚会，他们也不想去印度尼西亚，因为听说那里可能有蚊子）。

因此，你的基因构成不是你错过幸福的借口。但如果你觉得自己在这一方面遇到的困难比别人更多，你现在知道为什么了——这可能要归结于你的基因编程。幸运的是，你可以重写程序。

要知道，大脑左右两个半球的主导地位并不是一成不变的。心理学家理查德·戴维森对一些婴儿的额叶主导地位进行了测算。10 年后，他再次对他们进行了研究，结果发现他第一次观察到的主导地位已经消失或发生改变。过去，许多孩子的右脑占主导地位，而现在他们的左脑却占据了主导地位。对其他孩子来说，情况正好相反。造成这种变化的原因是他们的态度受到了自身经历的影响，而不是由任何已经存在的程序所引起的。这种程序重写也可以在成年后进行。新印象总能改变我们对事物的体验方式，有时，我们的大脑甚至在没有任何外界帮助的情况下重新编程。然而，对所有人来说，并不是所有的情绪都很容易实现。对有些情绪来说，我们只需切换一下电台音频就可以控制；而在有些情况下，我们发现有些情绪比其他情绪来得更自然（比如尴尬与骄傲相比，我们往往更容易感到尴尬），这是由我们的环境和我们所受的教育决定的。

我想强调的是，为人处世不那么乐观积极绝对没有不当之处。你不必整天像打了鸡血一样过于癫狂地生活。只要人们没有时刻提醒你要多微笑，或提醒你要注意享受生活，那你就可以拥有美好的生活。记住，我们追求的是幸福，即使不像弹力球那样在人行道上跳来跳去也能获得幸福。另一方面，我们也没有理由不利用现实生活带给我们的愉快体验。

培养乐观积极的心态也有很多理由，因为它可以帮助你实现你想要的生活。

郑重提示
── 勇敢地面对这个世界 ──

曾经有研究人员要求内向和外向的人写 3 周日记，详细记录下他们所有的活动和情绪。结果表明，无论是内向的人，还是外向的人，他们在进行外向行为时都是最快乐的。换句话说，任何有能力表现得像外向者的人都会感觉更好，不管他们自己的性格如何。所以说，重要的不是你的先天特质，而是你自己的行为。

不管你天生的性格如何，你都可以学会乐观，变得充满希望，就像你可以学会无助和沮丧一样。这里的潜在因素是一种自我认知，心理学家称之为"自足"，也就是认为自己有能力处理生活中的事情，并能在挑战出现时应对挑战。听起来有点儿像希望，对吧？你可以说自足是希望的基础。如果你十分善于做某事（任何事情），这必然会提高你的自足感，使你更愿意去冒险，或发现更艰巨的挑战。克服这些挑战反过来又会进一步提高你的自足感。这种态度会让你更有可能充分利用你的技能，不管是何种技能，或者尽你所能去提高这些技能。

阿尔伯特·班杜拉是一位在自足研究方面非常多产的心理学家，他曾对此有过简洁的总结："人们对自己能力的信念会对这些能力产生深远的影响。有自我效能感的人能从失败中恢复过来，他们对待问题的方式是如何处理问题，而不是担心会出什么问题。"

不过，告诉你振作起来，并不比递给你一张鲍比·麦克菲林[①]的专辑并拍拍你的后背好多少。这就是为什么本书里有这么多练习。这些练习会帮助你把所有的好建议转化为实际行动，这样你就能塑造自己积极的环境。培养你的自足感基本上可以归结为两件事：一是充分了解自己的技能水平，并相信它；二是提高你的自尊。这两个方面与幸福的下一个组成部分非常接近，那就是个人成长与自我接纳。

自我接纳：你认为你是谁，你就是谁

我们的自我意象基于我们如何评估自己，而我们的自我评估又基于我们的个人成就和才华，基于我们的品质，以及我们对他人在我们身上看到的价值的感知。这是自信（基于别人对我们的看法）和自尊（我们对自身优势的估计，无论别人怎么看待这些优势）的结合。幸福之谜的许多因素，如希望、乐观、控制和自主，都与良好的自尊和自信密切相关。对于自信但缺乏自尊的人来说，他们的自我意象可能会使他们

---

① 鲍比·麦克菲林，美国歌手，经典单曲《莫担心，要快乐》(*Don't worry, Be Happy*)——译者注

主要关心改善别人对他们的印象,并寻找机会脱颖而出。如果他们在某件事上失败了,他们很快就会放弃,转而去做一些他们知道自己擅长的事情。

既缺乏自信又缺乏自尊的人更在意的是如何保护自己,避免失败、羞辱和拒绝。如果有人看到他们在完成某项任务时失败了,他们就会一直坚持下去直到成功。但假如由他们来决定,他们从一开始就不会接受这项任务。

良好的自尊和良好的自我认知是一回事。这意味着你能够以积极但现实的眼光来看待自己的优点和缺点,你也知道你的自我意象是准确的,不管别人如何看待你,因为只有你才能真正知道自己的价值。自尊心不足可能造成极大危害,也是人们接受心理治疗的首要原因。

那么,为了能有一个良好的自我意象,你还需要些什么呢?自信和自尊?如果你太过自信,你就不会去冒险,也不会去尝试那些你已经知道自己擅长的事情以外的事情。当你进入一个新环境时,如果它不能给你提供大显身手的机会,你会很快离开。[①] 如果你的自尊心太弱,你可能会去解决新问题,但这样做的代价太高——你对自己的评估会受到威胁。因此,你会避免风险、避免新情况,因为它们很可能导致再次失败。

更好的态度应该是你了解并相信自己的能力,而且具有足够的谦卑感,感到自己仍然需要学习新事物、掌握新领域。当然,我们都希望得到别人的重视和欣赏,但如果你对自己的能力充满信心,包括那些需要改进的方面,你会发现即使你第一次尝试失败了,别人还是会欣赏你的。

---

① 请注意:过度自信并不一定是拥有自信的人的缺点,只要他们能保持积极的自我意象。对自己能力不切实际的估计会使人更容易达到积极的情绪状态。但其危险在于,当你最终面对现实的时候,你的自信会像没有制作成功的法式甜点蛋奶酥一样,崩塌得一塌糊涂。

超级练习
两个新视角

你在写感恩清单的时候,在重新组织你的消极想法的时候,可以帮助自己发现自己的积极价值,并增强自尊。下面是另外两种态度,可以帮助你变得更加自信:

合理分级

人们习惯于对某个人的技能水平采取极端化的看法:要么很高,要么极差。比如:"想下象棋吗?""不,我象棋水平极差,但我围棋水平很高。"

与其将你的技能水平说成"很高"或"极差",不如使用一个从"不太高"到"相当高"的分级方式,这样更有建设性(更不用提对心理的刺激作用了)。这看起来是一个简单的文字游戏,但正如你所知,这样做可以彻底改变我们对某事的态度和感觉。你可能会这样想:如果我不擅长油画,那我肯定油画画得极差。不要这样想问题,而应该总是认为自己擅长做事情。如此一来,问题就变成了确定自己到底有多擅长——也许你的水平不太高,需要上一节如何打开油画颜料管的快速入门课,或者也许你水平相当高,因为你的作品被纽约的现代艺术博物馆收藏了。如果你输掉了象棋比赛,也许是因为你的棋艺不太高,至少不如你的对手。一定要记住:你自始至终都处于这个从"不太高"到"相当高"的连续统一体的某个位置。也就是说,你身上总能体现出"高"这一价值。当然,称自己象棋水平"不太高",而不是说自己水平"极差",对提高你的棋艺毫无帮助。但这是一种更有建设性的态度,能够激励你提高你的国际象棋水平。或者,这种态度能让你的油画作品在纽约那家画廊里得以展出。

你是你自己唯一的竞争对手

尊敬他人，受到他人的鼓舞，这些都是好事。但是当我们开始拿自己的能力和别人的能力进行比较的时候，我们就突然和别人产生了竞争。在日常生活中，这种竞争只会损害你的自尊：这种竞争几乎没有终点，也没有奖杯在等着你（这与国际象棋比赛不一样）。当然，人生在世难免会与他人进行比较。为什么他们觉得他的主意很好，而我的却不好？看看他那头浓密的黑发，再看看我的——都快秃顶了！难怪他们喜欢他而不喜欢我。

这种比较对你没有任何好处，所以要尽量避免。我们要胸襟开阔，给予对方他们应得的赞赏，不要感到自己受到他们的威胁。你唯一应该做的是进行内在的比较，和过去的自己进行比较。此时，比较就产生了意义：今天你能做什么一个月前你不能做的事情？你改变对昨天困扰你的事情的态度了吗？

把自己与他人进行比较只会降低你的自我价值（或者更糟的是，夸大你的自我价值）。但是当你把新自我和旧自我进行比较时，你就能清楚地看到自己的能力和成长。

自我意象

你的自我意象就是你想象中的自己。尽管这是一个想象出来的形象，但它仍然对真实的你有很大的影响力。要知道，你的行为实际上总是符合你对自己的心理表征。它就像一个自我实现的预言：它告诉你如何以一种与你眼中的自己相一致的方式行事。尽管我们的自我意象在一定程度上控制着我们，或者也许正因为如此，许多人从未意识到，控制他们自己行为的唯一因素就是他们自己想象出来的自己。

这个形象不是你创造的，至少不完全是。它是由来自外部的不同因素拼凑而成的，比如你的名字。你经常通过自己的名字来思考自己的形象吗？即便如此，我们中很少有人会很有远见地选择自己的名字（不过，这种情况确实发生过——比如，我的大儿子在 6 岁的时候改了自己的名字，新名字让他"感觉好多了"）。

你的身份主要来源于你与他人的关系。你自我意象中的所有较深层面都是如此：你认为自己长相漂亮、普通还是丑陋？你是否感到安全、可控、自然、焦虑或痛苦？你是成功者还是失败者？你对自己的这些看法主要是由别人对待你的方式决定的。我们往往是通过别人的眼睛来看待自己。

他们眼中的你往往取决于他们如何看待你过去的行为，或者取决于他们对你将来的行为的观点——主要是通过他们自己的期望和成见过滤得出的。他们对你的态度也会受到你对你自己的看法的影响。你的"自我"实际上就是你对自己的一种想法、一种观念。如果你把这个想法灌输给别人，他们就会用同样的眼光看待你。

每天，你都会做无数的小仪式来展示你的形象，并让别人接受它。这是不可避免的，只要你保持健康的自我意象，就没有什么可担心的。然而，如果你的自我意象是消极的，那就会出现问题，因为我们大部分的交流是在潜意识里进行的，所以不管你是否意识到，你周围的人都会对你的肢体语言、你的声调和你发出的情绪信号做出反应。即使你是在使用积极的词汇谈论某件事，你的肢体语言也有可能传递出完全不同的信息。因此，我的观点是，你一直在教导别人如何用你自己的方式来对待你。①

糟糕的自我意象正在成为一种相当普遍的困扰。美国一项调查显示，到 14 岁时，98% 的美国人都有消极的自我意象，而且随着时间的推移，情况只会越来越糟。瑞典的情况也好不到哪里。当你的自我意象不佳

---

① 其影响可能比你想象的要大得多。在本书的下一章（关于社交网络及其影响），你会真切地感受到其影响之大。

时，掩盖真相的一个常见方法就是伪装。一般来说，我们都很聪明，能够通过伪装暂时掩盖自己的不佳形象。但每一次我们这样做，我们都在进一步削弱我们对自己的信心。一旦这种信心消失了，我们信任和尊重自己的能力也就随之消失了。当你试图在虚假的外表下隐藏消极的自我意象时，你所做的一切都是在浪费时间和精力，而你本可以更明智地使用这些时间和精力——例如，改变你的自我意象，过你内心深处想要的生活。

首先照照镜子，看看你认为自己到底是谁。直面自己的自我意象可能会让你十分震惊，因为它并不总能揭示出你希望自己是什么样的人。如果是这种情况，你需要问问自己，你是否真的必须做你现在表现出来的这个人。或者，问问自己是否愿意转换到一种新的形象——你肯定能够做到。

如果你觉得自己已经形成了一种行为模式，那么你肯定会觉得很难改变。如果你长时间做某件事，那这种行为就会逐渐变成一种习惯，而习惯总是难以改变的。但是形成这种习惯的行为，无论是吸烟过多，还是唱卡拉OK过多，都源于你的自我意象。这意味着你已经完全接受了你的自我意象，所谓的习惯只不过是对此的一种表达方式。如果你不能在这个过程中重塑自我意象，那么任何改变行为的尝试都是毫无意义的。正如你在阅读有关比喻那部分内容时所意识到的，你描述自己的方式是非常重要的。你的自我意象决定了你的整个存在。所以，请用彩色蜡笔，重新描绘自我意象！

形成一个更符合你想成为的人的自我意象也许不能解决所有的问题，但它会使你以更积极的想法面对生活，能够让你明白自己能够做什么，并能更好地把握自己的优势。所有的成功人士，无论他们的成就如何，都承认自己在某一方面能力一般。这不会让他们感到尴尬，也不应该让你感到尴尬。记住：你是独一无二的存在，从来没有人能像你一样做事，在你死后也不会有像你一样的人（当然，除非你的特殊天赋属于被人类克隆之列）。你越了解自己的内心，你的生活就会越好。

有句老话说得好:"自我意识是通往幸福之路。"为了幸福,你首先需要了解自己,但这并不意味着了解自己就一定会让你幸福。了解自己不是终点,而是起点。如果你了解了自己,你就会意识到为了过上更幸福的生活,你需要从哪些方面改变自己。首先应当确保你的生活方向是正确的。许多人之所以感到不幸福,是因为他们的生活方向不正确,正如一位英国治疗师曾经指出的那样:"当你不知道自己是谁的时候,你可能会尽你所能去得到很多东西,这样你才能感到幸福。"但如果你反过来想,首先对自己感到满意,那你就会做你需要做的,得到的东西和以前一样多,但却不会感到压力或疲惫。

生活目标和价值观:现在与未来

明确的生活目标与幸福息息相关。有目标和仅仅想做某事是有区别的。"我想写本书"不是目标,而是愿望。因此,这一愿望注定无法实现,除非你把它变成一个目标,制订切实可行的行动计划,并开始实施。但是在有目标之前,甚至在有愿望之前,你需要有一套价值观,因为它会帮助你选定目标。价值观本质上是一种信念,认为某些目标好于其他目标。不同的人、不同的社会自然会有不同的价值观,这会对我们的行为产生影响。我们可能会把下面这种观点当作一种价值观:"任何简单而令人愉快的东西都是好的。"这听起来当然不错,但你知道,你还可以做一些更明智的事情,而不是把美好的生活等同于瞬间的满足。正如美国知名导演斯派克·李所言,我们大多数人似乎有一种共同的价值观,那就是渴望做正确的事。如何定义这句话取决于我们自己,我们想做正确的事,仅仅因为这样做是正确的。有时候,这种价值观会与我们对即时、容易获得的满足的渴望相冲突。为了实现目标,我们有时不得不做出牺牲,忍受痛苦的煎熬。例如,写书是一个漫长的过程,眼前这本书我花了18个月多的时间,整个过程不是太有意思,很多时候我都想放弃。

如果目标看起来难以实现,那人们通常更愿意沉溺于短期的满足之中,比如,在游戏机上玩《罪与罚》游戏比写作有趣多了。

然而,价值观超越了我们的偏好,体现的是我们应该喜欢的东西。从长远来看,短期的、容易获得的满足感不会带来任何持久的幸福感,但按照你的价值观做事,做你认为正确的事,则会给你带来一种强烈的和谐感与幸福感。

有时,我们试图对孩子(或者,坦率地说,对我们自己)解释说:"我们现在过得无聊,是为了以后可以过得幸福。"我们的孩子通常会回过头来不解地看着我们,就像我们在说疯话一样。但是你从本书前面的内容中已经明白了这个道理,对吧?如果你追求的是持久的幸福,这绝对是正确的方法。

从某种程度上说,价值观也是一种理想,所以我们并不总是能够完全实现它们。(我们也可以问问自己,我们的价值观从何而来,但那是另一回事。)当人们的实际行为与他们所声称的价值观不符时,不要感到惊讶。但是,一旦你按照自己的价值观行事,并为自己设定一些与之相符的目标,你的行为将不再受你眼前环境的影响,也不再受你体内基因程序的影响。如此一来,你的行为将完全源自你内心深处。

超 级 练 习
是否值得

我们中的许多人不太确定自己如何评价不同的事物,或者不清楚这些价值观如何反映在他们的行为中。找出你个人最看重的东西的一个好方法就是把你喜欢的东西列出来。你可以这样写:

- 你最喜欢做什么?
- 你最喜欢去什么地方?

- 你最喜欢参加或观看什么体育运动?
- 你最喜欢参加什么活动?
- 你最认同书中或电影中哪些人物?
- 你最敬佩哪些人,为什么?

(我相信你还能想出其他你认为有价值的东西,请随意添加到你的清单上!)

列出这样一份清单是为了让你暂时停下来,认真思考这样一个问题:"当所有的选择权都在我自己手中的时候,我真正想要的是什么?"如果你能回答这个问题,你就会知道自己的价值观是什么,你就会知道什么该关注、什么该放下,你就会有方向可循。至于究竟是完全照做还是迂回变通,完全取决于你自己。

郑重提示
— 让积极的期望发挥作用 —

为了确保你能实现自己的积极目标,不会中途分心,你应该着眼未来,不应拘泥于眼前,以此来激励自己。眼前得到的奖励可能会让你感到非常满足,这要归功于神奇的多巴胺。但从长远来看,为了短期的满足而过多偏离目标会阻碍你取得实质性的进步,最终会成为你焦虑的源头。

所以说,你将来实现目标时所产生的结果必须比今天任何一种分散注意力的事情都更重要、更有趣或更有意义。因此,如果你考虑到想要回报朋友对自己的信任,想象到朋友在听到你精心准备的婚礼致辞时的幸福表情,那你肯定会心甘情愿地先撰写你答应朋友的婚礼致辞,而不是选择先看新出的 DVD。毕竟,什么时候看都可以。

重视未来也会减少你冒险的可能性,这些冒险可能会缩短你的寿命,比如吸烟、酗酒或从悬崖上跳伞。

郑重提示
— 快乐的退休者 —

人们往往会对以后要做的所有事情都抱有很高的期望,这很正常。这里说的以后指的是当你有时间的时候,经常指的是退休之后。退休之后,你应该比退休前有更多的时间进行休闲活动。然而,很少有人在退休后发展新的兴趣爱好。所以,如果你还没有达到退休年龄,请记住这一点:如果你对退休之后自己的所有新的兴趣爱好充满期待——不管是在南非酿造葡萄酒,还是学习吹制玻璃制品——明智的做法是现在就开始。如若不然,等到以后你有时间的时候,你几乎肯定不会那么做。

实现高价值的目标(比如读完本书)比实现低价值的目标(比如在《罪与罚》游戏中赢得最后的胜利)更能让我们开心。这些目标是什么,取决于多种因素,包括你的个人特点。例如,外向的人在做外向的事情时更快乐,而内向的人在做内向的事情时更快乐。你可能会认为这与我在前文中所写的内向者和外向者在表现得外向时都感觉更好的观点相矛盾。但是,那是从一般意义上讲的。我们现在讨论的是与个人的较高价值观相一致的行动。内向者的价值观很少要求外向性的行为。

在此,我建议大家采用下面这个好办法:定期收集你的想法,制定你的目标,看看如何稳妥地得到你想要的东西,并确保为某一目标采取的行动不会与你的另一个价值观发生冲突。

之所以应该自己制定目标,还有另外一个原因。就像"心流"一样,每当你实现了你为自己设定的目标,你都会得到一份来自内心的奖励。但是如果你实现的目标是由别人为你设定的,那这种情况极少发生。如果你想更多地了解自己,你可以花时间思考一下为什么选择某些目标,即为什么这些目标对你如此重要?答案肯定非常有趣。

当你根据自己的价值观设定目标时,你实际上就是在给自己提供一种额外的让自己在生活中获得积极体验的方式。

做自己擅长的事情:利用你的优势

做自己擅长的事情,发挥自己的长处,让自己快乐,这其实并不奇怪。然而,出于某种原因,社会上大多数人对此似乎持相反的看法。

全球知名的民意测验公司盖洛普公司曾经向成千上万的人提出了一个看似简单的问题:"你每天都能做自己最擅长的事情吗?"如果你属于少数几个能诚实地给出肯定答案的人,你就会知道他们的发现:一份能让你做自己最擅长的事情的工作是一份你热爱的工作。盖洛普公司调查发现,那些允许所有员工人尽其才、发挥个人优势的公司,不仅在财务方面表现出色,而且他们的员工缺勤率也很低,员工对雇主忠诚,在工作中表现出良好的士气。这一点很重要,因为如果雇主能让员工各尽所能,让他们从事自己真正擅长的工作,那么各方的境况都会变得更好。这也是盖洛普公司在随后的报告中给出的建议。这种发挥人们各自优势的道理似乎显而易见,但这是我们在职场和组织机构中的主要指导思想吗?事实上,大多数人注重的并不是优势,而是劣势,为的是进行改进。优势明明白白摆在那里,所以我们无须再对其采取任何行动。我们心中想的是最好能改进那些尚不完善的方面。然而,盖洛普公司的调查结果表明,试图通过克服我们自己的弱点来取得的进步,不如进一步提升我们的优势所取得的进步。

当然，这不是逃避学习新事物的理由，也不是永远不要犯错误的理由——错误对我们的成长非常重要。但我们可以换一个角度来看待这个问题。举例来说，比如某人非常善于文案工作，可能是全公司文案第一高手，但却不太擅长口头表达。是让她有更多的机会负责写信、工作手册、新闻稿和内部通讯类的文章，会对她和她的同事更有好处，还是让她参加公开演讲培训班，会对大家更有好处呢？答案可能不是很明显，但幸运的是，我们没有必要去猜测，因为盖洛普公司已经为我们进行了调查。调查结果表明，第一种方法会造就一个能力超群的文案高手，而第二种方法最多只会增加一个平庸的演讲者。①

做你擅长的事情，发挥你的优势，主要涉及哪些方面的因素？首先，你必须拥有自主权，你需要能自由地以你认为最合适的方式使用你的资源。根据我们在前文所讲的"心流"那部分的内容，你的任务需要有一定的复杂性。如果任务过于简单，那就无法与你的能力相匹配。其次，你的努力和某种回报之间也需要有明显的联系。我们都希望自己的成就得到别人的赏识，无论这一赏识指的是更高的薪水、同行的钦佩，还是看到自己设计的牙膏管正如你所希望的那样完美时所产生的满足感。

决定我们工作幸福指数的不是我们在发工资当天收到多少钱，而是我们是否对工作中涉及的具体任务感到满意。如果让你必须在做园林设计师、每个月赚 2 000 美元和在地铁售票亭工作、每个月赚 4 000 美元之间做出选择，你会选择什么？我知道不是每个人都会做出和我一样的选择，但是我认为我们大多数人会选择设计山山水水，而不会选择给车票盖戳。原因很简单，园林设计是一项富有创造性的工作，工作期间你拥有自主权，工作也比较复杂，并且努力与回报之间存在相关性。对我们

---

① 在电视连续剧和小说《嗜血法医》中，这一结论也得到了证明，尽管其方式有些阴险。德克斯特是一个连环杀手，似乎缺乏同情心，但却在为警察工作。说得婉转一点，他很擅长自己的工作。然而，当他不再专注于自己擅长的事情，而是努力克服自己的弱点时，事情往往会很快变得非常糟糕。当他最终向自己承认自己的优势所在时，他的生活变得轻松多了。当然，我不希望你效仿德克斯特对幸福的追求，但你应该知道道理都是一样的。

大多数人来说，这些因素比金钱宝贵得多！

强化你的性格，变得更加快乐

当然，一味地提升自己的优势，根本不去克服自身的弱点，是愚蠢的。通过锻炼，当前的弱点可以转化为未来的优势，或者至少可以得到改善。（此外，到目前为止，我们只讨论了工作中的优势，但在其他各个方面你肯定也有优势，你应该以同样的方式承认这一点。）

选择发展哪些方面的优势往往取决于你的人格特质。某些人格特质与快乐密切相关。如果这些特质不属于你眼中的优势部分，那就应该额外关注它们。你应当强化至少其中的某些能让自己对生活感到满意的人格特质，无论这些特质目前处于何种水平。

这些特质不一定是你所期望的。在一项研究中，研究人员要求参与者思考一下他们最满意的工作、最挚爱的人、最好的朋友和最大的爱好——不管是过去有过的还是现在拥有的。当我们在这些特定的领域进行选择时，我们就好像在使用一个预设的模板确定事情"应该"的样子：在选择工作时，我们寻找的是高薪、较高的社会地位或方便的工作地点；在选择伴侣时，我们看重的是经济状况或外表；在选择如何打发空闲时间时，我们认为最佳选择是能带给我们最大快乐的活动。但是这些模板与参与者所说的他们经历过的最好的事情不相符。对他们来说，真正有价值的不是金钱的数量，也不是长长的睫毛。相反，参与者看重的是与他们自己的个人优势相吻合的东西。例如，那些天性非常友好的人（这是一种很强的人格特质）更喜欢能够指导或帮助别人的工作；那些好奇心强烈的人（这是另一种人格特质）更喜欢有冒险精神的浪漫伴侣；那些考虑事情比较周到的人在空闲时间做园艺最快乐。

你可能会发现，知道哪些人格特质代表你自己的优势，会让你更容易选择那些让你感觉最好的东西。我猜你可以不假思索地说出 2~5 个你的优点，但如果不是这样，请放心大胆地使用下面的列表作为辅助手段。

然而，与美好生活相关的优点远不止 5 个，因此，通往幸福之路的第一步就是培养目前你身上尚不强大的一种人格特质。这样一来，你就可以给自己更多的选择，享受更美好的生活。

超 级 练 习
— 与幸福相关的人格特质 —

每个人都有自己的优点，只要有机会，我们就会利用这些性格中的优点。你可以寻找新的方法利用它们，从而培养你的优势。还有一些人格特质与幸福直接相关。在你的个人优点中，这些人格特质越多，你的生活就会越幸福。其中一些特质可能在你身上已经很强大了，但也有一些可能需要进一步培养。不管怎样，它们都对你有好处。下面是一份完整的列表，列出的都是能带来幸福的人格特质，以及一些如何培养这些特质的建议。记住：你不必让自己所做的每件事都得到最高评价，但是能得到一些总是不错的。

欣赏美的能力

如何培养：

- 参观你从未去过的画廊或博物馆。
- 开始写有关"美"的日记，记录下你每天看到的最美的事物。
- 每天至少欣赏一次自然美景（如树或鸟）。

真实性

如何培养：

- 尽量不要说善意的谎言或言不由衷地赞美朋友。
- 想想那些对你比较重要的价值观,每天按照这些价值观做事。
- 开诚布公地解释你想要什么以及为什么。

勇气

如何培养:

- 在小组讨论中捍卫自己与众不同的观点。
- 向有关当局投诉你发现的不公正现象。
- 做一些通常会让你害怕的事情。

创造力

(你在前文中肯定已经记下了这方面内容,但是为了完整起见,我还是把它列了出来。)

如何培养:

- 参加艺术班,可以是陶艺、摄影、雕刻、素描或绘画班。
- 在你的家中选择一件物品,并找到它的新用途。
- 再读一遍本书中关于创造力的那一章,但这次要做其中的练习。

好奇心

如何培养:

- 去听一个你一无所知的讲座。
- 去一家你完全不熟悉的餐厅。
- 在你的家乡发现一个新的地方,了解它的历史。

诚实正直

如何培养:

- 承认自己的错误。
- 表扬你不是特别喜欢的人。
- 听别人讲话,不要打断他们。

宽容

如何培养:

- 重归于好,或者放下怨恨。
- 当你感觉受到怠慢时,不要告诉任何人,即使你是对的。
- 给让你失望的人写一封宽恕对方的信。不要寄出去,但是一周内每天看一遍。

感恩

如何培养:

- 记录你一天说了多少次"谢谢",增加说"谢谢"的次数。
- 每天写下感恩清单,包括你要感恩的3件事。本书对此有这方面的说明。
- 给某人写一封感谢信。

希望

如何培养:

- 将本书后文中提到的重构方法应用到艰难的经历中,看看会出现什么新的机会。

- 写下你下周、下个月、下一年的目标,并为实现这些目标制订切实可行的计划。
- 质疑自己的悲观想法,寻找其他的解释。

幽默

如何培养:

- 每天至少让一个人微笑或大笑。
- 学会一个有趣的魔术、杂耍,或者没有人会想到的其他把戏,将其展示给你的朋友。
- 拿自己开涮,对自己开玩笑。

善良

如何培养:

- 去医院或养老院探望某人。
- 开车时给行人让路,走路时给汽车让路。
- 帮朋友或陌生人一个忙,但不要告诉他们是你做的。

领导力

如何培养:

- 为你的朋友组织一次聚会或其他社交活动。
- 承担工作中棘手的任务并确保完成该任务。
- 在工作中、俱乐部里或者你的朋友圈中多付出一些,让新人感到自己很受欢迎。

爱心

如何培养：

- 接受别人的赞美，不要让对方感到难堪。大大方方地说声"谢谢"。
- 给你爱的人写张便条表达爱意，放在他们能找到的地方。
- 带你最好的朋友参加他们非常喜欢的活动。

对知识的渴望

如何培养：

- 如果你是一名学生，请阅读延伸阅读列表中的一本书。
- 每天在你的词汇表里增加一个新词汇，并有意识地使用它。
- 做你现在正在做的事——读一本非小说类的书。

谦逊

如何培养：

- 不要整天谈论自己。
- 穿着打扮不要太引人注意。
- 想出一件你的朋友比你更擅长的事情，并就此赞美他们。

思想开放

如何培养：

- 在谈话中唱反调，提出与自己的真实观点相反的观点。
- 想一件让你感觉非常强烈的事情，想象一下你可能在哪些方面是错误的。
- 收听反方的广播节目或者看反方的报纸，尽管你不同意其中的政治观点。

毅力

如何培养：

- 把要做的事情列个清单，每天完成其中一件。
- 在最后期限前完成一项重要任务。
- 连续不受干扰地工作几个小时，不因电视、电话或电子邮件等分心（但别忘了你的身体昼夜节律）。

洞察力

如何培养：

- 选择一个你能想到的最聪明的人，试着把自己当作那个人来度过你生命中的一天。
- 只在别人征求意见的情况下提供建议，并尽可能考虑周到。
- 解决你的朋友、家人或同事之间的矛盾。

智慧

如何培养：

- 三思而后言（除非你是在说"谢谢"，"谢谢"是随时都可以说的）。
- 开车时要遵守限速规定。
- 吃糖之前先问问自己："值得为了口腹之欲变胖吗？"

自控力

如何培养：

- 开始锻炼，坚持一周。

- 避免说别人的闲话或坏话。
- 当你觉得自己要发脾气时,从 1 开始数到 10,尽可能多数几次。

社交能力
如何培养:

- 让别人感到舒服。
- 每当朋友或家人做了他们觉得困难的事情时,要关注他们,并赞扬他们所付出的努力。
- 如果有人惹恼了你,试着理解他们的意图,不要一心只想报复他们。

团队合作能力
如何培养:

- 尽你所能成为最优秀的团队成员。
- 让团队中的其他人担任领导。
- 加入某个协会。

活力
如何培养:

- 早点儿上床睡觉,这样你无须设置闹钟也可以在醒来后从容地吃上健康的早餐。每天都这样做,坚持一周。
- 每次你说"为什么"的时候,连续说三次"为什么不"。
- 每天应该做一些你想要做的事情,而不是你需要做的事情。

从这人格特质征中选择 1~3 个，把它们和你打算用来培养它们的方法一起写在一张纸条上，将纸条贴在冰箱上、计算机屏幕上或前门上。你可以把它放在任何地方，用来随时提醒自己注意你给自己安排的任务。定期更换纸条，培养自己新的人格特质。

积极的幻想：为了快乐和利益而自欺欺人

在设法让自己感到快乐的过程中，有相当多的灵活手段可以采用。并不是每个人在所有领域都同样强大，因此，我们有一种特殊的能力，可以帮助我们保持积极乐观的心态，甚至可以帮助我们在不应该微笑的时候也能保持微笑——我们都善于欺骗自己，让自己认为自己非常优秀。不管这么说听起来多么匪夷所思，但它的确是一件非常好的事情。

大多数人（至少那些健康的人）对自己、对世界、对未来抱有积极的态度。无论大脑的哪个半球占主导地位，我们的大脑天生都会以积极乐观的方式，而不是以现实或消极的方式思考问题。我们想的大多是令人愉快的想法，倾向于寻找那些让我们快乐的事情，而不是让我们不快的事情。我们具有一种非凡的能力，能把我们的生活呈现得比其本身更美好。我们通常认为大多数事情好于平均水平，例如：

> 我们认为我们产生积极印象的次数多于实际产生的次数。
> 我们讲好消息的次数多于讲坏消息的次数。
> 如果让我们自由联想，我们想出的积极词汇的数量很可能多于消极词汇的数量。
> 我们更容易记住积极的事件，而且我们对积极事件的记忆比对消极事件的记忆更准确。
> 相比消极事情，我们能更快意识到某件事情是积极的。
> 我们认为生活中的大部分事情是积极的。
> 我们认为自己比实际更有控制力。

> 我们认为坏事是别人的错。
>
> 我们认为未来会比它实际看起来更光明。

我们也认为我们拥有比一般人更多的积极的人格特质,例如聪颖、幽默感、魅力、乐观。但这种想法不可能是正确的,我们不可能都比一般人好。

大多数人没有意识到这些积极的幻想。它们的作用如此之大,以至于我们从来没有注意到它们是如何让我们以比实际应有的更积极的眼光看待这个世界(和我们自己)的。

这似乎与心理学中的一个常见原理相矛盾,该原理认为,我们注意坏事的速度快于注意好事的速度。如果给你看 100 个人的照片,其中 99 人的面部表情不带感情色彩,1 人看起来很生气,你很快就能发现那张生气的面孔。但是,我们如此专注于寻找消极的一面,这难道不是与大脑更喜欢用积极方式思考问题的说法相矛盾吗?二者根本不矛盾。当我们非常迅速地注意到负面信息时,这一过程是在对环境进行快速浏览的情况下发生的,而且它经常发生得太快以至于我们无法意识到。我们的思维过程与我们发现的新奇的、出人意料的或重要的事情有关,而我们正常的心理状态的特点就是这种选择性注意。我们在一天中完成大部分任务时是无意识的,但我们的选择性注意会留意重要的变化,比如朝我们驶来的汽车,或是人群中一张愤怒的面孔。我们快速发现消极事物的能力在我们的生存中扮演着重要的角色,因为它能帮助我们躲避威胁和事故。从纯进化的角度来讲,时刻关注周围环境、注意风吹草动的动物比不这样警惕的动物更容易生存下来。但对我们人类来说,这导致了一种感知偏见,让我们倾向于关注出错或可能出错的事情,而不是正确的事情。事情进展顺利时,不需要我们的关注,我们无论如何都能生存下去。这就是为什么以社区为导向的人们在出现问题时往往会发出自己的声音,但当一切正常时,他们则很少发声。

当我们用选择性注意去关注可能出错的事情时,我们大脑对事物的认识基本上是积极的，这会在更广的层面上影响我们。在这个层面上，我们意识思维的所有过程都参与其中。我们的选择性注意会快速扫描环境中的消极变化，但在这背后我们的基本态度是积极的，认为一切都很可能是非常美好的。

大多数人会把发生的好事归功于自己，比如通过考试或帮助别人，但却不接受负面事件引起的指责，比如考试失败或伤害别人。其原因就在于我们都想努力做好事，很少想做坏事。当团队取得好成绩时，我们往往也愿意夸大自己的贡献。当已婚男女被问及他们做了多少家务时，双方报告的总和往往会超过100%。从根本上讲，我们都喜欢揽功诿过。

我们固执地保持对自己的积极幻想，这可能对我们有益。那些认为自己具有积极人格特质的人、那些相信自己前途光明的人，以及那些相信自己能掌控生活中重要事件的人，往往工作更努力，而且工作时间更长，因为他们期望自己的努力能产生积极的结果（这里所说的工作，指的不仅仅是职场工作，它可以是你一生中致力于做的任何事情，比如坚持自己的创业梦想，或者用培乐多彩泥制作一个15英尺①高的埃菲尔铁塔模型）。当这样的人遇到障碍时，他们会继续尝试不同的解决方案，直到成功为止，因为他们相信自己一定会成功。

在很长一段时间里，每当有人问我如何找到时间（或勇气）去做我在舞台上或电视上做的事情时，我总是回答说："激励我的是巨大的热情和对自己能力的那种莫名其妙的信任。"我这么说是因为我觉得这听起来很好玩，但我从积极的幻想中学到的经验告诉我，这样说其实是有一定道理的。

---

① 1英尺约等于0.3米。——编者注

郑重提示
— 幻想对你有好处 —

我们主要利用下面这两种简单的方法来创造积极的幻想。如果你愿意，你可以有意识地运用这些策略，强化你的积极幻想。这听起来可能有些奇怪，因为我这是在告诉你如何更有效地欺骗自己。通常情况下，我们希望能摆脱对自己的幻想，而不是美化它们，但是这些不寻常的方法对我们来说实在是太有用了。

- 在回想自己过去的经历时，侧重于那些积极的细节。这会使你形成更强烈的记忆，其效果要好于侧重于无倾向性的或消极的细节。
- 注意自己性格中你觉得比较弱的方面，或者你可能不是特别喜欢的方面。正视自己，决定你是否需要改进这些方面。无论你决定做什么，你都应该将这些特殊的人格特质视为自己与众不同的地方，都属于你的过人之处。

重构：为大脑提供新视角

从不好的事情中寻找新视角

幸福的秘诀之一就是能够处理负面情绪，而这需要大量的训练。

我之前写过，你可以利用你的理性大脑去忽略或者至少屏蔽掉自己不想体验的情绪。但问题是，这可能非常困难。当一种强烈的消极情绪占据了你的内心时，你除了按照它的要求去做，别无他法，直到这种情绪消失。关键是要在愤怒或恐惧这类情绪刚在你体内萌芽时，在其爆发之前，设法阻止它。这是你唯一的机会。但是你需要非常警觉地挑选出处于萌芽状态的消极情绪,将它从每天都在争夺你注意力的所有其他印象中筛选出来。尽管这并非易事,但相比在消极情绪起势后对其加以控制,还是更容易很多的。

宣泄是个坏主意

你可能觉得以宣泄的方式控制情绪有用,但这与"常识"告诉我们的控制自己情绪的方法是完全矛盾的。许多人认为,大发雷霆是他们释放愤怒的一种健康方式,或者,摆脱悲伤的唯一方法就是痛哭一场。

这种观点是根据人们过去对大脑和情绪的认识得出的,说来已有将近200年的历史,目前已经完全过时了。当我们试图了解自己的时候,我们往往会将自己的各种身体功能与当今的尖端科技进行比较。今天,我们把人脑比作计算机;在19世纪,人们把人脑比作蒸汽机。如果大脑像蒸汽机一样,就可能被负面情绪堵塞,内部压力因此增加,最终,负面情绪必须释放出来,否则就会爆炸。

当然,以一种建设性的方式分享你的体验,或将你的真实感受向好友倾诉,会提高你的幸福感,因为向人倾诉之后,悲痛往往会减少,如果倾诉方法得当,至少能减轻一半的痛苦。但是,如果没有适当的方法(比如心理治疗)来处理负面情绪,仅仅让负面情绪自由释放是毫无意义的。

即使有时大声宣泄会让人感觉良好,但没有任何心理学家发现任何证据表明眼泪和愤怒在某种程度上能起到安全阀的作用,能释放消极情绪。事实完全相反。近50年来,科学家们已经知道,大发雷霆不会减轻你的愤怒,而是更有可能加剧这种愤怒,眼泪也只会让我们变得更加抑郁。其原因在于,每当进入一种强烈的情绪状态时,我们也在训练我们的大脑达到这种状态,这会使我们下一次更容易重蹈覆辙。下次有人开车不守规矩的时候,你的反应会比上次更强烈,因为当你坐在方向盘后面怒骂的时候,你也在训练自己的大脑对恶劣的司机发火。当你在一个安慰自己的朋友的怀里放声痛哭,不停地抱怨那个甩了你的浑蛋时,也会发生同样的事情——训练你的大脑进入一种非常消极的状态。如果你在这种情绪状态中待的时间太久，你的大脑可能很难从中解脱出来。

管理你的情绪也是在管理你的世界观。你所处的情绪状态决定了你如何看待周围的一切：如果你害怕，你就会看到危险；如果你生气，你就会看到困难；如果你高兴，你就会看到机会。然而，我们并没有意识到，这些仅仅是带有感情色彩的观点，而是认为危险、困难或机会都是百分之百的外部现象。所以，我们把它们作为证据，证明我们的情绪是符合当时情况的。通过对这种逆向推理不可思议的曲解，我们成功地向自己证明，我们产生这种感觉是正确的；我们感到害怕，这让我们看到了危险。由于我们相信这些危险是真实存在的，也就是说，不管我们自己的情绪状态如何，它们都会构成危险，所以我们将其当作证据，证明我们产生这种情绪是合理的，而这又进一步强化了我们的情绪。我们对情绪如何影响我们的世界观缺乏了解，这使得情绪和现实过滤器在情绪大脑中更加根深蒂固。可以毫不夸张地说，不管你是否意识到它们，你的情绪决定了你的生活状态。

所以，从根本上讲，你可以通过控制自己的负面情绪得到一切。负面情绪出现时，一定要特别留意，并为它们找到可以替代的路径。与其沉溺其中，不如克制自己。如果你能有意识地决定不根据消极情绪的指令行动，那就可以大大弱化你自己的消极行为倾向，同时被弱化的还有消极情绪。如果你决定不在方向盘后面暴怒尖叫，下次你就不会那么生气了。如果你不总是跑去找你的朋友哭诉，你也会更容易摆脱过去的阴影，开始新的冒险。

重构现实

虽然没有办法阻止情绪大脑做出反应，但你可以确保它不会毫无理由地做出反应。也许你在早年就学会了以某种方式做出反应，这种方式在当时是理性的，但在今天却没有任何积极的意义。当某件事触发了你对昔日某种强烈情绪的记忆时，你的情绪大脑也会做出反应，触发你当时有过的情绪。这意味着情绪大脑对现在的反应跟对过去的反应是一样的。由于情绪大脑以闪电般的速度自动做出判断，所以我们永远也意识不到，曾经在某一时刻可能是正确的事情现在不一定是正确的。小时候挨过打的人学会了在看到愤怒的表情时表现出强烈的愤怒和恐惧，他们成年后仍会保留这种反应，尽管皱眉和被约谈不再是真正的威胁。

如果你能识别出那些在你身上引发消极情绪的东西，你应该看看是否可以换种方式来解释同样的情况，或许可以采用一种更有创造性的方式，让你感到不那么消极。这种技巧被称为"重构"，是一种非常有效的控制负面情绪的工具。

重构是当今心理治疗中最常用的工具之一。早在听说它之前，我就发现自己被迫使用类似的技巧来避免自己的世界充满不安全感和过于消极的自我意象。上小学的时候，我经常被人欺负（我知道这很难令人相信，因为我这个人一直很谦虚、低调，对吧？），上初中以后，欺凌逐渐减少，到了高中，我终于不再受欺负了。但是从一年级到六年级这6年的岁月严重摧毁了我的自我意象，我当时甚至都没有意识到这一点。许多年以后，每当我从一个大笑的人旁边经过时，总觉得他们是在嘲笑我，即使对方是我从未见过的人。在我快20岁的时候，我终于明白自己12岁时的想法可能不对——他们是在因为朋友刚刚讲的笑话发笑，嘲笑我的可能性微乎其微。但是，即使我理智上知道是这样，但感觉却并非如此。有那么几年，我不得不一次又一次地阻止自己产生这种感觉，刻意地从其他角度来解读别人的行为，认为他们当时的行为不是因为不喜欢我，而是另有原因。你看，有些人的自我意象被削弱到他们身上发生了某种奇怪的变化——他们变成了最难以忍受的自恋者。他们认为世界上发生的每件事，任何人所做的任何事，都是对自己尴尬存在的直接反应。他们很少或从来没有意识到大家都很忙，都在忙于自己的生活，根本没精力关心别人在做什么。

事后，我清楚地意识到，我所做的这一切——包括试图从与我无关的角度来解读其他人的行为——就是一种重构。过了很长一段时间，这种深思熟虑、更加积极理性的思考才完全替换了我无意识的、消极的、情绪化的反应。但甚至在消极情绪反应离开我之前，我已经看清了它的本来面目——它是对一件与现在无关的过去事件的非理性反应。如此一来，我就能够看到当前事件更合理、更现实的原因。这让我不再理会我胃里的肿块，最后它厌倦了被忽视的感觉，慢慢消失了。

各位读者再容我唠叨几句：你对生活的体验主要受你对生活的看法的影响。根据你承受的各种情况和事件的重要性，你会有不同的感觉和行为。拥有最多不同视角的人，也是拥有最多选择和机会来控制自己处境的人。在重构时，你并没有忽视自己真正的问题。相反，你变得非常灵活，能够找到对你有帮助的视角，不至于制造更多的麻烦。正如奥利弗·P. 史密斯将军所说："我们没有退却，我们不过是在向另一个方向进攻。"

超 级 练 习
给大脑提供新视角

不付出努力是学不会积极思考问题的，而且需要花些时间才能学会。不过，幸运的是，有一些好的、有效的技术可以帮助你。下面这个练习告诉我们，如果你遇到挫折或失望时经常陷入情绪低迷状态，如何利用重构改变这种消极状态。

你陷入低迷状态的原因可能是你对失败抱着一种悲观的态度。对此有一个比较典型的例子：有人给我发来一封电子邮件，此人（和我一样）在成长过程中一直受到同龄人的嘲笑和蔑视，这导致了他在很多情况下对人产生恐惧心理，直到今天都很难与陌生人交往，尤其是异性。

这些方法是为此人和任何需要新视角的人准备的。

重构 1：不同的结论

当事情出了差错，而你认为是因为你很差劲的时候，你必须立即打断自己的这种反应。相反，你需要以一种不那么悲观的方式思考所发生的一切。假设你的上司或老师从你身边走过，没有与你打招呼——事实上，他们似乎完全无视你的存在。你自然想知道究竟是什么原因，但是接下来会发生什么呢？悲观的人很快就会发现自己陷入了自怨自艾的恶性循环之中，他们会想："他刚才没跟我打招呼。他不想和我打招呼，因为他讨厌我。我自己也真够让人讨厌的，因为毕竟我表现得很差劲，他也知道这一点，而且其他人也都知道。我活该一辈子痛苦，一辈子没朋友。"

假设这不是对现状的真实评估，假设你的实际表现足以证明你并非完全没有希望，并不是一个白痴，那你需要在你的担忧失控之前找到一个摆脱它的方法。你可以问自己的第一个问题是：对于对方忽视你的原因，是否有其他可能的解释。当然有！比如：

- 他今天过得很糟糕。
- 他很匆忙。
- 他的心思在别处。
- 他没戴眼镜什么也看不见。

正如你所看到的，这些解释都与你无关。所以你要打破自己过去的思维模式，让自己想出一个新的解释：

他刚才没跟我打招呼。他一定心事重重，因为他没有注意到我站在这里。他这么忙碌一定很不容易。我想应该做点什么让他的生活变轻松些。我决定给他买块松饼，外加一杯咖啡，让他知道我关心他。

对同一件事的不同看法会得出迥然不同的结论!

重构2：视角与质疑

你可以把上面的方法和我教你的乐观思维策略结合起来。

- 研究那些让你得出悲观结论的证据。你真的很差劲吗？可能并非如此，别忘了你刚刚花了一上午的时间重新编写完了公司内部网的程序。
- 提出另外一种解释，就像你上面做的那样。
- 采用新视角看问题。他是否与你打招呼真的很重要吗？你的朋友喜欢你，这才是更重要的。

重构3：向下比较，知足常乐

当事情真的出了问题时，我们可以采用第三种重构的方法——采取向下比较的视角。诚然，他甩了你肯定会让你很伤心，但是你们的关系真的那么好吗？也许你没有得到自己申请的那份工作，但至少你还有栖身之所。

当你想到那些不幸的人的命运时，你可能会觉得不舒服，但这种比较会让你突然之间恢复活力，你曾经感到万分沮丧的事情似乎不再那么糟糕了。

重构4：沙里淘金

你越是经常沉溺于消极情绪（比如自怨自艾），它们就会在你的精神生活中占据越多的空间。记住，经过训练之后你会把事情做得更好。在此我不是建议你忽略自己的烦恼，但是用上面的方法来重构你的消极情绪并不是每次都有效。如果无效，你可以尝试用不同的方式看待负面事件的影响。现在就可以尝试一下，做一次思维实验。回想一下过去发生的一件事：某人严重伤害了你的感情，或者以某种方式伤害了你。现在，仔细想一下那次经历带给你的好处。例如，它是否让你变得更坚强或者更聪明？它是否帮助你与一个原本关系疏远的人建立了亲密的关系？你可能需要几分钟的时间来思考这一问题，但肯定会发现一些积极的结果。这样做的人更容易处理发生在他们身上的事情所带来的愤怒或痛苦，而且这通常会让他们对事件的始作俑者更加宽容。①

如果有人让你失望或伤害了你，让你很生气，难以找到其中积极的一面，我可以帮助你。这种情况可能会使你：

- 变得更坚强，或者能进一步意识到你以前不知道自己具备的个人优势。
- 比以前更加欣赏生活中的某些方面。
- 变得更善于表达自己的情绪。
- 更有信心或更有动力结束一段糟糕的关系。
- 成长为一个更宽容或更善解人意的人。
- 改善你同过去伤害过你的人的关系。
- 采用对自己有利的不同的方式看待周围的世界。

---

① 不要告诉我这太难了，或者说你做不到。我在电视节目中采访了一些被诊断为癌症晚期的人。他们不知道自己还有多少时日，只知道不会太久。如果你把他们想象成萎靡不振、自艾自怜、目光空洞的人，那你就大错特错了。这些人表现得都很开心。他们告诉我，绝症帮助他们理解了生命的意义。他们解释说，当你的生命随时都可能结束时，你不会再忽视生命中真正重要的事情，也不会再关心那些无足轻重的事情。他们都很庆幸自己所获得的这种洞察力。如果他们能做到，你也肯定能做到！

郑重提示
— 重构技巧中特殊的一点：—
— 善于使用"但是"一词 —

如果你读过我以前的任何一本书，你就会知道我特别喜欢通过改变信息中的一个词来改变观点和态度。这种方法简便易行，不需要记住太多东西（而我这个人恰恰又比较懒惰）。

重构技术旨在帮你从不愉快的事件中寻找积极的结果，与此类似的是，你可以使用"但是"这个词。[①]研究人员采访了一些婚恋中的人，请他们谈一下他们的伴侣身上最好和最坏的一面。随后，他们对这些人进行了整整一年的跟踪调查，并记录下哪些关系能够持续。接下来，他们又采取以前的采访方式，听那些依然保持婚恋关系或者分手了的情侣谈论对方时使用的不同词汇，结果发现了没分手和已经分手的情侣之间的一个重要区别——只有一个词的区别："但是"。当受访者谈到另一半的最大缺点时，那些一直在一起的情侣往往会为这些缺点找借口。比如，他们会这样说："有时，她只考虑她自己，但是，这都是由她不幸的童年造成的。"有时，他们也会解释不同的缺点是如何产生积极影响的。比如："他的厨艺很差，但是，这就意味着我们经常出去吃饭。"

把"但是"置于可以原谅和理解的语境中，消极行为就得以重构。否则，这些行为可能会导致婚恋关系变得紧张，甚至破裂。这样做在很大程度上缓解了自己眼中伴侣的缺点所带来的负面影响。并且，如果足够聪明，能够使用上面提到的第四种重构技术，那么缺点甚至可以转化为正面影响。这种思维和

[①] 在其他场合，准确地说，在《读心》中，我曾说过，在某些情况下，你应该使用"而且"这个词，而不是"但是"。然而，目前我们讨论的完全是另一种情况，所以给出的建议也不同。

表达方式比在采访中发现的其他任何东西都更能帮助情侣维持他们的关系。

唤醒超级幸福力

拥有更多积极的体验和情绪

实际上，在你练习本书关于幸福那部分内容的时候，你已经唤醒了这种超能力。如果你想确保自己未来的幸福，你一定要努力完成那部分中的重要练习，它也可以帮助你成为一流的重构大师。但和以往一样，有些技术比其他技术更容易使用，要求也更低。你并不总是有精力去培养自己的乐观主义精神，但是你可以经常将下面这些技巧运用到你的日常生活中去。

超 级 练 习
生活清单

通过下面这份简短的清单，你可以总结一下自己生活的不同方面，看看它们对你的幸福有什么影响。要知道，事情并不总是像你想的那样。研究表明，我们认为对我们日常生活起决定性作用的许多因素，实际上与我们的幸福没有任何关系，或者说只有非常微弱的关系。而对其他因素来说，则恰恰相反——它们比我们以为的要重要得多。如果你知道了什么能带来幸福，什么不能带来幸福，你就可以把自己的时间和精力放在一天中真正重要的事情上，不用太关注其他的事情。

表 3-1　幸福感与生活满意度的正相关

零到弱相关	轻度相关	高度相关
年龄	朋友的数量	关注积极的事情
性别	婚恋关系	乐观主义
教育	宗教信仰	有份职业
社会地位	休闲活动次数	性生活频率
智力	外向性	同卵双胞胎中另一方的幸福感
收入	身体健康	体验积极情绪的时间百分比
亲子关系	勤奋	相信自己对幸福的期望
外表吸引力	神经质（负相关）	自尊
种族（属于多数或少数）	自主权	

在幸福感维度的顶端，即使是上表中高度相关的事物也不再适用，只有一个明显的例外：与他人的良好关系。在过去用以创建以上清单的调查中，那些声称自己很幸福的人也百分之百地声称自己与他人的关系很亲密。心理学研究很少揭示任何事情的必要或充分条件，但良好的社会关系是真正幸福的必要条件，这一点似乎无可争议。而这恰好就是本书下一部分的内容。

仔细看一下这份清单，你会发现人格特质，比如乐观、外向、自尊和神经质，对你的积极体验有很大的影响：很明显，你的幸福在很大程度上取决于你自己对生活的看法。[1]

---

[1] 请注意，这份清单跟踪调查的只是相关性，没有涉及任何因果关系。外向的人更幸福，还是说幸福能让人外向？二者相互影响。有些人格特质能使我们幸福，但更幸福的人也会在生活的其他几个方面获得更多的成功体验，比如找对象、交朋友、找工作、收入、职业成就以及身心健康。而这些，反过来，又是更大幸福的源泉。

关注让人幸福的事物

最广为流传的让自己更幸福的活动可能是罗伯特·埃蒙德博士发明的，其中包括撰写"感恩清单"。定期把生活中所有美好的事情写下来是一种很好的想法，因为我们总是想当然地认为只要努力我们就会成功，因此，我们往往只关注生活中的挫折，这意味着我们没有注意到我们实际上做得有多好。要想幸福，光是事情进展顺利还不够，你还必须注意到这一点。记录下美好的时刻是一种简单可行的方法。

这样做还有另一个好处：如果你的心态比较悲观，那么一旦你把进展顺利的事情写下来，事后你就很难忘记它，或者否认它曾经发生过。把积极的事情写下来（并思考一下）也会训练你的大脑变得更加积极。

不管这听起来多么琐碎，每天列一份你欣赏、感激或感到快乐的事情的清单，是重新启动你幸福系统的最强大的工具之一。这种简单的做法带来的好处是有据可查的，其中包括：减少身体患病症状，增强实现远大目标的能力，提高热情、雄心、注意力和精力。对写清单这样的小事来说，这些影响似乎有些太大，但研究表明这一结论千真万确。当我们专注于欣赏、感恩和快乐时，我们就会意识到周围诸多美好的事物，就会注意到构成美好生活的小事。研究还表明，这种练习可以让你在停止写清单后的6个月内不大可能情绪低落。

你可能很难相信，但没关系，试一下，列出你自己的清单。你没有什么可失去的，但却可以得到一切。

超 级 练 习
感恩清单

列清单的方法有好有坏，历来如此。要想使你的感恩清单尽可能有效，一定要牢记下面的有关总结：

- 你的清单中可以包含大事，也可以包含小事——一句话，可以包含任何你在生活中欣赏和/或感激的事物。它可以是你的家人、早上一杯刚冲的咖啡、获得一个让你感到自豪的奖励、听一首美妙的曲子，或者是挥出一杆完美的高尔夫击球动作。

- 每天写下新的东西是很重要的。令人惊讶的是，当一所学校使用感恩清单来改善学生的态度时，一开始竟然没有任何效果。最后，有人意识到学生们采用的方法过于简单，每天只是重复写同样的东西。每天写下同样的清单，最终成为例行公事，完全不需要思考，这样做当然违背了这一练习的初衷。如果你每天都必须思考新事物，你就可以很容易地让这一练习不变成例行公事。但是，如果你在仔细考虑之后决定重复记录某件事，那也是可以的。

- 如果你在第二天早上而不是当天晚上列出清单，那效果就会打折扣。等过了12个小时之后，这些事件在你的记忆中就不会那么新鲜了。而在当天晚上，你仍然会感受到白天发生的事情的影响。所以，在一天中尽可能晚的时间写下清单，最好是在上床睡觉之前。

- 对感恩清单最佳长度的研究发现，3是一个神奇的数字。比如说，写下10件事会对你的结果产生负面影响，这可能是因为每天都要想出这么长的清单有点儿费力。所以，每次只写3件事即可。

- 此外，在每件事下面加上一个简短的解释，清楚地说明为什么这件事让你感觉良好。虽然好事发生时我们会注意到，但我们并不总会花时间去思考这件事的意义。自己进行解释还有另外一个好处：你的答案通常会带给你更深刻的见解。为什么她给我汽水时我这么高兴？因为这表明她喜欢我，我非常在意这件事，因为我喜欢她。

- 你还应该问问自己，清单上的每件事是如何发生的。有时候，这个答案可能需要一段时间才能想出。但你在这样做的时候，它总会告诉你一些有趣的事情,可能涉及你自己、你周围的环境和你与他人的关系。

这份清单带来的好处不仅仅属于你自己,它们也会传递给你亲近的人。如果你在上床睡觉的时候感到幸福、满足,那么你醒来的时候也会很快乐。和心情舒畅的人一起睡觉对你有好处,这是肯定的。

消除负面影响

你也应该使用类似的清单来定期记录你所面临的困难,这有助于你下次开始思考问题时控制好你的消极情绪。有证据表明这对你的健康有好处:与那些被要求写下小事的人相比,那些写下困难经历的人可以强化其免疫系统——这些人更健康,看病的次数也更少。

然而,依照惯例,为了能让这种方法起效,你必须遵守相应的规则:

- 客观记录有关情况。可以描述你对已经发生的事情的最深刻的感受和想法,但要尽量实事求是,避免使用带感情色彩的评语。换句话说,可以写"X发生了,这让我感觉Y",但不要写"那个混蛋做了X,所以我自然感觉Y"。不要沉湎于自己的感受,因为这会把你带回毫无意义的抱怨之中。
- 只为你自己的眼睛而写,不要和别人分享你写下的东西。要知道,只有当我们是唯一的读者时,我们才能够做到百分之百诚实。
- 在刚写下你的问题或困难之后,你可能会感到悲伤或空虚,但不要因此就不写了。从长远来看,这种练习对你的健康有好处,即使你现在没有这种感觉。

这样一来,你就可以用你充满感情的记忆来形成和写下同一事件不那么情绪化的版本。如你所知,情绪化记忆和相对客观的记忆储存在大脑的不同部位。之后,当某件事让你想起那件困难的事情时,你可以选择记住自己记忆中不那么情绪化的版本，而不是极度情绪化的版本。情绪化记忆越少，记忆中的痛苦就越少，这可以使你更容易处理这种情况。

这一练习不会消除你的情绪化记忆。情绪化记忆还会在那里，如果触发你记忆的印象足够强烈，它们还会被激活。但是这一练习为你提供了一种控制局面的方法，让你可以逐渐开始处理痛苦的情绪化记忆。

只选择最好的或足够好的

如果你读过本书前面关于情绪大脑的那一部分，你就已经在做超级决定的技巧方面做过一些训练。但有一点我从来没有向你提及过：我们的决定也会影响我们的幸福感，这种影响超出了身体本身的奖励机制。

随着可供选择的机会越来越多，我们最终不得不花更多的时间进行选择。这不仅是因为我们比以前做了更多的选择，而且每个选择也需要更多的时间，因为今天可供我们选择的电力公司不只有2家，而是20家。（说实话，你认识多少人对投资退休基金做出了积极的、深思熟虑的选择？）这一点也体现在一些小事的选择上：一个普通的冰激凌摊可以提供15~25种口味、10种不同糖屑以及5种不同配料的冰激凌，难怪我们很难做出选择。拿我自己来说，我往往从一开始就犹豫不定，不知道自己该选杯装冰激凌还是锥形筒装冰激凌。

我们对自己已经做出的选择——而不仅仅是将要做出的选择——感到越来越焦虑。我们要做的选择越多，就越有可能在决定之后发现有种想法在我们脑海中挥之不去："万一另一种更好呢？"这种现象全世界都有，但我不知道它是不是在瑞典格外普遍。直到近些年，我们生活的社会依然不允许我们自己（或者我们无法自己）做出某些重要的选择，比如：买药的地方只有一个；买酒的地方只有一个；只有一家邮局、一家电力公司、一家电话公司；只有一家媒体平台，其中包括3个广播频道和2个电视频道。虽然现在情况已经大不一样了，但在瑞典，不久之前还是这个样子，在过去20年里，瑞典解除了各种管制规定，这一下子给我们瑞典人提供了数量惊人的选择。目前我们尚不习惯这样的选择。有两三个选择比只有一个或没有选择当然更令人满意，但是，即使在人们历来有很多选择的文化中——比如美国，他们现在应该已经习惯选择了——拥有更多选择带来的心理上的好处似乎也微不足道。实际上，从心理上讲，有太多的选择对我们来说比只有几个选择更糟。就像美国摇滚歌手布鲁斯·斯普林斯汀在歌中所唱的那样："57个频道，却什么也看不到。"太多选择只会浪费更多时间。

完美主义者和易满足者

我们在做出选择的时候，通常会采取两种不同的方法。完美主义者指的是那些想要在所有可能的选择中做出绝对最佳选择的人。如果他们知道有更好的选择，他们肯定不会退而求其次。如果意大利名牌没有适合他们脚码的鞋子，他们宁愿不买鞋。易满足者指的是那些只要自己的选择足够好就心满意足的人。他们知道很难找到自己喜欢的衣服。

完美主义者做出决定需要更长的时间，这也许并不奇怪，但有趣的是，尽管付出了努力，他们往往对自己的选择并不十分满意，即使乍一看，完美主义者似乎比易满足者做出的选择更好，情况也是如此。

在对这些选择策略进行研究时我们发现，完美主义者比易满足者需要更长的时间才能找到自己满意的工作，但是他们获得的职位提供的薪酬也更高。到目前为止，所有这一切听起来都是一种合理的时间与金钱的交易，但事实远非如此。实践证明，尽管完美主义者的薪水更高，但他们对工作的满意度却低于易满足者。

总体来说，完美主义者对生活的满意程度及其幸福指数不如易满足者。

所有这些因素综合起来，外加我们面对的丰富的选择，给我们的时代带来了一种有点儿似是而非的氛围：我们希望选择越多越好，但是太多的选择并不一定会让我们更幸福。

分析一下你自己。你是如何做决定的？你是否能根据自己的情绪迅速做出决定？或者，你是否用过多的选择让自己的工作记忆超负荷运转，然后心中一直纠结、怀疑，认为自己可能做出了错误的选择？你是总想最大限度利用你的选择的效果，还是倾向于接受那些你似乎可以接受的选择？

当然，没有人是绝对的完美主义者或绝对的易满足者，我们都倾向于介于两者之间。但如果你是一个无可救药的完美主义者，那么在一些小事的选择上，比如购物，尝试放手随便选择也许会对你有所帮助。体会一下这样做有何感觉。如果你觉得面临的选择太多，发现单是选择早餐喝哪种牌子的橙汁就让你精疲力竭，那你应该在去商店之前就决定好买哪种，这样你就可以忽略那些引诱你进入商店的其他选择。如果你愿意，下次再从中选择一个。

超 级 练 习
选择的时机以及如何选择

尽管易满足者总体上比完美主义者更快乐，但这并不意味着你应该勉强自己接受生活各个领域中只符合最低要求的选择。你真的想为自己的孩子找一个差强人意的医生吗？你想参加水平一般的教育课程吗？我不这么认为。相反，我们应该学会什么时候做易满足者，什么时候追求完美，就像我们应该学会什么时候需要乐观，什么时候需要谨慎一样。换句话说，我们需要注意选择的时机以及如何选择。

找到平衡点

写下你在过去几周所做的一些选择,其中包括一些琐碎的选择(比如是否想在比萨中放香肠)和一些比较复杂的选择(比如去哪里度假)。想一想你在每个选择上投入了多少时间、做了多少研究,以及感到多大程度的焦虑。如果你发现选择比萨配料和回应求婚一样困难,我敢说你在达到理想的平衡点之前还有很多工作要做。一旦你发现最终选择的香肠以及它所带来的反馈远不及自己想象的那样令你快乐,你就会想为什么自己当初会为这个选择折磨自己。一定要学会判断哪些选择需要多加注意,哪些选择无论怎样选,最终结果都会很不错。

你的选择让你付出了什么代价

如果你花了半个星期的时间决定买件东西,结果只省了5美元,你会很生气,因为没有省下更多的钱。此时你可能会计算一下自己所用的这20个小时的时薪,并为此感到后悔。我的一个好朋友是一个典型的完美主义者。她在买鞋子的时候,会花一整天的时间逐家商店地逛,试穿不同的鞋子,考虑买哪一双。她的这种做法只有当我们谈论的是她想要充分利用昂贵鞋子的时候,才有意义。试穿后的第二天,有时经过一夜的辗转反侧,她最终做出决定,购买了自己选择的鞋子。但随后,她又出去试穿所有其他的鞋子,这一次纯粹是为了确定自己做出的决定是正确的。有时候,她会把自己最初选择的鞋子退回去,然后,整个过程又重新开始,再来一遍。如果按时间成本计算,她的鞋一定是全瑞典最贵的。

你做决定的方式表明你如何珍惜你的时间了吗?

给自己定些规则

找出一些你发现自己经常很难做出选择的小事,比较常见的是购买某种商品。定一个规则或限制,规定自己在这种情况下如何做决定。这种规则可以是任何规定,只要能限制你不再像往常一样行事。例如,你可以规定，在做决定之前，所逛商店的数量不能超过两家；或者你可以规定，购买任何低于10美元的商品时用时不能超过15分钟；或者规定自己只能购买蓝色的东西。下面这个规定也很不错：买到之后不能退货。坚持你的选择，只买那些你不能拿回商店退掉的东西，或者扔掉购物收据，或者在离家很远的地方买东西，比如度假的时候买。这样，你就永远不用患得患失，不用纠结自己是否应该回去退货了。

欣赏自己的选择

为自己所拥有的感到高兴，不要为自己所没有的感到失望。制定一份"合理决策清单"，进一步明确自己做出的积极选择：写下你上周做出的每一次选择的3个积极的方面，无论其重要与否。你会发现它们实际上都是非常好的选择。

让他人快乐

我们在前文中说过，金钱不一定能带来幸福。但是花钱并不是坏事，只要花得得当。比如，把钱花在能让别人产生积极情绪的事情上就是好事一件。让人快乐并不需要花很多钱，你所要做的就是给别人一份小礼物，这样一来他们的多巴胺水平就会飙升，这会让他们更快乐、更机敏、更高效。

一组经验丰富的医生曾参加过一项测试，测试者要求他们仅通过听病人的症状描述来诊断病人的疾病。测试开始之前，测试者随手给其中一些医生递上了一些糖果，或是随意地赞扬了他们几句。你可能会认为，这么多年医学院的学习经验和多年的临床经验应该胜过糖果在医学诊断方面的作用。但是，那些接受这些小动作的医生突然开始表现得非常出色，只需要其他医生一半的问题就能得出正确的诊断。这并不是因为他们临时超水平发挥，也不是因为他们嘴里含着糖豆时没把测试当回事。他们采取的诊断方法跟其他人一样，只不过他们的思维更活跃。

这些医生表现出色的原因并不仅仅是因为他们得到了象征性的赞扬。如果我们知道自己会收到礼物，那在收到礼物的时候我们内心不会产生任何变化。那些医生收到的礼物发挥了作用，是因为它们出乎意料。这一惊喜提升了他们大脑中的多巴胺水平，而多巴胺水平反过来又刺激了他们的脑细胞。多巴胺除了能让我们更快乐，还能改善工作记忆，而这正是我们在快速同时处理多项任务时所需要的。它还能让我们更好地集中注意力。换句话说，一个小小的、积极的惊喜不仅能给别人带来好心情，还能为创造性思维和快速决策打下基础。

请注意，并不是所有的医生都收到了糖果作为礼物，他们中有些人只收到了一些表扬与赞美，但人们发现其效果是完全相同的——而且还不用花一分钱！

尽管大多数人在回答"更愿意把钱花在自己身上还是别人身上"时，似乎都会脱口而出"我我我"，但研究表明，事实恰恰相反。人们在为别人做事后比为自己做事后要快乐得多。这就意味着，在我们刚才讨论的实验中得到益处的不仅仅是医生，进行该实验的那位女心理学家也得到了益处。那些医生收到的礼物并不贵重，但却可以达到预期的效果。同样，你也不需要在慈善事业、朋友或同事身上花很多钱，就可以感受到积极的效果。即使是小礼物也会对你的主观幸福感产生显著而持久的影响。在别人身上花几块钱，或者对他们说几句赞美的话，可能是你对自己未来幸福最好的投资之一。

为他人做事而不期待任何回报，这被称为利他主义。是否存在真正的利他主义，多年来一直争论不休。现在，脑科学终于发现了哲学早就得出的结论：我们不可能不期待任何回报就采取行动，原因很简单——利他行为能让人感觉良好。从大脑的构造来说，善行会让人感到愉悦。善待他人会使我们自己感到快乐。在一个实验中，研究人员给一些人每人发了 100 美元，告诉他们可以自己留下这 100 美元，也可以捐给慈善机构。选择捐出这笔钱的人在体验到那种令人自豪的无私感时,他们的大脑奖励中心显示出明显的活动迹象,其中一些人因利他行为表现出的与奖励有关的大脑活动甚至比他们自己得到奖励时还要活跃。从大脑的角度来看,给予比接受更幸福。

郑重提示

— 利己的同时利他 —

从根本上说,做让别人感觉更好的事情比为自己做事情更让我们快乐。亚里士多德曾经说过,人类的本性是利用我们的资源互相帮助。但这并不意味着我们都必须加入红十字会,或者都必须去援助非洲。对你来说,给你生命中的某个人一件意想不到的小礼物就足够了。收到礼物的人会变得更快乐、更聪明,你在无私付出之后,自己也会感觉很好(在镜像神经元的帮助下——你会在后文中读到更多关于镜像神经元的内容——你会感到更开心,因为你会看到礼物让收礼者多么快乐)。所以,你可以请朋友过来一起吃午饭,给别人买他们最喜欢的糖果,给他人意想不到的赞美,给没带零钱的陌生人买杯咖啡。这样,你可以让自己和他人都变得更快乐一些。

采用对比的方法

人们在服用药物时,最后会需要更大的剂量才能达到同样的效果,这是因为他们的耐受性增加了:他们对化学物质的反应受到抑制,因此需要更大剂量的药物。这不仅仅是一种心理效应,而且似乎存在于身体的每一个部位,也是我们身体机能的主要运作方式。

刚吃过鸡肉的人会发现香蕉比鸡肉更好吃，吃过香蕉之后，大多数人更喜欢吃鱼。在你们指责我用最牵强附会的方式来阐述人类历史上的一个观点之前，我想指明一点：这个例子不是我个人的例子。这份相当奇怪的菜单来自一项研究味觉和嗅觉脱敏的调查。同一项研究还发现了另一个有趣的结果：他们不仅证实了第二根香蕉不如第一根香蕉好吃（这是由于口感程度改变了，即耐受性提高了），而且他们还发现，吃了香蕉之后，除香蕉之外的所有食物的口味对受试者来说都变得比原来更加强烈。

或者，以视觉为例。你的视觉皮层中有不同的脑细胞，它们能对颜色和运动做出反应。当你第一次看到停车标志时，负责对红色视觉印象做出反应的脑细胞会发出强烈的信号。但是这个信号很快就消失了。这通常被说成你对红色的视觉已经耗尽。这可能是由于细胞用来发出红色信号的神经递质在过了一段时间后耗尽了，但更有可能的是，该细胞的目的是标记变化，而不是持续的状态。如果没有变化，细胞就没有什么值得兴奋的了。当你转移目光看向别处，在刚才看到红色的地方看到了绿色时，这是因为负责对红色做出反应的细胞暂时休息了。你在盯着处于静止状态的白色平面时，负责对绿色和蓝色做出反应的细胞会占据主导地位。人们对运动也会产生同样的错觉。如果你盯着瀑布看一分钟，然后再看长满草的山坡，就会看到草仿佛在往山上移动。其原因在于，负责对向下运动做出反应的脑细胞停止了活动。此刻当你观察静止的物体时，负责对向上运动做出反应的脑细胞的活动不会像平时那样被负责对向下运动做出反应的细胞所抵消，你就会觉得草是在向上运动。①

---

① 亚里士多德是第一个观察到这种现象的人，但他的理论略有不同。他认为，这种现象是由我们在看瀑布时大脑中的某种向下的物理运动引起的，当我们看向别处时，需要几秒钟的时间来减慢其运动速度。由此，他得出的结论是：如果我们先盯着瀑布看，然后再看其他物体，那该物体应该继续往下移动。但是事实恰恰相反，这使我们得出了以下结论之一：（1）希腊没有瀑布，（2）与研究世界相比，亚里士多德更擅长提出理论。假如当年他寻找过证据，那他应当立刻意识到自己的错误。不过话又说回来，这情有可原，因为我们谈论的这个家伙曾声称男人的牙齿数量多于女人。正如有人曾经对我指出的那样，此人似乎从来没有特意去数一数他夫人的牙齿数量。

我们的情绪也以同样的方式运作。很多人曾经历过让他们大喜过望的事情，比如中了彩票大奖，但他们很快又回到了之前的那种幸福指数较低的状态。这并不是因为他们对自己赢来的钱感到厌烦，而是因为他们对幸福的耐受性提高了。解决这个问题的方法之一是不断地寻找越来越强烈的快乐体验。另一种更切实可行的方法是降低对幸福的耐受性。要做到这一点，我们需要设法改变一直以来的单一体验，并辅以其他不同体验。要想保持幸福感，我们必须让自己的积极体验有波动，变化是避免任何麻木感觉的极佳方法。

学会欣赏未知事物

我们天生喜欢我们所认识的事物。我们与自己不认识的事物之间的关系是相当矛盾的。新事物总是会带来压力，所以人们常说："驾轻就熟。"根据你对这句话的理解，你可以把它当作一种警告，提醒自己要从诸多未知事物中寻找可靠的经验；或者，你可以把它看作一种直接的鼓励，鼓励自己去寻找你的经验宝库中还没有的东西。对此，我个人的理解总是后者。如果我必须在自己熟悉的事物和新事物之间做出选择，这对我来说其实算不上选择，因为我总是选择新事物。有时，这样做会让我犯错，例如，我原本可能不会选择甜菜根冰激凌（瑞典北雪平市哈尔瓦斯格拉斯冰激凌店在2008年夏天推出的一款冰激凌）。

但假如选择了新事物，我可能会感到惊喜。说实话，这种情况经常发生。

我不是唯一一个追求新鲜事物的人。如果这不是人类天性的一部分，那我们就永远创造不出现代文明，也不会有如此多的发明。人类的这两种取向——对熟悉事物的渴望和对新鲜事物的好奇——在我们体内不断地展开竞争。但遗憾的是，我们对新鲜事物的厌恶往往会占据上风。我们把挫折看得比成功更重要，输了10美元带来的痛苦胜过赢了10美元带来的欢乐。这导致与快乐体验相比，我们对痛苦体验的反应更强烈。人类进化所赋予我们的这种行为模式使得我们的恐惧经常战胜我们的好奇心。

但如今，我们再也不会因为安装天窗就有可能导致洞穴坍塌，把里面的人都压死。今天，我们不会因为冒险做一些未经检验的事情就把我们的生存置于危险之中（比如 2001 年巴塞罗那哈根达斯品牌推出的罗克福奶酪冰激凌，如果你碰到我，别忘了问问我它的口味）。所以，你应该抵制你的天性。前几次可能会感觉有点儿不舒服，但它会带来巨大的惊喜。不管你最终对自己的新选择是否满意，你都会成为赢家，因为你已经为自己将来要做的事情确立了一个比较对象。

郑重提示
— 改变通往幸福的道路 —

对比和变化是幸福的源泉。通过让自己接触到其他的印象，而不是一成不变的同一个印象，等你返回第一件事时，最初的热情又会回到你身上。对香蕉和鱼的研究表明，第一印象产生的积极体验实际上可能会比以前更强烈，原因就在于其间我们做了一些其他事情。

如果你睁大眼睛，你会发现你的日常生活中充满了这种机会，可以进行对比体验。一定要提醒自己经常做一些与你现在正在做的事情完全不同的事情。这就是通往幸福的必由之路。

超 级 练 习
创造充满对比的生活

要想发现不同于以往的事情并付诸行动并非易事。如果你还不习惯冒险，那么任何稍微不熟悉的事情都可能让你感到害怕。但通常你会发现这样一种选择：它距离你所熟悉的事物比较遥远，能让你感到新鲜，但同时又不算太远，不会把你吓跑。下面给大家提供一些建议，不妨尝试一下：

- 如果你喜欢打网球，尝试打打羽毛球或壁球。
- 如果你擅长九宫格数独游戏，不妨再试试填字游戏。
- 如果你是一个魔方高手，尝试一下创意大师罗迦·费·因格的创意挑战，或者为你的游戏机下载 Cuboid 特征检测算法。
- 如果你经常吃泰国菜，那就点一些其他种类的菜，而不是每次都点泰式炒鸡。
- 如果你喜欢看电影，尝试租一张你平时不会看的碟片。
- 放弃一年一度的野营旅行，尝试前往越南——或者取消以往那种出国度假，在自己的国家旅游度假。

如果一开始你觉得改变自己的行为让你感觉极不舒服，那就从改变行为的时间开始吧。这也是朝着正确方向迈出的一步。

记住阿尔伯特·哈伯德说过的话

幸福与你的身体感觉密切相关，也与你当时使用这种感觉的目的密切相关。这意味着，你也可以通过思考自己的动作和面部表情来影响你的幸福程度。

在一项经典的研究中，研究人员要求一组参与者在解一道简单的数学题时皱起眉头，要求另一组参与者在解同样的数学题时面带微笑。面部肌肉张力的这种差异对参与者在任务过程中感知到的努力有显著影响。与面带微笑者相比，眉头紧锁的人感到任务难度更大。同样，研究表明，如果在观看喜剧时你从一开始就面带微笑，而不是眉头紧锁，那么喜剧会更有趣（而悲剧则不那么悲伤）。

在另一项研究中，参与者被要求观看在大屏幕上移动的不同事物的图片，并指出他们最喜欢的图片。其中一些图片从左向右或从右向左移动，而另一些图片则从上向下或从下向上移动。结果表明，参与者始终喜欢从上向下移动的图片。你可能会问："为什么？"垂直运动让参与者的头上下略微移动一点儿就可以使眼睛跟上图片的移动，而水平运动则需要他们左右转动自己的脑袋。在潜意识中，参与者的决定是由他们用自己的头部运动传递的"是"或"否"的信号决定的。

超级练习
身体与情绪

快乐的情绪实际上只是我们大脑和身体中的化学活动，这意味着，如果我们能学会控制自己体内的化学实验室，我们就能产生任何我们需要的想法或情绪，从而酿造出令自己快乐的高纯度的幸福鸡尾酒。实际上这比你想象的要简单得多。你只需改变你的姿势、呼吸、肌肉张力和面部表情，就能改变你的情绪和行为。当你的身体处于紧张状态或放松状态时，你体内产生的化学物质不同，你产生的想法也会不同。

例如，回想一下你曾经感到特别紧张的时刻——比如你需要在工作中或课堂上做一次演讲，或者你非常在乎的某个人问了你一个很难回答的问题。在进行下一步之前，请记住这种场合。

你想到了这样一种场合吗？很好。现在请立即停止回想这件事。注意，双脚放平，放松肩膀，咧嘴傻笑，然后深呼吸。现在，在不改变当前身体姿势的情况下，再回想那件令你不安的事情，保持双肩放松，双脚放平，露出牙齿。结果怎样？很有可能你对那件事的情绪已经发生改变，或者你的想法已经跟以前不一样了。很奇怪，是吧？采用不同的方式使用自己的身体，你对生活的体验也会不同。

通过身体找到幸福

快乐的人与抑郁的人行为方式不同。采用与快乐的人一样的行为方式，可以利用思维与身体之间的联系激发内心的积极情绪。当人们处于某种情绪状态时，往往很难说清是什么导致了什么。例如，每当你对别人微笑的时候，就会分泌出"幸福的化学物质"——血清素。快乐的人做的一些事情会影响他们的情绪。你也可以通过下面这些做法控制自己的情绪：

- 以一种比平时更放松的方式走路
- 摆臂动作比平时更放松
- 走路时比平时更有活力
- 嘴角挂着微笑

快乐的人也会表现出某些特定的行为特征，尤其是在和别人说话的时候。你可以通过模仿他们来影响自己的幸福指数：

- 说话时辅以很多手势
- 其他人说话时自己多点头表示认可
- 穿着更鲜艳的衣服
- 使用许多积极的评语（比如"喜欢""爱""好极了"）
- 不要过多地提及自己（避免使用"我""我个人""我自己"等字眼）
- 比平常更多地变换自己的语气
- 讲话时语速略快一点

- 握手时坚定有力

通过思考自己身体的表现而激发出的积极情绪，不会在你停止微笑的那一刻消失。你的幸福感会一直存在，并且会继续影响你的行为和思维的很多方面。例如，你会以更积极的方式与他人互动，更容易记住生活中发生的趣事。所以，如果你需要振作起来，那就表现出好像很快乐的样子吧！

幽默是一件严肃的事情

幽默对我们的处事能力也有决定性的影响。比如，经常开怀大笑的学生学习起来更容易，工作中感到快乐的员工工作效率更高。因此，幽默感是我们需要具备的一种重要素质。它不仅能帮助你在无聊的聚会上消磨时间，而且还能作为一种重要的心理资源为你所用。如果你能看到自己所处环境中有趣的一面，就可以保护你不受压力的影响。这样一来，你就不太可能因为压力而患上抑郁症。研究证明，幽默也会影响病人从疾病和手术中恢复的速度。[1]事实证明，我们在用幽默的方式处理压力时，免疫系统也会得到加强。此外，由于幽默可以激发出群体意识，所以它也可以让他人给予你更好的支持，从而间接地帮助你渡过难关。

笑本身也有好处：它能够刺激内啡肽的分泌，从而增加主观幸福感。内啡肽在改变你的想法中扮演着重要的角色。不管你的笑是真是假，你笑得越多，你血液中的内啡肽就会越多。

---

[1] 这就是为什么我们有医院小丑，你可能听说过他们走访儿童医院的报道，其目的是通过提振孩子们的情绪来加快他们康复的速度。与罗宾·威廉姆斯在影片《妙手情真》中扮演的医院小丑不同，他们有时候真的非常有趣！

超级练习
一笑置之

想一件让你感到震惊或者恐惧的、不想再经历的事情，尽量勇敢地把你脑海中让你感到可怕的东西暴露出来，并对它一笑置之。一开始你可能得假装在笑，但没关系，关键是你笑了。

你笑的次数越多，你所恐惧的事物对你的影响力就越小。大笑产生的内啡肽会让你从一个不同的角度来看待整个情况，并产生不同的想法。当你感到自己的负面情绪减弱时，你可以使用前文中讲过的那种重构技巧来重新解读曾经让自己焦虑不安的事物，从而彻底摆脱它对你的控制。

在那部惨遭误解的童话电影《魔幻迷宫》中，大卫·鲍伊饰演的角色试图用自己编织的幻觉（以及一些危险的紧身裤）来吓唬詹妮弗·康纳利饰演的角色。这是一个很好的比喻，可以说明我们的大脑是如何工作的。康纳利对如何击败邪恶的鲍伊的认识，也是你必须要认识到的，假如你希望学会冷静对待自己害怕的事物。如果它只在你的脑中，它就伤害不到你。或者，用《魔幻迷宫》中最后一幕里的一句台词来说："你控制不了我！"让你脑海里的小妖怪们放下武器的方法之一就是敢于嘲笑它们。

从日常生活中寻找乐趣

我们不会仅仅因为一丝不苟地做了某本书里的一堆练习就变得幸福快乐，还需要一些来自真实世界的乐趣。人类为了开心会做各种各样稀奇古怪的事情。比如，我们会把自己绑在轿厢里，上下左右旋转移动，其实哪儿也没去；我们会把绳子绑在棍子上，将其扔进湖里；我们会故意从正在高空飞行的飞机中跳出去；我们会按照奇怪的规则玩 52 块纸板；我们已经发明了无数种不同的击球方式，让球跑向其他地方，或者只是在后面追着球跑。这些活动都没有一点儿内在的趣味，甚至相当荒谬，但我们却乐此不疲，纯粹为了好玩。

人类绝对能够制造出任何既有趣味性又有娱乐性的东西。为了开心，我们不需要充足的理由，只要好玩，任何借口或方法都是可以接受的，比如，身着睡衣、手持木剑相互打斗。

然而，你无须如此大费周折也可以在日常生活中寻找到乐趣。随便拿出哪一天，你都有很多开心的时刻，但它们往往瞬间发生、稍纵即逝。比如，同事讲了一件有趣的事情，逗得你开怀大笑，但往往笑完之后你就忘记了。试着留意这些时刻，关注一下它们带给你的感受，不仅仅限于周三晚上马戏团学校的转碟子练习，而且还包括这些短暂而寻常的时刻。玩得开心非常重要。你快乐的次数可能比你想象的要多。[1]

郑重提示
— 给大脑提供某种方向 —

在我们的社会中，许多人似乎永远都在去其他地方的路上，很容易忘记自己现在所处的位置。问问你的朋友或同事，他们午饭吃了什么（这是一个让你每天都能享受美好时光的潜在机会），看看他们需要多长时间才能想起来，你很快就会明白我

---

[1] 寻找事物积极的一面——不管它们多么微不足道——也是一种重构。我刚刚在佛得角度过了一个圣诞节。到那里的第二天，我吃了当地的一种浆果（不应该吃的），结果在剩下的假期里一直腹泻，很严重，回家后才好了。每当我对别人讲起这件事的时候，我通常会听到这样的话："天哪，真糟糕！你整个假期都被毁掉了！" 这当然是一种合理的理解。但对这件事我有自己的解读：如果我要腹泻一个星期，我宁愿去一个舒适暖和的地方。

的意思。你在读到这里的时候,有没有拿出一丁点儿的时间想一想自己坐得有多舒服,或者想一想你播放的背景音乐有多美妙?试着多留意一下你周围发生的事情,看看自己是否经常感到快乐、健康。要知道,细节决定一切。

你注意到的日常快乐时刻越多,你的大脑就越想主动去寻找积极的体验。快乐会把你的注意力引向更多的快乐,这就好比如果你怀孕了,你会突然发现到处都是婴儿车。你希望自己的大脑发现什么,它就会找到与此相关的更多内容,对此你无能为力。但从另一方面来说,你可以控制它是寻找美好的事物还是糟糕的事物。

用忙碌治愈忧伤

寻求完全避免负面情绪似乎是明智之举,但这样做不仅仅是错误的,也是不可能的。我们都会时不时地碰到令人忧郁的星期一,都会经常体验到愤怒、沮丧和失望等情绪。但负面情绪并不都是坏事,它们可以让你把注意力集中在任何威胁你的事物上,让你做好战斗或逃跑的准备。它们可以让你为冲突做好准备,无论是能分出胜负的冲突,还是没有赢家的冲突。负面情绪有助于形成高度警惕的、防御性的批判性思维和决策,能帮助你发现问题、解决问题。

积极的情绪则会告诉你有好事要发生。它们会扩展你的注意力,增加你对自己的身体和社交环境的意识。这种专注会让你对双方都能获益的新想法和新机会持开放态度,这样我们整个社会才能进步。积极的思维方式能带来包容和效率。

对"抑郁现实主义"的研究证实,抑郁的人不仅是"认为"他们比积极乐观的人更善于判断自己的能力——事实也是这样。他们能以更现实的方式记住自己生活中发生的积极和消极事件,并且对任何正在发生的危机的信息更加警觉。快乐的人充满了积极的幻想，这使他们高估了自己的能力。相比对消极事件，他们对积极事件记得更牢。但快乐的人更善于做出与规划自己生活有关的决定，因为他们会运用一些重要的策略，比如找出可能影响他们幸福生活的健康隐患和其他隐患。如果你不能计划自己的生活，你就不会快乐。在你情绪低落的时候，你不能计划自己的生活，因为你的大脑无法获得你需要的思维模式。

当然，生活中发生的一些事情会让我们感到悲伤和沮丧。但很多情况下，让我们沮丧的其实是我们自己的想象。人类太善于想象消极的事情了。我敢保证，有些时候，你仅仅因为想到某件事就会让自己非常生气，即使你刚刚还感觉很好。一旦我们开始注意周围的黑暗，我们的大脑往往就会抓住这种糟糕的情绪不放，并选择关注与这种心态匹配的印象。我们对"未来看起来一片黑暗"这类表述的理解要比对"未来看起来一片光明"的理解快得多，对负面信息的记忆比对正面信息的记忆要牢固得多。我们在感到压力的时候，体内释放的激素会激增；引发压力的因素消失后，激素就会减少。然而，当你感到抑郁的时候，激素的水平会保持不变。所以，从本质上讲，抑郁和烦躁都属于一种永久性的压力状态。受负面情绪的影响，我们往往会强调我们印象中的消极因素，因此压力会让我们变得极其敏感——任何一点儿批评都会被我们当作恶毒的攻击，任何一点儿污点都被看成世界末日。如果这种情况持续时间过长，最终一定会损害我们的大脑，导致脑细胞更难建立新的联系，这使得我们更难有新的想法，更难保持灵活变通。从纯生理意义上来说，如果长期遭受抑郁困扰，我们的思维能力往往会衰退。

治愈日常忧郁的方法就是激活你自己。情绪低落通常涉及某种损失，比如，某个项目失败了，你没有得到自己想要的薪水或成绩，家里有人去世，有人对你失去了信心，或者你的一个好朋友要搬走了。所有这些事情都是损失，都会导致压力增加，都会让人烦躁不安。在这种情况下，你必须给自己一点时间喘口气。但是之后，你必须振作起来继续前进。如果不这样做，你就有可能陷入消极情绪的漩涡。或者，更糟糕的是，你会完全陷入困境。但是，如果你能把自己的注意力放在未来，超越眼前的困难，不要得出基于习得性无助的错误结论，那么你的悲观想法就会无计可施。

超 级 练 习
用行动摆脱忧郁

情绪低落时，你需要找到一种方法来摆脱自己的消极状态，这就需要你为自己设定新的目标。但不要做得过头——记住，当你陷入困境时，你的精力跟平时是不一样的，所以你必须确保设定的目标是可以实现的。这些目标的困难程度一定要适中，这样你才会有动力朝着它们努力，并相信自己一定会成功。不一定非要干什么惊天动地的大事，关键是要做你知道自己能够处理的事情。如果你的情绪十分低落，或许清理一下你的电子邮箱或者把你一直想挂到墙上的画挂起来就足够了。一开始，做做这些事情就可以了，不需要雄心壮志。重要的是你要找到一些自己能做的事，然后动手去做。一旦你做成了，你的成功就会带来新的积极情绪，你的大脑左半球（快乐的大脑）就会从沉睡中醒来，你就会开始感觉好一些。

停止浪费你的空闲时间

我们都有确定自己身份的兴趣和激情。因为你的工作并不总是能提供机会让你做自己最擅长和最喜欢的事情，所以你的休闲活动就显得非常重要。假如你工作过于繁忙，以至于没有时间投入休闲活动或业余爱好，那这要么意味着你从内心喜欢自己所从事的工作，要么意味着你做了太多其实并不重要的事情。

看电视即使不是最受欢迎的休闲活动，起码也是其中之一。不管你是把看电视视为自己最喜欢做的事情之一，还是仅仅出于习惯才看，看电视都占据了你大部分的空闲时间。遗憾的是，心理学研究一次又一次地证明，看电视除能给人带来一种类似于放松的状态之外，对心理几乎没有任何好处。不动脑子地瘫在懒人沙发上的那种放松不会给你带来更多积极的情绪或更好的生活满意度。如果说看电视能给人们带来什么，那就是它能让人感到更不快乐。与其他许多休闲活动相比，电视节目能做到的最好的事情就是吸引我们的注意力，但是似乎很难相信有人能声称自己在看电视时达到了"心流"状态。看电视也不能提高你的技能。当你无精打采地坐在电视机前时，你无法做其他能提升你积极体验的事情，比如打自己喜欢的高尔夫球、与恋人亲热或者和朋友出去玩。

这条规律有一个有趣的例外，那就是肥皂剧和其他播放周期很长、剧中人物反复出现、情节跌宕起伏的电视连续剧。比如，20世纪80年代的《豪门恩怨》、今天的《权力的游戏》。值得注意的是，这些电视节目可以在一定程度上适度地提高生活满意度，这可能是因为观众开始像对待真人一样对待这些角色，并对他们的成功和幸福投入了感情，甚至觉得他们有点儿像自己的朋友。但问题是，剧中人物，比如琼恩·雪诺，根本不知道你的存在。

与看电视不同，涉及与他人产生联系的休闲活动能带来人际交往的所有好处，能让我们成为社会的一分子。我们之所以参与休闲活动，原因之一是休闲活动给了我们一个与他人（恰好与我们有共同兴趣的人）互动的理由和方式。男性之间的友谊往往围绕着共同的活动展开（比如"告诉我你的新电子书阅读器怎么用"），而女性之间的友谊往往更多地以聊天方式展开（比如"跟我讲讲你的新男友"）。无论是哪种情况，人们的社交需求都得到了满足，同时也获得了社交好处。

说到幸福，休闲活动确实能够提升你的积极体验。一方面，你可以运用你自己的技能，表现你的身份和你的喜好；另一方面，休闲活动往往涉及某种运动，这对你的健康和你与他人的互动都有好处。这是很严肃的事情。正如你所知，与他人的关系非常重要，在诸多让我们感觉更好的事情中名列榜首。友谊和爱情能让我们幸福，而且也能让我们关心自己身边的人。

> 郑重提示
> ── 主动式休闲 ──
>
> 下班或放学回家之后，窝在沙发里看电视或者玩手机是一件很美妙的事情，这我也明白，但这些东西不会让你感觉良好或快乐。所以，你应该重视培养自己感兴趣的能力，着手去做自己擅长的事情（或者是希望自己擅长的事情），并且和其他人一起去做。最简单的方法就是报名参加夜校或社团，找到和你有相同爱好的人。这样一来，你的闲暇时间会比任何电视节目都更有意义。

不要忽视自己的身体

世界卫生组织是这样定义健康的："健康乃是一种生理上、心理上的理想状态，以及良好的社会适应能力，而不仅仅是身体强壮或没有疾病。"如果根据这一定义，我怀疑这个星球上没有一个人是健康的，但我们正在朝着这个方向努力。在这个定义中，有趣的是，人们是从3个方面定义健康的：生理层面、心理层面和社会层面。此外，所有这些方面的健康与你的幸福水平密切相关。我们已经在改善心理和社会健康方面做了很多练习。现在，我们来更仔细地研究一下身体方面的健康。

运动会让人感觉良好，这不算什么新闻，也不太令人惊讶。从短期来看，锻炼能让我们快乐。从长期来看，锻炼也能让我们更健康、更幸福。锻炼时类似于吗啡的化学物质会释放到人体血液中，可以产生短期效果。长期效果主要体现在身体协调性得到提高，自尊得到提升，患抑郁症或焦虑症的风险降低。经常锻炼也能减缓（甚至阻止）衰老带来的体重增加，并降低患心脏病或癌症的风险。此外，体育锻炼通常也可以提升社会层面的健康：锻炼时，你可能是在与其他人一起进行体育活动，因而能够增加你获得社会支持的机会。

毫无疑问，你肯定已经注意到了，我一直在使用"锻炼"这个词。假如这个词马上让你联想到了汗流浃背的健身房、魔鬼式的骑行训练，以及各种健美塑身类的人体挑战运动，那我必须说声对不起。锻炼其实没有如此复杂。如果你平时不大锻炼，那即使是快走也有助于你的健康。或者说，骑自行车上班怎么样？这也算是一种锻炼。锻炼的目的是为了让你找到一种方法，释放一天中体内积攒起来的多余的紧张情绪和能量。当这种紧张情绪被释放以后，身体对休息、放松和恢复的自然需求就会被激发出来，而且你还会接收到自己身体释放出来的内啡肽，有百利而无一害。

超 级 练 习
正确的睡眠

针对睡眠这一话题，我可以谈很多很多，但我不会那样做。我无须告诉你，如果你经常因为睡眠不足而疲惫不堪，就很难保持快乐的心情。因此，我只打算告诉你如何确保良好的睡眠，其中主要包括 4 条简短的建议：

- 确保睡觉的地方只是用来睡觉的。①不要在床上工作。如果可能，你甚至不应该在床上看电视。一定要保证，看到床你心里想到的就是睡觉，这一点很重要——上床之后不要开始想工作中的事情，也不要想无聊的肥皂剧。
- 每晚平均睡眠时间不超过9小时，不少于5小时。否则，你可能会感到疲劳、压力、焦虑和抑郁。
- 在上床之前的一段时间开始放松。如果你在上床之前一直高度紧张，可能很难入睡，而这又会导致愤怒或焦虑。
- 如果你醒来后再也睡不着了，不要躺在床上辗转反侧，因为无法入睡而烦恼。在这种情况下，你最好做一些建设性的事情。比如，起来读一会儿书，或者查看一下电子邮件，15分钟后再回到床上，看看这样是否更容易入睡。

能够学习的免疫系统

到目前为止，我们所说的大部分关于身体健康的事情都是非常直接的。毫无疑问，你已经注意到，运动和保持身体健康可以改善你的心理健康。这种影响也有逆向作用：保持良好的心理健康有益于身体健康。我知道这对你来说可能听起来很奇怪，所以我要在这里仔细阐述一下，确保你能明白我的意思。

如你所知，我们的情绪产生于大脑，而大脑又与神经系统相连。当你产生新的体验时，神经系统就在不断地学习新的东西，而负责保证我

---

① 我知道你想说什么——如果你比较幸运，性生活比较活跃，你肯定也会把你的床与性生活联系起来。当然，我不是建议你为了更好的睡眠而放弃性生活（那样其实往往会适得其反）。你可以采取两种解决方案：要么认可你的床有两种用途——性爱和睡眠——不能再多了；要么，在其他地方进行性生活，以此弱化床与性生活之间比较活跃的联系。

们健康的免疫系统（其中包括一部分血液细胞）似乎是一个纯机械的、自动的系统。在1974年，心理学家罗伯特·阿德的一项发现震惊了世界，并彻底改变了人体的生物学图谱——他发现免疫系统和神经系统能够相互交流。免疫系统就像大脑一样，也能够学习新事物，能够适应神经系统提供给它的信息。这听起来可能没什么大不了的，但却是一种革命性的见解。在此之前，甚至没有人认为人类的免疫系统能够接收神经系统发出的信号，或者能够改变它的功能。最重要的是，这种联系似乎对免疫系统的正常运作至关重要。

关于免疫系统运作方式的例子是由一项实验提供的。在这项实验中，研究人员要求参与者品尝一种味道强烈的饮料，这种饮料中含有一种能暂时削弱免疫系统的药物。在参与者品尝了足够多的次数之后，他们只需要喝一小口（这一次里面没有添加那种药物），免疫系统就会被明显削弱。幸运的是，这种损害相当轻微，那种药物的药性也不是十分强。

实际上，这意味着你周围的环境会损害你的免疫系统。就像当你看到某个人的时候，你总会想起某首歌一样，因为你对那个人的记忆和对这首歌的记忆是相关联的。有些事情会在你下次遇到它们的时候增加你患病的风险——也就是说，你的免疫系统会记得，上次喝了那种怪怪的药用饮品之后，效果并不太好，所以它会认为这次也是一样。因此，当你品尝这种饮料时，免疫系统就会自行决定不再有效发挥作用了。

由于大脑和免疫系统通过神经系统相互沟通，所以免疫系统似乎也受到我们的心理状态的影响，这着实令人不安。如果免疫系统能始终正常运转，不受我们情绪的影响，也许我们会更健康。在你无端沮丧、极度烦躁不安的时候，你可能依然希望自己的免疫系统能正常发挥作用，同你感觉欣喜若狂的日子一样。事实上，有些人甚至拒绝接受免疫系统具有适应性这一发现，原因如下：从进化的角度来看，我们对感染和疾病的防御似乎不太明智，它对外界的影响过于敏感。这可以算作一个不错的理由。或者，这种防御也许就是明智的，因为毕竟我们人类还活着。进化有一种特点，那就是它会保留具有适应能力的生存功能，抛弃那些无用的功能。其实，这里需要回答的问题是：免疫系统是如何帮助我们人类的。

在找到答案之前，免疫系统可以从我们的心理态度中学习并受其影响这一事实，是我们必须涉及的一个方面。

这使得我们管理诸如愤怒、焦虑、抑郁、悲观和孤独等负面情绪的能力显得十分重要，其原因远非单纯的心理因素和社会因素那么简单。这也是一种预防疾病的方法。遭受慢性焦虑、长期孤独和悲观、持续的紧张、无休止的敌意、根深蒂固的怀疑或猜忌所折磨的人，患心脏病、哮喘、关节炎、头痛和胃溃疡等疾病的风险是正常人的两倍。尤其是心脏病，负面情绪导致的心脏病风险与吸烟相当！

压力是另一种消极的心理状态。当你感到稍微有压力的时候，你感冒的可能性就会增加一倍。也有人发现，严重的压力能对免疫系统产生巨大的负面影响，能够加速肿瘤细胞的扩散，加速糖尿病的恶化，导致血液凝结，进而导致心脏病发作。从长远来看，压力也会损害大脑本身。

消极情绪和身体问题之间的联系是显而易见的，但正如我所提到的，其影响是双向的。我们甚至可以利用这一点来为我们服务。虽然压力和抑郁会削弱免疫系统，但社交、放松和信任他人可以增强免疫系统。下面这一事实可谓是人尽皆知的常识：我们大多数人曾从切身经历中认识到，人在感到压力或情绪低落时，更容易生病。不过，我们从来没有考虑过这种影响可能是双向的。如果你在心理上比较健康，那也会帮助你的身体保持健康；而如果你在身体上比较健康，那当然更容易让你保持心理健康。

保持健康的生活方式

由我们的情绪和我们与他人的关系所产生的生活方式也会对我们的身体健康产生影响。例如，乐观者总体上比悲观者更健康。这并不是说乐观主义一定会通过某种乐观主义激素直接影响免疫系统，而是说乐观主义者的行为不同于悲观主义者，他们所做的事情可以增加他们保持健康的机会。要是你想拥有健康的身体，仅仅决定积极乐观地思考问题并经常笑对他人还是不够的（尽管这样做是一个不错的开始），如果你继续每天吃一大桶薯片的话。

健康是长期保持健康生活方式的结果，其中包括心理、社会和身体方面的健康生活方式，这就是为什么短短两周的节食根本不会起作用（巧合的是，这也是减肥书籍是这个星球上最受欢迎的图书的原因：如果过去两周你尝试的节食没有奏效，那并不意味着下一周也不会奏效——也许你会这样想）。但其实事情并没有那么复杂：遵循均衡的饮食规律，经常锻炼身体，不要吸烟。把时间花在有意义的活动上，与他人建立良好的关系。我知道这些都是泛泛之谈，但它们却偏偏得到了大量研究和事实的有力支持。

健康是长寿的基础，也是体力的保证，但其最大的好处很可能是你当下正在享受的：如果你身心健康，你会感觉朝气蓬勃、充满活力、精力充沛，并且能够做所有让自己感觉良好、快乐的事情。

关于幸福的最后总结

追求意义，但不要执念过甚

我在本书中提出的观点和方法并非出自个人经验，也不是继承了大多数人的看法（它们通常是之前关于如何追求幸福的自助观点的基础）。这些思想的主要观点有两种，不是"我是这样做的，我很幸福，所以如果你照我的做法去做，你也肯定会幸福"，就是所谓的印度大师的千年智慧，但实际上其历史只不过区区几十年，而且通常归根结底也都是以"照我的办法去做"这一观点为基础的。而我在这一章中非常慎重地提供给大家的这些方法，都是基于对心理学和大脑结构的最新研究。

总而言之，大脑与幸福、快乐等积极情绪有着特殊的联系。你可以通过练习，努力让自己快乐起来，从而加强这些联系，并更好地利用它们。我们所有人都可以获得幸福，也都有能力提升我们的幸福。关于幸福的研究列出了实现幸福的3条可靠途径：确保你能充分利用自己的优势、天赋和兴趣，培养对未来乐观的态度，与他人建立密切的关系。

现在，你已经很好地掌握了做这些事情的不同方法。

幸福不仅仅是当下的一种情绪，它也会影响你的未来。然而，重要的是你要记住，你不一定非得达到你的目标才能幸福。目标本身从来就不是幸福的必要条件。有句老话说得好——旅程就是目的地。

如果你相信自己能获得你在杂志上读到的那种令人心醉神迷的幸福，那是不现实的，结果也可能会令人沮丧。即便你凭借自己强大的适应能力真的做到了，这种幸福的状态也不会持久。但这并不是放弃努力追求幸福的理由。即使我们无法获得永恒的、最大的幸福或快乐，我也希望我已经让你相信，积极乐观地生活能给我们带来深远的影响和巨大的益处。

我们终于结束这一章了。现在看起来，似乎幸福这种东西真的没什么特别之处。的确如此，但我们还是用了许多页来解释其中的原委。

不管你的处境如何，你现在知道了你需要做什么来控制自己的积极体验。请记住，这种超能力并不仅仅是为了让你幸福快乐，关键是它还能够让你找到勇气，勇敢地去思考那些你以前从未想过的创造性的、新颖的、意想不到的主意（同时增强你的免疫系统）。幸福能让你变得更聪明，同时感觉良好。

我不知道你感觉如何，但对我来说，这听起来相当不错。

我们下一步将一起更仔细地研究我在本章中有意回避的——你身边的所有人。我曾经提到过几次，想要幸福，我们离不开其他人的帮助。但对你刚刚形成的超能力来说，周围人的作用比这要重要得多。因为尽管你没有认识到这一点，但你的行为和选择都受到你周围人的影响，甚至包括你不认识的人。而你自己对周围世界的影响比你想象的也大得多。你每天甚至不用见面就能改变成千上万人的生活。你的下一个超能力能够使你利用你所处的复杂的社交网络来塑造属于你自己的世界。这可能是电脑游戏《邪恶天才》排行榜上得分最高的一种超能力,因此你也会发现其他人对你的真实印象,而且还会发现如何向他们展示你想要的那种形象。既然已经到了这一步,我们何不继续呢,对不对?

第 4 章

正确利用人际关系和社交网络

——唤醒你的社交力

当我第一次使用纯小麦胚芽油和蜂蜜做的
法贝热有机洗发香波的时候,那种感觉棒极了。
于是我把它推荐给了两个朋友,
他们又告诉了自己的两个朋友,
就这样一传十十传百地传开了。

——20世纪70年代的电视广告

所有其他人

你需要其他人

  我知道我在本书前言里曾保证过,这本书的内容全部都是关于你的。但问题是,你和你周围人之间的联系非常紧密,我们根本不可能只讨论你自己的超级思维能力而不触及你的社会存在。将我们每个人与其他所有人联系在一起的纽带比大多数人意识到的更牢固、更广泛。如果你想优化自己的生活,想掌控自己的生活,你需要清楚这种联系是如何运作的。一旦你懂得如何利用你的社会关系来创造你想要的生活,那你就拥有了一种相当震撼的超能力。

  在你做出的最重要的决定中,有些决定是关于如何与他人相处的。人是社会动物,而我们的大脑既能影响我们的社会行为,也能被社会行为所影响。在同别人说话时,你的大部分想法都是你自己产生的,你所有的想法都会受到你所进行的谈话的影响,也会受到你对这些谈话内容的判断的影响。思考其实就是在和自己对话。这很好,但往往还不够好。你可能还记得,关于创造性思维的几种方法涉及以一种有用的方式处理从他人那里收到的信息。

孤独比吸烟害死的人更多

当你读到我们在社会环境中的生活方式对我们的健康有着决定性影响时，你可能不会感到惊讶。然而，直到最近，社会健康研究人员费尽千辛万苦才让医生们意识到，仅仅通过检查身体，无法判断一个人是否健康，还需要考虑各种各样的其他因素，比如这个人成长的文化背景、他的朋友和家人，以及他所居住的城市。你的生存环境对你本人以及你的感觉有着根本的影响。

到目前为止，我们了解到：

- 与他人隔绝的人英年早逝的可能性是正常人的2~3倍，不管他们是否吸烟，也不管他们是否经常锻炼。
- 与那些与他人关系密切的人相比，孤独的人更容易患上晚期癌症。
- 缺乏社会支持系统的孕妇出现并发症的可能性是得到良好支持的孕妇的3倍。
- 在所有死因中，鳏夫的死亡率高于同龄男子。24~34岁的丧偶者尤其如此，他们的死亡率是有配偶的同龄人的8~12倍。
- 在经历过离婚或其他形式分手的群体中，中风的发病率更高。
- 与吸烟相比，社会和心理问题是导致心绞痛的更重要的原因。有严重家庭问题的男性患心绞痛的概率是有"正常家庭问题"的男性的3倍。
- 如果你觉得没有人可以分享你的个人感受，或者觉得自己没有亲近之人，那么你患病和死亡的风险就会增加一倍。与吸烟、高血压、高胆固醇、肥胖或缺乏体育锻炼相比，社交孤立会增加死亡率，其影响甚至更为严重。
- 家庭支持对你的康复有积极的影响，不管你遭受什么痛苦。
- 社会融入度高的人——那些配偶健在、家人间关系密切、有好朋友的人——能更快地从疾病中恢复过来，活得更久。

当然，孤独并不仅仅指的是独身一人。孤独与我们独处的时间无关，也与我们一天中社会交往的次数无关。许多独自生活或很少与朋友见面的人，也都生活得很幸福，身体也很健康。他们并不认为自己孤独，而是非常重视自己的人际关系。有害的孤独是感觉与他人隔绝，没有人可以求助。问题的关键不是你与人交往互动的数量，而是这些互动的质量：是亲密还是疏远，是相互支持还是被动消极？即使身处闹市，周围人来人往，人们有时也会感到这种孤独的痛苦。也许，有时候，像我这样的城里人往往喜欢与他人的这种距离感，但实际上它对我们并没有好处。

要想使自己保持快乐（更不用说幸福）、思维敏捷，你需要朋友关系、家庭关系和亲密关系。你的超能力本身很有趣，也很实用，但只有当你开始与他人互动时，它们才变得真正有意义。

人类的社交天性

想要出去玩是我们的基因

当人们说人类是社会动物时，他们不仅仅是在暗示相互交往对我们有好处。事实上，我们别无选择：我们的大脑生来就属于其他大脑组成的更大的网络。我们在生理上和心理上都很善于与他人合作。像移情这样的行为，我们过去认为是一种习得的能力，其实它似乎更像是深深烙印在我们 DNA 里的存在。

而且，这一点并不是人类所独有的，我们也可以在灵长类动物和其他动物身上观察到。在一个实验中，研究人员对六只恒河猴进行训练，只要它们一拉绳索，就可以得到食物。后来它们突然发现，每当它们拉动那根能带来最多食物的绳索时，第七只猴子就会受到电击。当它们注意到这只猴子遭受的痛苦之后，其中的四只猴子开始拉其他的绳索。只要能让那只猴子不受电击，它们可以接受食物数量的减少。而第五只猴子连续 5 天没有拉动绳索，第六只猴子连续 12 天没拉，它俩宁愿饿死也不愿伤害第七只猴子。

婴儿在听到其他婴儿哭泣时，自己也会开始哭泣，好像他们就是那个悲伤的小家伙。然而，听到自己哭泣的录音时他们不会流泪，只有别人的哭声才能让他们表现出同情。等他们满 1 岁时，他们开始试图帮助那个可怜的婴儿。灵长类动物和婴儿有着相同的自动冲动，同类的痛苦会在它/他们自己身上引发痛苦的情绪，从而激励它/他们去帮助同类。

这种冲动不仅适用于痛苦，它适用于所有的情绪。从根本上来讲，情绪是极具感染性的。我们在看到某人勃然大怒，或者表现出轻蔑或悲伤时，我们大脑中控制相同情绪的区域就会被激活。当我们看到一张表露恐惧的面孔时，我们的大脑会做出反应，就好像这种恐惧是我们自己的一样，尽管没有那么强烈。情绪的传染就像感冒一样，任何与他人的互动都包含情绪方面的潜在因素。这意味着，不管我们做什么，我们都可以让别人被自己的情绪感染，从而感觉好一点儿，或者好很多。当然，我们也可以让别人感觉更糟。当我们被别人的情绪感染时，这种感觉会在触发这种情绪的人离开后久久不散。

我们不仅会被别人的情绪感染，也极易受到其他各种情况的影响。我们的环境中充满了各种触发情绪的因素，对此我们甚至没有注意到。有时候，你会不知不觉地陷入一种莫名其妙的情绪中。如果发生这种情况，引发你情绪变化的可能是牛仔服装店里播放的嘈杂的音乐，可能是对方接电话时表现出来的不耐烦的语气，也可能是橱窗里摆放的所有那些快乐儿童的照片。

我们的大脑构造通过传递和接收内部情绪状态来建立与其他大脑之间的联系，这使得我们能够影响与我们在一起的人的思想和身体，就像其他人对我们所做的那样。假如你现在正皱着眉头坐在那里，不知道我到底想说些什么，我不怪你。与他人之间如此亲密的联系似乎非常有用，但这是如何发生的呢？

实际上，这一切都是镜子的作用。

移情：用镜子做的把戏

这一切都源于一位研究者的一次偶然发现：每当猴子看到他吃东西时，它的某些脑细胞就会被激活。值得注意的是，如果吃东西的是猴子自己，那么相同部分的脑细胞也会被激活。自从这个奇怪的发现之后，人们对镜像神经元进行了大量的研究，就像我们今天所知道的那样。人类与这些猴子"安装"了完全相同的系统。当我们看到某人做某事时，比如看到同事喝咖啡，我们的镜像神经元就会启动，这样我们自己的大脑活动就会反映出他们的大脑活动。我们的脑细胞接收到的信息与我们正在观察的人的大脑中接收到的信息完全相同，这使得我们能够参与到他人的行为中，就像我们自己在做一样。

在一次令人兴奋的研究中，研究人员使用一种精确的电极设备来测量清醒患者单个脑细胞的活动，结果发现受试者在亲身受到针刺和看到别人被针刺时，该细胞都被激活了。因为镜像神经元扮演着双重角色，在我们行动时和观察到别人行动时都会被激活，所以它们的作用就像是大脑自身的小模拟器一样。我们的许多镜像神经元位于大脑中处理语言、动作以及行动意图的区域。由于它们距离控制运动技能的脑细胞非常近，所以只要看到某人的动作，就会触发大脑中激活身体运动的区域。看别人做某件事和我们自己亲自做几乎没有区别，至少对我们的大脑来说是这样的。唯一的区别就是我们自己的肌肉活动（运动）在某种程度上被阻断了。①

---

① 不要以为这意味着你可以通过整天看美国职业篮球联赛视频就能够提高你的球技。遗憾的是，为了把事情做好，你还必须训练你的肌肉记忆来完成这个动作。倘若不是这样的话，那我的那位邻居，一个经常喝着啤酒通过电视观看欧洲体育比赛的家伙，肯定会是历史上最伟大的运动员。

人类的大脑包含几个镜像神经元系统，它们不仅用来模仿他人的行为，还用来侦测他人的意图和情绪，从而掌握他人行为的社会后果。人们在研究那些正在观看某人微笑或看起来很生气的视频片段的人的大脑活动时，发现大多数被激活的大脑区域与表现出来的情绪所激活的区域是相同的。不同之处在于强度：观看视频的人感受到的情绪没有那么强烈，但他们确实体验到了同样的情绪。你只需看着某人，如果你认同此人，就像前面提到的那些猴子和婴儿那样，那你就会在行为上表现出支持此人，这就是移情（同理心）最基本的运作方式。当你说自己对他人的痛苦或兴奋"感同身受"的时候，这不仅仅是一种修辞，还是生物学上一个不争的事实。

我完全知道你现在在想什么：如果如上所说，那怎么还会有人做出极度残忍的行为，比如强奸或种族灭绝呢？或者取走最后一张厕纸却不想着更换？对此我的回答是：每个人都是不同的，凡事总会有例外。记住，那些行为残忍的人都是例外，我们将这些人的人数与任何时候都不想折磨或虐待别人的人的总数相比较，就会明白这一道理。有一种理论认为，做出不人道行为的人缺乏镜像神经元，因此他们缺少同理心，就像某些动物一样，比如蜥蜴，这种动物会毫不犹豫地吃掉自己的幼仔。[①]

我们的大脑构造使我们能够产生同理心，这主要得益于进化带给我们的巨大好处：如果我们能迅速了解我们孩子的感受和体验，能在他们需要帮助的时候第一时间提供帮助，那我们的后代就更容易生存下来，更容易长大成人，使我们的基因得以传承。

这一观点丝毫也不新奇。查尔斯·达尔文在他那个时代就意识到，同理心是一种强大的生存工具，它可以促进社交互动，而人类又恰恰是所有生物中最具社会性的。甚至可以说，社会协作已经成为人类最主要、最重要的生存策略。

[①] 也许正是由于爬行动物缺乏同情心，所以才使很多人认为它们十分恐怖，将其视作邪恶的象征，从《圣经》中的伊甸园故事到电视剧《V星入侵》（1983年开播的那档）。

你过去可能觉得同理心只不过是知道某人什么时候需要拥抱,其实远非如此。

郑重提示
— 你的情绪会感染别人 —

通过模仿别人的行为和体验,你的镜像神经元可以形成与对方同样的意识。为了理解对方,我们变成了对方——至少在一定程度上如此。你自己的情绪不仅会被你自己体验到,也会被你周围的人体验到,并且这种镜像既能有意识地产生,也能无意识地产生。等你下次想沉溺于一种强烈的情绪中时——不管是哪种情绪,想一下我刚才讲的内容。

你的情绪能够传染给其他人。

我看见你了

我们还具有其他一些特征,这些特征似乎主要是为了促进我们与他人的交往而进化出来的。生物学家已经发现,我们对颜色的感知是经过特殊校准的,以感知人类肤色的细微差异。有一种理论认为,我们形成这种能力是为了迅速发现他人的情绪状态,因为我们的情绪可以改变我们的肤色(例如,愤怒时我们的脸会涨红,恐惧时我们的脸会变白)。

十分有趣的是,所有具有细微颜色感知能力的动物的面部毛发都很少,这表明颜色感知能力可能是随着观察他人面部表情的需要进化来的,目的是侦测他们的情绪。在这种情况下,你感知世界的方式,包括快速注意到细节和发现各种颜色,是我们对微妙的社会生活的基本需求的直接结果。

能够辨别不同的肤色非常重要，因为我们很少解释我们的感觉，而是更喜欢用其他的方式来表达我们的情绪。这就意味着，要理解别人的情绪状态，关键是要能够破译无声的信号，比如，肤色、声调、手势、面部表情等。我们真实的情绪不是通过我们说了什么表现出来的，而是通过我们的说话方式表现出来的，而这些信息——比如紧张的语调或烦躁不安的手势——几乎都是在下意识中被接收的。我们都是在不知情的情况下接收、回应这些信息的。我们尚未有意识地学会用这种方式进行沟通，它是我们在成长过程中与他人交流互动所掌握的东西。在世界各地进行的研究表明，善于辨别不同的肤色具有多种好处：掌握了这种技能的人情绪会更稳定、更受欢迎、更外向、更善于倾听，人际关系更好，有更好的异性缘（或者同性缘，如果他们的性取向如此）。[1]

郑重提示
— 利用触碰说服他人 —

当你向别人提出要求时，试着在提出要求时轻轻地碰一下他们的胳膊，这会使他们更有可能答应你的要求，因为这种触碰在潜意识里会被当作两人关系亲密的表示。当然，我们喜欢

---

[1] 那么，如果你想要培养一段全新的、美好的友谊或一段浪漫的爱情，你应该寻找什么样的目标呢？是异性相吸，还是物以类聚？研究表明，与性格相异的人相比，性格相似的人之间产生的友谊更深厚。但是，在我认识的很多人当中，他们声称他们认识的最有趣的人——甚至包括他们的另一半——是那些与他们性格截然相反的人。这些人与他们完全不同。如果事实真如此，那么前面那种研究结论就是错误的。我怀疑这可能就像怪物史莱克说的："我们怪物同洋葱一样，也是分层次的。"我经常问这些人，尽管他们表面上不同（比如，对音乐和电影的品位、脾气、昼夜节律、能量水平、政治信仰等），他们对世界、生活和其他人的看法是否可能相同？因为我认为，为了让我们能够欣赏与我们截然不同的人，我们需要一个共同点，一个基本的"平台"——洋葱核，在这里我们能够就价值观和沟通方式达成一致。两个完全不同的人永远无法相互理解。如果你问我，这些人是朋友（或情侣），仅凭这一点难道不就证明了他们对这个世界有着共同的态度？当然是这样。不过，更有趣的一点是，你会发现他们的其他部分大不相同！大多数人在思考一会儿之后会同意这一点，尽管他们可能会有点儿失望，因为他们的差异没有自己想象的那么大。

被触碰，因为它让我们感到自己得到了别人的关注。

人们在对这一现象进行研究时发现，这个附加的触碰动作能让对方在夜总会中同意与你跳舞的可能性增加20%，能让人们将自己的电话号码告诉陌生人的机会增加10%，而且，这种方法可以大大增加服务员每天收到的小费数量。

超 级 练 习
保持对话流畅进行，激发积极乐观的情绪

当我们在别人面前感到友好、快乐、热情、有趣和放松时，我们的动作就会与他们的动作同步。和某些人在一起时，你会否感到舒服自在，从某种程度上纯粹取决于身体因素。我以前写过这方面的文章，但这里还是值得重提一下。与对方在身体动作上协调一致是两个个体之间交流情绪状态的一种很有效的手段。不善于以这种方式传递和接收情绪的人，往往会在与他人的关系上遇到问题，因为其他人在他们面前会感到不舒服，却不明白为什么。

如果仔细观察正在谈话的两个人，你会发现这种身体动作同步的无声交流非常明显，甚至只需注意一下他们说话的节奏和音调，你就能够判断出他们两人之间的情绪理解程度。如果你能把你和谈话对象之间的交流变成一种流畅的交流，没有任何突然的停顿或中断，你就会放大情绪能量。相反，如果你们之间的交流无法顺利进行，那就会极大地消耗你们彼此的精力，因为你们在说话时会再三斟酌，变得十分谨慎，而我们更喜欢在从容、淡定、轻松的氛围中进行互动。

如果你想要确保对话顺利进行并保持良好氛围，请遵循以下几点：

- 一旦对方停止说话,你就马上开始说话。中间不要打断对方,但要抓住他们的最后一句话,避免出现明显的停顿。
- 和你说话的人使用同样的语调。
- 根据你听到的内容调整你说话的节奏。
- 如果你想要改变你的语调、节奏或者语速,在轮到你说话的时候进行改变,要一点点逐渐改变,但是要让对方听得出来。

当这种方法奏效时,你和你的谈话对象之间的对话就会像夜总会的音乐一样,只是没有那么嘈杂。随着对话在你们之间无缝地来回轮转,你可以根据谈话内容的变化不断地调整节奏,逐渐建立起一种友好的氛围。

语言抚慰

我们非常喜欢与人交谈。话题在很多时候是琐碎的(比如:"今天的太阳怎么样?"),但是,我们几乎可以把任何事物当作聊天的理由。我们之所以觉得交谈令人愉快,可以通过一个对人类语言目的的革命性的认识来解释。20世纪90年代初,人类学家罗宾·邓巴研究了一些灵长类动物的大脑体积和群体规模之间的关系,发现二者之间存在直接的关联。对一些灵长类动物来说,6个个体组成的群体是最佳组合。如果超过这个数量,它们的大脑就会出现信息超载,它们之间的合作就会瓦解,群体的完整性就会崩溃。但是人类拥有所有动物中最大的大脑。我不会用太多的数字来烦你,但根据邓巴设计的量表,根据我们大脑的容量,一个标准的人类群体(在这个群体中,你能够记住每个人的名字,并搞清楚他们之间的各种关系)的预期规模大约是150个人。事实证明,人类历史上平均每个村庄有150名居民。几个世纪以来,这一直是军事战斗单位的平均规模，今天仍然如此。

其他灵长类动物通过互相梳理毛发来维持它们的社交网络（例如6只类人猿组成的群体），比如互相挠痒痒，从对方的皮毛上取下小树枝，经常性地进行充满关爱的接触等。同样的社交规则也应该适用于我们，因为我们也是灵长类动物。然而，在150人组成的群体中，这意味着我们必须花费42%的时间来照料彼此。如果我们这样做，那就无法再做其他很多事情了。但我们似乎根本就没有这样做。当然，我并不知道你的具体情况，但是我敢打赌，你已经很久没有从别人背上摘下虫子和树枝了。那么，人类群体中到底发生了什么呢？我们怎样才能在醒着的大部分时间里保持我们的社交网络，而不用像其他灵长类动物那样互相梳理毛发呢？

邓巴认为，我们人类实际上也互相"梳理毛发"。但是，把42%的时间花在互相"梳理毛发"上是不现实的，因为如果这样，我们很可能会饿死，最终导致灭绝。因此，我们就开发了一种技术，可以一起"梳理毛发"，这样我们就可以一次照顾好几个人。

这种技术就是我们人类的语言。

邓巴认为，人类语言的进化可能是为了取代许多猿类进行的身体梳理动作，但身体梳理一次只能对一个群体成员进行。从根本上说，语言相对比较简单，没有那么复杂，可以让我们更有效地了解我们的同类，因为我们可以同时与几个人一起交谈。少数几个人一起聊天时，我们一下子就可以发现每个人所表现出来的积极和消极情绪，与此同时我们还可以做其他事情，比如玩手机或吃比萨。

邓巴的估计进一步支持了这一观点。他估计，要想维持150人组成的社会单位，我们梳理技术的效率需要比普通的大猩猩高2.8倍，否则，我们就没有时间完成这一工作。这意味着团体聊天的平均人数应当是4个人左右：你和另外2.8个人。事实上，这与餐馆的平均每桌的订餐人数和你在海滩边的毯子上发现的平均人数非常吻合。你和朋友聚会时通常是几个人？

也是大约 4 个人？

这是一种革命性的想法。在此之前，人们一直认为语言的进化要么是为了促进信息交流（比如天敌的位置或哪些浆果可以安全食用），要么是随着更先进工具的发展而发生的。但这一新理论表明，语言的进化更像是一种保持社会凝聚力的方式。就像我们的情绪一样，语言是获取和控制关于他人的信息的一种方式。事实上，大多数谈话不是关于基本问题的（危险、食物或性行为），而是相当乏味的，从研究角度来讲，这一点有力地支持了邓巴的理论——我们通常不会主动坐下来讨论环境、文化或经济等复杂问题。如果我们在讨论世界末日，那可能是因为我们不满意末日影片《2012》中的特效；如果有人提到荷马，每个人都会很自然地认为他们指的是动画片《辛普森一家》中巴特·辛普森的父亲，而不是那位西方文学之父。如果一切都由我们自己决定，我们往往更喜欢空洞的闲聊。这并不是因为我们肤浅、漠然或无知，而是因为我们正在做的是互相帮助。我们谈话的内容不如我们说话时给予对方的关注重要。这就类似于某个猿猴从其朋友身上取下一根小树枝，除这一动作本身的意义之外，没有什么特别的意义。不要忽视你和你的朋友以及他们的朋友之间那些无意义的客套话的重要性。从表面上看，你们可能只是在谈论电视节目，谈论这个夏天过得有多快，但实际上，你们是在维护自己重要的社交网络。

信任的力量

信任使世界运转

曾几何时，我们意识到，如果我们以群体的形式聚集在一起，而不是单独生活（或成对生活），我们就能从不同类型的合作中受益。于是，我们开始建立社区，制定规则，规范人们的行为，以使事情正常运转。社区是一种理性的解决方案，因为有社区归属的人得到了他们单独生活时所缺乏的重要好处。

不难想象，我们之所以仍然保留社区，是因为我们不断看到社区所带来的积极结果，而这又坚定了我们的选择，决定留在社区并遵守社区规则。

然而，人类社会存在一个悖论。要知道，如果当初我们非常理性，我们就根本不可能形成任何社会群体，因为总有一些人可能坑蒙拐骗、违反规则。一旦有人行欺诈之事，我们剩下的唯一理性选择就是也采取欺诈行为。没有欺诈，会给整个群体带来更好、更平等的结果，只要其他人也都不行欺诈之事。但如果他们开始欺诈，而我们没有，那我们的结局会很惨。如果我们所有人都行欺诈之事，那至少结果对所有人都是平等的。如果他们不欺诈，但我们却行欺诈之事，那结果对我们会更好。所以说：如果我们不欺诈，我们得到的结果要么和其他人一样，要么不如其他人；但如果我们欺诈，我们得到的结果要么和其他人一样，要么好于其他人。因此，我们应该行欺诈之事。所以，每个人都决定要坑蒙拐骗，根本不可能组织起一个正常运转的社会。

假设我们非常理性，这就是我们面临的局面。

尽管如此，但目前来看，你还是住在不是自己亲手建造的房子里，手里拿的不是自己亲手写的书，喝的那杯卡布奇诺是你花钱让别人给你做的。你我都生活在一个极其复杂的社会里，而从理性的角度来说，自从有人想出用肉换浆果的主意以来，人们本应该相互欺诈才对。

一些政治理论家，如卢梭，声称人类社会起源于人们认同的一种契约，在这种契约中，人们承诺遵守规则，以获得社会的利益。但就在我们对契约达成一致的那一刻，我们意识到，欺诈和违约总是对个人有利的，因此，必须有第二种、更深层次的契约。在这种契约中，我们同意不违反第一种契约。

但是，这种推理很快就偏离了轨道。显然，如果我不遵守第二种契约，我会显得更精明。所以，必须有第三种契约来约束我们遵守我们同意遵守的规则。套用英国幻想小说家特里·普拉切特的话说："海龟背地球。"(海龟背地球,那海龟下面是什么呢?是另一只海龟。如此循环。)

我们显然遗漏了什么。

问题的关键是,人类的共存从根本上来说依赖于一种看似非理性的现象——信任。我们与他人合作,因为我们觉得他们不会欺骗我们。我们具备信任他人的情感能力,这意味着我们不必在每次交易过程中理性地权衡潜在的收益与预期的损失。如果我们每次都必须做出这些判断,那我们的社会就永远无法正常运转,因为每个人在开始做任何事情之前都不得不花大量时间再三考虑。①

信任是一种能力

信任,无论是信任他人,还是被他人信任,都是一种心理能力,它让你能够像今天这样生活,而不是躲在密林中一块突出的岩石下,树叶蔽体,还在试图弄清楚火究竟是怎么回事。(假设你不是那种住在森林里岩石下、在黑暗中用松针做衣服的人。我知道你不是,因为你刚刚在网上预订了10本我写的这本书。)

遗憾的是,我们往往会把这项重要的工作搞砸。我们不信任别人,也无法让别人信任我们(这通常是我们的错,不是别人的错)。如果我们的信任遭到背叛或者即使只是存在这种可能,我们会彻底蒙住。如何重新获得信任?我们甚至没有意识到我们所面对的是对信任的背叛,因为我们经常用别的词来形容它,比如:"我的孩子不再听我的了。""我认识的所有男人都是浑蛋,我怎样才能找到勇气让别人再次进入我的生活?""我希望自己当初没有那样对待他,但现在后悔已经太迟了。""我觉得他们总是在工作中打压我,因为他们想让自己感觉更好一些。"其中

---

① 现在,人们可能会说,法律使得信任过时了、没用了,归根结底,我们之所以遵守社会契约,是因为我们别无选择——不这样做是违法的。但同样的论点也适用于此:那些肩负维护法律责任的人为什么在执法时不搞欺诈行为呢?因为对屈服于这种腐败的国家来说,其后果是显而易见的——这样的政权一定会垮台。

最糟糕的情况是我们甚至不信任自己——"我想我办不到。"

在北欧，我们似乎特别信任对方，至少与世界其他地区相比是这样。多达68%的斯堪的纳维亚人声称自己信任他人，而相比之下，美国的这一比例是34%，英国是29%，拉丁美洲是23%，非洲是18%。但是，不管这一比例是多少，我仍然认为上一段中的那些想法至少有一种曾在你的脑海中出现过。当然，肯定还有更多与此相关的其他想法。

不幸的是，我们很多人在一生中都觉得信任别人太冒险了，但实际上，不信任别人的风险更大。获得他人的信任是我们所能获得的最强大的动力和鼓舞之一。我们希望得到别人的信任，因为它可以让我们成长。无论你的处境如何，你都需要善于建立、扩大和修复信任，这样做不是因为它会帮助你操纵他人，而是因为这是与他人相处与合作的最佳方式。更不用说，这也是获得你想要的结果的最有效的方法。建立信任的艺术是一种超级能力，可能会改变我们的生活。

郑重提示
— 社交成功的秘诀 —

信任专家史蒂芬·柯维曾经说过，成功的关键在于想象每个人的头上都有一块牌子，上面写着："让我觉得自己很重要！"他声称，所有社交成功的秘诀是把你的大部分注意力放在你眼前的这个人身上，而不是你自己身上。你对自己的关注越少，你对别人的关注就越多，你的社交行为就会越好。柯维说的这一点绝对没错，这是肯定的。但尽管他是出于好意，可我还是发现，关于那个看不见的牌子的想法让我觉得其中略微带有一丝愤世嫉俗或操纵的意味。

值得一提的是，佛教徒对此也已经有了同样的认识，只不过在下面这段祷文中，它表达得更吸引人：

愿所有遇见我的人，无论是听说我、看见我还是想到我的人，都有美好的体验，并且幸福快乐。

如果你问我，我会说这是一种相当睿智的生活哲学。

当你不信任自己的时候

除了希望别人（你的家人、朋友，还有那个你一直想要亲吻的人）信任你，信任还有一个更重要的方面：你是否信任自己。如果不能首先信任自己，你就无法和别人建立起信任。因此，我们需要先从信任自己开始，并找出其所涉及的内容。

有时候，我们为自己设定了目标，却没能实现，比如在新的一年里戒烟。你不是唯一一个对自己做出这样承诺的人。在美国，这种许愿非常普遍：每到新年，几乎一半的美国人会向自己保证他们将改变自己的生活。算起来这差不多有1.5亿个新年目标。最终有多少得以实现了呢？8%。这意味着每年没有实现的新年愿望有1.38亿个。

如果你多次违背对自己的承诺，你就会开始感到不信任自己。这种自我怀疑会影响你的行为。你会开始越来越让自己失望——你又吃了一块巧克力，尽管你向自己保证不再吃了，然后你会想："天哪，我就知道自己无法抵御巧克力的诱惑！"这样说尽管令人沮丧，但却是一种比较轻松的方式，让人不必展现出任何道德品质方面的问题。但这也引出了另一个危险的想法：如果连自己都不信任自己，又怎么能信任别人呢？从字面上看，这个论点显然不合逻辑，但是，缺乏对自己的信任往往会导致对他人产生怀疑。

在这个世界上，我们唯一能完全了解其内心的人就是我们自己，所以当你采取行动时，你是唯一能知道自己意图的人。比如下面这种情况："我只是想把橡皮扔到他的胳膊上，这样我就可以问他一个问题。但太倒霉了，橡皮竟然打中了他的眼睛。"

不幸的是，如果我们失去了对自己的信任，我们也无法再表现出激励他人信任我们的人格特质。但是，因为你的行为能够影响别人对你的看法，所以修复受损信任的最快方法之一就是承担任务并完成它们，或者做出承诺并遵守承诺。每一次你这样做的时候，你都会重获自己的可信，无论是在别人眼中还是在你自己眼中。

一旦你决心重新获得自己对自己的信任，就不要放弃。不要试图解释自己的行为或者为自己的行为找借口，也不要编出一个故事来美化它。想一想自己应该做什么，而不是做了什么，想一想你现在需要做什么来提高你自己。对我来说，吃光坎耶和金的婚礼蛋糕的上三层完全是愚蠢的举动，本应该留一些的。下次再遇到这种情况，我最好想个办法阻止自己，比如排在取蛋糕队伍的后面。

千万不要对自己撒谎，不要告诉自己你是多么没用、多么失败，所有人是多么讨厌你，你永远不可能把事情做好。如果你真的想把事情做好，并且非常努力地去做，你肯定能把事情做得更好。你可能会发现事情异常棘手，但你可以做到，只要你愿意。所以不要对自己的错误和缺点喋喋不休，这样做没有任何实际意义。像关爱和同情他人那样关爱和同情自己，仔细研判自己当前的处境和自身特点，并有针对性地加以改进，期望未来有所提高。

如果你正在试图重新获得对自己的信任，对自己做出承诺时要格外谨慎，因为这些都是你必须遵守的承诺。小心地选择这些承诺，像对待别人对自己许下的诺言一样对待它们。这就好比是当你需要摆脱消极的情绪状态时，不一定非得是什么大的动作，关键是要说到做到。如果你能向自己证明你能信守承诺，那你就可以改变自己的想法，进而改变自己的行为，使之越变越好。这种事你做得越多，就会越有信心，相信自己能够做到，并且会越做越多。这也会让你更加信任自己，并且也会让别人同样信任你。

郑重提示
— 你刚才说的是什么 —

我们现在的生活节奏很快,需要我们随时吸收新信息,就像模因海绵一样。有时候,尤其是经过忙碌的一天之后,到了晚上,我们的大脑中塞满了各种信息。此刻即使我们努力地想要集中注意力,但偶尔也会遇到这样的情况:有人试图向我们解释一些事情,但他们的信息却没有穿透我们头脑中的所有杂音,导致我们接收不到。

下次你在谈话的时候,记得给自己一个精神上的耳光提醒一下自己,停下来,问问自己:"等等,我真的听清他在说什么了吗?刚才的谈话内容稍后我还能记住多少呢?我真的理解他的感受和他正在经历的事情吗?"

如果答案是否定的,那么是时候刹车了。暂时抛开那些在你脑子里跳来跳去的想法,以及你刚才想到的机智的回答。在分享你自己的观点之前,一定要保证你能真正理解对方的意思。

当他人不信任你的时候

你认识的某个人不信任你吗?如果是这样,是不是因为从某种程度上说,是你对他的不信任导致了他对你的不信任?如果你发现自己陷入了信任危机的恶性循环——"既然他不信任我,我为什么要信任他?"看看你能不能改变这种趋势。首先你要表现得让别人可以信任你,然后再看看事情会如何发展。

这绝不是要"改变"别人,那样做行不通。然而,你可以向别人展示一个全新的自己,一个可靠的、值得他们信任的、令人振奋的自己。

记住，当你试图重新获得失去的信任时，目标是改变别人对你的感觉和想法。这些都是你无法控制的，因为你不能强迫别人相信你或对你有信心。他们可能正在经历影响他们对他人态度的人生大事，而你可能不知道这一点。或者，他们可能会认为你是那种从来都说话不算数的人，而不会试着把失信看成是偶发性的事情，是工作中的小失误。这里关键的一点是，当你想要改变别人对你的态度时，你所能做的非常有限。你可能无法完全重新获得你曾经拥有的信任。但通过努力，你仍然可以让自己在生活中其他的情况和关系中更好地激发别人对你的信任。

当人们被问及谁对他们的事业和生活影响最大，以及为什么那个人对他们如此重要时，他们的回答通常是这样的："当别人都不相信我的时候，他却相信我。"或者是："她没有放弃我。"他们真正想说的是，这个人相信他们能做到最好，而听到这些充满信任的鼓励正是他们所需要的。

让别人信任你，并让他们明白你也同样信任他们，这样你就能够成为他们生活中的重要人物。

- 失去信任的最快方法是表现得与你的角色不匹配。
- 获得信任的最快方法是说到做到。

郑重提示
— 以关爱培养信任 —

如果你想成为别人觉得可以信任的那种人，但是又没有猫需要你勇敢地从树上救下来，没有朋友因陷入感情危机需要你的支持，那你如何表现出自己值得信任的品质呢？当然，让别人知道他们在这种情况下可以真正信任你是很重要的，但信任是日积月累、一点一点培养起来的，你要善待他人，让他们知道你在乎他们：

- 给有段时间没联系的人打个电话。
- 给某人写一张感谢卡。
- 给别人一些鼓励，让他们知道你重视他们的努力。
- 给有需要的朋友发一封电子邮件，告诉他们你一直惦念他们。
- 试着做一些能让人每天微笑的事情，尤其是你不认识的人。
- 让对方明白你信任他们。

这样的行为能显示出你的理解和关爱，在事态严重时，这样的人正是我们可以信任的人。

同时，不要把你与朋友、家人和另一半的关系视为理所当然。我们往往会这样做，把我们的社会资源花在我们刚认识的令人兴奋的新朋友身上。但是没有人喜欢被忽视。你不能想当然地认为别人不管怎样都知道你仍然关心他们。如果你想保持良好的关系，你就需要不断地培养，因为昔日的关爱是有有效期的。事实上，旧相识对关爱的需求可能比新朋友对关爱的需求更强烈。

男性与女性

冲突、沟通和交往

有一种特殊的关系，从人类诞生之日起就一直是令人沮丧的根源，那就是男人和女人之间的关系。今天，很多人发现没有什么比在异性之间建立信任，或者仅仅是让对方理解自己更困难的了。讨论这个问题，甚至只是承认这个问题的存在，是否政治正确，取决于流行的趋势。但尽管如此，我们的社会对待成长中的男孩和女孩的方式还是有着明显的不同，而这种差异为许多人成年后遇到的沟通问题埋下了伏笔。试图忽视这一问题不会让我们得到任何结果。趁着我们讨论社会凝聚力这一话题之际，最好现在就解决该问题。

现在，也许你在想为什么我要把男性和女性的感情写进一本关于心理超能力的书里？我认为，了解这方面的内容能让你具备一种最有用的超能力，它使你能够在与自己真正喜欢的人发生激烈争论时，让你双方从内心来讲都感觉可接受，防止这种争论升级为一场毫无意义的情绪化吵架，确保你们两个人都能向对方解释清楚自己的想法，没有任何一方受到压制。

你将在随后这部分内容中学到的沟通技巧，不仅能让你解决现有的问题，还能让你在极短的时间内与让你动心的异性建立起深厚而有意义的关系！

我想这一点可能会引起你的兴趣。

不同的敏感性

男人在处理婚恋关系中的任何问题之前都倾向于等待，而且他们非常不善于解读对方的面部表情。没错，我知道我曾告诉过你，镜像神经元能够为我们处理所有的事情，但是像任何大脑活动一样，这是需要训练的。例如，女性比男性更善于发现对方悲伤的面部表情。当然，这就意味着女性需要表现出更大的悲伤，男性才可能会注意到。这绝不是什么好事。为什么会这样呢？

这在很大程度上要归咎于我们的教育。

当我们还是孩子的时候，我们会根据自己是男孩还是女孩来学习不同的情绪处理方式。母亲在与她们的婴儿玩耍时，对女儿表现出的情绪要比对儿子表现出的更广泛。愤怒是父母经常与儿子讨论的一种情绪。除了这种情绪，父母往往会与他们的女儿谈论其他更多的情绪。当父母和孩子讨论各种情绪时，和女儿的谈话内容往往会更具体，涉及每种情绪的实际体验，而和儿子的谈话内容则更多地围绕这种情绪的起因和影响（"事情变成这样都是因为你打架"）。

这种不同的情绪处理方式造成的结果是，女孩比男孩更善于讨论情绪问题，更善于用语言探索情绪状态。她们也可以用语言代替情绪化的身体反应，比如动手打架。另一方面，男孩没有学会用语言表达自己的情绪，这导致他们对自己和他人的情绪缺乏意识。他们很难理解，甚至很难意识到一些我们无法用语言表达的东西。

我们成长方式的不同产生了两种不同的态度。女孩善于解读口头和无声的情绪信号，善于表达和交流她们自己的感受，而男孩则善于尽量对情绪进行最小化处理，尤其是那些与脆弱、内疚、恐惧和痛苦有关的情绪。（面部表情有时可以证明这一点：初学走路的孩子无论男女，面部表情都是一样的。但上了小学之后，男孩的面部表情开始逐渐减少，而女孩的面部表情甚至比以前更丰富了。）

后来，当我们长大之后，这种民间智慧已经演变成一种观念，认为女性比男性更具有同情心——而这一公认的智慧并不是没有事实根据的！也就是说，只要所测量的是一个人通过表情、声调和其他非言语信号觉察他人情绪的能力，结果都符合这种观念。这种养育方式给了女孩探索和交流自己情绪的工具，但却没有给男孩任何此类的东西，所以从养育方式的角度来看，成年女性的情绪体验强度和变化远远大于男性，这并不奇怪。只不过这对所有男人来说都不是一件好事。

超 级 练 习

采用积极的、富有建设性的沟通方式

当有人说我们坏话时，我们往往会想得更多，记得更牢。从这一点来说，要想维持男女之间关系的平衡，你对对方说的好话应该比坏话多得多。确切的比例还不确定，但做过统计的人通常认为，正面评论与负面评论的比例应该在 3∶1 到 5∶1 之间。也就是说，你需要做出 3~5 个正面的评论，才能抵消 1 个负面评论的影响。如果你希望自己的婚姻或恋爱关系能够维持，乃至和谐美满，那你必须保持在这个比例之上。

这不仅仅是给予对方更多赞美的问题。正面评论的一个简单方法是采用积极的、富有建设性的沟通方式。也就是说，当某人告诉你发生在他们身上的趣事时，你要表现出积极的兴趣，给他们建设性的反馈，比如："太棒了！我猜从现在起这样的好事会越来越多！"

其他的回答方式就不太合适了。例如，表现得不是很主动，而是比较被动，或者，用我的话来说就是，回答显得不感兴趣，比如："不错，不错。"或者虽然显得积极主动，但不具有建设性，比如："这对你来说难道不是件难事吗？"或者是另一种情况，回答显得被动且没有建设性，比如："嗯，嗯。哎哟，你瞧，下雨了。"我们都为自己时不时地给出这样的回答而感到内疚，但这并不能改善我们和谈话对象之间的关系。健康的关系中，大部分的交流是积极的、具有建设性的。在和别人说话时，注意听一下自己的言谈，看看你是经常显得比较积极（主动而具有建设性），还是经常显得比较消极（被动且/或不具建设性）。

记住，如果你希望你们之间的关系持续下去，你必须使用积极的表达，其次数至少是消极表达的 3 倍。

情绪崩溃

情绪反应的差异是男人和女人之间产生另外一种常见误解的原因，尤其是当我们需要进行严肃谈话，例如，谈论彼此之间的关系时。有时候,我们会被各种情绪淹没——我们另一半的消极情绪以及我们自己对这些情绪的反应把我们压得喘不过气,以至于我们会被自己无法控制的复杂情绪所淹没。情绪崩溃之际,你很难不扭曲自己所听到的,你会失去推理能力,难以组织自己的思维,会让大脑最原始的部分处理你对事物的所有反应。从根本上说,你会被自己的情绪所劫持。

这种情况可能发生在我们每个人身上。然而,由于男性不太习惯经历强烈情绪,因而他们比女性更容易受到情绪崩溃的影响。相比而言,女性的忍耐力更大一些,她们并不觉得陷入略微棘手的家庭争吵会令人不安。但对男性来说,因为意见不合而烦恼,会让他们感到非常不适。

当受到伴侣的批评时,男性通常会立即做出反应,变得十分情绪化。因此,他们制定了一种策略,以保护自己免受情绪崩溃期间令人不快的肾上腺素激增的影响——他们设置了一道心理屏障,阻止任何进一步的交谈。如此一来,他们的脉搏又降了下来,整个人也感到稍微轻松了一些。这种做法很愚蠢,因为这只有在他们自己身上使用时才会有效,而对其他所有人都会适得其反。当男性在情绪化讨论中设置屏障、缄口不言时,他们伴侣的心率会达到与严重压力相对应的水平。

因此,当我们试图和我们关心的人讲理时,导致我们生气的很多原因都可以归结为我们的大脑边缘系统在我们童年时期受过的训练(或没有受到的训练)。男性和女性对情感冲突有着截然不同的看法,这就是许多男性和女性发现与同性沟通更容易的原因之一。因为与同性沟通时,我们的谈话对象至少是和我们对情感有同样认识的人。

超 级 练 习
XYZ 法

传奇心理学家海姆·吉诺特声称,在不引起对方防御性(或进攻性）反应的前提下表达不满的最佳模板是他所称的 XYZ 法，其运作方式如下：

> 你做了 X，这让我感觉 Y。我希望你做的是 Z。

例如：

> 你只做了你自己的饭，这让我觉得你不关心我。我希望以后你做饭的时候问问我是否也想吃饭。

通常情况下，上述情况可能会导致心怀不满的当事人沉默，默默地酝酿几个小时之后，此人会跟朋友说："他/她就是一个自私的浑蛋。"但如果你使用 XYZ 法，没有人会受到冷落，你对问题的表述比较客观，不带感情色彩，没有留下任何人身攻击或情绪反应的空间，对方很容易理解你的意思，并且不会感到你是专门针对他/她，也不会感到太痛苦。

这种方法也不会让对方采取常见的辩驳式回答方式，比如反过来批评你，或者推卸责任。对 XYZ 法只有两种回答方式，对方可能这样回答：

> 我不知道我做的 X 会让你感觉 Y，但是从现在开始我会努力记住这一点，尽量做 Z。

这就意味着你们的关系进入了下一个阶段。当然，对方也可能这样回答：

> 我不知道（或者我知道）当我做 X 的时候你会感觉到 Y，但我不在乎。

如果是这样，那你心里应当非常清楚，与对面这个人来往可能是在浪费你的时间。无论对方采用哪种回答方式，XYZ法都会帮助你快速弄清楚你们之间的关系。

过度训练是必须的

　　对我来说，写一本关于如何处理冲突的书易如反掌，希望诸位能理解我的意思并点头表示同意。但是，要想在自己火冒三丈、情绪激动的时候依然记得应该做什么，就没那么容易了。如果你希望在完全不同的情绪状态下依然记以前学过的知识，尤其是如果这种情绪状态是由你从小处理愤怒和痛苦的习惯所调控的，那你就需要用一种新的反应模式来覆盖昔日的处理模式。如果不事先练习使用更有建设性的冲突解决技巧，等到你心烦意乱的时候再这样做，那会非常困难。在你已经怒火中烧的时候才想着把理论应用到实践中去，那无疑是在自找麻烦。但是，如果你能够在平静的情绪状态下练习这种新的反应模式，将其内化，达到本能反应的程度，那你就更有可能在需要的时候应用这种模式，即使是在情绪危机爆发的过程中。

　　由于即使不生对方的气，男女在情绪学习方面的差异仍然存在，所以这些解决冲突的方法对于任何涉及情绪的交流沟通都同样有用。基于这个原因，我建议诸位，既然你已经知道了我们在情感交流能力上的这些差异，那就开始在日常生活中运用这些技巧，这样你就可以尽可能地消除这些差异。无论你是男人还是女人，这样做会让你更容易理解别人，无论是他们所说的话，还是他们情绪爆发的真正含义。而且你还会发现，在不向对方施压的情况下，更容易找出你们之间的意见分歧。如果你把这些技巧运用到日常生活中去，它们很快就会融入你的行为。如此一来，如果你发现自己处境不妙，可能与对方爆发争吵，这些技巧就会自动出现，帮助你引导谈话朝着更有意义的方向发展。最好的超能力是那些我们无须思考就能使用的能力。

郑重提示
— 调整情绪 —

男人和女人都需要调整他们的情感交流，以便更好地理解对方，避免出现其中一方觉得被忽视或被攻击的情况。下面我提供了一些你需要记住的要点：

给男人的提示

不要逃避冲突。当你的妻子、女友或异性朋友给你带来一些令你恼火、你不同意的事情时，她可能是出于爱你才这么做的，目的是为了让你们的关系保持健康，朝着正确的方向发展。你要明白一点：她的愤怒或不满并不是对你的人身攻击，她所表现出来的情绪主要是为突出她的强烈情感。你还应该注意我个人在谈话中很容易犯的一个错误：通过提供一个实际的解决方案来回避整个谈话。对男人来说，没有比这更自然的事了。我们越早找到一个合理的解决方案，结果就越好，对不对？但问题是，男人和女人经常用对话来达到完全不同的目的。男人主要用它们来分享特定任务的信息，相反，女人倾向于用它们来建立和维持关系。如果你只是给你的女朋友或妻子提供一大堆应急解决办法，那你可能忽视了一点：对她来说，她需要你倾听她的声音，对她的情绪表达出理解和同情。这一点即使不比你提供的权宜之计更重要，至少也是同样重要的。一个能迅速解决问题的男人，尽管出发点是好的，但却很可能被认为不重视她，忽视她的感情。

给女人的提示

我给男人的这些提示同样也适用于女人,只不过刚好相反。记住,不要对你的丈夫或男朋友进行人身攻击。可以指责他的行为,但不要批评他的为人。要把"他是谁"和"他做了什么"区分开来。如果你真正想表达的意思是"我不喜欢你做的事",那就不要说"你是个浑蛋"。这会使他更容易理解你的意思。因为他受过的情绪训练和你的不同,所以他仍然会把你说的每句话都理解得比你的真实意图更激烈。愤怒的攻击只会让他闭口不言,这会加剧你的挫败感,你们之间爆发争吵的危险就会加大。帮助他找到一个合理的解决办法,同时要理解和尊重他不想用你谈论自己情绪的方式来谈论他自己的情绪,因为他从来没有学过如何谈论。

研究表明,当男人确信自己仍然被爱的时候,他们会更善于处理批评。这听起来可能有点儿幼稚,但其原因还是归结于男女所受到的情绪训练不同:如果你开始和男人争吵,表现得情绪很激烈,他会认为你打算和他结束关系。如果你需要在某个方面抱怨你的伴侣,并且希望他能接受你说的话,那很简单,你不妨这样开始:"我说,你知道我是爱你的,不过……"

记录彼此感受

在一项研究中,研究人员要求多对夫妻每周写下他们对彼此关系最深刻的想法和情绪。与没有写下自己感受的夫妇相比,写下个人感受的夫妇婚姻关系维持的时间平均要长20%。记录彼此感受让他们更清楚关系的积极方面,也帮助他们更快地发现潜在的问题,并在问题出现之前解决它们。

除此之外,还有其他好处。记录关系也让夫妻之间以更积极的方式进行交流(即使他们写下的不一定都是积极的内容),这使得他们彼此之间的关系更长久、更健康、更幸福。

一起记录彼此感受是一种很好的方式，可以增进关系，使它变得更有趣、更持久，再说你周日晚上也没有其他安排，对吧？

加速浪漫关系

我们需要良好的人际关系来避免孤独，并为我们的生活增添意义。然而，真正深厚的关系可能需要一生的时间来培养，所以我们通常不会有很多这样的关系，一般只有两三个最要好的朋友。但如果你能和更多的人建立起同样亲密的关系，难道不是很好吗？如果你能够利用午餐的一小时认识某个人，并且能够很快地了解对方（换作平常的话你可能需要几年的时间），那岂不是太棒了吗？

而且对方还不觉得你是个彻头彻尾的讨厌鬼？

这听起来可能很疯狂，但实际上是可以做到的。我接下来将解释如何做到这一点。如果这是你在读完本书后选择锻炼的唯一能力，那你仍然赚大了。

亚瑟·阿伦是一名研究人员，他研究的是当人们陷入情网或坠入爱河时，大脑里会产生什么反应。除了其他发现，他还发现了浪漫的精神状态与大脑的动机和奖励系统之间的联系，这表明浪漫的状态是一个以目标为导向的状态。它激励我们采取行动去体验爱情。对那些曾经特意买过一束玫瑰送给心动对象的人来说，这并不是什么新鲜事，但是很高兴听到科学界也这么认为。[①]

但亚瑟意识到，他所做的研究存在一个小问题：它需要接触到那些有恋爱倾向的人，而这是一种不可预测的状态。他想出了一个解决办法，

---

① 亚瑟和他的团队还发现了少数几个真正体现左右脑区别的领域之一：显然，当我们体验浪漫爱情时，右脑会有更多的区域被激活，而当我们发现某人有吸引力时，左脑会做出反应。

那就是发明一种快速的方法,让从未谋面的男女感到他们之间有一种非常亲密的关系。亚瑟只有大约一个小时的时间来让这些参与者达到情侣之间通常需要几周、几个月,甚至几年才能达到的亲密程度。为了加速两人之间的了解过程,他设计了36个特殊问题,目的是使参与者在极短的时间内与对方建立起亲密的个人关系。

在短短一个小时内,参与者们了解了彼此的一些情况,而这些情况在与陌生人的接触中通常是不会出现的。有些问题与价值观和目标有关,而另一些问题则是为了清除我们在肤浅、表面的关系中往往会遇到的障碍。如果我们承认,在给别人打电话之前,我们会事先演练好要说的话——其中一个问题问我们是否会这样做——我们就已经让与我们交谈的人瞥见了我们在公众面前展示的面具背后的真实一面。在回答完这样的问题之后,我们就可以更轻松地讨论其他我们通常不会向任何人提起的话题。换句话说,这里的关键不在于这些问题本身,而在于它们所产生的对话。从理论上讲,这些问题可能看起来属于个人隐私,不适合与陌生人讨论,但大多数参与者认为他们的对话很有意义,也很有趣。只有在谈论比较重要的事情时才会产生这种想法。这里采用的技巧是循序渐进,一步一步来。仔细看一下该活动中的问题,你会注意到它们是逐渐变得越来越涉及个人隐私的,这给了参与者一个机会,让他们慢慢习惯透露自己的私密细节。同样重要的是,在谈话继续之前,男女双方都要先回答这些问题。假如不这样,那么在情绪和了解对方方面,其中一名参与者就会比另一名参与者更占优势,这肯定不会有什么好结果。

大多数参与亚瑟实验的人在实验结束后还聊得意犹未尽[1],他们中的许多人交换了电话号码以便保持联系,还有一些人开始了一段持续多年的关系,而这些都源于和一个素未谋面的人一起度过的那一个小时。

---

[1] 为了确保实验结果完全来自他们的交流方式,而不是由于被锁在房间里被迫和一个不认识的人闲聊一小时,亚瑟和他的实验团队还组织了一个对照组,该组的对话话题是一些更为琐碎的问题,比如:你最近一次散步超过一个小时是什么时候?你的家人叫什么名字?你喜欢电子表还是模拟表?被问到这些问题的人都觉得无聊透顶,再也不想见对方了。

但首先需要合适的问题。

当然,科学是一回事,而现实又是另外一回事。我们似乎有理由怀疑,由于我们受到的所有干扰,实验结果无法在现实生活中得以复制。但事实证明,亚瑟的方法也适用于现实生活。建立亲密关系的最好方法是逐渐提高你对自己私密细节的透露程度,并让对方也这样做。这不需要持续几个星期,它发生的速度比我们想象的要快得多。正如我所提到的,诀窍就是从温和的问题开始,逐渐朝内心深处努力,并确保你们双方都以同样的节奏透露自己的私密细节。当然,在这样做的过程中也要享受这段愉快的时光。

如果你碰巧不太热衷于结交新朋友,没关系,我们仍然能提供给你一个很好的方法,可以让你在女生聚会、办公室圣诞派对或家庭聚会上的交谈开始减少时,开启一场有趣的讨论。

超级练习
快速建立亲密关系

以下是亚瑟在实验中采用的部分问题。首先,你要自己回答这些问题,并思考一下你的回答透露了你哪些方面的私密细节,这样做也会帮助你了解它们能透露多少其他人的信息。记住,你们两人必须轮流回答这些问题,回答完一个才能进行下一个。

我没有把亚瑟的 36 个问题都包括进去,因为我敢肯定,一旦你掌握了其中的基本原理,你就能针对这一主题,运用你的创造性思维,提出新的、具有个人特点的问题。因为你的目标是快速建立亲密关系,所以最好是使用你自己想出的问题,而不是像其他人一样使用千篇一律的问题。不过,我们可以用这些问题来热热身。

- 如果让你从世界上选择一个人,你会选择与谁一起共进晚餐?
- 在打电话之前,你有没有提前排练过你要说的话?为什么?
- 对你来说,怎样的一天才算完美?
- 你上一次独自唱歌是什么时候?上一次给别人唱歌是什么时候?
- 假设你能活到90岁,如果让你选择,在生命的后60年里保持30岁的精神或者30岁的身体,你会选择哪一个?
- 你是否有一种神秘的预感,知道自己会如何死去?
- 如果你能改变自己的成长方式,你想如何改变?
- 如果你可以在明天醒来的时候获得一种品质或能力,你希望是什么?
- 有没有什么事情是你一直梦想去做的?为什么没有做呢?
- 你最珍贵的记忆是什么?
- 如果你知道一年后你会突然死去,你会改变自己现在的生活方式吗?为什么?
- 爱和情感在你的生活中扮演什么角色?
- 你上一次在别人面前哭是什么时候?上一次独自一人哭泣是什么时候?
- 对你来说,什么事情严肃到不能开玩笑(如果有)?

唤醒超级社交力

利用社交网络影响自己和世界

到目前为止,你已经了解了信任的重要性、与所爱的人妥善解决冲突的方法,以及以最快的速度与某人建立亲密关系的方法。这些都是非常有用的能力,但是却仍然达不到我们在这一部分的目标,因为毕竟我答应过你,会教你如何在不与他人见面的情况下影响成千上万的人。那才是真正的超能力!下面马上要讲的就是这种超能力。

我们的联系比你想象的要紧密

如果一个你不认识或者从未听说过的人读了本书,它仍然可能彻底改变你的生活,你甚至对此一无所知。同样,你也会对成百上千你甚至叫不出名字的人产生直接影响。

社交网络的运行规则并不受其所属的人的影响,而是具有与其整体相关的属性,这些属性源自社交网络的连接方式。在对鸟群决定飞向哪个方向以及何时改变方向的研究中,人们发现,它们的运动是基于每只鸟的愿望之间的妥协而决定的,所选择的飞行方向通常是整个鸟群的最佳方向。这种行为并不存在于群体的某个成员中,而是群体本身的一种属性。人类社交网络的运行方式与此类似,也拥有某种集体属性,具有集体智慧,能够让其中每个成员受益。

你首先需要知道的是,群体的能力超出了其单个成员的能力总和。

你需要知道的第二件事与好莱坞演员凯文·贝肯有关。

20世纪60年代,美国社会心理学家斯坦利·米尔格拉姆进行了一项著名的实验。他在实验中表明,地球上所有的人之间的距离最多为六度(例如,你的朋友与你之间的距离是一度,你朋友的朋友与你之间的距离是二度,依此类推)。米尔格拉姆给了内布拉斯加州的几百人每人一个信封,信封上的收信地址都是米尔格拉姆在波士顿的一位同事。两地之间千里迢迢,相距甚远。实验参与者不能通过邮局寄信,而是要把这封信送给他们认识的某个人,他们相信此人最终可能会想到另外一个朋友,并通过那个朋友的私人关系,联系到收信人。米尔格拉姆统计了每封信在去往目的地的路上经过的中间传递人的数量,结果发现,这些信件平均需要6个人就能到达收件地址。因此，他得出了一个经常被人们提及的结论：你只需要不超过6个人，甚至更少的人，就可以和地球上其他所有人建立起联系。

然而，有人对这一结果的所谓普遍性提出了异议：首先，内布拉斯加州和波士顿在同一国家。为了解决这个问题，40年后实验人员在全球范围内重复进行了该实验。只不过这一次没有实际的信件需要寄送，取而代之的是电子邮件，有近10万人参与其中。这些信息本应发送给世界各地的特定收件人，但由参与者将其发送给他们认识的人，这些人可能认识目标收件人，或者可能认识认识收件人的人。收件人有18人，其中包括爱沙尼亚的一名档案管理员、澳大利亚的一名警察、印度的一名技术顾问和挪威的一名军医。结果发现，消息到达目标平均只需要6个环节！米尔格拉姆是对的：世界比我们想象的要小得多。不管这看起来多么不可思议，平均而言，你和中国的某位动物园管理员或美国前总统巴拉克·奥巴马中间最多只隔着6个朋友。这也意味着你和昨天在人行道上瞥见的那个人之间的联系很可能比你想象的更紧密——那个人偷走了你的心，你还在想你们是否还能再次遇见彼此。这个人实际上极有可能是你朋友的朋友的朋友。

你和凯文·贝肯之间的距离也是六度。因此在那个著名的"与凯文·贝肯的六度分隔"问答游戏中，你最多只需6步就可以把其他名人和凯文·贝肯联系起来。感谢在线搜索引擎，这个游戏目前在网上还能找到。

然而，每个人都与你保持六度的距离，并不意味着你可以影响所有人。你在社交网络中的影响力会在三度分隔时戛然而止。你在自己社交网络中所说的和所做的每一件事就像水中激起的涟漪一样——越靠近你的人，受到你的影响越大，而越接近社交网络的边缘，你的影响力就越弱。事实证明，经过3个步骤之后，你的影响力就会消失殆尽。也就是说，你的行为能影响你朋友的朋友的朋友（与你有三度分隔），一旦涉及下一轮的朋友（四度分隔），就不再有任何实际影响了。

反过来也是一样。你对世界的想法和观点会受到那些与你有三度分隔（而不是四度分隔）关系的人的影响，主要是通过一连串共同的朋友。你朋友的朋友的朋友影响你朋友的朋友，你朋友的朋友影响你的朋友，最终你的朋友影响到你。这适用于各种各样的社交影响，并且人们已经在各种各样的环境中观察到了这种现象，比如，创新如何从一个发明家传播到下一个发明家，有关附近哪个保姆比较优秀的消息如何传播开来，等等。这也可能是2008—2009年出版的大量瑞典犯罪小说封面上都印有灯塔，但却没有被说成是故意剽窃的原因。这就是社交网络中的涟漪效应——每个人都认为这是他们自己的主意。

现在，也许你发现，自己的行为只能影响到距离自己最多三度分隔的人，因此你会觉得这没什么大不了的。但请仔细思考一下。如果世界上每个人距离你最多6步之遥，而你能影响距离自己3步之遥的人，那就意味着你的行动可以影响到地球上一半的人！或者这样想：受社交网络结构的影响，我们都与成千上万的人联系在一起。假设你总共有20个朋友、亲戚、熟人和同事。你拥有的数量可能更多，但我们就假设是20个。这些人反过来也有同样数量的朋友（为了避免事情变得太复杂，我们假设他们的朋友和你的朋友不是同一群人）。这意味着你通过第二步间接与400个人产生了联系。因为这400个人每人都有20个朋友，所以通过第三步，你就和8 000个人产生了联系。如果我们一开始假设每个人认识30个人——这实际上是一个更现实的数字（别忘了，你还应当算上幼儿园别的孩子的爸爸、夏令营的老朋友、其他部门的工作人员，还有你这一级其他班的同学）——我们在第三步最终能与27 000人产生联系。这相当于一个中等规模的瑞典小镇的人口数量！从某种程度上说，所有这些人的思维方式和行为方式都会受到你的影响。

你已经知道你的行为对你的朋友和家人产生的影响——你可以让他们更快乐或更悲伤、更健康或更虚弱、更富有或更贫穷，这主要取决于你的行为。但我敢打赌，你几乎从未考虑过，你所说的、所想的和所感受到的一切会传播、影响到你最亲密的朋友之外的那些人。反过来说，你的朋友和家人也从其他人那里携带了"思想病毒",他们成了影响成百上千人的中介!在各种各样的社交连锁反应中,我们受到我们从未目睹过的事件和我们不认识的人的经历的影响。作为社交网络中的成员,我们代表的不仅仅是我们自己,而且还是更大事物的一部分。这些在网络中涌动传播的思想就是这一事物的节奏,而我们则在不知情的情况下,受到这种节奏的影响。

想想是不是有点儿可怕?

不过也很刺激!

人无时无刻都想主宰自己的思想和行为,做自己思想和行为的主人。在某种程度上说,无论处境如何,你都应该坚持这一点。但是,尽管你拥有超能力,但你的思想始终是某个更大背景中的一部分,并受到你听到别人说的事情和他们给你的经验的影响。只要我们不是与世隔绝的隐士,我们的思想和感情就永远不会完全属于我们自己。关键是要利用这一点为我们自己服务。

朋友越多越快乐

我们与他人的关系在某种程度上受到基因的调节,但也受到我们的文化和环境的极大影响。我们每天都在重建和创造这样的关系,我们的想法和行为在群体中散布的一个可能的原因是我们有镜像神经元。我们在选择朋友、同意规范、制定和遵守规则、回应他人行为以及决定约会对象时,都在一定程度上受我们同理心的引导。

尽管你可能觉得如果你快乐,我就会快乐,是再正常不过的事,但直到最近,人们才开始对积极情绪(如幸福和快乐)如何在社交网络中传播展开细致的调查。根据数学模型(听说他们也能测量幸福,你感到宽慰吗?),如果与你关系密切的某个人很快乐,那你快乐的可能性也会增加15%。当然,根据这个人的不同身份,这一比例可能会更高,例如,如果此人是你的女朋友或男朋友。但从纯粹的统计角度来看,如果你圈子里的任何一个人很快乐，那你快乐的可能性都会增加15%。有趣的是，如果距离你二度分隔的人很快乐，那么你快乐的概率会增加10%。你朋友的朋友对你的影响是你朋友对你影响的2/3。对某个你不认识的人来说，这已经是很高的比例了。而距离你三度分隔的人，即你朋友的朋友的朋友，会对你的幸福感产生6%的影响，也就是说只有你最亲密的朋友的1/3多一点。正如你所看到的，每分隔1度，影响就会下降约5%，3度之后，就完全消失了。

为什么我要煞费苦心地得出这样的结论——你不认识的人对你的幸福只有微不足道的6%的影响？要理解这一点，你需要某种视角。我们可以将其与下面这件事相比：大多数人深信，如果他们有更高的薪水，他们就会更幸福。一个月多赚1 000美元听起来相当不错，是吧？但事实上，它只会增加你2%的幸福指数。

拥有快乐的朋友比拥有金钱要好得多，至少如果你的目标是快乐的话。令人难以置信的是，你朋友的朋友的朋友，也就是那些离你3步之遥的人，对你的感情生活产生的影响要比你一年多赚12 000美元产生的影响大得多。如果你在你的社交网络中处于合适的位置，你可以让其他人的快乐强化你自己的情绪，而不需要采取任何行动。

但请稍等。如果我们不认识的人的朋友能让我们快乐，那么他们当然也能让我们悲伤，对吧？举例来说，假如我的朋友简的表姐的丈夫住在英国，似乎没有必要仅仅因为他在某一天过得很糟糕，我也要感到沮丧吧？在这一点上，数字再次变得有趣起来，因为事实上，传播不良情绪比传播快乐更困难。悲伤情绪不能像积极情绪一样在社交网络中顺畅地传播。这可能是因为我们的天性使然，它使我们想要更多地关注美好的事情，而不是糟糕的事情。因此，从纯数字的角度来说，尽可能广交朋友是很有必要的：你身边的人越多，他们身边的人越多，你的人际网络中就会有越多的人可以影响你的情绪。由于积极的情绪比消极的情绪更容易传播，所以积极影响总是会超过消极影响。

郑重提示
— 幸福之道 —

与许多其他因素相比，你朋友的情绪状态更能影响你的情绪状态。对于你朋友的朋友的朋友，这也是一样的。积极的情绪比消极的情绪更容易传播，这意味着朋友越多，他们对你产生积极影响的可能性就越大。同样，你朋友的朋友越多，这种可能性也越大。

因此，要想得到所有这些额外的快乐，你应该扩大你的社交网络，尽可能多地结识新朋友，最好是那些处于其他社交网络中心的人。但如果你们从未相遇，这一切都不会发生。所以，一定要花很多时间和你社交网络中的人进行交往，给他们机会交朋友，让他们朋友的朋友对你产生影响。

我们会模仿别人的行为

情绪和想法并不是唯一通过社交网络传播的东西，行为也能够通过社交网络进行传播。例如，年轻人的朋友对他们的饮食习惯会产生影响。在此，我特别想提一下年轻女性控制体重的行为。

在一个研究中，当10名受试者坐在吃得很多的人的旁边时，他们自己也会不假思索地吃得更多。陌生人也会有类似的效果。我们对彼此模仿的需求似乎根深蒂固，以至于当我们模仿别人行为的时候，我们根本无法控制自己，甚至根本意识不到。然而，我们只会模仿那些我们喜欢的人，即使我们不认识他们，只是他们看起来和我们属于同一个社交网络。例如，如果一名穿着普通运动衫的男生坐在一群学生中间，参加一场很难的数学考试，然后公然作弊，此时其他学生也会开始作弊。但是如果他穿的运动衫上印有对方高校的标志，其他学生就会拒绝作弊，不管他作弊时多么明目张胆，因为他们不会把他看成他们当中的一员。

然而，事实证明，我们不仅在吃饭或考试时模仿邻座的人，我们也会模仿坐得距离我们更远的人，不仅仅是几步之遥那么远。行为可以从一个人传播到另一个人，当然也可以从一个人传播到第二个人，再传播到第三个人。举个例子，现实中，超重的人的朋友、朋友的朋友、朋友的朋友的朋友中，体重超重的人多于假定朋友之间体重无相关性所得出的人数。而与平均体重的人距离三度分隔的人中，平均体重的人数多于随机分布时平均体重的人数。然而，三度分隔之后，这种关系就消失了，一切如常。

人们很容易把这一切解释成是因为人们倾向于与体重接近自己的人交往，或者是因为经常在一起的人接触到的影响他们体重的事物是一样的（比如城里唯一的一家健身房关门了，变成了麦当劳快餐店）。然而，进一步的研究表明，情况并非如此。即使上述这些因素有一定作用，思想和行为在规模较小的社交网络成员之间的传播也是一个更重要的促成因素。通过某种社交"传染"，一个人可能是另一个人体重增加的直接原因。如果某个人变胖了，那么他周围的人体重大幅增加的可能性会增加3倍，这与其他环境或社会因素无关。另一个关于体重"传染"的规则是，它似乎只在亲密的社交关系中传播，比如恋人、兄弟姐妹或同事之间。不过，你还应该注意，由于受三度分隔规律的影响，只要关系链条上的每一度分隔都是亲密关系，体重传染仍然可以在彼此并不亲密的人之间传播。体重的磅数和米尔格拉姆实验中的信件遵循同样的原则，这意味着你兄弟的朋友的妻子可能会导致你体重增加，或者你同事姐姐的朋友可能会让你减肥。

这个关于体重的讨论可以作为一个例子，说明行为在社交网络中的传播方式，因为体重增加的问题是人们对社交网络进行详细研究的少数领域之一。但你可以把它换成任何行为。

当然，行为传播的方式之一是模仿。这就好比，如果你跑步上班，会有更多的人也开始跑步上班；如果你吃糖，你的朋友可能也会开始多吃糖。但模仿并不是传播这些东西的唯一方式。我们不断地与他人分享我们的想法，这些想法是我们与不同事物相互联系的方式。如果我们周围很多人的体重开始增加，或者开始弹吉他，或者突然变得更快乐，这将会改变我们对特定行为规范的认识。这种行为规范可以像野火一样蔓延，因为我们人类天生渴望归属感，一直在不断地努力接近我们群体中的行为规范或者平均水平。

然而，我们可以采用不同的方法来做这件事。如果体重超过90千克是正常的，那么也许有些人会通过多吃来达到这一体重，而另一些人可能会减少锻炼。① 如果常见的行为规范是演奏一种乐器，那么你可能会弹吉他，而我可能会打非洲手鼓，但我们的行为都符合演奏乐器这一规范。如果其他人都这样做，它就变成了你也会遵循的一种行为规范。

郑重提示
— 你的新行为真的是你的吗 —

我们都愿意把自己看成自己命运的主人，但现实要比这复杂得多。由于我们和我们社交网络里的所有人都有联系，这就意味着即使事情没有发生在我们身上，而是发生在其他人身

---

① 如果读到此处你还能保持冷静，那我就太欣慰了。几年前，当尼古拉斯·克里斯塔基斯和詹姆斯·福勒发表了他们关于肥胖如何通过社交网络传播的研究结果时，引来了各个方面的愤怒。一方面，有些人对于肥胖的传播方式和其他趋势一样这一点并不觉得奇怪；另一方面，也有人声称肥胖与体内基因、激素以及个人选择有关，所以不可能具有传染性。不过，在我个人看来，双方都忽略了一些基本因素。当然，将肥胖与其他趋势的传播方式进行比较并无不可，但这里的重点不是肥胖与否。我们对行为如何通过社交网络传播的理解对我们如何看待自己的生活有着深远的影响。我们的基因和激素在我们塑造环境的过程中自然能发挥一定的作用，但关键是这两位研究者最后那句关于个人选择的描述。我们不会在某种孤立的理想状态下做出选择：我们的选择是由我们当时脑海中的想法来控制的，而这些想法反过来又受到我们的朋友以及我们从未谋面的人的影响。

上，也仍然可以影响到我们。例如，你自身健康的一个关键因素就是别人的健康，因为你的感受受到成百上千人的影响。既然不可避免，那就一定要了解这一点。因为即使你受到你可能不认识的人的严重影响，你仍然可以控制你对这种影响的意识程度。

如果你注意自己的行为，而不是在日常生活中默认成无意识的自动状态，那么当你突然在盘子里盛满比平时更多的波隆那肉酱面时，你就会注意到。在你开吃之前，问问自己为什么要这么做。是因为你特别饿，因为你没吃早餐，还是因为你坐在体重比你重45千克的乔治旁边，所以你开始模仿他的行为？还是说你只是本能地遵循了某种社会规范，尽管这样做实际上对你没有什么好处？

造成消极或有害行为的第二糟糕的原因是，你这样做是因为每个人都这样做。然而，最糟糕的原因肯定是你自己都不知道是因为别人都这么做了你才做的。在这种情况下，你不应该被自己的情绪所控制，而是需要用理性的头脑来分析你的处境和行为。我们的情绪大脑会与我们的朋友产生共鸣，但这可能让我们陷入各种各样的麻烦。

改善消极人际关系

当然，你不难发现来自你社交网络中距离你三度分隔的成千上万的人对你产生的积极影响，但是要想主动抵御消极影响是相当耗费精力的（尽管负面情绪在社交网络中传播得不太顺畅，但这似乎不适用于行为的传播）。想象一下，你是否能够影响自己的社交网络，让它传播更多积极影响而不是消极影响，而非一味地被动防御阻碍你前进的消极事物？如果能做到这一点，那就可以使你自己的处境和所有其他人的处境变得更容易。

　　令人欣慰的是，你可以影响社交网络，并帮助社交网络影响你自己，最好是能够直接影响你的二度分隔关系。要知道，对你来说，通过你朋友的朋友比通过你的朋友来实现改变（比如减肥、变得更快乐或少读一些自助类书籍）要有效得多。通过你的朋友做到这一点的问题是，即使你成功了，由你和你的朋友组成的小团体仍然被一个更大的团体包围着，即你朋友的朋友，他们会给你们施加很大的压力，迫使你们回归昔日的行为（因为他们现在仍然保持着这种行为）。这些人不一定知道他们对你的影响，他们只不过仍在遵循旧规范，并且人数众多。不幸的是，你和你的朋友最终很可能会回到过去，回到你们开始的地方。

　　为了避免这种情况，你需要从两个方面给你的朋友施加压力：一方面是你自己，另一方面是你朋友的朋友，也就是你的二度分隔关系。在减肥这件事上，有一个很实用的建议——邀请朋友过来吃饭，让他们带上一些他们的朋友，然后提议所有人参加跑步健身俱乐部。这样一来，你就会给你的朋友施加更多的社交压力，把他们层层包围起来！就你自己而言，一方面，你得到了一个安全的二度分隔关系保护罩，可以防御来自外部的其他影响；另一方面，你创建了一个可能有数百人之多的庞大的社交体，能够对你产生影响，让你真正想要减肥。

　　也许我把我们的社交网络描绘得过于消极了，因为归根结底，我们之间的联系是有原因的。我们建立社交网络，是将其作为传递正面信息的一种方式，可以从中寻找相爱之人，可以一起参加狂欢节，或者为了在码头湿滑时有人提醒我们，或者为了有人能向我们表示同情——80%给慈善机构捐款的人是因为他们认识的人要求他们这样做，而大多数给街上那些不幸的人捐款的人是因为他们看到别人这样做。

　　在得到别人善待时，被善待者也会善待他人，这是一种社会连锁反应。不健康的行为和其他不受欢迎的事物的传播是我们为了获得社交网络所提供的所有好处而必须承受的一种副作用。由于人际关系无处不在，所以你对世界的影响比你看到的要大得多。当你善待他人时，你的这种行为会感染到成百上千甚至成千上万的人；而当你一心只想着自己时，别人也会这样做。在获得个人超能力的同时，你也可以给一群你从未见过的人送上一份大礼。

我就知道你有一颗善良的心！

超 级 练 习
规划你的社交网络

如果你想传播一种行为或思想——比如，你应该被任命为世界统治者！这个绝妙的想法怎么样？——最有效的手段是改变现有的社会规范。为了让新规范扎根，你应该试着去接触那些与你有二度分隔的人，也就是你朋友的朋友。一旦你让他们理解了你，你就会激起涟漪，影响到成千上万的人（同时，通过你的朋友，会有大量的人拥到你身边，这将进一步强化这种规范）。有几种方法可以做到这一点，下面我们举一些例子：

- 邀请你的朋友和他们的朋友前来参加聚会，并当场传递出你的信息。
- 制作传单，分发给你的朋友，让他们再分发给其他人。
- 在表达你的想法时，设法让你的朋友主动传递你的想法。比如，在表达时要紧紧抓住他们的注意力（"简直太不可思议了！你听说过吗……"），或者明确表示他们可以通过传播信息来获利（"我们招募的人越多，受益就越多"）。
- 要养成习惯，与朋友见面的环境一定要与你的新想法有关联（如果你想组建一个乐队，那就选择在排练厅见面；如果你想让他们开始锻炼，那就选择在户外见面），并且让他们建议他们的朋友在同样的地方见面。通过这种方式，你的想法将通过环境触发的联想巧妙地传递。

- 制作一个播客，然后让你的朋友下载并和他们的朋友就此进行谈论，这样你朋友的朋友也会这样做。

根据你想要传播的行为或想法，有些方法可能比其他方法更合适。请记住，它之所以如此有效，是因为人际关系构成了社交网络中的每一度分隔。正是这种关系让我们相互信任，并在有人有新想法时愿意倾听对方的意见。

郑重提示
— 利用社交网络影响自己 —

考虑一下你想要改变自己的哪些行为或想法，并调查一下你当前社交网络中的其他人是否也有同样的目标。思考一下如何利用你的人际网络，让它对你产生有益的影响。找到一个联系你朋友的好方法，尤其是你朋友的朋友，并让他们接受你想要的改变。这样你可以让事情变得更简单。

你还可以利用你的社交网络创造全新的行为。有什么是你今天想做但没有做的？你能不能通过影响你的二度分隔关系来改变你们共同的社会规范，而不是试图单枪匹马地去做，以此让事情变得更简单呢？如果你想和朋友一起组建乐队，从弹吉他入手总是比较容易的。

我们对你的看法

形成第一印象的基础

我们通过寻找我们觉得与自己有共同点的人来建立我们的社交网络。在与他人见面的时候，我们需要迅速形成对他们的看法，这样我们就可以决定是否或者如何与他们相处。由于我们人类喜欢简单化，喜欢走捷径，所以我们就养成了一个坏习惯——主要基于表面的东西来形成观点：别人的长相和穿着，他们如何管理他们身边的环境，如何保持工作场所的整洁，他们是否整理床铺，等等。这里的基本思想还是不错的。2 000年前，世界上第一个人格心理学家，希腊人提奥夫拉斯图斯意识到人类的行为不是随机的。如果你注意观察某人的某种行为，你就可以对他的其他行为得出结论。问题是，我们在日常生活中得出这些结论的时候，是基于偏见和主观意见，而不是基于实际的因果关系。正因为如此，我们对他人的看法常常是完全错误的，而自己却没有意识到这一点。

幸运的是，对人格与行为的关系的研究有着悠久的历史（可以追溯到提奥夫拉斯图斯时期），并且已经找到了事情的真相。还有一些研究人员（他们的脸上可能会带着不屑的讥笑），他们调查了我们其他人的想法，结果发现，我们对他人的看法几乎总是错误的。

对你来说，这两个研究领域的结合意味着，你第一次能详细了解别人对你的第一印象。如果你觉得别人对你的印象不正确，你也会知道如何做才能表现出更完整的形象。更准确地说，你可以展现出任何你喜欢的形象，不管准确与否。这有点儿像影片《碟中谍》的情节，只是不再需要橡胶面具进行易容。

但更重要的是，如果你知道哪些相关性是错误的，哪些是正确的，你就能够看清（至少从表面上来说）你遇到的究竟是什么样的人，而不是你原先认为的他们是什么样的人。

首先，你需要知道如何衡量人格特质。

5 种主要的人格特质

我们今天用来描述人们性格的这种最流行、论证最充分的模型只涵盖了 5 种人格特质。其他任何特质都被认为是次要特质，或者是这 5 种特质的主要变体。这一模型称为大五人格模型，这 5 种主要特质依次为：开放性、尽责性、外向性、随和性和神经质。这些词使用起来可能跟你以前的使用方式不同，所以让我再详细地解释一下：

开放性

开放的人往往富有创造力、想象力、好奇心，善于发明创造，善于抽象思维，具有审美能力。他们钟爱艺术，喜欢全新的体验。这些人愿意选择不同的回家路线，不是因为他们想要表现得有创造力，而只是因为这样做与以往不同。

不开放的人（从这个意义上来说）墨守成规，凡事亲力亲为，比较传统，更喜欢已知的量而不是未知的量。

尽责性

尽责的人一丝不苟、可靠、高效，目标明确，善于计划，传统观念较强。这些人会买各种颜色的便利贴，因为它们非常有用。

从这个意义上说，不尽责的人缺乏周密计划，行事鲁莽冲动，而且经常拖拖拉拉。

外向性

非常外向的人都很健谈，精力充沛，充满热情，善于交际，比较自信。他们几乎在任何场合都是中心人物，而且他们的电话费总是很高。

不外向的人比较内敛、安静、害羞，喜欢独处。

随和性

随和的人乐于助人，他们无私、富有同情心、善良、宽容、体贴，而且善于合作。这些人会很自然地去安慰几乎素不相识的人。

不随和的人容易吹毛求疵，对人充满敌意，为人挑剔、苛刻、冷漠。

神经质

我们这里所说的神经质的人，指的是那些紧张、焦虑、善变、不稳定和喜怒无常的人。这些人晚上躺在床上辗转反侧，睡不着觉，一直在纠结别人说的话到底是什么意思。

那些不是特别神经质的人则十分放松，情绪比较稳定，并且善于缓解压力。

超 级 练 习
你的5种人格特质

从某种程度上来说，我们每个人都具有这5种主要的人格特质。你可以对下面描述你的每句话的准确性进行打分，以此对自己的人格做一个粗略的评估。每句话实际上包含两点，所以如果其中一点比另一点更适合你，你应该从整体上进行判断。记住，你是唯一一会看到最终得分的人，所以要尽可能地诚实，严格审视一下自己。根据下列量表对描述你的每句话进行评分：

1 = 一点儿也不符合
2 = 不是特别符合
3 = 不完全符合
4 = 不清楚

5 = 稍微符合

6 = 相当符合

7 = 非常符合

我认为自己：

1. 性格外向、热情
2. 爱挑剔、好争论
3. 可靠、自律
4. 焦虑、反复无常
5. 具有综合思维，对新事物持开放态度
6. 内敛、寡言
7. 富有同情心，待人和善
8. 缺乏计划，行事鲁莽
9. 冷静，情绪稳定
10. 墨守成规，缺乏创造力

下面是计算每种人格特质得分的方法：

开放性

（8 分 − 第 10 题的得分）+ 第 5 题的得分 =

尽责性

（8 分 − 第 8 题的得分）+ 第 3 题的得分 =

外向性

（8 分 − 第 6 题的得分）+ 第 1 题的得分 =

随和性

（8分−第2题的得分）+ 第7题的得分 =

神经质

（8分−第9题的得分）+ 第4题的得分 =

如果单看这些分数，它们并没有太大意义，但是你可以把它们同其他人的得分进行比较。根据成千上万人对上述问题的回答，西方人的平均得分如下表所示。

表 4-1

人格特质	男性	女性
开放性	10.8	10.7
尽责性	11.0	10.4
外向性	9.1	8.5
随和性	10.6	10.1
神经质	6.7	5.7

你也可以把你的得分绘制在下面的图表中，将数字转换成图形，如图 4-1 所示。

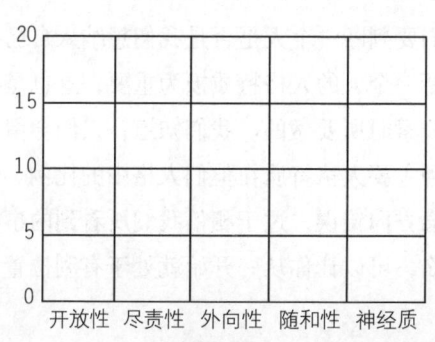

图 4-1

下面这一图像显示的是我心态平和、没有被错误想法所困扰时的人格特质得分情况：

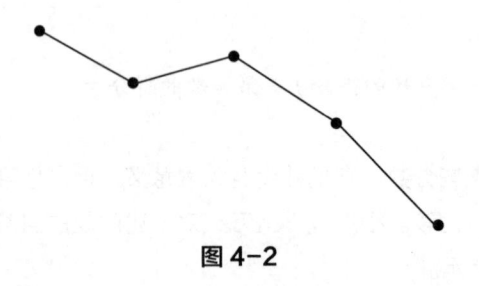

图 4-2

这些资料可以用来在招聘过程中对不同的求职者进行比较。你也可以比较某个人人格特质中的高分和低分，这正是我们在向别人描述我们的朋友时所做的——"她这个人值得信任，从不杞人忧天。"这只不过是换了一种说法而已，我们想要表达的意思是："她这个人比较尽责，并且不是特别神经质。"

快速判断他人人格特质

当然，在我们要判断一个人是否是我们想纳入自己社交网络中的人时，能够快速判断一个人的人格特质极为重要，这也是我们在对方环境中寻找他们性格线索时所要做的。我们知道，人们会留下各种各样的线索，这取决于五种主要人格特质在他们人格中的比例。但我们在寻找这些线索时，往往会方向错误，过于相信我们所看到的事物。知道该寻找什么、该避免什么，可以让你从一开始就处于有利位置，让你正确认识对方的人格特质。

别人在观察你的时候，他们的做法和你在开始读本书之前的做法一样，寻找的线索也一样。让我们仔细看看这些线索到底是什么。

当你一边走动一边说话的时候

我们会认为你这个人非常开放，如果你：

- 外表秀丽或风度不凡
- 化着妆
- 着装时尚
- 身材苗条
- 面部表情友好
- 时常微笑
- 声音悦耳
- 表达流畅
- 说话内容易于理解
- 语气平和
- 眼神专注

事实上，这些线索与你的开放程度没有任何关系！在这种情况下，我们用来评估他人开放程度的所有线索都被证明是错误的。你可能是一个开放的人，但是我们没有办法仅仅根据这些线索就知道你这方面的人格特质。它们也可能表明你根本不是一个开放的人，而是一个和蔼可亲、认真负责的人。

我们会认为你是个非常尽责的人，如果你：

- 外表秀丽
- 穿着朴素（不张扬）
- 着装正式
- 动作显得克制有度

- 控制肢体语言
- 表达流畅
- 说话内容易于理解
- 语气平和

正如你所看到的，我们在评估尽责性的时候，采用的某些线索同评估开放性时是一样的。然而，这些线索中其实只有一条与尽责性有关[①]：

- 着装正式

我们会认为你是个非常外向的人，如果你：

- 化妆
- 着装张扬
- 外表秀丽
- 表情友善
- 表情自信
- 时常微笑
- 动作迅速
- 时常摇头晃脑
- 走路姿势放松
- 走路时摆动手臂
- 说话声音洪亮
- 说话很有影响力

---

① 我们之所以知道这一点，是因为像萨姆·戈斯林这样聪明的研究人员已经走在我们前面，他们对这些假设的线索进行分类，然后将它们与具有这些人格特质的人的实际行为进行了比较。

- 声音悦耳
- 说话内容易于理解
- 眼神专注

对于外向性，我们给出的一些线索实际上比较准确。然而，像往常一样，我们从这些线索中得出了太多的结论。外向性的真正指标应当是下面这些：

- 外表秀丽
- 表情友善
- 表情自信
- 时常微笑
- 走路姿势放松
- 走路时摆动手臂
- 说话声音洪亮
- 说话很有影响力
- 眼神专注

另一个外向性的指标是我们出于某种原因不去寻找的，也许是因为我们在和别人说话时很少看对方腰部以下的部位。这个指标就是：

- 走路时抬起脚（而不是拖着走）

我们会认为你是个非常随和的人，如果你：

- 表情温和
- 表情友善
- 时常微笑

- 声音悦耳
- 眼神专注

事实上，其中只有两个显示的是随和性：

- 表情温和
- 表情友善

最后，我们会认为你这个人非常神经质，如果你：

- 体格瘦削
- 表情不够友善
- 表情胆怯拘谨
- 很少微笑
- 走路时手臂僵硬
- 走路姿势僵硬
- 说话声音微弱
- 声音不够悦耳
- 说话支支吾吾
- 说话内容晦涩难懂
- 语速过快
- 眼神游离

这些线索再次证明，我们的先入之见是不正确的，这些特质和神经质之间没有统计学上的相关性。实际上与神经质相关的唯一线索和上面列出的那些线索一样老套——被认为是神经质的人经常：

- 身着深色衣服

正如你所看到的,你站立、说话和走路的方式都能提供一些线索,表明你的外向程度。这并不奇怪,因为从定义上看,外向这种人格特质可以通过观察外部表现而发现,而其他人格特质却很难通过这一方式发现。我们很容易对他人得出错误的结论,不管这些结论看起来多么理所当然。在读到上面的线索清单时,你完全有可能产生一种强烈的反对冲动,心中会想:"等一等!开放(或神经质)的人就是这样的!"但其实两者之间并不存在相关性。

你还能看到,有几种人格特质有着相同的线索。如果你愿意,你可以利用这一点,例如,你可以保持时尚的外表,从而让别人认为你外向、随和、开放,不管你实际上是什么样的人。

尽管这些观察结果是建立在统计相关性的基础上的,但最好还是把它们看作经验法则,不要认为每一个具体的线索一定与某种特定的人格特质有关,像外科手术那么精确。毕竟,这些都只是线索而已,不应该被视为其他什么东西。谈到线索,一个往往是不够的,我们能收集到的线索越多,我们的结论就越确定。所以,我们必须继续寻找更多线索。我们前面在讨论神经质的人和深色衣服时已经涉及下一部分的内容——人们的穿着。

你的外表

当我们认为你这个人比较开放时(根据大五人格模型),我们的理由是,你的外表:

- 缺乏魅力
- 邋遢
- 缺乏组织计划
- 不健康(看起来筋疲力尽或疲惫不堪)
- 富于创造性
- 不守常规

这份线索清单完全正确。人们外表中所表现出来的这些变量都被证明与高度的开放性相关。（记住，5种主要人格特质中开放性的定义与其在日常对话中的含义并不完全相同。例如，开放性还包括渴望获得不那么开放的人试图避免的体验。）

我们会认为你这个人非常尽责，如果你的外表：

- 富有魅力
- 干净整洁
- 有组织、有条理
- 健康
- 放松
- 合乎常规

正如你所看到的，这些线索与开放性的线索截然相反。某个人可能既开放又尽责，而与开放性有关的线索是准确的，所以这份清单中的线索不可能是准确的。事实上，这些线索中没有一条与尽责性有关，所以这份清单没有一条线索是准确的。

我们会认为你这个人非常外向，如果你的外表：

- 富有魅力
- 兴高采烈
- 放松
- 合乎常规

我们在这里比之前做得好一些。前三条线索是准确的，最后一条则不然。判断一个人是否外向的准确线索是：

- 富有魅力

- 兴高采烈
- 放松

我们会认为你这个人非常随和，如果你的外表：

- 兴高采烈
- 放松
- 有组织、有条理

在这里，我们再次犯错，把太多的精力放在了我们的理性特质对人格的影响上。前两个线索是正确的，最后一个是错误的。随和的人往往是：

- 兴高采烈
- 放松

最后，我们会认为你这个人十分神经质，如果你的外表：

- 不健康

这一点完全正确。

谈到外表和衣着，这二者也很容易让我们看出谁具有自恋倾向：自恋的人会穿时尚、昂贵的衣服，或者看起来在外表上花了很多时间。这通常是百分之百准确的。然而，幸运的是，自恋并不是人类的五大人格特质之一（尽管它在某些个体中非常突出）。

现在你知道了哪些与外表有关的线索是准确的，哪些是不准确的。但是还有其他的线索吗？还有我们可能没想到的吗？这一次，碰巧没有了。清单中被认为准确的线索，是唯一被发现有重大相关性的线索。说到外表,我们很擅长找到正确的线索。但问题是,我们在这个过程中还收集了很多多余的数据。我们有点儿像采蘑菇的人:他们知道如何找到蘑菇,并把找到的所有蘑菇都采了下来,却从来没有意识到只有少数蘑菇是可以食用的。

作为空谈心理学家,我们认为要了解一个人是什么样的人,就应该去看看他最私密的空间和容身之处。我们会根据在这些地方看到的情况得出大胆的结论。这种理由并非毫无道理:像卧室和工作场所这样的私人空间可以透露出很多关于我们的信息。但是,和以往一样,我们认为我们已经发现的和我们真正发现的并不总是一致的。

你的卧室

当我们窥视你的卧室,想看看你是什么样的人的时候,我们会认为你这个人非常开放,如果你的卧室:

- 装饰得非常凌乱
- 显得与众不同
- 有大量种类繁多的书籍
- 有大量的音乐收藏
- 有各种各样的杂志

这些线索还不错,甚至有点儿谨慎。能显示卧室主人开放的线索应当是:

- 显得与众不同
- 有不同种类的图书(与图书数量无关)
- 有各种各样的杂志
- 有不同的音乐收藏(再次说明一下,与收藏数量无关)
- 有艺术和诗歌方面的书籍

- 有美术用品

我们会认为你这个人非常尽责,如果你的卧室:

- 布置得赏心悦目、多姿多彩
- 状态良好
- 干净
- 整齐
- 不凌乱
- 亮堂堂
- 不乱放衣服
- 舒适
- 有整齐的藏书
- 有唱片或其他音乐制品
- 有写信和做笔记的用品

卧室里与卧室主人高度尽责性相关的线索是:

- 整齐
- 干净
- 不凌乱
- 不乱放衣服
- 舒适
- 有整齐的书籍
- 有音乐
- 有杂志(不是关于文县的)

在判断某个人是否外向时,我们简化了很多事情,判断的唯一根据是该卧室是否：

- 装饰得非常凌乱

遗憾的是，这条线索和任何特定的人格特质之间都没有相关性。它既不表明外向，也不表明开放（我们也错误地认为它表明了这一点）。

我们会认为你这个人非常随和，如果你的卧室：

- 布置得赏心悦目、多彩多姿
- 整齐
- 干净
- 不乱放衣服
- 状态良好
- 舒适
- 吸引人

但就像外向性一样，这个清单也完全失败了。这些线索中没有一条能表明卧室主人的随和性。我们只是想当然这么认为而已。

当谈到神经质这种人格特质时，我们的判断是基于人们卧室的以下方面：

- 室内空气污浊、沉闷

我们再一次偏离了主题。实际上，卧室里有一个表明主人神经质的线索，但我怀疑它在你预料之外。这一线索是：

- 励志海报

神经质的人需要一个值得自己仰视的人，一个能够告诉他们应该如何表现的人。因此，他们喜欢沉浸在标语、口号以及鼓舞人心的图片中，以此来指导自己的行为。这也适用于他们的其他私人空间，比如他们的工作场所，我们马上就会讲到。

正如你所看到的，只有两种人格特质会在卧室里显露出来：开放性和尽责性。这两个人格特质的线索可以在我们生活中的任何地方找到。然而，我们认为我们也能从中看到其他人格特质的证据（虽然我们的看法是错误的）。因此，除非你想让人们相信你是个充满焦虑的神经质的人，很容易抑郁（无论这种想法准确与否），你最好在早上给你的卧室通风换气！

最后，让我们来看看你的私人自我和公共自我必须共存的地方。

你的工作场所

我们会认为你是一个非常开放的人，如果你的工作场所：

- 经过装饰
- 布置得赏心悦目、多姿多彩
- 吸引人
- 各种物品一应俱全
- 有特色
- 时尚
- 不合常规
- 备有各种各样的书籍

然而，真正值得我们注意的线索是：

- 有特色
- 时尚

- 不合常规
- 备有各种各样的书籍

我们会认为你是个非常尽责的人，如果你的工作场所：

- 状态良好
- 干净
- 整齐
- 舒适
- 吸引人
- 宽敞
- 合乎常规

在此我们又有点儿跑偏了。准确的线索应当是：

- 状态良好
- 干净
- 整齐

如果我们认为你这个人非常外向，那是因为你的工作场所：

- 有装饰（通常用他人的图片）
- 让人感到愉快
- 多姿多彩
- 凌乱
- 拥挤
- 吸引人
- 有特色

- 时尚
- 现代
- 不合常规

工作场所中的一些因素确实表明当事人的外向性，但远没有我们想象的那么多。准确的线索应当是：

- 有装饰（通常用他人的图片）
- 让人感到愉快
- 吸引人

关于随和性，我们的评估完全基于你的工作场所是否：

- 吸引人

但事实上，极为随和的人的工作场所并不需要看起来有什么特别之处，但也不是随便位于哪个地方都可以的。由于这种人格特质所具有的积极社交属性，所以这些人的工作场所经常被安置在这样的地方：

- 紧邻人来人往的地方

完全可以想到的是，我们对神经质的评估基于我们认为与随和性完全相反的线索之上，这种人的工作场所应当：

- 不吸引人

但是，就像吸引人的工作场所实际上并不代表当事人随和一样，不吸引人的工作场所也并不代表神经质。就像卧室一样，关于神经质者最好的线索是，其工作场所应当：

- 用励志海报装饰（而不是家人照片）

善于社交、待人友善的人往往被安排在人来人往的区域，不易相处的人往往被安排在远离他们同事经过的地方。假如你要去与一个以难以相处闻名的人会面，如果你发现他就坐在咖啡机旁边，你可以松一口气，因为那里总是人员来往不断。相反，如果你听说此人坐在某个偏僻黑暗的角落里，你可能要做好受煎熬的准备。

总而言之，所有这些相关性和非相关性告诉了我们什么呢？首先，它们表明，如果我们想要判断某个人的性格，仅靠观察对方是不够的。然而，你我却一直在这样做。如果你想了解一个人的真实性格，你需要研究他们的外表和行为，研究他们如何布置自己所处的环境。其次，你还了解到，我们人类具有惊人的能力，能对我们看到的事物进行过度解读，从而得出错误的结论。我们偶尔都会掉进这个陷阱，但现在你应该更容易避免犯这种错误了，因为你能够辨别真伪，知道哪些线索是真实准确的。

思考下面这个问题：仅仅通过观察对方及其所处的环境，不需要对方说一个字，甚至不需要对方跟你讲同样的语言，就能准确地了解对方的5种主要人格特质（而不仅仅是你所认为的），这到底有多大用处呢？

答案是，这非常有用。我们的生活从与他人的交流中获得意义。正因为如此，你必须能够快速地了解对方，这样你才能从中挑选出自己喜欢的人，并一眼认出那些你认为对你有益的人。你会觉得自己就像夏洛克·福尔摩斯一样，生就了一双慧眼。这的确不错。

超级练习
你呈现出来的是怎样的自己

快速看看你的周围,然后看看你自己。根据你的观察,你在别人眼里是个什么性格的人?他们会有自己的结论,不管这个结论有多不准确。确保向他们展示的是你想让他们看到的那个人。回去再读一遍有关5种主要人格特质的定义,其中一些可能对你更有吸引力,而另一些则是你想要尽量避免的。如果你想让别人认为你有某些可取的人格特质,那一定要把这一部分最后几页的内容作为参考。这样一来,你就会确切地知道,你需要怎样做才能让别人以你想要的方式来看待你。想要看起来尽职尽责吗?那就买一套漂亮的西装,说话谨慎得体,经常打扫你的卧室。不想显得神经质?那就让你的办公室看起来赏心悦目,经常刮胡子。

但我为什么要告诉你如何让自己看起来不像真实的自己呢?你可能还记得本书前文中关于自我意象的那部分内容,其中讲到我们的性格很大程度上是由别人对待我们的方式决定的。如果你总是被当作守财奴来对待,你最终会变得更加吝啬,因为这就是世人对你的看法。因此,强化你想要的人格特质的一个好方法是,让别人把你当作已经拥有这些特质的人来对待。这会让你更容易培养你想要的人格特质。

从另一个角度来看,知道需要避免什么也很有用,这样你就不会表现出你不想要的人格特质(或者实际上并不具备的人格特质)。也许你并不神经质,如果是这样,那最好别总皱着眉头,多笑一笑,申请把办公桌挪到离午餐室更近的地方。

曾经有人请1 000个人评价一下他们一天之中所做的每一件事，请他们写下自己做了什么，和谁一起做的，以及做这件事带给他们的感受。结果发现，对他们的感受影响最大的一个因素是他们与他人相处的时间，不是他们的薪水，不是他们令人兴奋的工作，不是他们是否单身、是否与人同居、是否结婚。

最令人愉快的两件事情是做爱（这在榜单上排名第一）和与他人出去玩（这个排名第二）。[1] 这些都是相当不错的社交活动。最不愉快的活动是上下班和工作。

此时此刻，你可能自己就能弄清楚哪些人让被调查者感到最幸福，但我还是要告诉你。下面这些人会让你的生活变得更有意义（我们最想与之在一起的人，按重要性排序）：

朋友
家人
伴侣
孩子[2]
客户与顾客
同事
老板
孤独

在世界各地，幸福生活最可靠的指标都是亲密关系。尽管全世界的文化在很多方面存在差异，但我们似乎一致认为，与他人的密切联系是优化人类生存的核心所在。你可能拥有世界上所有的超能力，但如果你

---

[1] 我怀疑我是唯一一个可以对他们坦言相告从而帮他们省去跟踪调查1 000人的麻烦的人。
[2] 伴侣和孩子之所以排在朋友和家人之后，是因为虽然孩子和伴侣确实给我们带来了巨大的幸福，但他们也是让我们不满的主要原因，而朋友和家人往往不会。这就是为什么我们从他们那里得到的平均纯幸福感要低一些，尽管我不认为有谁会把朋友看得比孩子更重要。

整天将自己封闭在房间里，这些超能力不会有太大的用处，你对社会环境的理解和你与之互动的方式就是一种超能力。如果你读本书的目的是优化自己的生活，你应该试着内化别人曾经说过的这句至理名言：

所有真实的人生皆来自相遇。

当然，要想关注自己所处的环境，你需要确保你的大脑没有充斥无关紧要的废话。就尽可能利用个人资源而言，最大的障碍之一是每个人都会时不时地陷入消极思维模式之中。我们会突然之间感到压力太大、迷茫无助、焦虑担心，或对自己失去信心。这些想法对你的超能力来说就像氪石——一旦出现，你的超级思维能力就会消失。因此，下一章将教你如何调整自己，以避开不理想的状态。超人必须把他找到的所有氪石储存在北极的冰堡垒里，这样才能不受伤害。而你，则会学到一种更好的解决方案——永远摆脱你的氪石。

第 5 章

改变你的缺点

——唤醒你的精神力

如果你开始认为问题出在别人身上,
马上停下来,
因为这种想法本身就是问题所在。

——史蒂芬·R. 柯维

是时候做出改变了

你可以打破自己的消极行为模式

在本书的前几章中,你一直在不同领域训练不同的能力,以此培养自己的超能力。而你将在本章中学到的超能力,则是用来改变一些由于训练已经根深蒂固的东西——你的缺点。

你是否曾被邀请到学校演讲,结果仅仅因为紧张当场就瘦了很多?你是否曾因为工作压力太大而夜不能寐,或者明知自己必须立即解决某个问题,但却没有督促自己采取行动?你是否曾经一度丧失生活目标?如果你有过类似的经历,你就会知道我在说什么。

当然,你应该学会喜欢你自己,接受自己所有的优点和缺点。但这并不意味着你必须接受那些不断给你带来麻烦的缺点。在这一章中,我们将集中讨论切实可行的方法,一次性解决掉所有此类问题。

我们所有人都至少有一个行为上的阿喀琉斯之踵——一个行为上的弱点。通常,我们也十分清楚自己的这种缺点,并会因此不断退缩,更难实现我们的目标,这使我们感到颇为沮丧。尽管我们知道自己哪里做错了,但我们似乎无法改变它。这种行为的常见例子包括:持续感到压力,对大多数事情感到非常焦虑,知道自己需要做什么却难以开始,或者陷入破坏性的消极想法中。每天都有很多人为此而挣扎。即使你现在不是这样,我也可以向你保证,你会时不时地屈服于这种行为。我们所有人都是如此。当你的大脑充满了这样的想法时,它会对你的整个生活产生负面影响,并阻碍你产生更具创造性、更有趣的想法的能力。

接下来我们要讲的这种超能力旨在通过改变你自己来消除这些消极行为。为了尽可能阐明这一点,我对你希望改变的行为所对应的改变方法进行了分类。但无论使用什么方法,从本质上说,其目的是相同的:对你的大脑重新编程。你只需通过控制自己的思想就可以改变许多消极行为。这是每个人都应该能够做到的。当然,我并不是说你的行为举止不得体,我不是这个意思。但是坐在你旁边的那个调情高手可能会行为不端。

具体做法

这一切都与当前的快速变化有关,一切都从你今天所经历的开始,也就是从此时此刻开始。你知道掌控自己的处境至关重要。你正在阅读本书,这告诉我你也想控制自己的内在思维过程。然而,这种超能力训练的某些部分似乎有点儿不同,甚至会让人感到有些不自在。例如,就像你接下来即将读到的:把某个事物记忆成彩色的或黑白的,这有什么区别吗?相信我,区别确实很大。这些方法需要靠情绪化的杏仁核和理性的额叶之间的联系(参见本书决策部分的内容)发挥作用,这是你利用额叶中的反应来调节或转换杏仁核反应的另外一种情况。这些变化之所以能够如此迅速地发生,是因为最重要的变化往往是你对世界的态度的变化。我们可以像改变我们的思想那样,迅速改变我们的态度。

下面是从科学角度给出的解释:每当我们做一件新事情时,我们就会在脑细胞之间形成新的联系,在细胞之间建立起一条神经通路,这样我们事后就可以很快找到回到那种体验的途径。每次我们重复某一行为,我们都会在生理层面上加强与该行为相关的脑细胞之间的联系。这就像在荒野中开辟道路一样——每次有人沿着荒野中的道路走过时，荒野中的这些小路就会变得更清晰一些。这也意味着我们的行为模式确实可以被建立起来（当然也可以被摧毁）。这就解释了为什么有些人会养成对自己有害的行为（比如吸烟或暴饮暴食）。这也是为什么我们能够如此执迷不悟，在犯错之后，明明知道自己的行为相当愚蠢，但不久后仍然会重蹈覆辙——这对我们来说简直是轻车熟路。幸运的是，我们可以利用同样的心智功能在大脑中规划出新的路径，让它们把我们带到我们想去的地方——成功与幸福。

你所需要做的就是记住这一点：只要你学会了如何去做，你就可以用你的思想来控制你的情绪和体验。通常情况下，你的消极体验是由你已经掌握的有缺陷的思维方式造成的。如果能够控制你的思维模式，并让它们朝着正确的方向发展，那就可以打下良好的基础，让你能够更好地运用其他能力。未来学家艾伦·托夫勒甚至宣称，21世纪的文盲将不再是那些不能读写之人，而是那些不能学习或者不能根据需要重新学习的人。

唤醒超级精神力

掌控你的精神状态

你周围的世界为你的生活提供了环境，这一环境具体而清晰，并且一直在变化。我们有可能在一定程度上影响这些变化，但大多数变化的发生超出了我们的控制范围，我们很容易感到无能为力。就像我们几乎无力影响外部因素一样，我们也无法控制自己对它们的反应，是这样吗？

错。

改变自己对周围事件的反应方式是改变我们生活体验的最好方法之一，原因就在于这二者本质上是一样的。但问题是，我们大多数人的脑海中有一段无声的人生剧本：当我们处于某种情况时，我们会遵从剧本中的台词和指示来决定如何做出反应。我们会根据剧本为我们遇到的人分配角色（例如，通过研究他们的外表和动作，就像我在前一章中教你不要做的那样），然后根据角色来解读他们的行为。当我们以前经历过的情况出现时，我们会用和上次一样的方式进行回放。一切都按照剧本进行。我们从来没有质疑过这个剧本的有效性，也没有考虑过该剧本可能来自哪里。大多数时候，我们甚至忘记了它的存在。从某种程度上说，我们的潜意识在我们的日常生活中扮演着导演和提词者的角色。

事实上，剧本是我们自己撰写的，它是我们关于世界如何运转的观念（可能合理，也可能不合理）的产物。当我们不假思索地遵循这一剧本时，我们就给了自己大量误解世界的机会。所以，为什么不试着弄清楚你自己的剧本到底是什么样子？为什么不弄清楚自己为什么会那样做？也许只要一切正常就没关系了，但是，如果最终你学到的行为并没有带来你想要的结果，而你依然一遍又一遍地重复这一行为，那么很明显某些地方出了问题。

你人生剧本中的部分内容是从父母、老师以及你在成长过程中遇到的其他权威人物那里抄来的，而你已经将其奉为自己对世界的认识以及自己应当如何在其中表现的真理。比如：

> 照吩咐的去做，别哭，不要打架，一定要上学，一定要找份工作，一定要有孩子，别问这么多问题，照我们说的做，要投票，等等。

其实，这些都只不过是对你所处世界的描述。你不需要重复同样老掉牙的台词，也不需要重复同样腻烦的反应。你可以重写剧本，重新开始，回到过去，把悲剧变成喜剧，或者，为什么不能是科幻剧（我一直很喜欢银色紧身衣）？你要自己决定如何在这个世界上生活。

这在写作中似乎显而易见，但很少有人能在日常生活中领悟到这一点。很多时候我们会故态复萌,回到原来的剧本,也就是限制了我们对机会和事物边界的看法的那个剧本。1954 年,中长跑运动员罗杰·班尼斯特完美地诠释了这一特殊现象。在那年 5 月之前,体育界公认的观点是,人不可能在 4 分钟内跑完一英里[①]。一些科学家甚至声称,强迫自己跑那么快的人会有身体爆炸的危险。但 5 月 6 日,罗杰证明了所有人都错了——他用了 3 分 59.4 秒跑完全程。以前从来没有人做到过,从来没有,这也正是它如此令人震撼的原因。在罗杰创造纪录的那一年里,又有 37 人在 4 分钟内跑完了一英里。第二年,300 多名跑步者重复了这一成就。突然之间,前不久还被视为不可能的事情一下子有这么多人做到了。在这之前,真正限制运动员能力的是观念——他们认为哪些事情是可能的,哪些是不可能的(在这个例子中,他们认为 4 分钟内跑完一英里是不可能的)——而不是身体极限。

由于在这之前,人们都相信这是不可能完成的任务,所以在尝试时没有人成功过。此时只要有一个例外,证明所谓不可能完成的任务实际上是可以完成的,那其他所有人也会突然意识到同样的事情。多亏了罗杰,运动员们都可以重写他们的人生剧本,了解现实的真相。

事后看来,我们很可能会忍不住嘲笑这个故事中的科学家,但你身上可能也带着许多相同性质的无形限制,其中有些限制是通过文化和社会灌输给你的。例如,我相信我们这一代的孩子在吃饭后游泳时更有可能抽筋,因为当年大人总是这样告诫我们;而在这一说法被证伪之后长大的孩子则不容易抽筋(这一说法可能是一些父母发明的,因为他们想在午餐后放松一下,在海滩上消化一下刚吃的午饭)。其他的限制则完全是你自己发明的。

我们可能很难在情绪方面做出巨大的改变,因为它们在某种程度上是由基因决定的,但你可以学会识别它的含义,并选择强化或弱化某些因素。

---

① 1 英里约等于 1.6 千米。——编者注

每次当你"知道"某件事情行不通,认为没有必要进行尝试的时候,这件事很可能就是发生在你身上的"4分钟内跑完一英里"的翻版。

超 级 练 习

为什么,为什么,为什么,为什么,为什么

这是我最喜欢的一种方法,用来弄清楚我为什么会有某种反应,或者用在我解决问题未果的时候。

如果你情绪低落,没有人欣赏你或你的努力,或者只是对自己的处境感到恼火或不安,你可以采用丰田公司在20世纪70年代教给他们员工的方法——像一个好奇的3岁孩子那样,一连问自己5次"为什么",然后自己回答。我的意思是这样的:

> 为什么我会经历 X?因为 Y。
> 为什么是 Y?因为 Z。
> 为什么是 Z?因为 A。
> 为什么是 A?因为 B。
> 为什么是 B?因为 C。

具体操作如下:

> 为什么我感到恼火?因为在会上没有人听我的。
> 为什么在会上没有人听我的?因为他们只听本杰的。
> 为什么他们只听本杰的?因为他是大家默认的领导者。
> 为什么他是大家默认的领导者?因为其他人行为懒散,无法让别人认真对待他们的意见。

为什么他们如此懒散？因为他们在同一岗位工作了很长时间，失去了激情。

与丰田员工一起工作的心理学家意识到，通常需要 5 个步骤来追溯因果链，这样才能找到事情发生的真正原因。我们很少能看到潜在的基本原因和我们实际体验之间的联系，但我们需要理解这种联系，以便能够以一种有意义的方式处理我们的情绪。

我之所以感到恼火，是因为我的朋友没有全身心地投入工作，这就导致了决策过程失衡，每个人都只听声音最响亮的讲话者。我建议人力资源经理把整个团队送去参加培训，这样他们就能够重新振作起来，我们的团队也可以重新以更平等的方式进行沟通。

当然，这种方法不仅仅适用于制造丰田汽车，也适用于其他事情。它完全可以用到日常生活中去：

为什么我不想听她说话？因为我觉得她说的话很无聊。
为什么我觉得她说的话很无聊？因为她每次说的事情都一样。
为什么她每次都说同样的事情？因为她认为这件事是最重要的话题。
为什么她认为这件事是最重要的话题？因为这关系到她需要弄清楚的事情。
为什么她需要弄清楚？为了让自己感觉良好。

在听她说话的时候，她的重复让我失去耐心。她之所以重复，实际上是由于她对需要解决的问题感到不安。如果我试着帮她解决掉她的问题，她会感觉好很多，这样就可以开始谈论其他的事情，而我也更容易对她的话保持兴趣。

看到了吧？你从最初的恼火一步步变得富有建设性，变得乐于助人，这一切转变只需要你多追问自己几次。

学会对自己提问

影响我们感知的最佳方法之一是我们每天都在使用的一种方法，碰巧也是最简单的一种方法，那就是问问题。问题决定了我们对某件事情的关注点，以及我们每天所体验到的成功、爱、恐惧、愤怒或快乐的程度。如果你觉得自己遇到了障碍，那通常是因为你在问自己一些消极的问题，比如："为什么我做不到这件事？""为什么我总是失败？""我哪里出了问题？"

这些问题中隐藏着一些危险的假设。"为什么我做不到这件事？"这句话中包含两个假设：有事情需要做；但你做不到。"我哪里出了问题？"这句话中的假设是你出问题了，它问的是出了什么问题。如果你声称自己总是失败，那么你就对未来做了一个致命的假设——因为你过去的努力都不成功，所以面对当前的任务，你注定也会失败。（还记得你在前文中读过的关于习得性无助的内容吗？）你对这类问题的回答其实并不重要。在你试图回答这些问题的那一刻，你其实已经接受了问题中所隐藏的假设，因为我们不可能在不相信其前提的情况下理解或回答该问题。如果稍不留意，你很可能会让自己陷入一个自我实现的消极预言。改变一下问题的提法怎么样？把"为什么我总是失败"这一问题改成"我能做些什么让这件事做起来更容易"。这个问题中包含的假设是：事情是可以做到的，甚至很容易做到；你也可以做到。此时，你关注的重点是自己能做些什么。如果你还在担心回答可能是"什么也做不了"，你可以试试下面这一问题："我能做哪3件事来实现这个目标？"改变问题的提法之后，该问题中包含的假设是：至少已经有3种解决方案，你只需把它们列出来就可以了。这种隐藏的建设性假设非常有用。就像之前的那些假设一样，它们起到了框架的作用，你可以在其中定义自己的情况，但这一次不是要找到证据证明问题不可能得到解决，而是开始寻找问题的解决方案。问题会突出你的关注点，并且通常情况下，你会由此得到更多你关注的东西，不管它们是什么。

郑重提示
— 找到正确提问的方法 I —

与其问自己"为什么这种事总是发生在我身上"，"为什么我不喜欢自己"，或者"为什么我不能戒烟"，你应该改变一下问题的提法，用一种积极的方式来表达你的问题。起初你可能会觉得很难找到合适的提法，但是一开始你可以这样做：用"为了……我该怎么做"来替换"为什么我不能……"。

没有人能用"为什么我不能戒烟"这样的问题来取得任何进展，这丝毫也不奇怪。但是如果你问自己"为了戒烟我该怎么做"，你就迈出了制订行动计划的第一步。

你可以研究一下下面这些问题，从中找到改变消极提问的方法：

- 怎样才能以一种更好、更有建设性的方式来表达你的问题？
- 这个问题最好的解决方案是什么？
- 停止做这件事最简单的方法是什么？解决这个问题最困难的方法是什么（偶尔挑战一下自己没什么坏处）？
- 你能想出多少个解决方案？

类似的问题还有很多。首先要假设你的问题可以解决，假设自己可以做到。要有意识地关注自己能多迅速、多高效、多完美地解决问题，关注自己能找到多少不同的解决方案。这种方法不仅会让你更快乐，更有可能采取积极的行动方式，而且也会让你更有创造力、更高效，并能激励你去做自己以前从来不敢想的事情。

走出自我认知陷阱

如果你的某位朋友突然冷落了你，让你感到苦恼和沮丧，那并不是因为这件事本身让你情绪发生变化，让你情绪产生反应的是你对这件事的看法。这又涉及你人生剧本的内容。决定你是否幸福的不是你所处的环境，而是你对所处环境的想法。

我们通常认为我们的思想和理性能力在我们和现实之间形成了一种缓冲。但实际上，我们的思想并没有屏蔽掉我们不喜欢的事情，反而会放大那些事情，引起情绪爆发和不必要的痛苦。我们的想法可能非常不理性、不现实，甚至在一切正常的情况下经常给我们带来痛苦——但当然，我们从来没有意识到这一点。幸运的是，有意识地改变看法比改变情绪更容易，质疑这些非理性的想法可以帮助你更清晰、更有效地思考问题。

下面这一点是我最重要的观点之一，我在我的每一本书中都试图用不同的方式予以阐释：你不是你的想法，你有你自己的想法。"我不够好"这种想法实际上是指"我在想我为什么不够好"。"我真没用"的意思是"我在想我为什么没用"。不要问自己为什么不够好，也不要问自己为什么没用。要问问自己为什么认为自己不够好，或者为什么认为自己没用。你认为自己是个失败者，并不能说明你就是个失败者。事实上，大多数人可能会说你根本不是那种人。

超级练习
事情真的像你想的那样吗

你最没必要做的事情之一就是给自己制造痛苦，但这也恰好是人们大多数时候的所作所为。你真的无法影响自己情绪的情况其实相当罕见，但有时你很难意识到这一点。下面我列出了一些问题，你可以用这些问题测试一下你的消极想法，并判断自己是否陷入了思维陷阱：

- 有什么确凿的证据支持你的看法？是某种自然法则，还是你自己臆想出来的法则？
- 这是否意味着你需要某样东西仅仅是因为你想要它？
- 你是否因为赋予这一问题太多消极因素，结果让事情变得更糟？（仅仅因为问题让你感到不安就真的意味着情况很糟糕吗？仅仅因为你犯了一个错误，你就真的是个白痴吗？）
- 以这种方式思考问题，是有助于你变得更高效、更快乐，还是会引起个人问题和压力？
- 是真的总是这样，还是从来没有这样过，还是你说话过于笼统？（你真的从来没有人可以交流吗？收银台的那个女孩和你说话了，难道不是吗？你真的永远都做不好吗？你的博客写得还是不错的。）
- 这真是你非做不可的事吗？还是说你只是在炫耀？（你必须一直优秀吗？即使你在做那件事的时候表现得有点儿笨手笨脚，也没有什么法律禁止你偶尔表现得笨手笨脚，不是吗？）
- 这真的是你应该做的事情吗？当你把"应该"这个词用在自己身上时，你所做的一切就只是在让自己感到内疚（"我本应该取得更好的成绩"）；而当你将其用在别人身上时，你就是在为自己树敌，让人对你感到失望和恼怒。所以说，你必须问问自己怎样做才能得到更好的结果。

- 你重视发生过的好事，还是认为它们无关紧要？（我的意思是说，没错，你的确得过奖，但那是十年前的事了，所以对现在来说已经不重要了，对吧？）
- 你是否忽略了积极的一面，只看到了消极的一面？
- 你是否把人与行为混为一谈？（人有时可能会做一些白痴般的事情，但他不一定就是白痴。）
- 你是不是太自我了？（好笑的是，世界并不是围着你一个人在转。有人关上了门，并不意味着她这样做是因为她不想和你说话，也许她只是感到有点儿冷。）
- 你知道结果会怎样吗？不要编造预言，声称知道将要发生什么。事实上，你不知道未来会发生什么。
- 你真的知道别人在想什么吗？当我们认为我们知道别人在想什么的时候，那通常是因为我们基于在这种情况下我们会做什么而做出了假设。但其他人的处事方式与你不同。相应地，如果你不告诉他们，他们也不会知道你需要什么。（除非你告诉小红帽，否则她是不会知道你想和她出去的。大灰狼也不会仅仅因为你这样想就嫉妒你、憎恨你。）

改变之后别人对你的反应

现在看来，所有这些对你的大脑重新编程、使其积极且具有建设性地思考问题的做法似乎十分不错，而且相当简单，但在现实生活中，这种做法可能面临很大困难。这就是为什么这一章中有这么多练习。正如我在前几页告诉过你的，你永远不会孤立地行动——你所做的每件事都发生在你与你的社交网络的互动中。你周围的人有时可能不是很理解你，他们可能会在你想要改变的时候阻碍你。如果有人突然从过去的框架中挣脱出来，这会给人际网络中的其他人带来不安全感——我们喜欢人们停留在他们自己的界限内，因为这样我们就可以了解并掌控他们。如果你在发生改变，其他人就必须得弄清楚你会变成什么样的人。当我们自认为我们了解对方，却不得不重新确定我们对他们的看法时，这总是很麻烦的。更重要的是，你的改变会提醒别人，他们正困在自己编织的故事和框架中，没能像你那样做出改变，什么都没做。这会招人嫉妒的。另外，别人也并不总是希望你提高自尊。当你突然开始为自己做决定时，他们对你的控制力就会减弱。从另一角度来说，改变自己会让你认清谁是你真正的朋友，谁不是。你真正的朋友是那些一如既往喜欢你的人，即使你表现得更有动力、更自信、更成功。

你新获得的超能力可能会对你的朋友产生积极影响，这听起来可能让人振奋。然而，我的一个好朋友兼同事却亲身经历了不愉快的一幕。在她成为一名成功的作家之后，她曾经认为最亲密的朋友中有几个人突然开始说一些伤人的话。他们不择手段地贬低她的成就（"你那本书没什么了不起，是吧？""我经常也想写本书，只不过没你那么幸运，没时间写而已。"），甚至干脆攻击她本人（"你以为你是谁？"）。

我告诉你这些并不是为了阻止你，而是为了让你做好准备。太多自助类书籍都忽略了这样一个事实：个人的改变几乎总是伴随着环境的改变。然而，在阅读了关于社交网络那部分内容之后，你就会确切地知道这种改变有多大。如果你不得不忍受关于你尝试改变的负面评论，那就一定要记住：无论是医生、治疗师，还是你的家人，他们都无法预测未来。不管我在台上怎么说，其实我也无法预测未来。没有人能告诉你你能做什么，不能做什么。你社交圈里的人可以告诉你他们的想法、他们的感受，甚至他们的信念，但他们无法准确预测或决定你能取得什么样的成就，不能取得什么样的成就。

你新获得的超能力会帮你无视此类消极评论。并且，你会发现这些人的真实面目——他们之所以这样说，是因为他们也渴望能有勇气做你正在做的事情。

郑重提示
— 6个经典问题 —

如果你有理由确信你的想法并没有扭曲你对某个问题的看法，那么下面这6个来自商界的经典问题可以帮助你解决其余的所有问题，无论是关于工作的，还是个人生活的。为什么不现在就试验一下这些问题呢？选一件你最近一直在考虑、需要解决方案的事情，然后花点儿时间认真思考并回答以下问题：

1. 关于这件事情，你能想到哪3个积极的方面？
2. 尚未如你所愿的方面是什么？
3. 为了达到你想要的结果，你准备做什么？
4. 为了达到你想要的结果，你准备放弃做什么？
5. 为了达到你想要的结果，你将如何激励自己去做那些需要做的事情（并且最好是你也喜欢做的）？
6. 今天你能做些什么来让自己朝正确的方向前进呢？

在研究某个问题的过程中，你可以随意问这些问题。任何时候，每当你感到不知所措，或者感到自己已经进入了死胡同的时候，你就问一下自己这些问题。每次在回答这些问题的时候，你都会得到解决问题的新思路。

特殊能力一：摆脱焦虑

摆脱阻碍你前进的错误观念

焦虑是一种奇怪的现象。我们不仅每天都在担心当天的各种各样的事情，我们也擅长提前担心一些可能永远不会发生的事情。托马斯·杰斐逊曾经谈到从未发生过的罪恶给人类带来的痛苦，从这一点来说，他真的是非常睿智。当我们担心某事时，我们往往会做出错误的决策，遇到比较困难的决策时，尤其如此。正确处理不确定或微妙情况的方法包括三个步骤：

第一步：想想你即将做的一件事（例如，一笔重要的生意、一次重要的约会，或者一次身体彩绘课）。

第二步：想想这件事可能出错的每一个方面。

第三步：为每一种可能发生的情况找到一个解决方案。

提前为可能出现的不测做好计划不仅合乎情理，而且也是明智之举。如果需要，你可以准备2~5个备用计划。大多数担心某事的人之所以这样担心，是因为他们的计划过程在第二步之后就中断了。他们想象着事情可能出错的所有不同方面，担心事情真的出问题，因而缩手缩脚，不敢继续下去。他们从来没有进入第三步，也就是为每一种可能发生的情况想出解决方案的那一步。

当那些容易担心的人得到某个需要他们集中精力的任务时——比如把事物分成两类，并在执行任务的过程中解释他们的想法——消极思想（"我肯定做不好这件事""我不擅长这些测试"）对他们决策过程的影响是显而易见的。而当控制组中那些通常不怎么担心的人被要求故意担心15分钟时，他们完成同样任务的能力严重受损。反之亦然——当容易担心的那组人在执行任务前进行15分钟的放松练习时，他们的焦虑感明显降低，并且他们在执行任务时不再有任何问题。所以，焦虑除了让你感到心力交瘁，似乎也会让你变得有点儿笨。这就是阻碍你进入第三步的原因。

郑重提示
— 找到正确提问的方法 Ⅱ —

在前文的郑重提示《找到正确提问的方法 Ⅰ》中，你曾做过一个练习，从一个新的、更积极的角度来看待事物。如果你在为某件事情感到焦虑，这个方法很不错，可以让你开始寻找解决方案。一定要记住，你不应该问自己："这个问题该怎么解决？"而应该问："我该怎么做才能按照我希望的方式解决这个问题？"一开始可能很难转换到这种思维方式，但只需要一些练习就可以了。

在任何情况下，对结果影响最大的，总是那些思维与行动最灵活的人。你看待事物的角度越多，你的选择就越多。你的选择越多，你就越有可能控制局面。

焦虑不是现实

人类的焦虑是一个很典型的例子，说明了我们如何让内在的、潜意识中的剧本和它所维持的叙事限制了我们的机会。比如：我的钱总是不够花；我的工作压力太大了；我的女朋友似乎不再那么喜欢我了；没有我，公司就会垮掉，更不用说这个世界了。

所有这些都是关于你自己和你的生活的故事。你的确可能工作负荷过大，但不管怎样，你越是对自己和他人讲述你工作压力的故事，对你来说，它就会变得越真实，并最终成为你整个人的一部分。一个人的身份可以被看作他们为了使自己的经历有意义而对自己讲述的故事的集合。故事是否真实（你是否真的有工作压力，或者只是因为你看问题的视角不对）并不重要，重要的是你认为这个故事是真实的，而它因此成了你个人行为的一个框架。如果你相信你现在的身份是你过去行为的总和，那么你的行为肯定会和以前一样，因为你相信自己就是这个样子的。但是，你也可以编写一个全新的故事。因为从严格意义上讲，现有的故事不是真的，所以你可以将它编成你希望的那样。相反，如果你告诉自己，你可以决定在任何自己乐意的时候以不同的方式做事，你就能立即改变你的未来。你所认为的自己的局限性、你对自己能做什么和不能做什么的焦虑，以及事情将如何解决等问题，都是你为自己做出的决定。即使这些决定可能是基于过去的经验，它们也只适用于当时的特定情况，与眼前的现实无关。

如果你真的决定做某件事，并决定只关注你的积极结果（忽略所有消极结果），你很快就会惊讶地发现，大多数事情是完全有可能的。但是，如果你在开始行动之前就表现得忧心忡忡，那肯定会出问题，事情肯定进展不顺，你肯定会觉得自己是个失败者，焦虑感就会不期而至——如果这次出了问题，凭什么说下次不会呢？但这不是你需要关注的。把自己的失败当作经验学习就好，不要再赋予它更多意义。你需要关注的是你的成功。如果你这样做，你很快就会注意到事情开始发生变化。当你想到"为什么当时我会那么紧张"的时候，你会感到很放松，这种美妙的感觉你一定不陌生。如果你能以更有建设性的方式重新表达你的焦虑，并最终进入决策过程的第三步，这种感觉还会出现，它又会促使你采取行动。很快，你就会意识到问题其实并没有那么糟糕。

你的焦虑是你自己对自己的描述。你可以随时改变对自己的这种描述。

态度决定结果

现代心理学最杰出的研究者之一阿尔伯特·班杜拉发现,人们对自己能力的态度比他们过去取得的成就更能准确地预测他们未来的成就。你能否成功登上世界第二高峰或烤出黑森林蛋糕,最终取决于你的期望程度,而不是你上次的表现。面对生活中的挑战时,你对自己的看法将对你克服这些挑战的能力产生决定性的影响。如果我们能像浴室镜子里的小太阳一样,每天早上都对着自己微笑,那就太好了。遗憾的是,我们中的许多人每天一大早就开始煎熬自己,心中想的是:"噢,天哪,我简直糟透了!"他们会迅速得出结论,认为自己的生活出了问题(如果不是工作中的问题,那就是伴侣的问题,要么就是因为他们没有工作或伴侣),匆忙地检查从昨天开始是否又出现了新问题,然后把所有的问题都扛在自己的肩膀上,看看自己在重压之下还能否站起来。有一点可以肯定,他们在这一过程中一定会反复地说:"我没能力做到。"所以,等到这些人出门去上班或上学的时候,他们已经为自己创造了一种极度消极的精神状态,并对自己的能力严重缺乏信心。

这不是开始一天的好方法,但却是确保你今天不会有太大收获的极好方法。

如果你想实现自己的抱负,那你应当有能力应对意想不到的挑战,在早上出门的时候心中充满好奇与渴望,想知道今天迎接你的生活是什么样子的。如果你能以积极的方式思考问题,例如,希望度过愉快的一天,或者希望得到惊喜,那你也会让你的大脑专注于此。它会让你更加关注积极的信号,而你的行为方式也会增加你实现愿望的可能性。你将开始按照你希望发生的事情去行动,而不是按照你不希望发生的事情。当事情发生时,你也会注意到。就像我们之前所说的那样:你可以得到更多你所关注的事物。但是你必须自己决定,到底是应该为所有可能出错的事情担心焦虑,从而增加出错的可能性,还是应该相信自己有能力做好,以此改善你的生活。

超级练习
用正确的信念影响自己的态度

下面讲到的是一个很好的方法,可以让你迅速控制自己对所经历的事情的态度,以及你自己影响它的能力。

当你第一次尝试某件事情的时候,一定注意,不要说以下这样的话:"我觉得自己未必能做到。""自己几斤几两,我还不清楚?""干吗要费那劲,那种事我从来就没成功过!"相反,你应该告诉自己:"这肯定会很有趣!"如果需要的话,可以尽情地大声喊:"耶!我们肯定会很开心的!!!"你是否真的知道接下来会发生什么并不重要。惊喜也会让人很开心。

遗憾的是,在我们开始告诉自己我们"做不到"的时候,我们自己可能都没有发现这一点。无论什么时候,只要你听到自己说了或做了反映自己消极思想的事情,你一定要特别注意。如果你经常做消极的事情,那就会形成一种行为模式。模式很难被发现,因为我们往往是不假思索地、下意识地遵循已有的模式。如果你确实养成了一种消极的行为模式,一定要打破它。有几种方法可以做到这一点,我之前也提到过其中一些。比如,在你的手腕上缠一根橡皮筋,每当你意识到自己一直在遵循消极模式时,就拉扯它,或者,大声对自己说:"停!!!"

这里关键的一点是,当你发现你即将按照自己原有的模式行事时,一定要通过行动来打断那种行为或想法。你需要跳出你自己的潜意识过程,这样才能以不同的方式思考问题。

当然,说服自己相信某事并不一定是坏事,因为我们都需要内心的声音来指导我们的生活。有时候,这种声音只会发出一些表示意外或惊讶的感叹,比如:"难道他不是有点儿反常吗?"或者:"哎呀!我想我走错路了!"但它也参与创作了关于我们自己的人生故事。在很多情况下,我们用这种声音来限制自己的行为。方法很简单，就是说服自己不要尝试做任何事情，比如："那是行不通的，我在想什么呢！"我们中的很多人都在不断地让自己的大脑体验负面情绪、不作为和糟糕的自尊，而他们却似乎无法理解为什么他们总是情绪低落！想想看，用另一种方式给你的大脑编程是多么容易！比如："我会成功，我一定会成功！"就像说唱歌手埃米纳姆在 2010 年的歌曲《不怕》中所唱的那样："我不怕表明我的立场。"①

事情并没有那么糟糕

我们经常把我们做的事情看得太严重，尤其是我们失败的事情，因为我们觉得每个人的眼睛都在盯着我们。很容易发现我们为什么会这样想——毕竟，我们是自己世界的中心。有时候，我们很容易忘记其他人可能不会这样想。对自尊心脆弱的人来说，当他们担心别人会怎么看他们刚刚做的事情时，最无法接受的情况是他们发现竟然没有人注意他们的行为。这一点已经在几个实验中得到证实。其中一项实验要求学生们上课迟到——当我们迟到时，我们往往会错误地认为自己成了每个人审视的对象。更糟糕的是，实验者还要求学生们穿一件印有他们能想象出的最尴尬的图案的 T 恤。（有趣的是，很多学生选的图案是歌手巴瑞·曼尼洛的头像。真的，千真万确。）之后，实验人员要求他们估计一下他们的同学中有多少人注意到了他们穿的那件令人尴尬的衣服。总体而言，学生们估计在场的人中约有一半注意到了，但事实上，只有 1/5 的学生注意到了那件引人注目的曼尼洛 T 恤。换句话说，学生们严重高估了自

---

① 当然，纯粹从动机的角度来说，如果他用"我敢"而不是"我不怕"来形容会更好，因为"不怕"这个词所强调的正是他想要避免的。但这可能会对歌词的节奏造成不可挽回的损害。

己的尴尬处境给别人留下的印象。这种现象被称为"聚光灯效应",研究人员在很多不同场合都对此进行过测试,比如估计一下糟糕的染发颜色带来的负面影响,估计一下某个人在小组作业中的糟糕表现,等等。那些感到尴尬的人通常会认为他们所犯的错误比实际情况要引人注目得多。由于你总是过于关注自己的行为,所以你往往会夸大它在整个事情中的重要性。

换句话说,你总会感觉事情比实际情况更糟糕。我知道,当你站在众目睽睽之下,希望自己能找个地缝钻进去的时候,你很难相信我上面所讲的道理。但我讲的这些是经过实验证明的。

即使我们注意到有人把事情搞砸了,得知他们偶尔也会犯错,其实会让我们更喜欢他们。受过训练、技术娴熟的榨汁机演示者如果没有犯任何错误,其个性得分会低于操作笨拙、把果汁洒得到处都是的演示者。观者说,他们很难认同那个完美的演示者和他完美无瑕的表演,但却同情那个不太完美的演示者,因为他的表现更像是人的正常行为。正是这些错误将人类与机器区分开来。(你有没有注意到,当一台机器,比如面包机,开始出现异常时,我们会忽然认为它有了自己的"性格"?)总而言之,没有必要因为偶尔犯点儿小错就惊慌失措。相反,这对你的社交生活来说可能是件好事。[1]

焦虑对学习的影响

在你学习时,所有的相关活动都与你的情绪状态有关。这意味着你心情愉快时学到的东西会比你生气时学到的更容易记住。从根本上说,学习记忆与积极的情绪有关。这就是为什么即使你提前做好了充分的准

---

[1] 注意,只有当人们已经认为你擅长你所做的事情时,这才有效。总是把事情搞砸的人肯定会让人讨厌。有些人本来很完美,但突然失败了,此时我们会更喜欢他们,因为失败使得他们更像我们这些不够完美的人。

备,学习十分刻苦努力,但是考试的时候仍然会感到题很难。学习的时候你可能感觉很好,但是进入考场的时候,你会突然感到紧张,这将使你更难记起正确的答案,因为学习记忆与更平静的心态有关。这反过来又会让你更加紧张,从而让你更难想起那些你知道其实就在你脑子里的知识。我们在这里提供的解决方案可能会让你在准备某项任务的时候和实际执行该任务时一样紧张,或者,更理想的结果是,能让你在准备过程中保持冷静,然后在做你准备做的事情时同样保持冷静。

保持冷静的方法之一是采用前文中讲到的呼吸练习。还有一件事可能会对你有所帮助,那就是考虑一下你是如何看待失败这个概念的。想想自己之前的一次失败经历,当时发生了什么?你真的失败了吗?在你告诉我这是一个愚蠢的问题之前,请考虑一下下面这句话:没有获胜并不等于失败。当事情的结果不完全如你所愿时,或者当你想要得到积极回应的人对你说"不"时,这也不是失败。也就是说,即使没有达到预期的结果,也不算是真正的失败。

实际发生在你身上的事情是否属于上述的某种情况呢?如果真是这样,该怎么办呢?也就是说,你没有获胜,事情的结果并不完全如你所愿,或者你被拒绝了。那又怎样呢?你问过自己这个问题吗?我并不是建议你采取那种"我才不在乎"的态度。我的意思是:接下来发生了什么呢?接下来发生的一切对你来说意味着什么呢?虽然你没有赢,但可能也收获颇丰,自己也感到比较满意,那么话说回来,难道获胜真的是你的首要目标吗?你不得不面对的拒绝实际上可能是一个信号,表明你需要重新评估你用来实现目标的工具,或者你为自己设定的目标。

发生在你身上的事情为你提供了一个机会来修正和改进你的方法,使你的下一次尝试更有可能产生令人满意的结果。也许,你会得到另一个机会,让你能按照自己的想法做事。你所说的失败实际上是长期校准过程中的一个重要结果。第一支箭稍稍偏右一点儿的弓箭手没有理由认为那一箭失败了,相反,那一箭给他提供了重要的反馈,告诉他下一箭需要略微向左调整一下。只有当第一箭失准或没有达到满意的结果之后，你决定停止再度尝试，此时才算得上是真正意义上的"失败"。换句话说，失败不是结果，而是对结果的态度。问题的关键是，你是要利用这些新信息把事情做得更好，还是要收拾好弓箭回家。只要你不放弃，就不算失败。

特殊能力二：激励自己，达成目标

行动起来，不要踟蹰不前

　　动机和焦虑二者相互影响。如果我们对事情的结果感到非常焦虑，我们最终会由于过于紧张而根本不敢去尝试。生活中有些事情的确令人恐惧，对此我并不否认，但这并不意味着我们不需要全力以赴。生活中也有些事情我们经常会无故拖延，越是拖延，就越有可能陷入麻烦。然而，不知何故，我们就是无法及时完成。

　　动机是很微妙的东西，如果没有它，你永远也不会有任何进展。没有动机，梦想只能是梦想，永远不会成为现实。

　　我们可不想这样，对不对？

　　不要等待，要行动起来！

　　我们往往更关心我们做什么，而不是为什么要这么做。也许这并不奇怪。弗洛伊德让我们害怕深入探究我们的内在动机，因为我们大脑的这一部分似乎主要是由隐藏的阳具符号和不足感所占据，所以本书中许多以改变为导向的练习专门针对你当前的行为。然而，这并不意味着探究原因有什么不对。如果你能改变原因，也就是找到新的动机，你就能改变自己的行为，或者找到新的行为。通常很难确定是什么在激励着你，是什么让你做你所做的事情，但这并不是说它不能被你自己选择的新的、具有建设性的动机所取代，以此影响你的行为，使其朝着你希望的方向发展。稍后，我会给大家一个这方面的练习。但在此之前，我们需要简单讨论一下行动的对立面——完全不采取行动。

等到最后一刻才采取行动的有趣之处在于，这是少数几件人们不会拖延的事情之一。很多人非常喜欢什么也不做。当然，这也是一种行为。这意味着任何读过本书的人都能立即行动起来，也能无限期地推迟行动。那么，你实际做的事情和你避免做的事情之间有什么区别？是什么让你有足够的动力去采取行动？如果你知道是什么激励了你，你也可以用它来完成你已经转移到"待办"清单上的相关工作。我们想要采取行动的一个常见原因是，这样做会让我们产生积极的情绪。如果你问运动员为什么要如此刻苦地训练，他们不大可能告诉你这是因为他们不想输。运动员训练刻苦，是因为他们热爱自己的运动。你也有自己特别喜欢做的事情，尽管我不知道是什么，但我知道你肯定有。

令人愉快的并不是事情本身，而是你从中获得的个人体验。如果其他人能够从玩卡卡颂游戏、驾驶小艇，或写自助类书籍中获得积极体验，你也几乎可以从任何事情中获得积极体验。花点儿时间想想为什么你喜欢的事情会如此令你愉快，是因为它给了你一个锻炼大脑的机会，因为它让你处于心流状态，还是因为你可以借其充分利用你的身体？这一问题的答案也是你的动机所在。

在面对某件不太令人愉快的事情时，你应该试着根据你所发现的激励自己的因素，找出这个任务中能够激励自己的一些方面。如果一开始什么也没有，你可以自己直接将这一方面的因素添加到该任务中。如果需要的话，你可以把问题变得更有趣。或者，在你试图弄清楚是什么激励着自己的时候，出去跑跑步。这会使一切变得更有趣，有助于你行动起来。

正如你每次主动选择不立即采取行动时所表现的那样，对于立即采取行动，你也不会真的有问题。你所需要做的就是找出是什么激励了你，然后每当需要的时候就可以利用它。

郑重提示
— 权衡后果 —

有时候，我们不知道该走哪条路。我们意识到自己应该做些什么，但所涉及的利害关系或风险似乎十分严重，行动令人畏惧，或结果非常不确定，以至于我们停滞不前，最终无所作为。找出最佳解决方案的一个简单方法——比如，决定你是应该抓住机会做这件事，或是做其他的事，或者什么都不做——是回答下面这4个问题。在每个回答中列出你能想到的所有选项，然后根据你列出的清单做出决定：

- 如果你做了，会发生什么？
- 如果你不做，会发生什么？
- 如果你做了，不会发生什么？
- 如果你不做，不会发生什么？

比方说，如果问题是你是否应该鼓起勇气去参加一个你谁也不认识的聚会，那么你列出的清单可能是这样的：

- 如果我做了，会发生什么？我可能会结识新朋友，这是我非常愿意做的；我可能会找到结婚的对象；或者，我可能整个晚上都一个人待着，无聊得发疯。
- 如果我不做，会发生什么？我会整个晚上一个人坐在家里看电视。
- 如果我做了，不会发生什么？我不会一个人坐在家里看电视。
- 如果我不做，不会发生什么？我不会结识任何新朋友，虽然那是我想做的；我也不会经历任何我无法预料的事情。

列出上述清单之后，现在你要做的就是权衡，根据其中的风险和潜在的回报来决定哪一点对你最有吸引力。第一点的潜在风险（整个聚会过程中都一个人待着）是否比第四点中可以确定的后果（不会结识任何新朋友）更严重？也许对某些人来说是这样的，也许对其他人来说不是。通过回答这些问题，你马上就明白了你采取行动或不采取行动可能产生的积极结果和潜在的消极后果是什么。

生活中的存档点

你需要为你的大脑找到一个新的系统，它可以使你对你的目标采取果断的行动，同时针对潜在的困难提前做好计划。在大多数人的计划中，事情进展得非常顺利，但在现实生活中，一帆风顺的情况很少出现。

如果你遇到了自己没有为之做好准备的困难，你继续前进的动力就很容易消失。因此，你应该做的是计划好如果你在节食过程中出了差错该怎么办，计划好如何克服在唱诗班练习中遇到的那些困难的音符。一定要提前做好准备。同样，你还要提前准备好，一旦事情出现差错（或者偏离方向）时，你要从出错的地方重新开始，加倍努力。无论做什么事情，不要认为"我已经一天没进行腿部力量训练／吃了一块巧克力／画出界外了，所以这意味着我可能还会继续错下去，反正我已经失败了"。这是一种非常普遍的想法（尤其是在节食过程中），但极其错误，也相当危险。你可以提前预测这种情况的发生，并为此预先制订好行动计划，从而避免产生这种想法。

我们这里所讲的道理与电子游戏非常类似。在许多游戏中，特别是在那些你的角色有可能死亡多次的游戏中，里面有种东西被称为"存档点"。所谓的存档点，指的是游戏中的某个地点。如果你在游戏过程中掉进洞里、被对方俘虏，或者遭遇其他悲惨命运，你就会返回这个点，它们均匀地分布在游戏的每一局中,并且通常位于特别难通关的环节的前面。设置存档点的目的是,你不必因为不小心按错了按钮,跳下悬崖摔死了就要在这一局从头开始玩。相反,下次你可以直接从攀登悬崖的地方玩起。

为挫折或困难制订计划就好比是在现实生活中设立存档点。这样一来,当你在本应当进行低糖饮食,结果偶尔吃了一块巧克力蛋糕的时候,你就可以重新开始。关于存档点,有一点比较有趣:在电子游戏中,有时你必须在某个特定的问题上花费大量的时间,因为有些部分的游戏非常难,要花很长时间才能过关。这跟现实生活是一模一样的。如果你在游戏中死掉了,不得不返回你费了九牛二虎之力才达到的那个关卡,必须重新再冲关一次,这会让你感到极为痛苦。但很快你就会意识到,以前那么难的游戏在第二次玩的时候会变得更容易。之所以如此,是因为你第一次玩的时候还比较陌生,但第二次面对困难的时候,你就知道该做什么,知道前面会有什么危险,从而远离麻烦。在现实生活中也是一样的。在你突然急转弯,结果摔倒或者单膝着地,必须返回"重玩"的时候,你就已经知道这次该做什么、该如何避免失误,知道怎样才能做好。这会使你轻松过关。

那么,应该如何设置存档点并为逆境做准备呢?关键是要意识到肯定会遇到艰难险阻。你要告诉自己:"在节食期间(或任何情况下)我会吃 10 次那些我不允许自己吃的东西。每吃一次,我只会变得更有决心,更想坚持到底,并且会比以前做得更好。"你必须下定决心坚持下去。当本来有望成为作家的一些人告诉我,他们"没有完成那本书"的时候,他们并不是说自己"因为上周四世界毁灭了所以才没有完成那本书",他们的意思是"我决定停止写那本书,因为我已经没有决心了"。如果他们真的想完成那本书,他们所要做的就是从他们的精神存档点重新开始。也就是说,在他们精疲力竭之前,让自己更加坚定地去完成已经开始的工作。

在通往目标的路上,你总会遇到一些坎坷和障碍。你可能会受到影响,也可能会滑倒。但只要你不因此而中断旅程,即使你把车开进了沟里,事情时不时地变得有些不稳定,也没有关系,你会不断地接近目标。真正的决心需要你强化你从过程本身获得的积极情绪,这样你就会保留这些情绪带来的体验。你应该一直感觉良好,并且如果你朝着正确的方向前进,你会感觉更好。

你不应该等到达目的地才感觉良好,一旦你到达目的地,旅程就结束了。如果在旅途中感觉不好——如果你所选择练习或训练的活动没有带给你成就感——那就说明你做的事情有问题。返回距离你最近的、你当时仍然感到有趣的存档点,并保持那种感觉。这应该不会太难,因为不管你做什么,你做它是因为你想做,对吧?你的积极情绪很重要,因为它是你决心和动力的源泉,而决心和动力又是你克服困难所需要的工具。将计划与决心、存档点和积极情绪相结合的能力会使你的生活更轻松、更有趣、更美好。最重要的是,它可以让你不再毫无意义地担心潜在的失败。

超 级 练 习
冒险使你快乐

如果你习惯拖延,总是把事情推迟到别人不再要求你做的地步,我猜你会害怕尝试新事物,因为你不太习惯这样做。如果你觉得自己太过胆怯(尽管有最好的借口),希望能有勇气做更多的事情,你可以尝试一下下面这种方法。

一天冒险一次的方法

如字面义,每天至少让自己冒一次险。这种冒险不需要很大。我们这里所说的冒险,仅仅意味着做一些你事先不知道确切结果的事情。比如，跟那个在加油站工作的家伙主动搭讪就是一种冒险，这主要取决于你生活的具体情况。尝试新事物就等同于冒险，即使是不起眼的小事。关键是你在做之前不知道事情会怎样发展或者会发生什么。如果你提前知道了结果，这种方法就不会那么有效了。（认为自己知道事情会如何发展与真正知道事情的结果是不同的。如果你以前从未做过，那其实你是不会知道结果的。即使你以前做过类似的事，你也不知道这次事情会如何发展。）

每次当你走出自己的舒适区，在事先不知道结果的情况下采取行动，你大脑中的奖励系统就会分泌出多巴胺，这会让你对自己的行为感到满意。从根本上来说，冒险的感觉很好，你需要做的就是让自己注意到这种感觉。

算一下风险指数

如果涉及比较严重的风险，为了安全起见，在你决定采取行动之前，你可以对可能的结果进行简单的计算。你想请她跳舞，但不知道自己是否有勇气？根据你所预期的在接收到对方不同反应时你会体验到的情绪冲击，将各种可能的反应从 1 到 10 进行排序。[1] 比如，如果她说"可以"，分值是 10；如果她说"不可以"，分值是 2。只要消极结果比积极结果的分值低，那你唯一理性的选择就是抓住机会，邀请对方跳舞。

---

[1] 我需要在这里给你一个重要的技术细节：注意，你不能采取两种衡量尺度，一个测量积极结果，一个测量消极结果。必须用一种尺度测量这两种结果的分值。我们都知道，消极体验比积极体验对情绪的影响更大一些，比如得到 10 美元带来的快乐程度不如损失 10 美元带来的痛苦程度。因此，消极尺度中的分值 2 比积极尺度中的分值 2 产生的影响更大。这意味着，在评估各种可能的结果时，你必须把它们放在同一个尺度上，这样它们就可以彼此直接联系了。

达成自己的目标

采取行动尝试冒险，适应陌生事物，这种做法能够产生令人相当满意的结果，但这只是事物的一个方面。如果你想取得真正的进步，一定要为自己设定明确的目标。我相信大家都会同意这一观点。但是要实现你的梦想，你需要的不仅仅是明确的目标。不错，它们是必要的先决条件，但是你还需要其他工具。我们曾经把大脑路径的形成方式比作荒野中小路的形成方式，因此我们不妨继续这种与行路有关的比喻。从本质上讲，你需要三种工具来达到你的重要目标：行动方向（你的总体愿景）、精准的指南针（你的价值观），以及一路上清晰可见的里程碑。

拥有现实的目标是件好事，因为你可以实现它们。但是不要错误地认为实现这些目标就是生活的意义。因为假如是那样，你以后怎么办？人们常说，旅程实际上总是比目的地更重要。这并不是什么陈词滥调。生活中很多事情就是这样的。我们的大部分体验发生在旅途中，因为旅程总是比实际跨越终点线的时间长得多。如果你不抛开你的成就（或你缺乏成就的情况）来评估自己，你就不能正确地评估你实际取得的成就。

下面，让我们深入探讨一下你需要哪些工具来达到你想要的目的。

方向

我们将从给你带来方向的事物开始谈起，即你的梦想。想在现实世界中做出任何改变，这个改变必须首先发生在想象中。任何人为的存在都起源于某人的思想。如果你想改善自己的生活、提高你自己或者改良这个世界，你必须从好奇开始，接受改变，允许自己去梦想。当大脑中出现目标时，它就会把注意力集中在实现这个目标上。没有目标，精力就会白白浪费。二战期间，著名的心理学家维克多·弗兰克尔曾被关押在一个集中营里。他研究了两组被囚者的心理差异，其中一组和他一样，经历过极端严酷的考验，最终活了下来，而另一组则没有，幸存的人与死亡的人之比是1∶28。他指出，那些幸存下来的人不是身体状况最好的人，也不是最聪明的人，而是有生活目标的人，是胸怀远大梦想的人，他们能够找到克服任何障碍的力量。事实上，幸存者是因为他们的梦想才活了下来。

而目标实际上只是一个有最后期限的梦想。

这就是我觉得下面这个事实很有趣的原因：只有不到3%的人有意识地为自己制定目标。我们不愿费心去决定自己的命运，宁愿一切都听天由命，而当事情没有按照我们希望的方式发展时，我们又会变得意志消沉。其实，将梦想具体化，并将其转化为目标，绝非难事。你真正需要做的就是想一想你想要的东西，想象一下得到它会是什么样子，确保你得到它这件事是可以接受的（我并不是说要确保每个人都能接受，只要在道德、计划和合法性方面可以接受就行了），想想怎样才能实现它，把你的精力集中在你的目标上，然后采取深思熟虑的行动。

自助成功学的流行趋势往往忽视了最后一部分。他们会不厌其烦地解释你应该如何去想象你想要的结果，但是他们忘记了一点——尽管你的想法控制着你的行动，但最终能让你取得进步的是你的行动和你的努力，不管你的想象力和专注力有多好。

找到令人兴奋的奋斗目标也不难。你所需要做的就是审视你生活中的各个方面：你的家庭、你的人际关系、你的事业、你的健康等，每一个领域都可以得到发展和改进。在你的家庭里会发生什么令人惊喜的变化？在你的事业中呢？关于你的健康，你真正想了解什么？关于你的人际关系呢？在你的职业生涯中，你想掌握哪些技能？在你的家庭生活中呢？你想挣多少钱？你想培养什么样的人格特质？你想回馈给这个世界什么？正如你所看到的，真正的困难在于首先选择哪个目标！

超级练习
提醒自己你是谁

有时候，我们很难记住自己到底是谁，不知道自己在做什么，不知道自己真正想做什么。对我们中的一些人来说，生活过得太快，很容易迷失方向。突然之间你会发现你在想自己是如何走到今天这一步的，根本不记得这是当初你自己的选择。

下面提到的这种方法可以在你的思想和日程安排开始变得混乱时，让你保持专注、保持方向：利用周围的事物提醒自己你是谁，以及你想成为什么样的人。在办公室或家里保留一个完全属于你自己的空间，它必须是这样一个地方：在这里，你不需要对你想保留的东西做出任何妥协。放眼望去，里面全是你自己喜欢的东西。选择对你有意义的东西，把这里装点成你希望的那种美化自己的场所，给你所欣赏的自己的任何方面留出空间。不要担心这样会显得不够谦虚（如果你在别人面前这样做，那就是在炫耀，但你现在只不过是在私人空间里这样做）。如果你画了一幅漂亮的画，觉得这幅画体现了你的核心身份，那就把这幅画挂在这个地方。当然，也可以把证书和照片挂在这里，只要它们能唤起你的自豪感。当你坐在这个地方的时候，你只要睁开眼睛就能感觉到"这就是我，这就是我想成为的样子"。

这是最好的方法，可以让你记住自己的优点、目标，以及激励自己的事物。

你的指南针和里程碑

三个步骤中的第二步是指南针，也就是你的价值观。我希望在阅读了本书关于幸福的章节后，你已同意价值观会影响行为并试图指导行为的观点，因此，我不用对此再做过多解释。所以，我将直接进入第三步——你的子目标，也就是里程碑。子目标的作用是为你提供一种方法，用以衡量你实现梦想的进程。就像你过去在路上看到的里程碑一样，表明你从上一个里程碑开始到眼前这个里程碑走了多远。你自己的里程碑或子目标，是你已经提前确定好并且会按特定顺序逐一完成的事件。

你会发现，当你有一个必须按顺序实现的目标的时间表时，有趣的事情就会发生——你会情不自禁地想知道自己是否走在正确的道路上。你认为自己需要多长时间才能实现你的梦想？1年？7年？一辈子？设定一个合理的结束日期，然后努力朝这个目标前进，找出必须发生的重要事件，并把它们写下来。比如，如果你想去月球，宇航员训练肯定是这一过程中一个显而易见的子目标。

列出5~7个子目标，并制定一个时间表，这个时间表可以告诉你你是否已经走在实现梦想的道路上。你可以自由想象一下，在这一过程中每实现一个目标会是什么感觉，提前在你的内心演练这个事件，想象它会是什么样子，试着感受一下你到达每一个里程碑时的感觉。对每个目标都要有一个清晰、生动的印象，就好像你现在正在实现它们一样。对你清单上列出的所有目标都采用这种做法。这不仅会让你的大脑对最终目标和各个子目标产生印象，而且还会让你产生实现它们的愿望，因为你会记得想象中的体验是多么美妙（我们的大脑分不清幻想和现实，这一点有时候对我们是有好处的）。

你现在设定的子目标应该足够大，让你有实现它们的渴望。你可以把这些子目标进一步分解成更小的日常行动，所以它们不应该因为太小而无法着手；它们也不应该太大以至于无法驾驭。完成宇航员训练就是一个很好的例子。它可以被分解成更具体的日常目标，比如考试和你需要通过的课程。当你的日常目标开始让你感到沉重的时候，你可以提前想象一下，等到自己实现了子目标的时候，那种感觉是多么美妙，并且提醒自己你正在朝着更大的目标努力。

你还应该确保自己可以告知别人某个目标完成情况，你可以定期向他汇报你的进展。根据美国培训与发展协会的统计，如果有人能督促你去做你应该做的事情（哪怕是你的朋友），那么你践行自己诺言的概率会大幅增加，从40%增加到95%。如果没有人监督你，你很容易就会放弃自己想做的改变，恢复之前的行为模式。

当我决定举办自己的第一场公开表演时，提前很久我就高调地发布消息，告诉世人他们将在3个月后看到一场独具特色的舞台表演。这样一来，我不仅把自己的目标告诉了我的朋友，而且还通知了整个瑞典的记者团！（好吧，实话实说，我通知的是斯德哥尔摩的当地媒体。但不管对方是谁，我们都必须开始行动起来。）我要让大家猜猜看，3个月后我是否能登台表演。这样做是破釜沉舟，不给自己留任何余地。

然而，告诉别人你的目标和梦想的意义并不仅仅是他们可以监督你，这也意味着，在遇到困难的时候，你可以从朋友和家人那里得到及时的帮助和支持。知道自己有后援总会让人感到欣慰。

郑重提示
— 制作一张藏宝图 —

你可以制作一张"藏宝图"，利用你所处的环境来帮助你专注于自己的目标、梦想，以及你想要实现的改变。在很多有创意的职业中，当你需要确保所有相关人员都对某个项目持有共同的愿景时（比如针对服装设计、营销活动或图书封面的讨论交流），你可以制作一张情绪板。情绪板是一组来自不同渠道的图片拼图，比如杂志、网络、唱片封面和电影海报等，它们都与你想要表达的情绪有某种联系。当语言发挥不了作用时，情绪板可以用作一种更有效的交流方式。其中可以包含许多社会、文化和情绪的含义，任何看到它的人都能直观地理解它。制作藏宝图，就是在为你的个人发展制作情绪板，不管你的目标是更理想的自尊、爱情、成功、幸福，还是其他什么东西。首先翻阅一堆杂志，思考一下你真正的目标是什么。剪下任何能吸引你想象力的文字、标题或图片。当你开始思考你的藏宝图时，你会很容易就找到适合你的主题的图片和文字，通常是在意想不到的情况下。

首先把一张你自己的照片放在一张大纸的中央，然后在照片周围粘贴杂志剪报。（这就像前文中提到的私人空间一样，你不需要给别人看你的藏宝图，所以不要感到扭捏羞怯！）像这样剪切和粘贴可能看起来有点儿傻，但藏宝图背后的心理学原理和你的私人空间是一样的：你在为自己创建一种视觉提醒，每次看到它时，你都会本能地产生情绪上的反应。不同之处在于，藏宝图更以目标为导向。因此，你应该让你拼在藏宝图上的每一个图像和文字都代表你想要融入自己生活的某种能力或资源。

把做好的藏宝图放在你能经常看到的地方，不要放在可能会成为攻击目标的地方，避免招致无知或嫉妒访客的负面评论。这种事情会让你开始怀疑地图的价值，怀疑它是否真的管用。如果你想不出放置藏宝图的地方，壁橱门的内侧是一个不错的默认选项，这样你每天早上穿衣服的时候就能看到它。

每次你看藏宝图的时候，你会把整个拼图看成一个整体，也能看到每一个单独的单词和图像。你在看它的时候，它能够提醒、鼓舞和激励你朝着你的目标迈出新的一步，看着它应该会让你感到精神振奋、充满活力。它会在你不知不觉中影响你的行为。与单纯把你的目标写下来相比，藏宝图的优点是，在图片和文字组成的拼图中，你可以给自己一个比只用文字表述更复杂的画面。藏宝图也会直接在感情层面上与你对话，这当然是最好的激励方式。

郑重提示
— 每天都要有所行动 —

如果仅凭想象就能得到某样东西，那我们都能开豪车、住别墅，都能让机器人替我们做所有的家务（是否只有我一个人有这种想法？）。尽管很多畅销书都在宣传梦想的力量，但是仅仅想象一台新电视还不能让你得到一台新电视，还需要另外一件事，那就是行动。我在前文中曾要求你想象一下你的子目标，但那不是因为我想让你沉浸在白日梦里。通过给你的大脑一个清晰的画面，让你想象自己希望的某种生活方式，你就能够激励自己采取行动，朝着这个特定的目标前进。不管你的梦想有多么远大，你都必须每天做一点儿事情，让自己离梦想更近一点儿。你可以打个电话、做一些研究、写一封电子邮件，或者找出某个问题的解决方案。每天都要有所行动，这样你就会比昨天更接近自己的目标。

确定正确的方向

你可能听说过利用积极的思维去实现目标。将目标形象化，忽略其他因素，最好是让你尽可能清楚地看到目标，然后尽可能多地重复这个过程。这种办法很不错，真的，但是这种积极的思维也会立即产生消极的结果。这一切都取决于你如何确定自己的目标。

我们过于频繁地关注我们想要避免的事情，比如，你不想考试不及格，你不想在第十八洞的水障碍中结束高尔夫球比赛，你不想让你的老板认为你的建议很糟糕，等等。但是当你专注于你的目标时，如果你想到了这些不希望发生的事情，那你其实就是在强化你的大脑对糟糕的成绩、水障碍以及不满意的老板的印象。当然，你这样做是为了避免不好的事情，但它们最终却成为你关注的焦点。如果你一心想着不让球落入水里，其实你就是在训练你的大脑关注那片水障碍，因为那正是你一直在想象的动作（尽管你一直在叮嘱自己"千万别把球打到水里"）。结果，你不断地把高尔夫球送到那里去游泳。在这一过程中，你的积极思维一直在努力强化消极的结果，你完全忘了训练自己做应该做的事情。你真正应该做的不是避免不及格或者避开水障碍，而是要在考试中取得好成绩，要把球留在球道上，要让老板支持你的想法。

谈到积极思维，一定要将其与积极的行动联系起来，即积极做某事的行为；避免把它和消极的行动联系在一起，即避免做某事的行为。

永远不要计划让自己不生病，而要计划让自己保持健康。你不应该一心想要避免失败，而要始终专注于成功。永远不要让"我很愚蠢"的想法占据你的头脑。相反，你要让自己变得越来越聪明（你正在阅读本书，这表明你正走在正确的道路上）。

关于视觉化方法

在过去 40 年左右的时间里，我们看到了无数的书籍、唱片、课程和电影承诺帮助人们实现他们的梦想，其中一个经常传授的典型技巧就是视觉化方法。传统的视觉化方法包括闭上眼睛，想象全新的自己。你可以想象穿上漂亮的新衣服感觉会有多棒，想象自己当上经理之后会有多高兴，或者想象在牙买加的海滩上悠闲地品尝饮料会有多惬意。类似这样的练习活动已经被自助成功学行业推广了很多年，据说，它们可以帮助你减肥、戒烟、找到人生挚爱，以及在事业中更上一层楼。

就在之前，我也提供过类似的练习。但是这种练习和纯粹的视觉化方法之间有一个重要的区别。越来越多的研究表明，尽管纯粹的视觉化方法肯定会让你感觉良好，但它的作用也仅限于此。它甚至会阻碍你，让你更难实现目标。在一项研究中，研究人员要求一组学生每天想象在考试中获得高分的情景。这项研究还包括一个对照组，这个对照组除了避免有意识地想象在考试中获得高分之外，没有被要求做任何特别的事情。研究人员要求这两组参与者都记下他们每天花在学习上的时间，最后，对他们的实际考试成绩进行研究。尽管那些被要求想象自己未来考试的人每天只想象了几分钟，但这对他们产生了巨大的影响——他们用于学习的时间少很多，考试成绩也差很多。想象可能会让他们感觉更好、更有信心，但这并不能帮助他们实现目标。事实上，结果恰恰相反。

另外一项研究也得出了类似的结果：那些相信自己可以克服任何障碍的人（比如在节食过程中抵御巧克力蛋糕的诱惑），实际上表现得远不如那些认为自己会在中途犯错并为可能会真的吃掉整块蛋糕而做好准备的人。

为什么想象自己光明的未来对你来说是一件坏事呢？研究人员推测，那些幻想自己的生活有多么美好的人可能会丧失迎接挫折和障碍的能力，而通往成功的道路肯定充满坎坷，挫折和障碍是在所难免的。另一种解释是，他们沉浸在自己的幻想中，实际上是在逃避现实，不愿意做任何在现实生活中实现目标所需要完成的艰苦工作。不管真正的原因到底是什么，研究表明，尽管想象一个完美的世界或自己已经实现了所有目标会让你感觉良好，但它不会帮助你实现任何梦想。

就我个人而言，我认为事情的真相并不像他们所描述的那样非黑即白。我甚至认为想象自己的未来是很有好处的，因为你可以发现一旦自己实现了梦想，自己会成为什么样的人，你可以走进那个人的内心，体验你在那一刻产生的所有美妙的情绪。然而，我认为你不应该像传统的视觉化方法所建议的那样每天都这样做。想象一次就足够了。你对成功的体验不应当取代你在现实生活中的抱负，也不应当削弱你的工作能力，就像研究人员前面所发现的那样。相反，它应该成为激励你自己开始朝着目标采取行动的发动机。

为了到达你想去的地方，你还需要调整你的梦想，将其变成一个可以分解成一个个里程碑的切实可行的目标。但通常情况下，要想实现你的梦想，你需要比日常生活更强大的动力——你需要火箭级的动力。你可以通过品味你最终体验到的感觉来获得这样一种动力，而这正是视觉化方法所能提供的。因此，想象并不能代替行动，而应该是一种你可以用来让自己渴望采取行动的技巧。想象也并不意味着对事情过于轻视，结果导致你总是不断地碰到意想不到的障碍。相反，它应该是一种激励，鼓励你把你的目标分解成子目标，并在这一过程中为各种各样的事件制定策略。对那些减肥失败的节食者、那些连自己都惊讶的没有找到理想工作的求职者，还有那些悲惨的、从未遇到过理想伴侣的人而言，尽管他们经常采用视觉化方法，经常想象自己的未来，但他们都没有制订行动计划。所以，不要只是想象自己实现目标的样子，还需要同时想象一下过程中的各个步骤，感受一下它们带给你的满足感。我同意作家金克拉曾经说过的一句话："漫无目的地闲庭信步是无法登上珠穆朗玛峰之巅的。"

积极思维的另一面

如今，人们过于相信积极思维。人们似乎认为，一个人所需要做的就是想象自己很富有，或者想象自己有一辆好车，希望就会变成现实。这就是实用技术逐渐沦为纯粹迷信的地方。当然，如果你想象某件事，这只会影响到你自己和你自己的行为，不会影响到其他人。但如果你一心想要实现某个目标，这无疑会在潜意识中影响你与他人的交流。当你遇到其他人的时候，你更有可能取得进展，因为此时你会主动开始询问相关的问题，并得到相应的帮助。对此我表示同意，但这并不意味着只要你想象自己中了大乐透就一定能中，尽管很多人似乎是这么认为的。

机会不会被你的想象所影响，你也不能仅仅通过反复思考某件事而直接影响他人的行为，不管奥普拉对此会怎么说。我知道有很多人对这种方法的有效性深信不疑，他们中的一些人甚至是颇有影响的自助成功学导师。但你要明白，如果你计算一下曾经读过或者以其他方式理解了某部成功学作品内容的人数，再计算一下那本书出版之后赢得大乐透的人数，你会发现从统计学上来说，至少应当有一些读过这部作品的人会中奖。但事实并非如此，一切全凭运气，这和他们刚读的书没有关系。一些彩票中奖者刚刚读完西班牙语版的《千禧年》三部曲，有些人则可能刚刚第五次读完《哈利·波特》系列小说的第二部，也有一些人什么都没读过。当然，还有一些人只读了上面那部成功学作品，并且进行了有关积极思维的练习。一般来说，人们总喜欢把最后这一类人拉出来作为证据，证明这种特定的积极思维确实有效，你可以通过白日梦般的幻想让自己得到一次免费的印度之旅（在此我并没有夸张，这就是此类主题的某本书中给出的一个例子）。关于积极思维的更极端影响的神话实际上建立在对统计概率如何工作的无知之上。对不起，希望我这样说没有伤到你。

超 级 练 习
消除消极想法

在下面这个练习中，我把不同种类的视觉化方法（所有好的种类）与你以前学过的技巧结合在一起。你可以随时用这个方法来消除消极的情绪状态，例如，当你感到心上有块熟悉的石头，或者当你开始担心或焦虑的时候。如果发生这种情况，把你正在做的事情放在一边，照下面

的步骤来做:

第一步

问问你自己,是什么带给了你如此消极的情绪,是某种特殊情况吗?看一看心目中是否会出现某种图像,听一听你是否在告诉自己什么特别的事情。

第二步

找出消极情绪中的积极目的。消极情绪能传递一种信号,告诉你需要注意的事情。也许它们想提醒你有关面试的事,或者提醒你在会议中可能出错的事。

第三步

按照积极的目的告诉你的去做。接下来,就像对待焦虑那样,列出所有可能出错的事情,然后尽可能多地为这些不测事件做好准备。

第四步

把你在第一步中看到的图像看成黑白的,缩小到邮票大小,看着它随风飘向远处,以此来降低消极情绪的影响,看看这种情绪是否会随着图像一起离开你。如果这二者最终又都回到你身边,那表明你可能有更多的事情需要处理。

第五步

想象你想要的结果。想象一切都按照你希望的方式进行,因为你已经为任何可能发生的事情做好了准备。在你的内心深处制作一部场面宏大、丰富多彩的电影,然后在心中回放这部影片,体验它带给你的美妙感觉。

结束这五个步骤的时候,你会发现自己当初能产生那种令人不舒服的消极情绪是多么幸运,因为它让你意识到你需要行动起来,做一些事情。

踢自己的屁股

正如我之前提到的,励志书籍的作用有时同减肥书籍的作用是一样的——你在读此类书籍的时候,希望仅凭阅读就能让一切变得更好。读完一本书之后,如果你还在为同样的问题苦苦挣扎,你就会再买另外一本,希望这次结果会好一些。不过这一次我敢断言,这种情况不会再发生在你身上了。既然你能很明智地选择阅读我写的这本书,我敢肯定你也会很明智地去做书中的练习。但也许你的某个朋友在动机方面还存在一点儿问题。如果是这样,我向你们推荐下面这个时间旅行练习,这是一种非常有效的方法,可以带给你你所需要的行为动机,让你深入了解你现在的行为在相当长的一段时间内会如何影响你的行为。如果这个练习还不能刺激你(对不起,我是说你的朋友)改变消极的行为模式,那就只有一个原因了——你并不是真的想要改变。

但如果是那样,你根本就不会选择阅读本书,我说得没错吧?

超 级 练 习
回到未来

做这个练习的时候,一定不要着急,要认真仔细地做好每一步。放松自己,调整一下气息,不要紧张。如果你匆忙完成这些练习步骤,或者失去耐心,那么这样做的效果肯定不如你仔细做时的效果好。最好的办法就是找个好朋友帮你通读一下练习指令。如果有人读给你听，你可以在实际练习过程中闭上眼睛（许多人发现，闭上眼睛、不接收来自外部世界的竞争性视觉印象时，对事物进行视觉化处理会更容易一些）。在彻底完成当前的步骤之前，不要进行下一步。很多步骤都包含了一些问题，不要把这些问题当作修辞中的反问句，你应该回答这些问题，哪怕是自问自答也可以。

在练习之前，你必须告诉自己你想要改变的行为或想法。一旦确定下来，就可以开始了。

第一步

想象一下，如果你继续自己当前这种行为，6个月后你会是什么样子。如果你一直在想自己"真的应该"在接下来的6个月里做出改变，思考一下到那时你会是什么感觉。如果你继续选择违背自己的真实意愿，未来的你会体验到什么样的情绪？悲伤？幸福？烦恼？放松？认真地体会一下，弄清楚自己的情绪体验。采用视觉化方法，想象未来的自己就在你面前的镜子里，仔细看看镜子中的自己，你的神色看起来怎么样？是沮丧、平静，还是苦恼？

第二步

现在，想象一下，如果接下来的整整1年里一直保持不变，到时候会是什么样子。想象一下，在未来的12个月里，你一直保持同样的态度，一直带着所有已经压在你心头的精神包袱。在这未来的1年里，你没有做自己想做的任何事情。再照照镜子，和1年前相比，你现在看起来怎么样？是更累、更有活力、更快乐，还是更难过？

不要对自己说你明白了其中的含义，而要认真仔细地观察一下自己，体会一下自己届时的感受。你感觉如何呢？是欣慰、失望，还是其他感受？

第三步

现在,想象一下 5 年过去了。5 年中你一直比较失意,没有任何积极的行为。想象一下此时你的处境如何?你的生活是什么样子的?你在干什么?你感觉如何?在你为自己的未来找到并探索出切实可行的设想之前,不要放开 5 年后的个人形象。需要多长时间就坚持多长时间。

第四步

快进到 20 年后的未来。在这 20 年间,你一直保持着自己的消极思想或行为,也失去了 20 年的机会。

练习做到这一步时不要作弊,也不要试图跳过其中一些步骤。为了达到练习的目的,你必须实事求是地研究你现在和将来的处境。你需要对这 20 年间的失望有一种强烈的、情感上的,甚至是身体上的感受。在你的年龄上再加 20 岁,算一下到时候你有多大,最后再看一下镜子中的自己,仔细审视一下自己。你的面部表情告诉了你什么?那样的一张脸让你有何感受?盯着你自己的眼睛。谁在看着你?是你尊敬并期待成为的人,还是其他人?

第五步

回到现在。

这种未来之旅的目的是让你意识到,你今天的某个不起眼的行为或想法可能会对你生活的其他方面产生影响,可能会影响到你的余生。一定要充分理解这一点。你今天做的每件事和你今天不做的每件事都会对你的一生产生深远的影响。

第六步

现在,想象一下相反的情况。想象你自己以你想要的方式行事,以你想要的方式思考问题,想象一下这样的生活。接下来,想象一下这样持续1个月：不断地成长、学习，变得越来越像你希望的那样。1个月后你会变成什么样子？再看一看镜子中你自己的脸。你看起来怎么样？注意观察一下你的精神状态和你的感觉。你心中有什么感受？你会发现自己竟然在这么短的时间里取得这么大的进步。

第七步

想象一下未来1年的情况。注意观察你的新行为如何为你创造了新的机会，看看每一次成功如何为你的未来带来更多的成功。留意一下你在这个过程中得到的经验教训。此时镜子中的你是什么样子的？是更快乐、更难过、更年轻，还是更坚定？你身处何地？你周围的环境中有什么？你在其中有何感受？

第八步

再往前进20年。在这20年间，你一直在做自己想做的事情。看看此时的你是什么样子的，看看你所经历的一切和你所做的决定是如何让你变得更强大的。看一下镜子中的自己，这是你想成为的那种人吗？在过去的20年里，你的发展是否如你所愿？谁在看着你？是那个让你感到骄傲的人吗？是那个让你感到幸福的人吗？还是那个让你感到沮丧的人？20年的时间让你变成现在这个样子，当初做出的小小改变值得吗？

第九步

再回到现在，看一看你在脑海中走过的这两条路线。这两种不同的未来，都源于同一个出发点——现在的你。你能看出这两条路线有多不同吗？现在不做任何改变将会影响你以后的生活。我知道这听起来有些夸张。但事实是，每一秒、每一个行动都很重要。我知道你一直想这么做，只是没有立即行动起来。当然，你可以等上1个月之后再做出改变，或者6个月，但你已经知道了这样做的结果，因为你已经在想象中经历过了。你确定要回到那种境地吗?

特殊能力三:释放不必要的压力

应对压力、活在当下,以及公开演讲

没有什么比你没有时间做所有你需要做的事情更令人沮丧的了。当你用指尖紧紧抓住某样东西不放时,它会转得更快,你会觉得自己正在失去对这件东西的控制。每完成一件事,就会有两件事是你从来没有时间去做或忘记去做的,因为你脑子里想的事情太多。比如,你努力在工作中做到最好,努力成为一个称职的伴侣,努力在你的社交网络中扮演积极的角色,但是你却会埋怨自己,因为你忘记了天要下雪,忘记了要给孩子们买雪地裤。

难怪人们有时候会选择放弃。

然而,很多让我们感到压力的事情本身并不会造成压力,我们的很多压力是完全没有必要的。如果能够避免为不必要的事情感到烦恼,掌握应对真正有压力的事情的方法,你就可以让自己的生活变得轻松很多。如果你总是感到压力过大,你的其他新的超能力就无法完全发挥出来,因为你没有时间好好发展它们。换言之,以正确的方式应对压力是很重要的,更不用说它会对你的血压产生神奇的效果。

忙碌时代

当我们说我们感到压力时,我们指的是两个独立系统之间出现了不平衡现象。其中之一,也就是我们的压力反应系统,过于活跃;而另一

个，也就是我们自然放松的能力，做得不够。压力本身既不是积极的，也不是消极的，只是一种身体的反应，能够释放激素皮质醇，以及肾上腺素和去甲肾上腺素，这将强化任何与压力相关的想法，使得我们更加坐立不安，更想采取行动释放压力。当然，这种行动最好能够解决造成我们巨大压力的工作任务，如果它只能让我们沉迷于短期的减压活动，比如吃冰激凌或喝酒，那就没太大帮助，压力又会很快回到我们身上。然而，最糟糕的情况是：我们因为所有需要做的事情而陷入一种焦躁不安的精神状态，最终彻底崩溃。对压力的不当反应是导致健康状况不佳的最常见原因。

压力是思想如何影响身体的最典型的例子。想象下面这种场景：你正在上班，必须在一小时内完成手头的报告。你的头在隐隐作痛。每过一分钟，你都会听到自己电子邮件收件箱发出新邮件提醒的叮咚声。电话铃响了，但你没接。等你想要整理好报告并把它放进活页夹时，却不小心失手掉到地板上，纸张散落得到处都是。此时你的同事碰巧从旁边经过，不小心踩到了其中的几张，而且他的鞋子是湿的，其中一张被撕成了两半。此情此景，让你脉搏跳动加速、头痛欲裂。如果你的生命依赖于它，你就无法产生理智的想法。你的压力魔鬼正在背后鞭打和折磨你。

类似这样的高强度压力与许多严重疾病有关，比如癌症、心脏病、不孕不育症等。

我们的神经系统与免疫系统相通，因此我们可以通过使用激素和其他化学物质，以不同的感知方式来影响我们的身体。就像你的大脑很难区分真实的行为和仅由镜像神经元模拟的行为一样，你的神经系统也无法区分身体受到的身体威胁和自我意识受到的精神威胁。因此，你处理精神压力的能力对你的身体健康具有决定性的影响。也许你已经注意到，如果你在压力大的时候得了感冒或其他疾病，你会比平时病得更久、感觉更糟。造成这种情况的原因之一是我提到的应激激素皮质醇和一种叫作促肾上腺皮质激素的物质，这种激素会降低身体修复自身组织和抵抗感染的效果。当病毒或细菌侵入人体时，白细胞的数量就会增加，以抵御入侵。但是与压力有关的化学物质会减缓白细胞的产生，降低我们抵御感染的能力。

这一点已经在对学生参加高难度考试前后的血液检验中得到了证明。当他们离开考场时（这里的假设是参加考试是一种压力很大的经历），他们的白细胞数量明显低于进考场之前。同样的情况也发生在接受婚姻咨询的夫妻身上，那些声称在婚姻中经历极大压力的人有更脆弱的免疫系统。就像压力下你感冒持续的时间会更长一样，有压力的女性比没有压力的女性要多花整整9天的时间才能愈合一个小的穿刺伤口。

当然，影响免疫系统的并不是那些难度较大的考试或十分重要的报告本身，也不是当时的情况让你感到有压力这一事实，决定性的因素是你如何处理你的压力。不同的人面对同样的情况会有非常不同的反应。对有些人来说，某种特定的情况可能会让他们感到难以承受，而另一些人似乎可以很好地应对同样的情况，尽管他们也会把这种情况描述为压力重重。看起来，影响免疫系统的似乎是我们自己对待压力的态度。最早研究压力的学者之一汉斯·谢耶声称，精神压力对人类来说至关重要，因为是我们对事件的理解，而不是事件本身，导致了情绪反应。即使在你觉得你有办法应对问题的时候，你仍然会感到有压力。但是不要失控，而要利用自己面对的压力使自己更加专注，这样就能解决问题。如果能够采用积极的视角看待我们的生活，采用不同的方式解读我们的体验（我在本书中反复提到这两种观点），我们就可以开始对我们周围的事物做出有意义的、建设性的反应，而不至于情况一变得复杂就乱了阵脚。

你不需要为了减轻压力去改变世界、找份新工作、找个新女朋友或者赚更多的钱，你是你周围环境的掌控者，而不是受害者。当你对某个事件的理解发生改变时，你所体验到的压力的强度和持续时间也会发生改变。

起初，我们对压力的反应从本质上来说是具有实用价值的——当我们的祖先不得不与熊进行生死搏斗时（或者更明智的做法是快速逃跑），压力会给我们的祖先带来力量。但你的祖先可能从未体验到 PPT 所带来的压力。让你感到压力重重的事情很少涉及严重的身体危险，只是让你不舒服而已。由于我们生活的世界的进化速度比我们自身的进化速度快，所以我们一直在为从未真正发生的外部紧急状况做准备。

我们感到压力重重的大多数事情也恰好是那些永远不会发生的事情，或者是我们无能为力的已经发生的事情。这会导致我们经常感到压力过大，得不到真正的释放。如果这种情况持续一段时间，就会导致情绪问题。每当我们感到有压力的时候，我们往往会坚持尝试同时做几件事，好像这样会有所帮助。尽管以往有关这一问题的研究表明，同时处理多项任务不会提高效率，只会降低效率，但为了完成任务，我们还是会一边打电话，一边发邮件，一边做饭。这就好比是下面这种情况：每当你想一边看书，一边看电视，一边叠袜子的时候，最后会发现自己根本不知道那本书讲的是什么，电视里演的是什么，也不知道把袜子放到哪里去了。

压力与控制

在这一点上需要指出的是，"压力"是一个非常宽泛的概念，它指的是一系列不同的体验。患上癌症这种可能致命的严重疾病所带来的压力与早上上班所带来的压力截然不同，而早上上班所带来的压力又与网球比赛时所感受到的压力截然不同。如何应对压力不仅取决于我们是否觉得自己有能力对付它，还取决于我们正在应对的压力的类型。短期的、可控的压力，比如从桥上蹦极，甚至可以增加人体免疫细胞的产生。同样，只要能够控制住压力，长期的压力也可以促进身体分泌与放松有关的激素，比如内啡肽和脑啡肽。

我自己的工作符合长期压力的范畴，在工作中经常感到压力。我需要解决的问题就是控制好压力。我在长时间劳累后突然放松下来的时候，往往马上就会生病。这种事在你身上发生过吗？再说一遍，这是由你体内的化学物质引起的。我们在经历了一段时间的高强度但可控的压力之后，一旦这种压力得以释放，不再折磨我们，我们往往会马上生病。这就是我现在懒得放松自己的原因。

压力中最有害的一种就是我们感觉自己无法控制的压力。大家都知道控制环境对我们的健康有多重要，缺乏控制甚至会造成身体伤害。你还记得那个对狗进行电击的实验吗？在那个实验中，实验人员想看一下受到电击的狗能否关闭电源开关。后来，人们在老鼠身上也做了同样的实验。这一次，这些不幸的啮齿类动物被注射了一定剂量的丝裂原，这种物质通常通过加速细胞分裂来刺激免疫系统。换句话说，老鼠的免疫系统在实验前得到了增强。正常来说，电击对实验中的所有老鼠而言都是一种紧张的体验。但是，尽管提前增强了它们的免疫系统，但那些受到无法控制的压力（无法切断的电击）的老鼠免疫系统变得更加虚弱了。

在将人暴露在高强度噪声中的实验里，研究人员也测量了受试者的免疫系统。那些无法通过关掉噪声来控制自己压力体验的人，在实验后免疫系统明显减弱（如果你还记得的话，他们的淋巴细胞数量会减少）。对有阿尔茨海默病患者的家庭和失去伴侣的人的研究表明，对我们的免疫系统危害最大的是无法控制的压力。这可能就是为什么与应对压力相关的活动（比如团体治疗和放松课程）可以帮助生病的人更快恢复健康。

我们越是觉得自己能够控制自己在不同情况下所承受的压力，我们的免疫系统就越能更好地应对压力造成的影响。这意味着，你应该能够通过控制自己所处的环境来提高你自己的免疫系统。这是一个有趣的想法，尤其是考虑到你一直在训练自己的控制能力。我不知道你是否认为心理免疫系统训练是一种超能力，但是能躲开没完没了的感冒总归是件开心的事。

超级练习
分清真假压力

你在关于幸福那一章中学到的一些策略，比如运用幽默和重构，也是很有用的处理压力的策略，能够帮助你调整压力之下产生的消极精神状态。不过，它们不一定能帮你找到你压力产生的原因。下面，我们就开始探讨这方面的问题。

当你感到压力很大的时候，你真正经历的可能是虚假的压力。分析一下让你感到有压力的各种因素，把它们写下来。当你感到有压力时，一些小事（比如晚上10点前洗好衣服）可能看起来和某些大事（比如你的工作糟透了）一样严重，所以你应该把每一件你觉得能影响你、让你感到有压力的事情都包括进去。注意不要忽略任何事情，不要像很多人那样思考问题，认为"别人的时间似乎都够用"或者"我应该能处理好这个问题，因为去年我曾这样做过"。不同的人在不同的场合会经历不同的压力。如果你试图忽略任何让你感到有压力的事情，最终只会感到更大的压力。承认让你真正感到有压力的事情，并将其全部列出来，无论大事小事。

然后，分析一下你列出的事情。当你看到自己面临的纷繁压力被分解成更小的部分时，你很可能会发现，有些事情只需要适当分类就可以了，有些事情可能需要制订行动计划，也有一些可能被证明是基于某种错误的认识。但你可以解决所有这些问题。如果你不再把自己的压力看作一团难解的乱麻，并能准确地认清其中的组成部分，你就有机会采取行动，处理自己面临的压力。

把你认为有压力的情况列出来也会帮助你理解为什么你会觉得这些事情会带给你压力。它们是否是基于你的某些特定的想法，比如你总是觉得自己应当超过别人？如果是这样，你可能要考虑一下，这是一种建设性的想法，还是你应该尽力改变的想法。改变需要比较周密的计划，但这也正是为什么我们需要立即行动起来，确定一个包含明确子目标的总目标。这样你就不用为此感到压力了。所以说，衣服不必今晚洗好，安排在周四也是完全可以的。

对自己无能为力的事情感到压力重重是愚蠢的，但更愚蠢的是对自己能做的事情感到压力巨大。

开门与关门

你是否觉得生活杂乱无章、缺乏条理？我经常听到人们说"我们应该更好地规划我们的时间"，但是没有人谈论规划他们的思维活动。这比较遗憾，因为规划我们的精神活动能使我们更有效率。在现实生活中，富有成效的人是那些决定在特定的时间做某事，然后在时机到来时全力以赴的人。他们不会试图同时做几件事，因为那样不会减少压力，只会造成更多的压力。

我的生活在很多人看来似乎有点儿奇怪，因为我总是在不断地写作、录制电视节目、为杂志和报纸撰稿、舞台巡演、讲座以及拍名人裸照（希望日后可以敲诈他们）等活动之间来回变换角色，而且，我还一直在努力做一个下得了厨房的合格老爸和一个比较浪漫的老公。我说这些并不是想要给自己树立一个伟岸自负的高大形象（爬得高摔得重，这个道理我懂），我想表达的意思很简单，那就是我在生活中做了很多事情，而且都很耗时，如果我试图把这些事情全都记在脑子里，肯定会感到很大压力。因此，我需要一种有效的方法来处理压力。所以，我会对自己的思维活动进行规划。我把这种方法叫作"开门与关门"，从本质上来说，它的意思是一次只做一件事。

当需要做某件事情的大门打开时，所有其他的大门处于关闭状态。

我在写这部分内容的时候，刚刚结束了我的舞台表演，正利用中间的休息时间来完成本书以及其他事情。如果你现在问我在那个节目里做过什么，我也说不上来，尽管我已经表演过无数次了。我大脑中关于那件事情的大门已经关闭，说实话，我也不知道里面有什么。我决不允许自己心里现在对已经结束的舞台表演还存在一丝一毫的牵挂，因为我需要将自己的所有资源都用到大脑中另一件不同的事情上——专心撰写眼前这本书。我要再过一个月左右才会打开舞台表演的大门，到时候我真心希望一切都像我离开舞台时一样。

你也可以在更短的时间间隔中应用这一技术。除了写这本书，我同时还为瑞典的知识频道录制电视节目，一个月一次。在我为每一集做准备的过程中（通常需要两天时间），我会关上写书的大门，专心准备下一集要录制的内容。在这段时间里，我无法告诉你书的进展情况，因为那不是我当时需要考虑的事情。拍摄结束后，我会关上录制电视节目的精神大门，回到写书这件事情上。有时候，我甚至会在一天内开关自己的思维大门好几次。事实上，你甚至可以在更短的时间间隔内这样做。比如，每天下午和晚上，我都会花时间同孩子和妻子待在一起。此时，我不会再去想我的书（或者我为知识频道录制的节目），因为如果那样，我就辜负了自己对家人的责任。在那一刻，工作的大门紧紧地关上，我不再去想与工作有关的任何事情。说实话，尽管我努力地想让自己在家里的时候不去想工作中的事情，但自己做得还远远不够，不过我已经尽力了。这种做法在大多数时候还是很管用的。

貌似我把这部分内容变成了对自己完美生活喋喋不休的炫耀，如果现在你感到羡慕嫉妒恨，我完全理解你的心情。但除此之外，我也希望你已经明白了一个道理：无论你在生活中必须应付哪些任务，你都可以利用思维规划这种方法来确保自己在行动中游刃有余。一次只做一件事，在两件事之间进行开关转换，不要试图同时考虑所有的事情，这样你就可以让你的生活压力减轻许多。这种管理生活的方法能够让你变得更冷静，工作也更高效，让你成为更好的倾听者、更好的伴侣。如果你能一次只专注于一件事,你就会有时间和机会去关注自己身边的人,就会意识到自己是多么幸运。一定要时不时地停下来提醒自己这一点。如果你总是忙着同时做另外三件事,你就无法做到这一点。

超 级 练 习
调整你的关注点

在人际交往中,一定要避免分散注意力。没有什么比试图对一个心不在焉的人说一些重要的事情更糟糕的了。工作时,应该专心致志地工作。但回到家中之后,你就应该把注意力放到自己的伴侣和孩子身上(如果有孩子)。在那之后,你也应该关心一下家中养的鹦鹉。然后,你才可以安心地用一个小时的时间做其他事情,比如看电视或思考工作上的事情。但一定不要试图同时做所有这些事情。在和孩子们谈话时,不要偷瞄你的工作邮件。在喂鸟的时候,不要问你的伴侣今天过得怎么样。你需要看着他(她),认真倾听。对孩子也应该如此,对朋友也是一样。他们要说的话不一定重要,重要的是你要全神贯注地倾听。这才是最重要的,其余的都无关紧要。

间歇训练法

如果你经常去健身房锻炼,你就会很清楚,如果几天不去,你就会开始感到身体不适。之所以如此,是因为你的身体已经适应了运动时释放的化学物质,比如肾上腺素和内啡肽。当你停止运动时,你的身体会像瘾君子一样因为突然戒毒而感到痛苦。相信大家都知道我所说的这一切。

你可能不知道的是，你可以一直保持忙碌，并借助一点点压力，让自己养成同样的对化学物质的依赖。有些人觉得自己需要一直工作，他们给出的理由是："需要钱"、"别无选择"或者"讨厌无聊"。实际上这些人通常只是依赖于他们大脑产生的化学物质，以此作为压力应对机制的一部分。你自己的生活是什么样子的？如果你觉得长时间以来自己的压力一直很大，觉得自己总是有做不完的事情，想一想你可能会找什么借口来维持目前这种状态（我很清楚我为了保持自己忙碌的生活状态而编造了哪些谎言）。

然而，运动心理学家吉姆·洛尔解释说："生活是一连串的短跑，而不是马拉松。"他的意思是说，如果你想在生活中的某个方面达到最高效率，不管是哪一方面，你都需要找到补充能量的方法，无论是身体上、情感上、还是精神上。能量剧烈消耗之后，需要立即补充。例如，要想身体处于最佳状态，就需要张弛有度，一开始剧烈运动，之后必须休息，恢复体力，然后再度发力。我们的大脑也是这样工作的。但是，一年一次度假以对大脑进行充电是不够的——至少，如果你打算在接下来的11个月里一直进行高强度工作，一次度假是远远不够的。

压力之下经常进行休息调整不仅可以帮助你抵抗压力，而且也可以帮助你承受更大的压力，不受负面因素的影响。这就好比是锻炼身体：你通过锻炼来增强身体肌肉，然后对其进行放松调整，然后再次进行锻炼，逐渐增加肌肉的负重或锻炼的时间，这样就可以增加自己的压力承受水平（可以进行更多的锻炼）且不会让自己感到任何痛苦，只要你确保在锻炼计划中加入定期的休息调整时间。

你还记得你的昼夜节律吗？它使你的身体大约每90分钟就停止关注外部活动，不管你是否愿意，并花15分钟来补充能量。人们对此很容易产生抗拒心理，心中会想："我现在没有时间休息，我有很多事情要做！"但事实上，你没有时间不去休息。人们很容易认为工作越努力，工作时间越长，就能完成越多的工作。但这种想法是错误的。如果没有足够的时间来恢复,你很快就会筋疲力尽,就会出现精力不济的情况(如果你听从大脑的指挥,该休息时就休息,就会精力充沛)。一定要顺其自然,该休息时就休息,每天至少两次。要允许自己放空一切,做做白日梦,放松一下身体,至少5分钟(但不要超过20分钟)。或者,可以进行快走放松。不管你的工作压力有多大,你都能够抽出时间一天做两次,这会让你变得更加精神抖擞、注意力更集中。

郑重提示
— 动物疗法 —

这个特别的提示看起来有点儿奇怪,但是出于提供快速、有效帮助的精神,我觉得我应该把它包括进去。在心理学上,人们已经意识到,和宠物待在一起可以起到镇静和恢复活力的作用。然而,根据最近的研究,仅仅盯着动物看一会儿似乎也能产生同样的效果。在一项实验中,参与者观看了鱼、鸟和猴子的短视频剪辑。在观看视频之前和之后,研究人员分别测量了他们的血压。这三个动物短片都降低了参与者的血压,让他们感觉更放松。为了确定这真的是看动物视频的结果,而不仅仅是看视频的结果,实验人员要求控制组的参与者观看肥皂剧,而另一组则盯着空白电视屏幕。结果表明,只有动物视频具有镇静作用。从压力的角度来说,观看肥皂剧《勇士与美人》被证明与盯着关机的电视屏幕的效果是一样的(不过,就心理健康而言,我认为空白屏幕可能是更好的选择)。换句话说,这也从纯粹的生理学角度解释了为什么滑稽、可爱的动物视频一直占据视频网站观看排行榜的榜首。这种视频轻松愉快、简单直白,让我们感觉很舒服。所以,如果你想降低你的血压和脉搏,而且刚好有一分钟的空闲时间,那就上网找一些可爱的兔子看看吧！

正念与压力

在过去的几年里，如果说有一个词可以与"快乐"相媲美，那一定是"正念"。如果你以前从来没有听说过它，我给你简单地解释一下它是什么意思。你们中的许多人可能相信冥想需要"清空大脑"。然而，佛教专家艾伦·华莱士解释说，正念冥想其实是关于记忆的，而不是遗忘。他声称，遗忘是正念的对立面。而且正念也不是一种纯意识状态。纯意识状态是指，在我们即将开始理解或认识某件事之前所处的状态。正念包括对过去的记忆、对未来要做的事情的记忆，以及对我们当前现实的关注与记忆。最后一点是关键：充分关注我们当前的现实。要达到这个目的，冥想时需要全神贯注地关注你当前的某件事物。人们经常选择关注自己的呼吸。

我知道"正念"这个词会让你产生诸多形形色色的想法，但你必须试着超越这一切。你要明白，正念是一种训练你的大脑和身体的方法，可以用来应对压力过大等消极状态。

正念的工作原理是这样的：小时候，你需要学习如何使用餐叉。一旦学会，你连想也不用想就可以用叉子把食物叉起来送到自己的嘴里，而且从来不会失误，食物总能进入你的嘴里，不需要你花任何心思。走路也是一样的，只有走在鹅卵石铺成的道路上或突然绊了一下时，你才会注意脚下的路。

呼吸是另一个我们很少想到的自动功能。摄影师经常会因为工作时过于投入而忘记呼吸。我曾经见过一些摄影师全神贯注地屏住呼吸，因为他们想在拍照时保持相机稳定不动。他们没有意识到他们体内的氧气已经耗尽，直到最后他们突然大口喘息，甚至连他们自己都感到惊讶。他们认为呼吸是理所当然的，就像你我所认为的一样。

如果你有意识地将注意力集中在你的呼吸上，你就会创造出一种你实际上并不需要掌握的能力。把注意力集中在呼吸上是相当困难的，因为呼吸是自动发生的。我们已经习惯了一边呼吸一边思考其他事情。但是心理学家兼情绪专家保罗·埃克曼声称，如果我们能学会专注于像呼吸这样的自动过程，我们也会提高监控其他自动过程的能力，能够在大脑中形成新的连接，可以监控通常发生在我们意识之外的活动。埃克曼认为，如果你创造了这些新的连接——这些连接并不是绝对必要的，因为你已经能够在不监督自己的情况下正常地呼吸、走路和吃饭——你也会更清楚自己的情绪，因为它们大部分是自动产生的。如果你能够越来越长时间地专注于你的呼吸，那么等你出现负面情绪时，你也能从中受益——你会更快地发现它们，更好地理解它们是什么样的情绪，并且能够在它们爆发之前分析它们。埃克曼说的不无道理。

这种专注产生了所谓的元注意力，也就是你对自己的注意力或反应的关注。元注意力可以让你注意到你因愤怒或压力做出反应的冲动变得越来越强烈。在这种冲动爆发之前，你有一刹那的时间来选择是被愤怒或压力冲昏头脑，还是让你的理性思维主导一切。但这种控制力不会自然形成，而是需要训练，需要大量训练。一旦你陷入某种精神状态，要想转变是非常困难的，但是通过练习这种专注，你可以给自己一次机会，让自己在陷入某种精神状态之前转变情绪发展的方向。

郑重提示
— 做个深呼吸 —

专注于你的呼吸会迫使你的神经系统进入一种比较平静的状态。所以，即使你的愤怒已经爆发，你仍然可以坚定地专注于你的呼吸，确保气息平和、稳定，以此抵消这种消极状态。就像人们所说的，做个深呼吸，从一数到十。但是，说起来容易,做起来难。有时候,在心情平静下来之前,你会觉得自己都快要窒息了。但是你会发现,如果你能放缓每一次的呼吸,呼吸就会变得越来越容易。在对别人大发雷霆之前先冷静一下总是好的。

用呼吸调节压力

当然,你可以练习一些技巧来提高你的元注意力。但是,呼吸还具有另外一种好处,它不仅听起来有道理,而且还经过了实验和测量。研究表明,举例来说,当易怒的人(容易发火、难以释怀的人)使用正念冥想技术专注于他们的呼吸时,他们的怒气会少很多。在一项测试中,研究人员要求参与者给两个没有表现出多大兴趣的人做一个简短的即兴演讲。对大多数人来说,在这种情况下承受的压力是很大的。研究人员测量了参与者的皮质醇水平(应激激素水平),以及他们的神经性功能状况,如脉搏、血压和出汗的状况,以了解这种情况对他们有什么影响。经过测量,他们发现,与那些没有接受过训练的参与者相比,那些通过专注于呼吸来练习情绪调节的参与者在第二次接触这种情况时处理得更好。另一项研究表明,当那些在工作中感到压力的人学会冥想之后,他们的压力水平降低了,他们感到精力充沛,不再那么容易担心了,并且期待去做他们的工作。测量还显示,大脑也发生了变化。以前在右脑(如果你还记得,就是那个脾气暴躁的大脑半球)曾经有过的很多活动,现在已经转移到了更快乐的左脑。你可能会觉得,在功夫片中看到的那个剃着光头、穿着橘黄色衣服的心平气和的男人看起来有点儿神经兮兮,但他对大脑结构的了解比你多得多。训练你的大脑去监控它的自动过程,同时又要让身体保持冷静(虽然它不想这样做),似乎是一种无法企及的超能力。但要做到这一点,你只需在心中默念:"一,二,三……呼气!"

再加上坚如磐石的专注。

超 级 练 习
采用正确的呼吸方式

你可以随时练习集中精力进行呼吸。这听起来相当简单,实际也就是这么简单,只要试着在呼吸的时候注意身体中发生的事情即可。在刚开始的几次尝试中,保持2分钟的注意力。之后,可以增加到5分钟、10分钟,甚至15分钟,这取决于当时练习的效果。

你还需要以正确的方式呼吸。首先,你需要学会用腹部呼吸,而不是用肩部。吸气时,腹部向外鼓出,肩膀不要抬高。不知为何,几乎每个人都用肩部呼吸。一定要保证呼吸的部位正确,如果需要的话,将其向下转移到腹部。此外,我敢说,如果你曾经考虑过自己的呼吸问题,你通常只会把注意力完全集中在吸气上,对呼气放任自流。这与你应该做的恰恰相反。呼气才是你应该刻意注意的行为,而吸气应该是对呼气的一种反射反应。正确地呼气应当是这样的:用力将腹部和肺里的空气挤出来。如果你真想将肺里的空气全部排出,你同时应该收紧你的臀部,就像有人用羽毛挠它一样(对不起,这是我能想到的最好的描述)。当你把所有的空气都挤出来时,你的肺就会自动地充满空气。你什么也不用做,空气就会冲进你的肺里。事实上,我们应当专注于呼气,而不是吸气。开始的时候,像这样挤出空气可能会让你感到有点儿不舒服,但经过几次尝试之后,你会发现呼气变得容易了许多,甚至不用思考就能正确地呼吸。如果你刻意地控制呼气,让吸气变成一种自动反射,那么进入你肺部的空气可能会比以前更多。头几次这样做的时候,这么多的氧气甚至会让你感到有点儿头晕。但这只意味着你的大脑得到了更多的氧气,当你需要创造力和智慧的时候,这些氧气就会派上用场。

找到适合自己的节奏

现在,你已经知道了怎么做才能实现放松的深呼吸。下一步就是把节奏调整好。这里有几种不同的选择,你需要找到最适合自己的那种类型。其基本结构如下:

1. 数到 4 的时候把空气吸进肺里。
2. 屏住呼吸,数到 2。
3. 数到 4 的时候,把肺里的空气全部呼出。
4. 屏住呼吸,数到 2。
5. 回到第一步。

这种独特的呼吸节奏 4-2-4-2 来自瑜伽调息法。不过,根据你的体型,以及你身体在其他方面的节奏,你可能会发现其他的节奏类型更适合自己,比如 6-3-6-3 和 8-4-8-4。我也见过有人提出完全不同的节奏类型,像 4-4-4-4,或者干脆是 4-2-2(吸气时数到 4,屏住呼吸数到 2,呼气时数到 2,然后重复进行)。我个人的呼吸节奏版本是 3-3-3-3。你必须通过实验才能找到最好的感觉,不要被某种"神圣的公式"限制了自己的视野。这里的重点是找到一种放松、稳定、适合自己的节奏,至于具体是什么并不那么重要。

不过,这种呼吸方式带来的好处并不是永久性的——只有经常进行练习,你才会享受到它所带来的好处。这就像体育锻炼或弹钢琴一样,如果几个月不练,你就会开始失去之前掌握的能力。但是如果每天花几分钟关注一下自己的呼吸节奏,你很快就会发现你的呼吸有了明显的改善。如果你想充分利用自己刚刚掌握的超级能力,那就一定要确保你的血液和大脑中有充足的氧气。此外,你还会发现,转移注意力变得更容易了(比如从某种愤怒的想法转移到另一种想法上),因为你需要集中精力数数,而不是一心想着生气或者压力。

关于压力的一个特例:怯场

有一种情况让许多人觉得压力过大。这种压力如影随形,会伴随你一生:从上小学那天开始,到拘谨笨拙的青少年时期,直至成为收入丰厚的跨国公司首席执行官。你的余生可能依然像以前一样美好,但有一件事,只要一想到它就会让你后背冒冷汗,那就是必须在公众场合讲话。

对许多人来说,这简直就是一场可怕的折磨。这种常见的怯场现象可能以同样的方式在我们大多数人身上发生过,比如:上中学时,在没有任何事先警告的情况下,某位老师让学生们就他们刚刚收到的作业做一次口头报告。当然,事先没有人做过任何事来让他们为此做好准备。青少年正处于寻求身份认同的时期,即使所有人的目光没有盯着你看,生活也已经够艰难的了。难怪我们这么多人对在公开场合讲话都心存恐惧。

事实上,在每个人的生活中,迟早都会遇到需要向一群人当面传递信息的时候。人数可能是 5 人、50 人,甚至是 500 人,不管人数多少,肯定会遇到这种情况。此时,我们中的许多人会感到怯场。你在参加会议时、想在课堂上提问时,或者当你决定成为一名女童子军教练时,这种特殊的怯场感就会悄悄向你袭来。

假如今天有人让你明天给一群人做个演讲,你会感到紧张和胃痛吗?你会辗转反侧、夜不能寐吗?你会一直担心自己可能出错的方方面面,然后,就在黎明之前,突然意识到那个比较经典的建议——把观众想象成赤身裸体就不紧张了是一个糟糕的主意吗?因为实话实说,谁愿意给 50 个光着屁股的银行家演示幻灯片,或者给参加狗狗训练班的裸身女士演讲呢?

如果你就是这个样子,你并不孤单,因为很多人也是。

害怕公开演讲可能是生活中一个严重的障碍。然而,从另一角度来说,如果你不害怕它,你就占据了很大的优势。能够在任何规模的群体面前演讲是一种非常有用的能力。

我自己的工作很大程度上就是让自己接受各种各样我以前从未见过的人的审视，无论是在面对 800 人的舞台上表演，还是在 20 个人面前演讲，都是如此。因为我并不总是知道上台后会发生什么，所以我必须找到一种精神状态，让自己不必害怕，能够全神贯注于自己需要做的事情，能够放松自己——并且，最重要的是能够得到乐趣。在接下来的几页中，呈现给大家的是我总结的一套技巧。当你需要在公开场合讲话时，你可以使用这些技巧为自己找到我说的那种状态，并永远消除你的恐惧心理。

• **抛开完美主义想法**。认为你和你的演示必须绝对完美无缺的想法是一种常见的错误观念，其实完全没有必要。你还记得前文中提到的那两个演示果汁机使用方法的人吗？如果你的演示看起来更像是普通人在演示，也就是说不那么完美、不太顺利，此时作为你的观众，我们会更喜欢你。

• **提前做好备忘录，把内容记在心里**。没有必要写下你要说的每一句话，写下你的主要观点就足够了。如果你发现自己开始紧张发慌，你记录的要点会让你按部就班地继续进行下去。通过查看备忘录，你就能够提醒自己前进的方向，以及在到达目的地的过程中你应该按照什么顺序来传递这些要点。备忘录要写得大大方方、清清楚楚，内容无须太多。如果备忘录写得过于详细，那么压力之下，你可能无法找到自己需要的关键信息。

• **未雨绸缪**。不要盲目地认为演示过程中一切都会进展顺利，要客观、理性地提前考虑一下可能出现的问题，并制订相应的应急计划。比如，如果投影仪坏了怎么办？如果你做到了未雨绸缪，那么当这些问题发生的时候，你就不需要在这方面花费太多心思。当问题真的出现时，你已经知道该如何应对。如果你能意识到最糟糕的结果并不像你担心的那样糟糕，你就会从全新的视角看问题。通常来说，演讲过程中最难解决的是你的尴尬和窘迫，但这只是你自己的看法，与观众的想法没有任何关系。

- **消除不必要的压力。** 不要把事情弄得比实际情况更复杂困难。前一天晚上好好睡一觉（你需要休息好）。吃一些食物，但不要吃太多（如果吃得太饱，演讲时就会精力不济）。不要喝碳酸饮料（根据我的经验，在你需要大声说话的时候，在你需要克服紧张情绪的时候，没有什么比喝矿泉水更能解决打嗝的问题了）。在演讲过程中不要播放太多的幻灯片（否则你很可能把握不好方向）。如果你记得提前注意这些细节，你就能把精力花在应该做的事情上——传递信息，表达观点。

- **记住，观众是站在你这边的。** 他们不是来难为你的，而是想站在你这边。听你演讲的观众希望能与你产生共鸣，希望你能表现出色。（但也有例外：如果你参加的是一场辩论，那情况可能要复杂得多。但我们依然有理由认为，现场的观众中肯定会有人站在你这一边，所以你的演讲对象是他们。）榨汁机的例子说明的也是这个问题。想想看，当你看到别人一开始不知道说什么的时候，你会有什么反应？我敢肯定，你真心希望他们能沉着冷静、厘清思路、重回正轨，对吧？别人在听你说话时也会有同样的感觉。如果有人与现场所有观众产生了隔阂，那他们可能为此付出了大量努力，因为观众从来不会一开始就有这种感觉。

- **保持一定程度的中立。** 认真对待自己，但也不要太认真。一定要记住：你要演讲的主题很重要，并且你的演讲言之有物。不要为演讲或演讲中出现的错误道歉。这样做只会浪费时间，而且强调了自己的错误，没有突出演讲的实质内容。如果演讲过程中发生重大事故，试着找出其中有趣的一面。如果你能让观众知道，即使面对意想不到的情况，你也能乐在其中，这会帮助他们放松，能让他们和你一起享受演讲。相反，如果意外发生时你呆若木鸡，感到尴尬、不安，观众的感受也会很糟糕。

- **确保大脑和身体得到充足的氧气供应。** 在演讲开始之前，活动一下身体，做做深呼吸。你可以原地跑一跑，咬咬舌尖，捏捏耳垂（演员常用的方法，可以促进血液循环），以充沛的精力开始你的演讲。

- **要意识到，你的恐惧只不过是由于你的自尊心太脆弱以及不熟悉情况而产生的压力。一旦你在公众场合说过几次话，你就会对此变得更加习惯，你的自尊心也会有所增强。如果一切顺利，演讲之前你的肾上腺素水平仍然会升高。但现在这种感觉会很美妙，你可以利用你的肾上腺素来激励自己，而不是恐吓自己。

• **注意你的肢体语言。**面带微笑，昂头挺胸，身体站直，目视观众，一举一动向观众展现你的自信和活力。即使你内心深处紧张得一塌糊涂，但只要你表现得很放松，观众就会把你看作一个能控制局面的人。

• **假装很有经验的样子。**你要表现得好像非常有经验的样子，假装自己之前已经做过几百次了，即使事实并非如此。想一个你曾经见过的出色的演讲者，如果换成是他，他会怎么做，然后就照那种方式去做。这不仅会对观众产生影响，而且也会对你产生影响。如果你表现得可靠、自信，那你会越来越觉得自己就是这样的人。最终，你不会再觉得自己是在模仿别人：那就是你。

• **记得停顿一下喘口气。**这说起来容易，做起来难。在你备忘录的要点上加上一条说明，提醒自己在句子之间要停顿一下，因为你讲话的语速可能过快。停下来喘口气不仅能保证你呼吸到新鲜空气，还能让你有机会弄清楚自己的演讲进程，并验证自己的思路是否正确。这样做不会让观众觉得节奏缓慢、乏味，即使你感觉可能是这样，因为你知道自己接下来要说什么，但观众并不知道。因此，停顿会让他们有机会消化理解你刚才说的话。

• **忘记自己。**一旦你开始思虑你头脑中设想的各种灾难场景，你就很容易感到害怕。然而，这些场景有一个共同点：你是其中的主角。相反，如果你能仔细观察一下现场的观众，看看他们是如何呼吸的，看看他们的穿着，观察一下他们看起来像谁（假设你不认识他们），看一下他们在怎样听你演讲，你就会产生不同的感受。不要老是想着你自己和你正在做的事情，这样你就能够将你内心的恐惧转变成对周围环境的关注。

• **一定要让自己享受演讲带来的乐趣！**如果连你自己都觉得你的演

讲单调、乏味、缺少激情，那又怎么能奢求观众对你的演讲感兴趣呢？

- 一定要在演讲的开头和结尾处多下些功夫，尤其是结尾。我们对个人体验的记忆主要集中在体验的高潮部分及其结束方式。[①] 如果你演讲的结尾部分铿锵坚定，极具说服力，观众就会记住这一点，即使演讲的中间部分可能有些摇摆不定，经不起推敲。一定不要在演讲结束时显得模棱两可，态度不够明确，这样会削弱你的演讲效果，比如："好吧，我想这就是我要讲的全部内容，希望没有让你们感到太无聊。"相反，要以一个非常清晰的观点或故事结束演讲，然后停止说话，看着观众。记住，当他们对你报以热烈的掌声时，一定要面带微笑。

实用的思维编程

重写控制消极情绪反应的代码

恐惧是一种消极的情绪和认知状态，通常与焦虑和压力水平升高有关。体验恐惧并不总是坏事。相反，在不同的情况下应对恐惧实际上可以强化你的人格。但恐惧也会把人吓得目瞪口呆，无法正常行动，在本

[①] 这就是假期记忆历久弥新的原因——我们往往会忘记那些无聊的部分。由于种种原因，我们很难记住某段时间的长短，但却能记得事情发生时我们的情绪。说得更具体一点就是，我们记得情绪强度的高潮部分。这实际上为如何移除创可贴这个永恒的问题提供了解决方案。是快速地撕下，还是缓慢地揭开？前者感觉更疼，但疼痛的时间较短；后者不会很疼，但疼痛的时间较长。答案是：慢慢地揭下。你看，我们不记得疼痛持续了多久，只记得当时有多疼。这就意味着我们更喜欢痛苦少一些的体验。除了记住这些情绪强度的高潮部分，我们往往还会记住体验的最后阶段。这意味着，如果你没有时间慢慢揭下创可贴，你应该开始时动作快一点，最后的动作仔细一点、慢一点，这样最后不至于太疼。这种体验留给大脑的记忆要比你采用相反的动作（开始时缓慢，最后一下子撕下来）少一些痛苦。这个有趣的现象适用于你所有的体验，并因此为另一个永恒的问题提供了答案——你应当先告诉人们好消息还是坏消息？答案是你应该把好消息放在最后。如果以好消息结束，那么坏消息也就没有看起来那么糟糕了。换言之，如果你有什么事需要告诉某人，同时你知道他们不喜欢听这种事情，你可以控制说话的强度和结构，以此来调节信息对情绪产生的影响：在谈话进行到一半时告诉他们其中最糟糕的部分，在结束时告诉他们其中积极的方面。是否了解我们对个人体验的记忆方式决定了我们是能帮到他人还是会阻碍他人。我之所以在这里跟大家讲这些，是为了奖励诸位出色的表现——你们竟然把所有的注释都仔细读了。

书的开头，你已经读到了恐惧是如何阻碍人们的创造力的。事实上，当恐惧被引向错误的事情时，它会成为你做任何事情的障碍。

害怕

害怕是一种非常消极的情绪体验。既然如此，为什么我们还要这么频繁地寻求它呢？为什么我们要坐恐怖的过山车，为什么要在恐怖的鬼屋里游荡，为什么喜欢看血腥的恐怖电影？既然本书的这一部分内容是为了给你提供你需要的工具，以避开消极体验和消极想法，因此我们也应该仔细研究一下这种现象，其中涉及我们会主动选择消极体验这一现象，因为我们发现消极体验也能使人快乐。

偶尔有点儿害怕

有令人信服的证据支持这样一个理论：害怕实际上对我们有好处，只要恐惧的程度恰到好处就可以。证据来自一项对幼年灵长类动物的研究。在这些动物很小的时候，研究人员连续10周每周都将它们从舒适的家中（笼子里）移出一次，放到另一个笼子里，那里住着一群它们不认识的成年灵长类动物。对幼兽来说，这是一次可怕的经历，从它们的行为中可以很明显地看出这一点。过了一段时间——当它们刚断奶，但在情绪上仍依赖母亲时——它们和母亲一起被关进一个陌生的笼子里。这个笼子里没有其他动物，而且还提供了大量的糖果，里面有许多新奇的地方可以去探索。同样的实验也在从未离开过母亲的幼年灵长类动物身上进行，它们也和母亲一起被关在一个装满奖励、可以进行冒险探索活动的新笼子里。与从未与母亲分开过的幼兽相比，那些之前与它们不认识的成年动物一起被关在"压力笼子"里的幼兽表现得更加勇敢、更加好奇。第一组幼兽在新笼子里四处探险，自己找糖果吃，而第二组则害羞地黏着自己的母亲。最有趣的是，思维更独立的幼兽根本没有表现出任何恐慌的迹象，尽管在它们更小的时候，它们在不熟悉的笼子里有过这种反应。看来，定期前往某个可怕的地方让它们不知不觉中对压力产生了"免疫"能力。

显然，经常性的恐惧体验和平静期的交替会使我们更加坚毅，能使我们勇于探索、充满好奇。儿童时期经常接触可控压力的人（除了其他因素，儿童身边还应当有一个负责照料的大人，比如父母，为恢复情绪提供一个安全的基础，就像灵长类动物的母亲的作用一样），能够培养更好的应对压力的能力，能够以更健康的方式来理解消极事件。[1]

我们在童年时期、青少年时期或者成年之后，通过看恐怖电影和去主题公园玩冒险游戏，让自己体验恐惧的感受。这可能表现了我们的一种需要——面对和试图控制未知事物。这种需要很可能源于这样一个事实：如果我们学会控制自己的恐惧，未来的自己就会受益。如果不这样做，我们就不会有勇气主动采取行动或做我们从未做过的事情。掌控自己内心的恐惧，勇敢面对未知事物，是所有成长的关键。如果没有这种特点，达·芬奇就永远不会构想直升机，瓦斯科·达·伽马就永远不会尝试航行到印度，也永远不会有人想到用树莓和甘草这种我们所知的味道组合来造福世人。

一直都很害怕

当然，总有某种恐惧让你永远无法摆脱。问一下周围的人，你会发现大多数人有他们害怕的特定事物，比如，害怕蛇、害怕高处、害怕失败等。或许你也有自己感到害怕的事物，比如动画片《玩具总动员》中的蛋头先生、小丑等。

然而，当我们经历一些不舒服的事情时，我们的想法往往会走捷径，欺骗我们去相信一些并不完全正确的事情。让你害怕的不是红鼻子和苍白的鬼脸，让你感到紧张的不是 18 米的高度落差，这种恐惧是由你

---

[1] 然而，这只有在我们体验到的恐怖有明确的开始和结束时间时才适用，就像那些实验动物偶尔体验到的那样。面对无休无止的压力源的孩子，比如面对严重的家庭问题，长大后会表现出很差的压力应对能力，更难释放压力。

的大脑编造出来的。这一点很容易观察到，因为你的朋友就站在你旁边，面对同样的高度，他却没有感到害怕。

那么，问题来了：与那些在同样情况下感到安全的人相比，那些感到恐惧的人的大脑里发生了什么？通常情况下，恐惧是由你之前的经历引起的，比如从屋顶上掉下来，这会引发你目前的恐高症。关于过去最好的一点是，过去的都已经过去了。如果你的过去没有过去，那就意味着你的大脑中发生了一些事情。当你感到恐惧的时候，并不是最初的经历本身让你想起了它。如果你一直不停地把你的记忆回放给自己，那么，在你的大脑里，是你自己紧紧抓着那些不愉快的记忆不放手，是你让自己感到恐惧。把所有的责任都推到你身上似乎有点儿不公平，你从来没有选择过要恐高，对吧？但事实上，你就是这么做的。每次发生这种情况时，你都会选择去体验这种恐惧，尽管是下意识的，这不是其他人为你选择的。

令人不快的记忆与恐惧有关，这种糟糕的记忆有很多不同种类，比如小时候遭受虐待，把这些不好的经历在自己的脑海里不断重复不是一件健康的事情。如果你在做某件事的时候感到恐惧，那么以同样的方式一遍又一遍地做同样的事只会加剧这种恐惧。这一点也适用于糟糕的人际关系和悲伤的心情。你花在思虑过去的事情上的时间越长，你开始改善生活的机会就越少。你一定要知道如何超越这些事情，这样你就可以开始培养新的关系，找到新的快乐来源。你需要学会管理自己的情绪。

通常，消极的情绪状态是由我们大脑中某个有缺陷或过时的程序引起的，它使我们自动进入一种我们并不需要的情绪状态（例如，焦虑、压力、恐惧、悲伤或愤怒）。遗憾的是，仅仅知道这一点，或者明白你是自己恐惧的根源，并不足以实现改变。不过，你可以让你的大脑以不同的方式思考和反应，并因此产生不同的情绪。接下来，你马上可以运用你的想象以及你的视觉化能力（这两点你在阅读本书时已经训练过了）进行尝试。你的下一个超能力将把你变成你自己的思想黑客！

思维编程

想法只不过是想法而已。我们的思想就像魔术，它们似乎代表了现实，我们也愿意相信它们。但是你的思想向你描述的现实是一种幻觉，只存在于你的头脑中。有时候，你需要控制你告诉自己的事情，用更适合你的事情来代替它们。一般来说，每当你陷入恐惧或其他消极状态时，你应该问问自己，这种想法是否对你有帮助。它能解决问题吗？能让你提高效率吗？有助于处理问题吗？如果这种想法对你没有帮助，那它就毫无用处，反而可能是有害的。

治疗是获得这种控制的一种方法，但还有另一种更快的方法，你现在就可以尝试。通常，只需要这样做几次就足以让你的消极想法永远消失，或者至少可以让你采取一种新的视角，不再让消极想法困扰你。①

该方法基于两种认识和一个假设。第一种认识是，当你想到某件事的时候，比如说一段记忆，你的大脑通过使用你在日常生活中使用的一些或全部感官印象来创造一种对这件事的表征。你可能会在记忆中"看到"事物的样子，也许还能"听到"别人曾经告诉你的事情。有些人发现回忆气味特别容易。只要稍加训练，你也能"感觉到"热、冷、风，或者记住别人触碰你身体的感觉。尽管这些都是感官上的印象，但它们都发生在你的大脑里，发生在你的记忆里。

第二种认识是，不同的记忆会有不同的表征。我们对不同的事情有不同的看法，对此你可以随时进行测试。想一件你绝对相信的事情，比如太阳明天会升起，或者你的朋友不会消失不见。注意这件事的样子和声音，以及想到你绝对相信的这件事会在你心中激起何种情绪。

---

① 当然，谈到恐惧时，治疗仍然有很大作用，这取决于你害怕什么以及你的恐惧有多强烈。但在你开始看心理医生之前，你可以用我提供的这种方法来缓解你的不适感——而且与心理治疗师不同的是，我这里是免费的！

例如，你可以审视一下你看到的事物是移动的还是静止的，是什么尺寸的，是彩色的还是黑白的，是清晰的还是模糊的，是平面的还是立体的，是近距离的还是远距离的，是明亮的还是黑暗的，是吵闹的还是安静的，其节奏是什么样的，朝着哪个方向移动，你身体的哪个部位感受到它，你的呼吸是什么样的，你感觉到甜、酸，还是苦，闻起来是什么气味。

你的表征可能不会包含所有这些要素，但必须包含其中的部分因素。

下一步，想一件你非常不确定的事情，比如瑞典能否再次赢得奥运会冰球金牌。当你在思考这个不确定的想法时，注意一下任何出现在你脑海中的画面、声音或情绪。它和之前的想法有什么不同？它有其他想法所没有的新特征吗？除了它们的共同点，还有什么不同之处吗？例如，如果之前的画面很近，现在很遥远吗？感觉和以前一样强烈，还是有什么不同？你可能会发现与其他表征的特征相比，有很大的不同。这意味着你对自己感到确定的事物创造的表征不同于你对自己感到不确定的事物创造的表征。也就是说，你对不同的事物有不同的看法。

除上面两种认识之外，该方法还基于一个假设。该假设是：我们可以通过改变在我们的表征中使用的感官印象来改变我们所体验的情绪。例如，如果你对恐怖的记忆经常是彩色的、近距离的、吵闹的、巨大的，那我们可以让它们变成单色的、遥远的、安静的、微小的，以此来改变我们对它们的恐惧。当表征发生变化时，情绪也随之发生变化。你也可以验证这个假设：你已经知道了你感觉确定的事情和你感觉不确定的事情的两种不同模式。把你以前不确定的想法拿出来，赋予它你确定的想法的特征。也就是说，以你用来表达你深信不疑的想法的印象来表现它。如果做法正确，你会产生一种不可思议的体验，你会对自己刚刚还十分怀疑的事情突然变得深信不疑！

我们也可以通过与记忆（或幻想）的联系来放大其情绪强度，其中包括当你真的处于那一境况时你看到、听到和感觉到的事情——"走进"自己的记忆，从第一人称的视角来体验它。相反，如果你想要降低情绪强度，你可以撇清与记忆的关系。也就是说，你可以以旁观者的身份观察事情的发展，就好像它发生在某个与你八竿子打不着的人身上一样。

这一假设——情绪可以通过操纵记忆表征中的感官印象来控制——颇有争议。这个假设，加上前两个关于我们如何将感官印象加入记忆的认识，构成了神经语言程序学（NLP）的核心组成部分。NLP是一种个人改变的方法，与认知行为疗法有某些共同的特点。近年来，NLP的一些理论受到了大量的抨击。我也认为NLP从业者提出的许多说法似乎非常可疑，需要仔细研究。但是，我看不出有任何理由需要我们把洗澡水连同婴儿一起倒掉。就我们目前的讨论内容来说，我发现对第一种认识（通过重新体验感官印象来体验我们的记忆）没有什么争议，尽管我确实同意第二种认识（我们的记忆根据我们对它们的情绪而呈现出不同）存在争论的空间。然而，我个人认为这两种认识都是正确的，并且似乎很多人也是这样认为的。我和我身边的人还认为，记忆的体验会随着其表征的改变而改变。当我用这种方法教我的朋友如何操纵他们的情绪记忆时，几乎所有人后来都告诉我，这一招很管用。我不确定NLP给出的解释是否正确，或者说这是否仅仅是一种高级的自我感应的安慰剂效应。但关键是，这种思维模式已经帮助了很多人，而且尝试一下也不会有什么损失。

超级练习
实用的思维编程规划

这里有三个例子，教你如何用思维编程的方法来控制你的情绪大脑。你不需要等到经历了消极的情绪状态才使用这个技巧。相反，如果你能提前重新规划自己，效果最佳。这样一来，你就不必把精力花在不必要的消极想法上，而是可以自由地关注有趣的事情。

一、用图像做实验

想一个你觉得非常讨厌的人，一个你不愿想的人或者一个你不愿与他/她在一起的人。想象这个人就站在你面前，然后问自己：

- 图像是彩色的还是黑白的？
- 它在你的左边、前面，还是右边？
- 它是大还是小？
- 它是动态的还是静止的？

如果你的情绪真的受到事物在你记忆中的呈现方式的影响，你可以通过改变它的呈现方式来影响这些情绪。再想一想刚才那个人，我们一起操练起来吧！试着完成下面的每一步，看看会发生什么：

- 如果图像在移动，让它停下来，保持静止。
- 如果图像是彩色的，删除所有的颜色，把它变成黑白的。
- 把图像缩到很小。
- 把它移得离你远一点儿。
- 给你照片里的人一套小丑的服装，配上粉红色的头发和尖尖的耳朵。
- 给他/她配上非常性感的声音，或者让他/她像唐老鸭那样说话。

你现在对这个人感觉如何？他/她给你的感觉和以前一样糟糕吗？像其他事情一样，学习以这种方式操纵感官印象需要进行练习。一开始似乎很难，但如果你能在这个小小的练习中取得哪怕是中等程度的成功，我认为你对这个人的感觉可能就会完全不同。他/她对你的情绪影响应该会少一些。对那件曾经让你耿耿于怀的事情，你应该不太会像以前那样感到难以释怀。

如果你体验到了某种变化，这就意味着下次你们见面时，你可能会表现得与以往略有不同，因为你现在的感觉不一样了。这反过来也会使对方以不同的方式对待你，这可能会让你少点儿痛苦。

二、淡化你的恐惧

你可以用同样的方法应对你的恐惧：

第一步

想一件你害怕的东西。你可能还记得我告诉过你如何与某个想法联系起来，"进入"其中，使它在情绪上更加丰富。你也可以切断与某个想法的联系，从旁观者的角度来观察问题。试着切断与某个想法的联系，看看它会让你感觉如何。

第二步

从图像中删除所有的印象，比如颜色和运动，就像你在上面的练习中做的那样，一步一步来，把它做成黑白的、安静的、微小的，然后尽量拉大你与它之间的距离。在整个过程中，控制你恐惧在每一步发生变化的方式。

第三步

想想生活中所有让你开心的事情，据此想象出一幅巨大的、色彩斑斓的、充满生机与活力的、动感十足的拼贴画，其中包括你所有的朋友、家人、有趣的经历，以及你渴望体验的事情。把你想象出来的这幅拼贴画变成一个在宽银幕上呈现的盛大派对！

第四步

想象这幅巨大的、欢快的、壮观的画面就在你面前，把你害怕的东西的黑白小图像放在这张巨幅画面的左下角。

第五步

看看那张黑白小图像在你生活中所占的比例。与你生活中所有的快乐相比，你会感到自己害怕的东西微不足道，所以你应该决定从现在开始，不要让它在你的生活中占据更多的空间。

三、随时触发自尊

到目前为止，我们一直在努力去除消极记忆中的特征，以减轻它们对你的影响。你也可以反其道而行之，强化自己积极记忆中的特征，让自己产生一种比之前更强烈的情绪。在这个例子中，我们将提升你的自尊，但是你也可以把这个技巧应用到任何你想提升的精神状态中。这种新的、更强大的情绪将被固定在某个身体姿势上，每当你做这个动作时，它就会让你想起这种情绪。

第一步

如果你感到不安全，回想一下某个你感到非常自信的时刻，完全进入那次记忆之中，看看你当时所看到的，听听当时你所听到的，感受一下当时你所感受到的。如果你想不出这样的时刻，那就想象一下，如果你拥有你所需要的所有活力、力量和自尊，你会有怎样的感觉。

第二步

让想象中的颜色更明亮、更生动，让声音更响亮，让你的自尊体验更加丰富。

第三步

如果对你来说，用这种方式控制内心印象很容易，你也可以注意你身体的哪个部位最能感受到你的自尊。在想象中给这个部位上色，让这种颜色遍布你的全身，从头皮一直延伸到脚趾。随着这种颜色一点点遍布你的全身，体会一下自己的情绪。当全身遍布这种颜色时，颜色的强度要加倍。

第四步

重复第一步到第三步，直到你觉得你能给自己一种强烈的自尊。

第五步

再次重复第一步到第三步，但这一次，当你体验到强烈的自尊时，握紧你的左拳。再重复两遍这一步。

第六步

试着握紧你的左拳，看看这个简单的动作是否能激发你的自尊心。如果不能，那就表明这一姿势和你的情绪记忆之间的联系太弱了。重复第一步到第三步和第五步，直到成功为止。

第七步

现在，你已经练习过体验强烈的自尊。如果你已经完成了第五步和第六步，你就可以随时触发这种强烈的自尊。剩下要做的就是把你的自尊同未来的自己联系起来：握紧你的左拳，想象一个你想让自己感到更安全的情境，最好是你知道会发生的那种情境。然后想象所有事情都按照你希望的方式发生。看看你将会看到的，听听你将会听到的，感受一下那种美妙的感觉。

从现在开始，每当你希望自己有更好的自尊时，你所需要做的就是握紧你的左拳。你在第七步中的做法——把这种感觉和未来的事情联系起来——意味着当这些事情真的发生时，你已经在自己的脑海中提前演练过了，已经具备了你想要展示的自尊。这会让你在需要的时候更容易保持自尊。

一开始你可能有点儿难以理解你到目前为止所获得的超能力，但是我相信，现在你肯定知道其中的具体含义了。这些超能力指的是：能够应对消极情绪和消极心理状态，能够避免焦虑和压力，能够更好地激励自己，能够通过你的社交网络给自己和他人带来改变，能够进入乐观、幸福的积极心理状态，能够做出更明智的决策，能够在需要时唤醒自己的创造力。当然还有许多其他方面的能力。然而，你将获得的下一个超能力——超级记忆能力，却没有什么难以理解的。和往常一样，它与我们之前讨论过的能力有关（例如，如果你能永远不忘记任何人的名字，那么处理人际关系和社交网络问题就会容易得多），不过这种能力本身也

相当不错。它不但能使你不忘记事情，而且还能让你记住任何你想记住的东西，无论是你们学校 100 名最耀眼的学生的名字、整个元素周期表，还是明年预算中的所有项目。它会让你周围的人对你嫉妒不已。当然，这并不是我们想要达到的目标。但偶尔让人对你刮目相看也是蛮有趣的。

第 6 章

那个……叫什么来着？

——唤醒你的记忆力

遗忘的存在从来没有被证明过：
我们只知道有些事情在我们想要的时候
并没有出现在我们的脑海中。

——尼采

永远不再忘事

没有理由不记得

如果你也有过类似的经历，那我就不用多说了：假设你到巴黎度假，把行李装进了那个你几乎没用过的红色手提箱里。进入酒店房间后，你把箱子扔到床上，惊恐地发现自己记不起箱子锁的密码了。

或者，在一个周六的深夜，你站在城里一台自动取款机前，坚信你刚才输入三次的密码肯定准确无误，结果惊恐地看着自动取款机吞掉了你的银行卡，同时被吞噬的还有你想用它打车回家的希望！

或者，你在咖啡馆里碰到了一个非常熟悉的人，你俩开始聊了起来。他似乎很了解你，但你记不起他到底是谁。在刚开始的5分钟里，你尽量掩饰，不让对方看出来。但过了一会儿，他问你上次见面之后你都在忙些什么，结果你根本想不起来上次见面是什么时候。你要是能想起他的名字就好了！

或者，尽管你为了准备某次考试看了2 000多页的书，但考试开始后你突然发现自己一个字也不记得了，顿时紧张得胃痛不已。

大家不妨想象一下，如果有一种简单的方法可以确保类似的事情不会再发生在自己身上，自己能够永远记住需要记住的东西，那该多好啊！的确有这样的方法，并且不止一种。欢迎诸位来到下一个超能力！

如果你从来没有希望过自己有更好的记忆力，这样就不会忘记事情，那你可能不是人类。记忆力实际上是我们最重要的能力之一。如果没有了记忆力，你就会心智失常，没有机会在时空中找到自己的路，没有能力认出你想要亲吻的人，也不知道在车流中玩耍是多么愚蠢。

尽管记忆力具有这么重要的作用，但我们的记忆力似乎不断地让我们失望。有时候，我们自己都觉得自己非常可恨，因为我们想不起来我们刚刚与之第三次见面的那个人的名字，或者在午夜过后才突然意识到我们忘记了去托儿所接孩子。

托尼·布赞一生都在研究人类的学习能力。根据他的研究，10个西方人中有9个曾经学过并记住了太阳系中行星的名字。在我们的一生中，我们接触到这些行星的名字（例如，在学校里、电视上或者其他媒体中）的时间平均在10~100小时之间。但当布赞就此询问他的英国同胞时，他发现1 000人中只有100人在成年后认为自己知道一共有多少颗行星，只有40人确定他们知道一共有多少颗行星，只有10人相信自己知道这些行星的排列顺序，甚至愿意为此打赌。

也就是说，在900个曾经学习过行星知识的人当中，能真正记住的只有10个人。说我们的记忆力最近有点儿减退，这有点儿轻描淡写。但这不是我们的错，我们不断丢失知识的原因是我们从来没有学过如何保留它们。因为事实上，我们每个人都具备非常出色的记忆力。没错，我们的记忆力非常出色，它们甚至能够记住我们从未要求它们记住的事物！但问题是我们不知道如何使用我们的记忆力。从我们上学的第一天起，我们就想当然地认为我们可以在大脑中塞满各种信息，根本不需要有人来指导我们如何最有效地储存信息和重新找到信息。你现在马上就可以测试一下自己，看看你通过自学得来的方法是否奏效。只要你上过5年或6年的学，你就应该知道组成太阳系的天体的名称和排列顺序。

你能把它们按顺序排列出来吗？

古代技术

今天，我们生活在信息高度密集的环境中，有太多的事情需要我们时刻记住，所以我们会遇到这样的情况：一边想着明天的重要会议一边从牙医那儿返家，回到家中才发现我们脚上还穿着那两只蓝色的小鞋套。

幸运的是，有很多技巧可以让你的生活更轻松，让你的大脑不至于过度紧张。这些技巧可以追溯到很久以前。两千多年来，人类表现出了惊人的记忆力，给彼此留下了深刻印象。记忆比赛的历史至少可以追溯到罗马人时期。时至今日，当有人能正序、逆序或乱序记住成百的事物时——比方说，日期、名称、地点，或者关于整个知识领域的全部信息，比如银河系中所有恒星的名字或一副混合牌的顺序——我们依然会为之倾倒。

因为这些表现经常被用来证明某人的优秀，所以人们对记忆技巧大多不屑一顾，认为那只不过是雕虫小技而已。只是在近些年来，我们才开始意识到古老的记忆技巧是如何出色地利用了大脑为其思想构建网络的方式。这些有着上千年历史的聚会表演把戏所依赖的是至今仍然有效的记忆日常事务的方法。当然，虽说是雕虫小技，但拥有超强的记忆力还是很有趣的！

你记忆事物的方法越系统，你就越容易在大脑中储存新的信息。相反，如果你不知道如何使用你的记忆，或者不知道如何有效利用你的学习能力，那么当你试图把信息塞进大脑时，你的大脑就会抗议。你往里面塞的信息越多，它抵抗得就会越厉害。到最后，你想学的东西你一点儿也记不住。

我们记性差的原因之一是，举例来说，当我们需要记住一份购物清单时，我们试图把它储存在我们记忆中的一个区域，这个区域被称为工作记忆或短期记忆。工作记忆有点儿像便利贴：它很容易撰写和粘贴，也很容易去除，而且不能储存太多内容。工作记忆是我们暂时储存信息的地方，有着严格的限制——平均来说，它可以容纳7条信息（误差不超过 2 条）。之后，它就饱和了。这就难怪你在超市转悠时几乎记不起自己想买的东西的一半。

有一些简单的技巧可以帮助你记住少量的事情，比如你接下来要做的 20 件事（我在这里用了"简单"和"少量"两个词，但是请记住，如果没有记忆技巧，即使是 20 件事情也不可能记住，因为大脑一次只能在工作记忆中储存 7 件事情——最多 9 件）。还有一些更先进的技巧，可以帮助你记住几乎无限量的信息。例如，在接下来的几页内容中，你将学到一种可以用来记住 10 000 条不同信息的方法。当然，与记住 20 件事比较起来，这需要更多的练习，但绝不是不可实现的。

我建议你在开始之前通读以下所有技巧，从中找到一两个适合自己的，然后认真地学习掌握它们。你会发现，一旦你掌握了一种记忆技巧，其他更高级的技巧也会更容易学习。所有这些技巧都是基于你在本书第 1 章中开始训练的大脑机制——意料不到的联想和创造性的想象。

郑重提示
— 数字与蛋糕的实验 —

当工作记忆饱和时，我们发现很难再去想其他的事情，光是那 7 件事就已经让我们疲于记忆了。这在一个有点儿残酷的实验中得到了证明：在这个实验中，实验人员为一些对体重敏感的人提供了一块美味的蛋糕。不出所料，他们拒绝了。虽然他们喜欢蛋糕，但他们也知道他们必须控制体重。过了不久，实验人员要求这同一批实验对象记住 7 个数字，并告诉他们过一会儿将要求他们按照正确的顺序重复这些数字。当他们的工作记忆忙于记忆这些数字时，他们又得到了一块蛋糕。这一次，接受蛋糕的人数明显增加，因为他们的大脑完全被数字占据，无法在同一时间内抵制吃蛋糕的诱惑。

同样，在催眠治疗中，人们很早就知道，如果你想让病人在不质疑指令的情况下做某件事，你应该先让他们同时去做 7 件不同的事情，以此来填满他们的工作记忆。在病人忙着做这些事情时，催眠师就可以发布指令，此时病人的理性思维对该指令不再进行过滤，因为他们正忙于那 7 件事，因此会毫不抵抗地接受催眠师的指令。

当你觉得有太多的事情要做时，不要再做下去，直到你看到其中一些事情完成为止。否则，你很可能会做一些你在其他情况下绝不会做的事情。

记忆速成班

纵观人类历史，人们对什么是记忆提出了各种稀奇古怪的想法，从光明与黑暗的化学混合物，到我们灵魂中飞舞的精灵。

今天，我们知道记忆是存在于大脑中的一种认知和生理功能，它涉及大脑的几个部分，每个部分似乎都有不同的作用（我们尚不完全清楚各部分的具体作用，但有一点可以确定——额叶、海马和间脑都参与其中）。我们还知道，新的记忆是通过脑细胞之间的物理网络形成的。脑细胞通过突触相互交流，每个脑细胞都有多达 20 个细长的触须（树突），来自不同细胞的触须聚集在突触中，其作用相当于一个接线盒，在这里，它们通过电化学刺激进行交流。原理就是如此。当我们获得新的记忆时，脑细胞之间的这种突触连接会因新网络和新连接的加入而发生改变，而这些新网络和新连接在之前是不存在的。

记忆类型

我们知道我们有两种记忆：短期记忆（又称工作记忆）和长期记忆

（又称存储记忆）。长期记忆又分为陈述性记忆和程序性记忆。此外，由于杏仁核的作用，我们还有情绪记忆。情绪记忆是当你感觉到一种你很久没有感受过的香水的味道时触发的记忆……突然之间，你脑海里出现了中学时代自己的某个迷恋对象，最后你想起了那种香水的名字是"GLOW"，标签上印有"JLO"（代表詹妮弗·洛佩兹）。情绪记忆或多或少是在潜意识里运作的，无论是在储存信息，还是在以后检索信息的时候。

长期记忆

程序性记忆（长期记忆的一部分）有时也被称为肌肉记忆。每当你在弹钢琴、挥动球棒，或者大声把这段话读给一个惊讶的朋友听的时候，你利用的就是程序性记忆。但是，尽管我们在这种情况下经常用到我们的肌肉，"肌肉记忆"这个名字仍然不够贴切，因为记忆并不储存在肌肉里。比"肌肉记忆"稍微好一点儿的术语是"身体记忆"，因为这种记忆储存在神经系统中，储存在大脑的一个十分复杂的系统中，该系统负责计划和执行运动功能。身体记忆包括你的运动系统多年来积累养成的所有习惯和能力。我们可以训练培养这种能力，比如反复弹奏一首钢琴曲，经常玩垒球，或者给孩子们读睡前故事。一旦你将某种能力内化，使其成为你身体的一部分，你就很难用语言来描述你的具体动作。为了能更好地理解我的意思，你不妨试着向某人详细地解释一下骑车时如何保持平衡——你根本解释不清。这些记忆都是"在做中学到的"。

长期记忆的另一部分是陈述性记忆。它之所以被称为"陈述性"，是因为我们可以与他人交流其中所包含的信息。当我们说自己记性不好时，通常指的就是这种记忆。我们希望自己能够储存更多、检索更快的正是陈述性记忆中的信息，而这也恰恰是记忆技巧可以帮助我们解决的问题。

短期记忆

我们可以在短期记忆中快速获取信息,但正如我之前提到的,短期记忆容量有限。当你开始训练你的记忆时,你会注意到,只要每一条信息组织得比较合理,那么短期记忆保存 7 条信息(误差不超过 2 条)的能力就足够了。

我们也不会在短期记忆中长时间保留信息。为了继续记忆,我们必须把信息编码到我们的长期记忆中。我确实说过,在获得新的记忆时,我们的大脑中会形成新的网络,这可能意味着我们应该会记住进入我们大脑的所有事物。但是随着时间的推移,大脑中会发生变化,在新的连接确立之前,我们仍然可能会忘记这些事物。这就是为什么我们对事情思考得越多,记得就越清楚。它的工作原理和你在大脑中建立新的思维路径是一样的:每次你想起一段记忆,你都在强化突触连接和大脑细胞的特定网络。在生理上,你的记忆力也会得到增强。因为你在训练你的记忆去使用那段特定的回忆,也就是那个特定的细胞网络,所以你检索起那段回忆也会更容易,即使是在事情发生很久以后。

这就引出了一个重要的观点:

> 我们之所以记不住某件事,往往是因为我们从一开始就没有认真记住过。

也就是说,如果我们不费心把这些信息正确地编码到我们的长期记忆中,那么我们以后什么也记不住。比如,你坐在咖啡馆里,对一个显然认识你的人尴尬地笑着,心里在想:"我至少应该知道他的名字——这太尴尬了,我为什么不记得呢?"此时,合理的解释是,你实际上从来没有把这一信息储存在你的记忆里。与许多人想象的不同,人类的记忆并不像摄像机一样能把所有的事情记录下来,只需要检索我们需要的信息即可。拥有能储存所有信息的记忆力是不现实的,因为这需要大脑中巨大的存储空间——我们对这些空间还有更好的用途。"选择性记忆"这一术语经常以消极的意味使用,但事实上我们的记忆就是选择性记忆,这是一件好事,只要它们选择的是相关的信息。

你记住了什么

你的选择性记忆

在我们开始对你的记忆进行严格训练之前,我想我们应该快速看看你现在的记忆有多好,这也会让你有机会看到自己的大脑在选择相关信息时是如何运作的。阅读下面的单词表,试着尽可能多地记住其中的单词(请注意,该列表不止一页)。不要读得太快,但是在每个单词上花费的时间不要超过几秒钟。还有,请不要回读单词表中的单词,读一遍就可以了,然后继续下一段。

酱油
卓越的
箱子
和服
男人
女人
黄色的
纽扣
书
精力充沛的
循环
和
婴儿
杯子

弗里德里希·尼采
音乐
小马
水管
尘土
青绿色的
雪
蛋糕
信息
打开
空间
斧子
位于
跳跃
跳蚤
后面

现在,把你在前面练习中使用的那支笔再拿出来,写下所有你能记住的单词。把它们写在本书的空白处就可以——这样你就不用再去找纸了。

你做得怎么样?数一数你写了几个。另外,仔细检查你写下的单词是否是单词表中的单词。如果你写下的单词数量超过7个或8个,那你已经做得很好了。你要知道,这大致就是你在不使用某种特殊记忆技巧的情况下所能记住的数量。

你所记住的那些单词不是随机选择出来的,尽管一开始看起来好像如此。实际上,相比于其他事情,有些事情我们更容易记住。

开始部分和第一次

一般来说，我们对事情开始部分的记忆要比对事情中间部分的记忆更准确。你可能还清楚地记得自己最喜欢的电影是如何开始的，但是你还记得一小时后发生了什么吗？

与同样的事情再次发生时相比，我们往往对这种事情第一次发生时的情景记得更为清楚。这就是为什么你永远不会忘记你的初吻，但在那之后可能就记不大清楚了。这也是为什么家中有多个孩子的父母往往会有很多第一个孩子的照片，其数量远远超过之后的孩子。在你刚刚做的练习中，这个原则意味着你可能至少记住了列表中开始部分的某个单词。

也就是"酱油""卓越的""箱子""和服"这几个单词中的某一个。

时间上最近的

你对最近发生的事情的记忆也比对此前发生的事情的记忆要好。你对前一小时的记忆好于对昨天的记忆，对昨天的记忆好于对上个星期的记忆。

等你到了令人尊敬的年纪时，前两个原则结合起来就意味着，你会记得自己的童年和昨天的事情，就像昨天发生的一样，但发生在你20岁和50岁生日之间的事情则会变得有点儿模糊。

这个原则意味着你可能会记住列表最后4个单词中的一两个，即"位于""跳跃""跳蚤""后面"。

关联

相比于那些只是随意拼凑在一起的事物，你更容易记住彼此有关联的事物，因为相互关联的事物会形成一种语境，而语境会让这些单词对你更有意义。当信息对我们有意义时，我们会记得更牢。语境和意义都包含情绪，因为赋予事物意义的一种快速方式就是与之建立情感关系。换句话说就是，如果你对其中某个词产生个人情绪上的联想，你对这个词的记忆会好于那些不会引发你情绪的词。也许你刚刚在日本温泉浴场度过了周末,在那里你和你的爱人整天穿着和服。① 如果是这样,你肯定能记住列表上的"和服"这个词。

还有两个词是连续出现的,而且很容易相互联系在一起:"男人"和"女人"。如果你记住了其中的一个,很有可能你也会记住另外一个,因为它们是以某种方式联系在一起的,而"雪"和"蛋糕"这两个词则不然。

引人注目的事物

你会自动记住稀奇古怪、极不寻常的事物。这是大脑中的一种古老的机制,它能使我们对周围环境中突然出现的反常变化保持警惕,从而使我们得以生存。我们在生活中常常会记得一些特别不寻常或极为特殊的事物。单词列表中有一个词与其他词相比显得十分特别:这个词更长,是列表中唯一一个人名,可能也引发了你意料不到的联想。

所以如果你还记得列表中"弗里德里希·尼采"这个词的话,那一点儿也不奇怪。

你只能记住你能回忆起的事物

正如你所注意到的,通过了解记忆功能中的选择过程,我可以预测你的记忆列表会是什么样子的。但在现实生活中,这些选择过程可能会给你带来麻烦。重要的部分并不总是一开始就出现,如果这次出现在中间部分该怎么办呢?如果你第一次听到或看到它时,它并不显眼,你该怎么做呢?我们需要一种方法来记住信息,不管它是什么时候传递给我们的,也不管它有多特别。最重要的是,我们想要记住 7 件以上的事情(误差不超过 2 件),或者至少我是这样希望的,这就是记忆技巧发挥作

---

① 但实际上你不会记得你那天穿的袍子其实是一件日式浴衣,而不是真正的和服。

用的地方。记忆技巧把上面讲到的一条记忆规则运用到你想要记住的每一件事情上，从而抵消选择性记忆的影响。我这里说的记忆规则指的是关联。

记忆技巧是建立在创造意义和语境的基础上的。在一项实验中，实验人员要求参与者记忆一组单词。一些参与者还被要求思考一下每个单词是否能让他们产生积极或消极的联想，而其他参与者只是被要求数一下每个单词的音节数。结果发现，那些思考过每个单词积极和消极含义的参与者比那些只关注单词结构的参与者对单词的记忆要好很多。不管参与者是否被要求努力记住这些单词，似乎都会产生这种效果。

我们赋予某个事物的意义越多，对它的理解就越深刻，就越能把它编码在我们的长期记忆中。如果其中还有情绪上的联系，我们就会记得更牢。记忆时对事物意义的洞察力以及创造性思考问题的能力构成了所有超级记忆技巧的基础。

差一点儿就想起来了

记住你应该知道的事物的技巧

"嘿，你看过那部电影吗？那个女主角……她叫什么名字来着？就是那个曾经和那个家伙约会的女人。你知道的，就是那个已经有孩子的家伙。你看过那部电影吗？"

"没有，我没看过。对不起，你是谁啊？"

就在嘴边

不管你的记忆力有多好，我们迟早都可能陷入这样一种尴尬的境地——我们知道某人的名字（比如那位瑞典女演员），但似乎就是想不起来。那个名字就在我们嘴边，但不知为何就是不肯出现。

这是一个有趣的问题，因为它的存在证明了我们在头脑中储存信息（记忆）的过程与我们在需要的时候检索相同的信息（回忆）的过程是完全不同的。因此，记忆和回忆不是一回事。当某件事就在你嘴边，你却想不起来的时候，你会陷入一种奇怪而沮丧的状态，因为你知道自己知道这件事，但却无法使用这一知识。这种现象令研究人员激动不已，他们甚至为此发明了一个他们非常喜欢的词：元认知。

当某件事就在嘴边却想不起来的时候，最常见的结果是我们不得不放弃，希望我们所寻找的信息稍后会自动出现。事实也通常如此。但是如果你厌倦了等待，这里有一个技巧可以让你更快地检索到相关信息。

为了理解这个技巧是如何运作的，你需要知道想法和记忆是如何储存在大脑中的：每个记忆都形成一个小的网络，其中包含了所有特定的组成部分（地点、时间、颜色、气味、当时说的话和感觉）。这个小网络又被整合到你头脑中其他的思想和记忆网络中，从而成为一个极其复杂的网络的一部分。一个记忆的组成部分会被连接到网络的其他部分，在那里有其他类似的东西，所以你记忆中与你朋友梅尔有关的部分会与你对他的其他记忆有关，而你所去过的黎巴嫩餐厅的记忆也会与你对这家餐厅和/或其他类似餐厅的其他记忆联系在一起。

当某件事就在嘴边却想不起来的时候，这意味着你已经回想起了大部分记忆，但是某些方面的信息却由于某种原因没有被激活。这就是为什么你能够告诉我那个女演员演的电影，但却想不起她的名字。你可以通过激活其他记忆，尤其是那些与你的网络中第一个记忆最接近的记忆，来增加激活其余记忆的机会。想想她演过的其他电影，她长得像谁，她嫁给了谁，让关于她的记忆网络中的更多部分参与进来。很多人是在无意识中这样做的。你可以思考一下尽可能多的相关概念，从而激活与就在嘴边却想不起来的这段记忆相连的更多区域，这会使你的大脑更容易将信息传递到你的意识中。

你也可以把这个方法和相关的技巧结合起来。语言和图像记忆似乎储存在大脑的不同部位，这就是为什么你可以想起某件物品的样子却记不起它的名字。然而，正如你从我们以前的讨论中所知道的，相似的词语在记忆存储中的位置非常接近。因此，尽管你的物体记忆把不同种类的蔬菜的图像存储在一起，彼此离得很近，而与宗教信仰有关的记忆则离它们有一段距离，但在你的语言记忆中，"梨"与"头发"的距离比与"苹果"的距离更短。①

如果你能想到一些听起来相似但不是你想要获得的信息的单词（例如，"我记不起这个单词，但是它与……押韵"或者"这让我想起了……"），你就会激活你的语言记忆中储存你要找的单词的区域，也会增加激活你大脑中这个词的机会。听一听、想一想或者读一读相似的单词也同样可以帮助我们克服"就在嘴边却想不起来"这种症状。

哦，对了，那位女演员的名字叫图瓦·诺沃特尼。

名字记忆和面孔记忆

我们大多数人在记忆面孔方面没有什么困难，让我们感到困难的是记忆名字。有时我们会忘记我们曾经见过某个人，但很少听到有人说："是的，我记得你的名字，但不好意思，我不记得你长什么样子了！"

既然记忆面孔对我们来说很容易，那么利用人的外表记住他们的名字应该是一个相当不错的方法，对吧？这类技巧有无数种，我马上要向大家介绍的是我个人认为最容易使用、最有益的一种。

我想再次指出，我们实际上并不经常忘记别人的名字，因为"忘记"意味着你曾经记住过。问题往往在于，我们从一开始就没有记住别人的名字！一个常见的原因是，当别人介绍自己时，我们听不清楚他们在说什么。也许我们当时都在抢着说话，也许背景噪声太大，或者他们说话的口音让你听不懂，或者他们口齿不清，在这种情况下，我们根本不可能记住他们说了些什么。所以，你的第一步是：

---

① 在英语中，"梨"（pear）与"头发"（hair）的发音更相似。——译者注

确保你没听错他们的名字

如果对方在介绍自己的时候被别人插话打断，你应当让他们重复一下他们的名字。这没什么不好意思的，也不意味着你没有专心听对方介绍。很少有东西像我们的名字一样代表我们的专属特质，然而，我们也习惯了别人不太在乎我们的名字。所以，如果有人表现得真的想知道我们的名字，我们应该对此感到受宠若惊才是。一般情况下，只要说声"对不起，我没有听清您的名字"就足够了，就可以让对方心甘情愿地重复他们的名字，并且这次他们也会尽量说得更清楚些。就这么简单。

在这之后，你应该采用美国人的问候方式，向对方重复一遍他们的名字。这是一种验证名字是否正确的极好方法，并且重复也会强化你的记忆。

如果你没听清楚对方的名字是因为你们都在抢着说话，你可以放心大胆地假设对方也没听清楚你的名字。所以，主动一点儿，也重复一下你自己的名字。你可以盯着对方，然后郑重其事地说一句："很高兴认识你，莱斯特雷德探长。我叫亨里克。"

利用名字在你头脑中产生的画面

一旦名字被储存在你的记忆中，如何能最有效地检索到它呢？最好的方法是利用它们的外观作为辅助手段，列出不同名字的视觉关联。为此，你可以采取两种不同的方法。第一种方法是使用明显的关联。如果某个人的名字是"Cliff"（有"悬崖"的意思）或者是"Blossom"（有"花、开花"的意思），此时可能不难产生联想，你只需想一下悬崖或者你最喜欢的花就可以了。下一步是用尽可能多的感官印象来填充这张图像。你的联想越全面，你就越容易记住图像，因为我们更善于记住有意义的事物。如果可能，还可以在图像中添加动画、声音和想象出来的生动触觉。举例来说，如果对方的名字是"Cliff"，你可以看到云彩从背景中飘过，可以听到风从岩石表面呼啸而过的声音，可以感觉到风猛烈地吹打着脸庞；如果对方的名字是"Blossom"，你可以看到花瓣上的露珠,可以闻到微风中飘来花朵的芬芳;如果对方的名字是"Tinkerbell"①,为什么不想象一下她四处飞舞,发出叮叮当当的铃声,或者想象她试图杀死她遇到的所有女孩?②或者,你也可以翻动关于她的那本故事书,一边翻一边听书页发出的沙沙声。

当然,如果某个男人的名字叫弗兰克,你可以想象他被卷进了一个热狗面包里。③这样的例子还有很多。在产生这种视觉联想之后,你就会把它投射到与你见面的人的脸上。当你遇到一个叫"Cliff"的人时,在他自我介绍的时候,你脑子里就会出现那种视觉形象,可以让你清楚地看到(和听到)你面前出现的悬崖。关键是你要让这一形象画面感强烈,不要匆匆忙忙敷衍了事。画面感越强,你就越能记住这个名字。这样做的目的是为了强化这种联想,这样下次你们见面的时候,你一看到他就会想起悬崖,然后,你马上就能知道他叫什么名字了!

另外一种记住对方名字的方法不是采用该名字引起的联想画面,而是利用你认识的另外一个也叫这个名字的人的外表。比如,每当我遇到一个名叫亚当或莎拉的人,我就会把我朋友中也叫这个名字的人的一些特征安插在此人身上。如果他叫亚当,我就把他想象成留着一头凌乱的时髦短发,穿着一件带条纹的T恤;如果她的名字是莎拉,我就想象她留着刘海儿、满脸雀斑、面带微笑的样子。只要这些形象还在我的脑海里,我就会永远记得他们的名字。当然,你也可以借助名人的名字来做同样的事情。如果你遇见一个名叫玛丽亚的人,你可以想象着她手持麦克风,听到她在唱"你让我感到心动"④;如果你年纪较大,还记得2002年超级碗上精彩的美国国歌表演,你可以想象她手持橄榄球,

---

① 动画片《彼得·潘》中的仙女小叮当。——译者注
② 你看过迪士尼拍摄的影片《彼得·潘》吗?在那部电影中,小叮当的行为就像一个嫉妒心很强的精神病患者,这一点毋庸置疑。但如今,她成了自己电影中的明星。我猜她在这期间肯定接受了心理治疗。
③ 弗兰克热狗是一款热狗面包的名字。——译者注
④ 美国女歌手玛丽亚·凯莉演唱的歌曲《情感》中的歌词。——译者注

挥舞着星条旗的画面①。这种方法对你肯定有帮助。

高级的名字画面

有时,你会遇到这样一些人,他们的名字与你认识的任何人或任何名人都不一样,他们的名字也不会让你产生明显的联想。在这种情况下,你必须运用你的超级创造力去寻找那些与对方名字有关的事物。比如,"Wanda"这个名字。从发音上看,"Wanda"这个词接近"wand"(棍、杖),这会让你联想到魔杖,然后你会想起自己最喜欢的巫师,于是你可以把名叫"Wanda"的这个人想象成哈利·波特的样子。(当然,哈利·波特不是唯一的巫师,这就是所谓的时代差异吧。我最喜欢的巫师是英国作家J. R. R. 托尔金奇幻小说中的甘道夫。)如果你遇到一个叫"Bruce"的人,你可以想象他用绿色的针叶做头发,用树皮做皮肤[想象的根据是"spruce"(云杉)这个词]。或者,如果你很喜欢啤酒,你可以想象他从冰箱里拿出一些啤酒[想象的根据是音近词"brews"(啤酒)],然后递给你一罐。②

现在,你可能会担心其中一些联想似乎不那么明显,有些甚至相当牵强。就算我在下次见到对方的时候能想象到绿色的头发和粗糙的皮肤,我又怎么能知道他叫"Bruce"而不是叫"Forest"③或者其他什么名字呢?这很简单,你只需要确保每次遇到叫"Bruce"的人时都使用相同的形象,而遇到你生活中所有叫"Forest"的人时都使用完全不同的联想。只要对某个名字始终采用相同的形象,你就可以强化这个画面与这个名字之间的联系。因为我们的大脑喜欢产生独到的想法,所以你也会发现,比起那些更容易预测的联想,你更容易记住那些有趣的联想(比如让一个名叫"Bruce"的人和你

---

① 在2002年美国超级碗比赛中场秀中,玛丽亚·凯莉演唱了美国国歌。——译者注
② 如果你不想那么堕落,那就干脆把他想象成那个把球踢进球门的人。
③ 有"森林"之意。——译者注

的一个名叫"Bruce"的朋友戴同样的角质框架眼镜）。

尝试一下

你会发现最难的一点是对你听到的所有名字进行联想。如果你习惯了这样做，你就会学会在别人告诉你名字的时候即产生联想。但是，未雨绸缪从来都不是什么坏事，因此我建议你现在就对10个最常见的名字展开联想。同时，这个练习也非常有助于培养创造力——如果你还没有完全掌握如何提高自己的创造力的话。如果一开始你觉得很难，不要放弃。一旦你的大脑习惯了在听到名字的时候开始进行具有独创性的联想，它想到的一切一定会给你带来惊喜。此外，就像我前面提过的，你应该在你想象出来的图像中加入尽可能多的其他感官成分，比如动作、声音、气味、冷热、强弱等。你添加到图像中的因素越多，就越有利于你的记忆。下面，我先提供有关5个名字的联想，以此作为热身，然后，你开始对另外5个最常见的名字展开联想。练习结束之后，当你遇到新名字时，你可以继续添加到自己的人名联想列表中。

五个女人的名字（以我的联想为例）：

英格丽德（Ingrid）：这刚好是我妈妈的名字，所以我把她的发型和眼镜赋予了叫这个名字的人，并且能听到她叫我名字的声音。

克里斯蒂娜（Christina）：这个名字让我想到了"基督"（Christ），这是名字中的一部分，自然与耶稣有一种宗教上的联系。但说实话，我认为十字架有点儿血腥，对负面形象的记忆不如对有趣形象的记忆，所以我想象着一个木制十字架从她的袖子和领口突出来，就像一个稻草人，如此一来感觉有趣多了。

乔安妮（Joanne）：这个名字让我想起了作家J.K.罗琳，想象着她头上戴着小说《哈利·波特》里的分院帽（我没有将其想象成魔杖，因为那是用来联想"Wanda"的）。

玛丽（Marie）：这个名字让我想起了科学家玛丽·居里，想象着她穿着黑白相间的衣服（像照片上那样），梳着整齐的维多利亚式发型。

克尔斯汀（Kerstin）：这个名字让我想起了我朋友的女朋友，所以我把叫这个名字的女人想象成留着一头长长的金发，看到我的朋友站在她旁边，搂着她的肩膀。

现在轮到你了。下面给出的是（在撰写本书时）美国女婴最常见的5个名字：

艾玛（Emma）

奥利维亚（Olivia）

艾娃（Ava）

伊莎贝拉（Isabella）

索菲亚（Sophia）

五个男人的名字（以我的联想为例）：

汉泽尔（Hanzel）：我想象叫这个名字的人在狼吞虎咽地吃着姜饼，饼渣散落得到处都是，还听到他咀嚼姜饼时发出的嘎吱声。我之所以想象成这样，是因为我猜当汉泽尔和格蕾特尔在森林里发现女巫的姜饼屋时就是这么做的。①

卡尔（Carl）：《花生漫画》中有一个同名人物，所以我想象叫这个名字的人穿着带有黑色"之"字形图案的黄色衬衫。

亚历山大（Alexander）：我想象的人物是亚历山大大帝，想象叫这个名字的人头戴桂冠，身穿白袍。

奥洛夫（Olof）：我有个好朋友叫奥洛夫，他经常留胡子，所以我就想象叫这个名字的人也留着一样的胡子，并且想象让他挠一挠，发出声音。

杰克逊（Jackson）：显然这里唯一的选择是迈克尔·杰克逊。我想象着叫这个名字的人右手上戴着一只闪闪发光的白手套。

---

① 《格林童话》中的两个人物。——译者注

现在轮到你了。下面给出的是（在撰写本书时）美国男婴最常见的5个名字：

利亚姆（Liam）
诺亚（Noah）
威廉（William）
詹姆斯（James）
奥利弗（Oliver）

锁定点

至此我们还没有全部讲完这部分内容，你还需要在对方的脸上找到一个合适的点来"锁定"你的想象。如果这个人缺乏明显的特征，你可以像我在给出的例子中那样，使用你想到的面部特征，比如奥洛夫的胡子，或是汉泽尔嘴里的姜饼。不过，许多人有十分明显的特征，这会是你首先注意到对方的地方。也许他们的眉毛浓密，或者嘴唇很薄，或者下巴尖尖。如果他们具有这样的特征，最好利用这一特征，不要使用你提前选好的，因为每当你见到对方时你首先注意到的就是他的特征。顾名思义，第一印象最为直接，你当时发现他们具有什么样的显著特征，以后每次见面你都会注意到这种特征。因此，把你的想象锁定在那个特定的面部特征上，这样一来，它就构成了你想象的其余部分的关键，就像下面这样：

我想象名叫奥洛夫的人都长着胡子，但是如果我遇到的某个奥洛夫鼻子长得很有特点，我就会想象他鼻子上有胡子。名叫乔安妮的女人在我的想象中应该戴着一顶看起来很傻的帽子，但如果她的眼睛给我留下了深刻的印象，我就会在想象时把重点放在她的眼睛上——那顶帽子挂在她的眼皮上。下次再见到这个乔安妮，注意到她迷人的眼睛时，我也会记起那顶挂在她眼皮上的帽子。这会让我想起 J. K. 罗琳的形象和乔安妮这个名字。用这么复杂的方法只为记住一个名字，听起来似乎小题大做，但一旦你掌握了其中的诀窍，只需几秒就可以完成。最终，当这些形象彻底完成编码之后，一看到挂在她眼皮上的帽子，你就会想起乔安妮这个名字。图像中的其余部分都是多余的。想象人们把帽子挂在眼皮上，这听起来是不是很荒唐或很愚蠢？听你这么说我很高兴，因为你想到的形象越愚蠢、越夸张、越荒谬，你就越能记住它们。这不仅适用于记忆名字，而且还是所有记忆技巧的基本秘诀之一。

重复

当你和别人说话时，要注意经常使用他们的名字。你每提及一次对方的名字，都是在利用一次新的机会将你的想象同他们的面部特征联系起来，进而加强这种联系。

例如，如果你正在参加聚会，这是一个很好的机会，可以在几个陌生人身上尝试一下这种记忆技巧。你可以偷偷看一眼你与之交谈过的人，看看你能多快地回忆起他的名字，看看这种方法的效果有多好。

这种方法最好的一点是它可以迫使你更专心地倾听，更加留意对方在说什么。因为如果你听不清他们的名字，你也就不知道该如何联想他们的面孔。此外，你还需要看清对方的真实长相，而这是我们很少花时间或精力去做的事情。

所以，即使联想和想象的方法不起作用（有时确实如此），只要试着使用这种方法，也会给你自己极大的帮助，帮你记住对方的名字，因为这种方法需要你把注意力集中在对方身上几秒钟。无论如何，你都会比以前做得更好。

唤醒超级记忆力

如何记住更多信息

到目前为止，我们已经解决了两个日常问题：记不住别人的名字，以及就在嘴边但一时想不起某件事。这两个问题都是造成不必要的挫败感的常见原因。以下是用于记忆信息（"去看牙医"）和数字（"9月25日上午9点30分"）的经典方法。与我们用于记忆名字和面孔的技巧不同，这一次，你的记忆不会因为看到现实生活中的某个事物（比如一张脸）而被触发，一切都发生在你的大脑中。然而，这种方法仍然需要你创造令人难忘的联想和图像。下面给出的是一份备忘清单，涵盖了你应该赋予自己想象的所有属性，使它们尽可能容易让你记住：

• **训练你的感官**。需要记忆的事物涉及的感官越多，我们就记得越清楚。这意味着你越善于用你的感官去感知事物，你就越能记住它们。所以我们要有意识地练习听觉、视觉、味觉、嗅觉和触觉，以提高你的感知能力。另外，试着把你的各种感官结合起来，比如：那个词看起来是什么样子的？听起来是什么样子的？这是加强记忆的一种好方法。

• **动作**。包含动作的图像比静止的图像要好得多，原因和上面一样——你可以使用更多的感官印象来记住它们。

• **幽默**。让你想象出来的画面尽可能地积极、有趣、荒诞、滑稽和超现实。你付出的努力越多，它们就会变得越独特，你也就越容易记住它们。

• **避免带有暴力或让你感到不舒服的负面形象**。我们的大脑不喜欢思考这样的事情，除非万不得已，因此会使这种图像更难检索。

• **数字**。添加序号可以使你更容易浏览自己的记忆，不至于忘记自己想到了什么地方。因此，数字是许多记忆技巧中不可或缺的组成部分。

• **颜色和尺寸**。这又再次涉及了感官印象。让你想象出来的图像色彩鲜艳、三维立体，这样可以刺激你的大脑，与单调的平面图像相比更容易记忆。

• **夸张**。采用夸张的颜色、尺寸、声音，以及一切你可以夸大的事物。一方面，这可以产生幽默的效果，有助于你回忆；另一方面，夸张之后的图像比较特殊，你不可能将其误认为可能发生在现实生活中的类似事情。

为什么感官印象对记忆如此重要，理由很简单：人类大脑处理具体形状和外部刺激的历史比处理抽象数字的历史要长得多。我们的祖先利用感官收集食物、躲避捕食者、感知世界、繁衍后代，这些能力在我们人类的生存中发挥了至关重要的作用，大脑中处理这些信息的区域因此变得非常发达（今天仍然如此）。

把数字变成你认识的具体形状，并通过添加动作、幽默、颜色、声音、触觉、味道以及你对自己周围环境产生的其他感官印象，把它们变得更加生动、强烈，借助大脑的理解，你就好比是从心理上"粘贴"了这些数字，因而可以记得更牢固。在使用你的记忆技巧时，试着让你所创造的每一种联想至少符合备忘录清单中的一点。如果我们产生了联想，但仍然不能回忆起具体内容，这往往是因为我们的联想太无聊、太平淡。你想产生丰富的联想，现实却可能是黯淡无光、平淡无奇的，如果你真想记住某件事，那就必须让自己的想象色彩缤纷，就像里约热内卢的狂欢节一样。

关联法

这是我学过的第一个记忆技巧，对大脑来说是一种极好的热身活动。你可以使用关联技术，帮自己记住长长物品清单中的所有物品——无论是你的购物清单，还是本周你需要记忆的法语词汇表。

你会注意到，与动词和其他词性的单词相比，一开始将名词关联起来更容易一些。（购物清单中肯定全是名词，除非这份清单极具创意；不过，法语词汇表中肯定所有词性的单词都有。）在随后这个例子中，我们假设你需要记住下面这份购物清单：

土豆
牛奶
面粉
饼干
鸡蛋
鱼
培根
卫生纸
灯泡
黑胡椒

一共是 10 项。我猜，即使这份清单只有一半长，你也可能会把它写下来，以免从商店买回家的东西根本不是你想要的。现在你不用再担心这个了，你需要做的就是记住其中的一个，也就是清单中最上面的那一项。在这个例子中，就是土豆。接下来，通过荒诞、夸张的想象把土豆和牛奶关联起来，然后把牛奶和面粉关联起来，以此类推。就像下面这样：

从土豆到牛奶——你看到巨大的土豆像陨石一样从天而降，砸进一个巨大的牛奶湖。你会听到巨大的声响，岸边的小屋被溅得到处都是牛奶，一切都被弄得又白又湿。

从牛奶到面粉——你想要喝杯牛奶，但是从奶瓶里出来的不是牛奶而是面粉。面粉噗的一声撒了出来，弄得你满手都是。

从面粉到饼干——你撕开一袋面粉，发现里面全是饼干。巧克力饼干从袋子里流出来，一直堆积到你的腰部，让你无法动弹。

从饼干到鸡蛋——你把饼干打碎放进煎锅里，就像打鸡蛋那样。你打碎的每块饼干都会流出蛋清和蛋黄，落在平底锅上时发出嘶嘶的声音。

从鸡蛋到鱼——你打开装鸡蛋的盒子，结果发现里面装着成千上万个红色的小蛋蛋，而不是你想象中的 12 个白色的大鸡蛋，你意识到它们是鱼卵。就在此时,你感觉到鱼鳍在拍你的肩膀,然后转头看到一条大鲶鱼——这家伙想知道你打算干什么。

从鱼到培根——你正在划船、钓鱼,但你所钓到的都是大块的培根。

从培根到卫生纸——你正在热锅里煎培根,把煎熟的培根放在巨大的展开的卫生纸上晾干。你推动巨大的纸卷,想要多放一些卫生纸出来,结果轰隆一声,纸卷一下子滚远了。

从卫生纸到灯泡——你手里攥着一卷卫生纸,迫不及待地想上厕所,但每次你一开灯,灯泡就灭了。于是,你又到下一个隔间去试试,结果每试一个,灯泡就灭一次。

从灯泡到黑胡椒——你在吃晚饭的时候,拿起一个灯泡,开始转动上面的金属部分。空气中发出一种有节奏的嘎吱嘎吱的声音,新鲜的胡椒从灯泡里流了出来。

郑重提示
— 唱出你的心声 —

一种非常有效的记忆方法是使用押韵、诗句和歌曲。广告界有句老话:"当你无话可说时,那就唱出来!"我们非常善于记忆旋律和节奏。这就是为什么在我这一代人中,每个人都依然能记住并演唱经典歌曲,比如汉森兄弟的《世界大同》。这也是为什么现在每个活在世上的人都至少知道流行组合爱斯基地[①]的那首《所有她想要的》中的两句歌词,尽管,实话实说,那首歌很差,歌曲其实只是故事的音乐版本。

[①] Ace of Base,90年代欧洲歌坛最富传奇色彩的流行组合。——译者注

据说,《爱丽丝漫游奇境记》的作者刘易斯·卡罗尔是通过某种做法来记忆事物的,比如,把重要的年份转换成单词,然后把这些单词嵌入有趣的对句中。他向所有需要记住事物的人推荐了这种方法。他说起来容易,可是写一首歌却是很难的,尤其是押韵的歌词。创作能帮助记忆的歌曲的一个好方法是使用列表。列出所有你想要记住的事情。然后,找到你比较喜欢的旋律,最好是已经写好的,而且来回重复的那种(推荐大家使用爱斯基地的那首《所有她想要的》)。将你列出的单词插入到曲调中,使它们尽可能地协调,再根据需要,添加一些诸如"并且"或"之后"之类的填充词。试着找出列表中押韵的单词,这样会记得更牢。或者,如果可以,按字母顺序排列,比如当涉及的是国家或城市名称的列表时。把这个新版本的列表写好之后,你就可以根据歌词提示,练习演唱这首歌。

把所有相关的事情做好可能会花费你一些时间,但是一旦完成,你就掌握了一份不容易忘记的清单,即使你想忘也忘不掉。这种记忆可能会持续数年之久。如果你想知道记忆列表歌曲到底多么有效,你可以上视频网站观看麻省理工学院教授、音乐家和喜剧演员汤姆·莱勒背诵元素周期表的疯狂表演。这首歌的名字就叫《元素》(*The Elements*)。

接下来,我想让你写下你需要购买的10件物品。这个清单将作为接下来的几个练习中你的个人购物清单。不要跳过这一部分——如果跳过去,后面你将很难跟上,因为你将没有任何使用这些技巧的实际经验。拿出一张空白纸,写下你上次购物时买的10件商品,或者你现在需要购买的10件商品,在不同条目之间留一些空间。

写完之后,试着在清单中的商品之间创建记忆关联,就像我前面给你展示的那样。此时,你要表现得愚蠢、滑稽,但要有创造力。在空白处写下一些暗示,必要时可以帮助你想起其中的关联。整个过程不能超过2分钟,所以马上开始吧!

完成后,在不阅读你刚标记的各种关联的情况下,看一眼清单中的第一个条目,以提醒自己要购买的第一件商品。然后,把纸翻过去,不要看，试着回想一下你的整张购物清单。看起来你似乎不可能记住你从来没有机会研究的东西，但实际上，你的记忆在你开始创造想象关联的那一刻就开始工作了。现在试一试，你就会明白。

你做得怎么样？我猜你肯定记住了整个购物清单，或者几乎全部记住了，没有任何严重的问题。现在看来，如此麻烦地写下只有 10 个条目的购物清单似乎有点儿多余了，不是吗？就我个人而言，我不记得我上次那么做是什么时候了，而你以后也不用再那么做了。

但是，好戏还在后头。

这是一种非常有效的方法，你可以按照我刚才介绍的使用它。但这里面有一个小问题：对于清单中的每个新条目，你都需要"重新开始"。在我上面给出的清单中，虽然土豆会帮助你记住牛奶（因为我们想象的是土豆像陨石一样砸进了牛奶湖里），但是当你要记住面粉的时候，你必须使用一个全新的形象（从奶瓶中倒出面粉）。这意味着当你记住牛奶时，你必须记住下一个关联要从倒牛奶开始（而不是喝牛奶、看牛奶、买牛奶、在牛奶里洗澡，或者用牛奶做任何你能做的其他事情）。除了"牛奶"这个词，没有任何东西可以帮助你回忆起下一个记忆形象是如何开始的。如果你在创造自己的记忆关联时，使用了强烈的感官印象，那这不算什么大问题。但存在这样一种可能——至少在理论上是存在的——你怎么也想不起面粉，因为你不记得自己打算用牛奶来做什么。解决这个问题的一种方法是采用连贯的故事把记忆关联连接起来，使其变得更有意义。

讲故事

把不同的信息串联成一个连贯的故事是一种杰出的记忆技巧，因为长期以来，为了记住历史、法律、传统和习俗，人类一直就是这样做的。在像荷马这样的人出现并写下故事之前，我们常常互相讲一些很长的、耳熟能详的故事，其中包含了我们所需要的信息。你也可以这样做，只不过方法可以更简洁：把你需要记住的东西作为简短故事的基础，故事只需要描述你的一次离家旅行以及你在旅途中经历的事情。在此有必要再重复一次：你编的故事越荒谬、越夸张、越有趣，你就越容易记住它。一开始，你可能需要花几分钟构思出一个故事，然后确保能清楚地看到它、听到它、体验到它，这样它才会被编入你的记忆中。然而，等到第三次左右，你就应该能够加快速度。像往常一样，一切都需要练习。下面，首先我会给你展示一个例子，让你看一下我是如何根据我前面列出的购物清单创作故事的。然后，就轮到你了，根据你自己的清单构思出一个故事吧。

我走出家门，前往商店。刚一出门，我的脚就陷进了两个巨大的土豆里，一只脚踩了一个。路面非常滑，因为有人把牛奶倒在了街上，所以我穿着这双土豆鞋，深一脚浅一脚地走着，一路上奶花四溅。就这样我一直走了九米多才停下来，因为我的脚碰到了一堆面粉，让我慢了下来。此时，我看见路上散落了很多小饼干，一直通向山顶。我沿路而上，边走边大口大口地吃着饼干。到达山顶之后，眼前的景色美不胜收。我看到了湖，湖水中到处是欢快跳动的鱼儿。天空中的太阳就像是一个巨大的灯泡，发出温暖的光芒。我沿着山坡跌跌撞撞地走下来，轻轻地踩在一大堆蛋壳里。为了赶时间，我无暇顾及太多，所以我穿上一副用培根做的滑雪板——它就放在那堆蛋壳旁边的地上。路上没有雪，所以我沿着一条由厚厚的卫生纸铺成的滑道向前滑行。卫生纸卷就在我前面不到一米的地方，我向前滑的时候，纸卷自动向前展开，为我铺好滑道。我到达商店门前，时间刚好，赶在巨大的黑胡椒开始从天而降之前从入口冲了进去。黑胡椒砸得商店窗户乒乓作响，而我则从容淡定地走进商店开始购物。

这就是故事的全部。我编造这个故事花了 2 分钟，但它却达到了目的。正如你所注意到的，我改变了一些物品的顺序，为的是让故事进展顺利。当然，你也可以这样做，因为购物清单上物品的顺序并不重要。

现在轮到你了，你需要为你的购物清单编一个小故事。如果你想的话，可以随意窃取我的一些想法，但最好是你能编造出自己的图像。我们无法保证适用于我的图像也适用于你——你很可能更偏爱使用声音而不是图像。最关键的一点是，一定要把那10件物品全部包含进去。①

现在，开始你的创作吧！

故事创作得怎么样？与我们一直在研究的单一关联相比，你觉得创作一个连贯的故事是更容易还是更困难？而且，对学习而言重要的问题是，你享受这个过程吗？学习记忆技巧和学习其他东西是一样的，只是风格不同而已。你可能觉得自己非常喜欢使用故事关联这种完美的记忆方法，当然你也可能根本不喜欢这种胡编乱造，或者觉得在记忆购物清单上花2分钟简直太浪费时间了。如果是这样，也许下一种方法更适合你。

数字关联

这个方法将引入另一种你需要记住的事物——数字。这对你来说也许毫无意义，而且我个人也认为这种方法没有创作故事那么有趣。但数字关联的强大之处在于，当你写下购物清单上的商品的那一刻，你就能够记住它们。数字关联比我们目前使用的故事与联想关联更快、更灵活。如果你编好了一个故事，然后突然间，你不需要买培根了，这时候怎么办？那可能会破坏你对整个购物清单的记忆。如果你只需记忆10件物品，这没什么大不了的，但是对于包含20、50或100个条目的清单，每次你

---

① 在写这几句话的时候，距离我编写自己那个故事已经过去超过24个小时了。即便如此，我不用偷看，仍然可以毫不费力地回忆起整个故事。这不是因为我很特别，而是因为我昨晚为这个故事花了2分钟的时间。你也具备同样的能力。对于你的购物清单，你通常能记住多久？是不是还没走到商店就忘记了？

想从中撤回一项时，都必须从头开始，这会很麻烦。而当你使用数字关联时，你就不再需要依赖于整个关联链。相反，你只需要把你想记住的某件东西（如面粉）和某个数字（如3）联系起来就可以了。

数字关联有两种方法——图像关联和押韵关联。你必须决定自己喜欢哪一种方法。这两种方法我都用，主要看需要记住的东西的数量。

另外，我要指出的是，我有意一遍又一遍地重复购物清单这个例子，因为购物清单是我们每周都要使用几次的东西，有时还会天天使用。就我个人而言，我总是使用数字关联来记忆我的购物清单（尽管我说过，我觉得故事更有趣，但我发现数字关联更适合我）。接下来你会发现，这种方法可以显著提高记忆速度。一旦你掌握了这种技巧，使用起来就会非常快捷，这比找支笔在破旧收据的背面写下你需要的东西要快得多。

图像关联

对我来说，这似乎是两种方法中更简单、更直接的一种，但它最适于记忆10个以内的条目（过一会儿你就会明白为什么）。有一些方法可以将这种方法的应用范围扩大到20个或20个以上的记忆对象，但是我认为此时最好使用另一种技巧。

要使用图像关联，首先要把数字1~10想象成与其类似的物体。例如：

1 = 旗杆　　　　　　　　2 = 天鹅

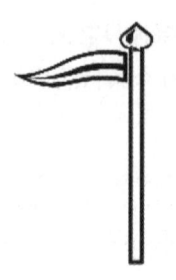

3 = 孕妇

4 = 帆船

5 = 鱼钩

6 = 高尔夫球杆

7 = 回旋镖

8 = 沙漏

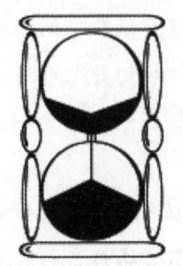

9＝蝌蚪　　　　　　10＝鼓槌和鼓

在选择你自己的图像时，要选择你立即能够想到的物体，你最先想到的必然是你最容易记住的。你需要训练你对数字的想象，只要听到或想到一个数字（比如，2），就会立刻唤起你对那个数字的想象（比如，天鹅），不需要你付出任何努力。如果你选择了称心如意的图像，那么只需要尝试几次就可以记住。如果其中一张图像在重复了五六次之后仍然印象不深，那你就应当用一张更适合你的图像来代替它。

下一步是将你的购物清单与你的数字图像联系起来，生成新的三维图像。如果可能的话，最好能把动作和声音也包含在其中。使用我上述的购物清单，最终生成的图像大致是下面这样的：

1. 旗杆上挂着一个土豆。
2. 一只天鹅在牛奶湖中游来游去。
3. 一位孕妇身上有用面粉制成的人体彩绘。
4. 帆船在一个巨大的沾满果酱的饼干上航行，陷入果酱中无法前进。
5. 狐狸用鱼钩把鸡蛋从鸡窝里钩了出来。
6. 高尔夫球杆击打的不是高尔夫球，而是打在海鲈鱼（鱼）上，发出清脆的啪嗒声。
7. 回旋镖是用培根做的，或者飞回来的时候上面挂着培根。

8. 沙漏是由两卷相互叠放在一起的卫生纸组成的，中间夹着一张纸。

9. 蝌蚪游向灯泡，就像精子游向卵子一样。

10. 鼓上面覆盖着一层黑胡椒，鼓槌击打时，黑胡椒会在鼓面上上下跳动。

一旦你将代表数字1~10的图像（旗杆、天鹅等）牢牢地印在你的脑海中，通常只需一两秒就能想到你需要记住的组合（例如，天鹅在牛奶中游泳）。

但首先，就像我说的，你需要想出你自己的代表数字1~10的图像。现在就试一试你的创造力，画出或写下10张你觉得与这10个数字比较匹配的图像。如果你认为我的那些图像中有些也适合你，那么同样，你可以随便窃取我的创意。至于其他数字，想出属于你自己的图像。利用购物清单的背面，或者另外再找一张纸，在页边空白处写下1~10，然后去城里购物。

做完这一切之后，有必要再检查几遍你的数字图像，确保你知道它们代表的是什么。然后，试着在每个数字和购物清单中相应的条目之间建立你自己的关联，就像我做的那样。记住，运用记忆的关键是创造出值得记忆的图像，所以尽情地发挥你最疯狂的想象吧。现在就开始。

做完了吗？如果你已经做完，请回答下面的问题，看看你对自己的购物清单能记住多少。

- 数字5代表的是什么？
- 数字8代表的是什么？
- 你能从后向前倒序背诵购物清单吗？

试验结果让你感到惊讶吗？可以看出，这个方法比采用故事关联的方法灵活得多，因为你没有对这些记忆对象进行相互关联，而是把它们与你永远不会忘记的东西联系起来：数字 1~10。这种方法的唯一缺点是你必须记住你的数字图像，但如果你花时间选择出了合适的图像，这应该不是什么太大的挑战。

如果你想记住 20 个事物或者 30 个事物，你会怎么做呢？有些人认为，数字图像法也可以用于记忆更多的事物。你所需要做的就是给图像添加另外一种属性，比如颜色。你可以把数字 1~10 的图像想象成绿色，把 11~20 的图像想象成红色，把 21~30 的图像想象成蓝色，依此类推。当然，你也可以使用颜色之外的其他属性，比如把每组 10 个数字想象成不同的声音或气味。就我个人而言，我从来不认为这样做很有效。我倒是觉得这样做很容易搞混数字。正因为如此，我更喜欢下一种技巧。

押韵关联

押韵关联实际上只是图像关联的另外一种形式。但是，你想到的图像不是与数字看起来相似，而是要使用听起来与数字相似的图像。例如[①]：

    1 = 太阳（sun）

    2 = 鞋子（shoe）

    3 = 树（tree）

    4 = 门（door）

    5 = 蜂巢（hive）

    6 = 棍（sticks）

    7 = 天堂（heaven）

    8 = 大门（gate）

---

① 以下 20 个单词的发音同与之对应的数字发音都有相似之处。——译者注

9 = 葡萄树（vine）

10 = 母鸡（hen）

11 = 发酵（leaven）

12 = 书架（shelf）

13 = 渴望（thirsting）

14 = 献殷勤（courting）

15 = 恰当的（fitting）

16 = 西斯廷（Sistine）

17 = 震耳欲聋（deafening）

18 = 等待（waiting）

19 = 封爵（knighting）

20 = 充足的（plenty）

我承认这其中有些押韵的单词有点儿生僻，有些可能对你个人来说并不适用，但关键是它们对我很适用。如果你能想到更好的押韵词汇，替换掉原来的，试着制作一份属于你自己的 1~20 的押韵列表。把你的列表写在本书中我的列表旁边——这样可以为你节省一点儿纸！

如果你发现很难想出与数字 11~20 押韵的单词，你也不必感到不安，因为即使你只能想出 10 个押韵关联，你依然可以毫不费力地记住 20 件事物——你只需使用你的数字图像记住前 10 件，然后使用押韵关联记住剩下的 10 件。①

如果你完成了整个押韵列表，那你就能够毫不费力地记住 30 件事情：其中 10 个采用图像关联，20 个采用押韵关联。我们说过工作记忆能够同时处理多少件事情？只能同时处理 7 件，误差不超过 2 件？这简直是天壤之别！

---

① 当然，你可以给大于 20 的数字找到与之押韵的单词，但除非你是一个天才的说唱歌手，否则我想你可能同我一样，很难想出能与 45 和 38 这两个数字押韵的单词。

为什么不利用本书前文中在讲到曲别针用途时给出的那个列表试验一下这种方法呢？其中刚好包含了 30 种完全不同的事物。当然，列表中不全是名词。

现在就去尝试一下，享受一下作为优秀读者的那种感觉。练习把图像关联与押韵关联同图片结合起来。如果你曾经试图记住它们，我相信你肯定在记忆整个列表时备受折磨。你上一次不费吹灰之力一下子记住 30 件事是什么时候？现在，你可以感受一下使用你刚刚获得的超能力是多么有趣。不过，尽量不要四处炫耀哦！

高深的记忆技巧

非同寻常的记忆训练

有人建议我把下一部分的记忆训练从书中删去。有些人（我不愿说出你的名字，但你知道我说的是你）声称，我们接下来要讨论的记忆技巧对普通读者来说太高深了。但我不同意这种观点。事实上，如果你问我，事实恰恰相反。如果你在本书中跟随我一直到此，以下两种记忆技巧应该更像是对你目前所学内容的合理结论。一旦你掌握了这两种技巧，你就再也不需要学习其他记忆技巧了。我把是否学习这两种技巧的决定留给你自己。如果你认为记住 20 件或 30 件物品就足够了，那就请便，你可以跳过接下来的几页。有人可能会称接下来的几页内容为"课外材料"，但我认为它恰恰是这种超级能力真正的起点。

记忆宫殿

这一技巧是真正的经典记忆技巧，可能是至今仍在使用的最古老的记忆技巧。据说这是罗马人用来记忆大量信息、给彼此留下深刻印象的一种技巧。文艺复兴时期的演说家在演示记忆能力时，经常使用这种技巧来发表包含大量精确信息的长篇演讲。在我们当前这个信息爆炸的时代，记忆海量信息的能力变得至关重要。而且，正如古罗马人所发现的那样，具备这种能力会让你显得很酷。

这一技巧的好处在于，它利用了你非常熟悉的东西——你周围的环境。然而，要想充分利用这一技巧，你需要非常擅于视觉想象。有些人觉得这种视觉化方法比其他方法容易，但既然你已经练习了前面我们讲过的技巧，你就已经掌握了有关视觉化方法的很多内容。

你需要做的第一件事是确定一个你非常熟悉的具体地点，将其作为你自己记忆宫殿的基础。你想到的是可能是你的家，但是你需要确保自己家中有足够的空间。如果你住在一个狭小的单间公寓，也许你应该选择一个不同的地方。选择你朋友的家、你喜欢的商场或者你上班的路怎么样？

确定好地方之后（让我们假设你选择了自己的家），继续想象以下这些事情：你回到家，进门之后环顾四周，看一看家里大厅摆设的所有东西。在我自己家的大厅里，我先是看到了地毯，看到了左边墙上的衣钩。镜子就在我的正对面，挂在梳妆台上方。我还看到了我右手边的门禁电话，看到了天花板上的吊灯。最后，当我开始走向客厅时，我注意到了地板。

像我这样，在你自己家的大厅里也四周环顾一下，然后走进隔壁房间，从右到左扫视整个房间。留意一下墙上的画，留意一下屋内的花盆、书架、沙发和咖啡桌，尽可能多地记住这一切。这次自家之旅将成为你自己的记忆钥匙。你能看到的物体将作为你想要记住的东西的附着点，就像前文中你使用图像和押韵词汇那样。鉴于这一原因，一旦你记住了家里的东西，之后一定不要改变这一印象。

接下来，把你想要记住的东西想象成它就在你家中的某个物体上面。和往常一样，采用夸张、幽默、尺寸大小、颜色因素以及其他方面的手段来辅助你记忆，肯定会有帮助。让我们再次以我们钟爱的购物清单为例。这一次，我要像刚才描述的自家之旅那样，在自己家里边走边记，以这种方式来记住购物清单。

  一进门，我做的第一件事就是低头看地毯，发现上面覆盖着一堆数不清的小土豆。

  在这之后，我环顾四周。在左边墙上，我看到一些挂衣服的钩子。但是今天，钩子上插着一些牛奶盒，牛奶从挂衣钩刺穿纸盒的地方渗了出来。

  对面的墙上挂着一面镜子，但是整个镜面覆盖着一层厚厚的面粉。我必须用手把面粉拂开，才能看清镜子中的事物。

  镜子下面是梳妆台，上面堆着一堆巧克力饼干。我开始流口水，因为我突然意识到整台梳妆台就像是一个巨大的饼干，我迫不及待地想要马上吃掉它。

  梳妆台的三个抽屉发出不同的声音。我打开上面的抽屉，里面全是水，鱼在水里扑腾。我必须立即关上抽屉，以免它们跑掉。

  中间抽屉里满是气得咯咯叫的母鸡。当我打开抽屉的时候，它们对我怒目而视，冲上来关上抽屉，因为它们想保护里面的鸡蛋。

  当我拉开最后一个抽屉的时候，从中传出一种剧烈的、嘎吱嘎吱的声音，里面的煎锅正在煎烤一排又一排的培根，脂肪在锅里嘶嘶作响，油花四溅。

  右边的墙上挂着一部门禁电话，不过，已经不好用了。我一碰它，它就在我手里变形了——整部电话全是用卫生纸做的。

  最后，我抬头看了看天花板。就在这时，天花板上的灯泡开始变大，越来越大，几乎填满了整个大厅，我几乎没有立足之地。

  我向前迈了一步，感到有什么东西在我脚下嘎吱作响，低头一看，发现整个地板上都是黑胡椒粒。

  这里重要的一点是，你必须每次都以完全相同的方式穿过你的记忆房间（或者，在这个例子中指的是记忆大厅）。对我来说，这意味着我总是能依次看到下面这些东西：大厅中的地毯、衣钩、镜子、梳妆台最上面的抽屉、中间的抽屉、最下面的抽屉、门禁电话、天花板上的灯、地板，从来不会跳过其中任何一个。这样一来，我就能保证自己不会忘记购物清单上的任何一项。你也可以在大厅里摆放更多的东西，例如，可以在每个衣钩上挂上不同的东西，或者在角落里也摆上东西。但就我个人而言，我发现一旦用于记忆的衣钩变得过于相似，那就很难记住上面的东西。所以我喜欢使用不同的东西，利用更多的房间。在我的大厅里还有一些门，我完全可以把它们也包括进去，利用起来。但是我没有把它们用作购物清单的记忆附着点，因为我把它们用作记忆其他东西的手段，这一点你很快就会看到。

下面，我们举例说明一下这种记忆技巧。假如为了在一周后的宴会上给客人留下极为深刻的印象，我决定按时间顺序记住莎士比亚所有38部戏剧的名字。我的大厅不够大，也许我的整个家都不够大，难以用于这种记忆。所以，我想到的是利用斯德哥尔摩的文化艺术中心。第一部戏剧《亨利六世》对我来说很容易记住，因为我自己的名字和亨利有点相似；在文化艺术中心的入口处，我遇到三个一模一样的蝙蝠侠的助手罗宾（他的真名叫迪克·格雷森，这让我记住了莎士比亚的《理查三世》）；艺术中心的入口变成了一个巨大的迷宫，我在试图找到出路时犯下了无数错误（《错误的喜剧》）；在自动扶梯上，我遇到了一个由坚不可摧的钛（Titanium）制成的古老机器人，他正在引导人们上扶梯[这让我记住了《泰特斯·安德洛尼克斯》(Titus Andronicus)，就像我说的，使用适合自己的联想]；在自动扶梯上，一位女士开始对她见到的每一个人不停地挑衅，包括我，直到一位正直的市民拿出鞭子，抽掉了她的帽子（《驯悍记》）……不再一一举例。

只要我能像在自家大厅那样，在文化艺术中心也同样精准地一边走一边记忆，我就能把莎士比亚所有的戏剧都摆放其中，不会有任何问题。但假设我在不同的地方多次进行这种行走记忆，并因此创建了数个"记忆宫殿"。比如，我使用斯德哥尔摩的老干草广场来储存《成人童话》

(*Fables*)中每一部的情节，用我孩子的学校来储存我下一阶段舞台表演的创意，用我家的大厅储存我的购物清单，那我到底是如何记住我创造的所有这些不同的记忆宫殿的呢？

这就是我利用家中大厅里那些门的地方。我脑子里有一条象征性的门廊，它是基于我家中那个真实的大厅，但是里面除了门什么都没有。在电影《圣诞节前的噩梦》中，杰克·斯凯灵顿来到一片有树的空地，每棵树都有一扇门，每扇门上都有一个标志，标明这扇门通向哪个世界。我的大厅就是这样的（尽管我还没有找到通往圣诞镇的那扇门），每扇门上都有一幅画，告诉我它通向哪里。比如，其中一幅画上画的是文化艺术中心外面矗立的威廉·莎士比亚的雕像。这样一来，我马上就知道，漫步于艺术中心，我会想起莎士比亚的所有戏剧。根据需要，我只要添加更多的门就可以了。

关于这种记忆技巧，还有另一种办法：完全凭空想象你的整个记忆宫殿，不需要基于真实的地点。根据你自己的喜好，想象出一栋大房子，里面装满了你想要的家具和所有其他东西。在你把这个想象中的地方详细地视觉化之后，你就可以像使用真实的地方一样使用它。唯一的区别是，这一切都在你的头脑中，你可以随心所欲地改变或扩展它。就我个人而言，我觉得这种方法有点儿冒险，因为它要求我每次都以完全相同的方式记住我想象中的房子里的所有东西，但却无法验证我的记忆是否准确。如果我忘记了其中的一件家具，比如忘记了壁炉前有一张狮子皮地毯，那我就没有办法记住与它相关的东西。如果整个地方都是凭空想象出来的，那就没有任何线索可以帮助我记忆，不像我自家的大厅那样时刻都会让我记起里面的家具，因为我每天都会看到它们。

用于记住想象出来的空间和其中物品的方法包括将其画出来，或者在它们之间进行足够数量的想象漫游，以确保所有东西都在它应该在的地方。就我个人而言，我发现记忆具体存在的物体更容易，尤其是如果它们被放在我经常能看到的地方，因此，我更喜欢使用现实中已经存在的地方作为记忆宫殿的基础。但我这样做可能过于谨慎，你可以自由地尝试更富有想象力的方法，毕竟，这是古代记忆大师们的最爱。

使用带有多扇门的记忆宫殿，从而通向不同的记忆通道（就像我大厅里的门），能够让你非常快速地处理大量信息。这种信息不会无限期地留在门后，除非你不时地打开它，进行一次自己的记忆之旅。我相信你会发现这是一件非常令人满意的事情。当我花 5 分钟漫步于文化中心时，它既是一种静思冥想，同时也加强了我的脑细胞之间的联系，使我的记忆变得更牢固。除此之外，这样做还能带来一种额外的好处——当我注意到它的效果时，我就会感觉自己拥有了一种（深不可测的）神秘的力量。

你体内也住着一个道行极深的神秘高手。如果没有的话，我想你肯定也不会去读一本宣称能给你带来超能力的书。是时候向世人展示你内心那个神秘的高手了。希望大家能玩得开心。

基本记忆法

现在，我们讲到了真正精彩绝伦、令人惊叹的内容。这种方法是由斯坦尼斯劳斯·明克·冯·温斯申（我发誓这个名字不是我编造的！）在 17 世纪提出的，在 18 世纪由理查德·格雷博士加以改进，此后一直保持不变。直到最近，记忆冠军多米尼克·奥布莱恩和弗拉基米尔·科扎连科开始基于这种方法创造属于他们自己的记忆方法。但是，还是让我们从头开始介绍吧。

如今，基本记忆法（TMS）被认为是记忆大量信息的首选方法。它采用的是一份清单，类似于你在本书中刚刚读到的那些清单。但是这份清单中包含的不是 10 项或 20 项内容，而是包含 100 个条目，这还是它最短的一份清单。

听起来是不是很多呢？只需要一种简单的技巧，你就可以使用这个清单来记忆 1 000 个条目，甚至 10 000 个。我知道这听起来匪夷所思，但你可以做到的。

这是一个双向记忆方法。一方面，它是一个带有编号的清单，这些数字可以被用作记忆图像的辅助工具；另一方面，你也可以逆向记忆，利用自己创造的图形来记忆数字。它可以帮你记住很多数字，你再也不需要一次又一次地查询你的银行账号了。在几秒钟内记住你朋友的信用卡号码是一个很酷的聚会炫耀伎俩（他们可能不会让你有第二次这样做的机会，但不管怎么说，这种能力还是挺炫的）。如果你使用这种方法，你也永远不会忘记你在自动柜员机上的密码，也不会忘记你的行李箱锁的密码。

让我首先解释一下这种基本记忆法的过程与方法，这样你就能够明白包含100个条目的清单的工作原理，然后我们就可以更详细地讨论实际问题。这种方法的核心思想是：你要记住10个辅音字母——从0到9，每个数字对应一个辅音字母。这些字母是唯一需要你自己记住的内容，其余的内容这种方法会帮助你记住。由于对应10个数字的10个字母已经足以填满人类的平均工作记忆，所以多年来，记忆实践者们一直在争论哪些辅音字母使用起来最容易。人们认为，最好是数字本身能帮助你记住字母，无论是通过它的外形还是发音。在我看来，最终这一切都归结于个人偏好，要看哪些辅音字母对你来说更容易组词。

下面列出的这些辅音字母是最常见的选择，刚好也是我使用的。正如你所看到的，每个数字可以选择的辅音字母都不止一个，因为这些字母的发音都很相似。不过，我还是建议你每个数字只使用一个对应的辅音字母，然后尽可能地坚持下来，这样就不太容易出错。

0 = S、Z 和浊辅音 C（记忆方法：数字0的英文"zero"首字母是Z）

1 = D、T（记忆方法：字母T看起来有点儿像数字1）

2 = N（记忆方法：字母N有两个垂直的笔画）

3 = M（记忆方法：字母M有三个垂直的笔画，侧面看起来有

点儿像数字 3）

4 = R（记忆方法：数字 4 的英文"four"最后一个字母是 R）

5 = L（记忆方法：罗马数字 L 表示的是 50）

6 = J、SH 和浊辅音 G（记忆方法：字母 J 是数字 6 的镜像）

7 = K、G 和清辅音 C（记忆方法：字母 K 看起来像是数字 7 靠墙而立）

8 = F、V（记忆方法：两个字母 F 可以组成一个棱角分明的 8 字形）

9 = B、P（记忆方法：字母 P 是数字 9 的镜像）

我承认，上面提到的这些帮助记忆的方法相当不一致，而且它们并不都能立即起作用。①如果你想不出有什么字母可以更好地帮助你记忆（就像我提到的，几个世纪以来，人们已经提出了很多这样的方法），这是少数几个你只有死记硬背才能掌握 10 个字母的例子之一。不过这是值得的，因为它们会带你踏上一次记忆冒险之旅，在这一过程中你很快就会发现记忆 10 件事情不过是小菜一碟，微不足道。

在下一步中，你将使用这 10 个辅音字母来设计用于数字 1~100 的单词和图像。例如：数字 3 用字母 M 表示，那么，33 就是 MM。要把 MM 变成一个单词，我们需要添加元音。你可以这样做，比如说，用"MaMMee"（曼密苹果）这一单词来表示 33。如果你需要记住的清单中排在第 33 位的是土星，你可以在脑海中想象出一个曼密苹果在土星轨道上滚动。然后，将这一图像储存在你的记忆中。将来，如果需要记起数字 33 这个位置上的图像，你只需要对自己重复这个过程："3 代表

---

① 这正是多米尼克·奥布莱恩试图解决的问题，他列出了他认为更符合逻辑的新列表：0=O，1=A，2=B，3=C，4=D，5=E，6=S，7=G，8=H，9=N。但正如你所见，这个列表的规则也不是完全一致的。而对于弗拉基米尔·科扎连科，每个数字最多对应使用 6 个不同的字母。如果你问我，我认为他使事情变得更复杂了。不过，你可以随意尝试一下这两种不同的方法，看看哪一种最适合你的记忆。

的是 M，所以 33 是 MM，也就是 mammee——曼密苹果，图像中有个曼密苹果正在土星的轨道上滚动，所以我寻找的一定是土星！"一旦你掌握了数字 0~9 对应的辅音字母，以及你根据这些字母组出的单词，那么你只需要一秒左右的时间就可以检索出你记忆中的图像。就像其他使用序号的记忆技巧一样，你也可以在清单中任意跳转或者逆序记忆。

有人可能会说："请先等一下，我有几个问题要问。首先，我怎么能记得数字 33 对应的记忆单词是'mammee'，而不是其他单词，比如说'mime'？要知道，它们的辅音字母是相同的。

其次，如果这个清单包含 100 件事情，我就有 100 件事情需要记忆，那么我如何才能避免将其混淆呢？要知道，我的工作记忆最多只能同时处理 9 件事情。

"最后，'mammee'这个单词不是有三个辅音字母吗？"

少安毋躁，听我慢慢道来，我可以回答所有这些问题。当你在辅音字母之间插入元音字母来制作你的单词表时，比如单词"mammee"中的 a 和 e，你总是尝试按字母顺序插入元音，直到找到合适的单词为止。字母表中第一个字母是 a，所以你就从 a 开始，不知不觉中你就找到了合适的单词，比如在数字 33 这个例子中，你找到的就是"mammee"，你会知道自己找到了合适的单词。这意味着，只要你能记住 0 到 9 的辅音，你甚至不需要记住 100 个单词。举例来说，假如你记得，根据你的辅音列表，字母 RK 对应的数字是 47，但是你不记得你用这两个字母造出了哪个单词。在这种情况下，你所需要做的就是按照字母顺序，尝试不同的元音字母，直到找到合适的单词，"RacK"就是这样一个词。不过，"ReeK"和"RocK"也比较合适。但是，在字母表中，字母"a"排在"e"和"o"之前，所以你就会知道适合你使用的单词是"RacK"。听懂了吗？

我看到你又举手了，你想要指出的问题是："mammee"这个单词中有 3 个元音，1 个在中间，2 个在末尾。

你说的没错。有时候，只在中间插入一个元音字母是得不到理想的单词的。如果出现这种情况，你必须在最后那个辅音字母后再加上更多的元音字母。这不会增加任何记忆难度。如果你能在创建列表时找到中间的元音字母，你也会自动记住最后的几个字母。一旦你掌握了单词的开头部分，单词的结尾部分就会自然而然地出现。你所需要关注的是你在读这些词时它们的发音，因为这就是你接下来要做的。大声读出来，就是这样。这些单词如何拼写无关紧要。这就是为什么"mammee"是记忆数字33的一个极佳的选择。如果你看一下这个单词中字母"m"出现的次数，它实际上表示的是333（因为每个"m"代表数字3），但是你只听到了两次"m"的发音。出于同样的原因，我们把"cK"（我们在单词"RacK"中使用的）看成一个单独的辅音，因为它对应一个单独的"k"音。到现在为止你还能听懂吗？很好。

这听起来可能很复杂，但是所有这些关于字母数量的规则和总是按字母顺序选择元音字母的规则都是为了尽可能地让这一方法简单易用。当然，如果你有其他更好的方法，你完全可以忽略这些规则。我为数字1和6选择的辅音字母是D和J（1和6都有几个辅音字母可以选择），这意味着JD对应的数字是61。当我第一次看到JD的时候，我立刻想到了电影《星球大战》中的"JeDi"（绝地武士）这个词。然而，根据按字母顺序选择元音的规则，我应该选择的单词是"JaDe"。所以，我试着把"Jedi"换成"Jade"。但每次我看到数字61时，我脑海里出现的总是"JeDi"这个词，因而每次都要费很大劲儿才能弄明白应该用什么词来对应这一数字。在此应当感谢《星球大战》导演乔治·卢卡斯和他的胡子，这二者使得"JeDi"这个词成了对我来说更合适的选择。因此，我把"Jade"换成了"Jedi"，结果效果好多了。

如果你有过类似的经历，你也可以选择效果最好的单词。规则只是为了向你提供帮助，其本身并没有什么价值。如果你发现换成另外一个词更有助于你的记忆，那你就应该换一下，因为人与人毕竟是不同的。

在你创建自己的100个单词表之前,我想给你一些建议:

- 在面对一个数字有不止一个辅音字母可以选择时,选定一个之后要坚持自己的选择,不要换来换去。否则,当你试图在脑海中重新创建你的记忆清单时,你会面对太多的选择。如果你知道哪个字母对应哪个数字,比如1始终对应的是T(并且不会偶尔被D替换),那记忆起来会更轻松一些。

- 尽可能多地使用名词,尽量不要使用动词和形容词。你可能需要使用一些动词来获得完整的清单,但是名词表示的事物比动词表示的动作和形容词表示的状态更容易记忆,而且事物也更容易产生关联。同样,比起抽象的事物,我更喜欢可以感知的具体事物。

- 如果某些词语能让你自己产生强烈的联想(就像"JeDi"让我产生的联想那样),那你就应该使用这些词语,即使它们与你的模式不完全匹配,因为这些是你最容易记住的单词。

- 在试着添加更多元音字母之前,先看看你能不能只在中间加一个元音字母就可以找到你需要的单词。

下面是我自己的1~100的记忆图像清单。在我的电视节目《心智风暴》的一集里,我只听了一次,就记住了100个单词。我当时使用的就是这份特殊的清单(或其瑞典语版)。当你开始使用你自己的清单时,你会发现你想要做一些个人调整,使它更适合你。在我这份清单中,凡是出现与规则不符的地方,那都是因为我所做的调整更适合我。凡是在本质上太过个人化、对其他人没有太大用处的单词,我都在单词旁边用"+"标注出来了,你可能需要用你自己的单词进行替换。至于其他的,只要不是一字不差地照搬,你可以随意从我这份清单中盗用任何你想要的东西。要想得到最适合你个人的、最有效的清单,你应该自己动手,先列出属于你自己的清单,如有需要,再来参照借用我的清单。下面就是我的那份清单，希望能对你有所启发：

1. 死亡（Die）
2. 膝盖（Knee）
3. 哞![牛叫声]（Moo!）
4. 太阳神（Ra）
5. （夏威夷人戴在颈上的）花环（Lei）
6. 太棒了!（感叹词）（Joy!）
7. 卡奥（影片《奇幻森林》中的蛇）（Kaa）
8. 法埃（Fae）
9. 蜜蜂（Bee）
10. 迪齐（Dizzy）
11. 爸爸[+]（Daddy）
12. 丹[+]（Dan）
13. 水坝（Dam）
14. 门（Door）
15. 茴香（Dill）
16. 碟子（Dish）
17. 鸭子（Duck）
18. （嘻哈文化中）极好的[+]（Def）
19. 深的（Deep）
20. 美国国家航空航天局（NASA）
21. 夜晚（Night）
22. 发酵面包（Nan）
23. 尼莫[+]（Nemo）
24. 尼禄（Nero）
25. 钉子（Nail）
26. 鼻子（Nose）

27. 脖子（Neck）
28. 无赖（Knave）
29. 小睡（Nap）
30. 驼鹿（Moose）
31. 垫子（Mat）
32. 男人（Man）
33. 曼密苹果（Mammee）
34. 母马（Mare）
35. 鼹鼠（Mole）
36. 光神星$^+$（Maja）
37. 苹果电脑（Mac）
38. 黑手党（Mafia）
39. 地图（Map）
40. 玫瑰（Rose）
41. 老鼠（Rat）
42. 雨（Rain）
43. 公羊（Ram）
44. 吼声（Roar）
45. 栏杆（Rail）
46. 印度王公（Raja）
47. 耙子（Rake）
48. 漫游（Rove）
49. 拉比（Rabbi）
50. 虱子（Louse）
51. 拿铁咖啡（Latte）
52. 局域网（LAN）
53. 羊羔（Lamb）
54. 诱饵（Lure）

55. 百合花（Lily）

56. 联盟（League）

57. 湖（Lake）

58. 岩浆（Lava）

59. 实验室（Lab）

60. 追捕（Chase）

61. 绝地武士（Jedi）

62. 简⁺（Jan）

63. 果酱（Jam）

64. 雅尔（Jarre，指音乐家让·米歇尔·雅尔）

65. 果冻（Jello）

66. 护身符（Juju）

67. 杰克（Jack）

68. 爪哇岛（Java）

69. 猛击（Jab）

70. 箱子（Case）

71. 猫（Cat）

72. 肯（Ken）

73. 梳子（Comb）

74. 轿车（Car）

75. 羽衣甘蓝（Kale）

76. 笼子（Cage）

77. 蛋糕（Cake）

78. 咖啡（Coffee）

79. 出租车（Cab）

80. 脸（Face）

81. 脂肪（Fat）

82. 扇子（Fan）

83. 泡沫（Foam）

84. 恐惧（Fear）

85. 秋天（Fall）

86. 阶段（Phase）

87. 赝品（Fake）

88. 国际足联（FIFA）

89. 绝妙的（Fab，出自"Fabulous"）

90. 贝斯（Bass）

91. 坐浴盆（Bidet，其中t不发音）

92. 豆子（Bean）

93. 嗡鸣声（BOOM!!!）

94. 酒吧（Bar）

95. 球（Ball）

96. 袋子（Bag）

97. 烘烤食品（Bake）

98. 牛肉（Beef）

99. 婴儿（Baby）

100. 雏菊（Daisies）

下面轮到你了。再看一看前文中提到的辅音字母，如果你不记得它们了，那就发挥你的创造力吧，拿起笔，深呼吸，开始写下属于你自己的与1~100对应的单词清单。我们已经走到了这一步，你坚决不能退缩。

趁着你列清单的机会，我也休息一下。我需要来杯新鲜的咖啡提提神了。

我希望读到此处的时候，你已经完成了你的单词清单。有了属于你自己的清单之后，如果你觉得根本无法全部记住自己写下的这100个单词，我表示完全理解。① 但是构建这份清单的过程会有很大的帮助。在你列单子的时候，你会来回地重复这 10 个辅音字母，我想你现在可能已经记住它们了。如你所知，K（或 G）和 L 分别是代表数字 7 和数字 5 的辅音字母，至于代表 75 的是 KL 还是 GL，这取决于你对辅音字母的选择。

不要看，想一下你的清单中第 75 项是什么？比你想的要简单，不是吗？这种方法对你的确有帮助。这一次我不给你辅音字母了，想一下对于数字 48，你选择的单词是什么？

如果你需要一些时间来回忆单词，不要担心，刚开始都是这样的，因为你还不熟悉这些单词。随着你使用这份清单的经验越来越多，你的速度会越来越快。像这样的大容量记忆法和骑自行车不同——如果不经常练习，就会忘记。因此，你应该尽可能多地使用这种方法，用它来记忆个人取款密码、门禁密码、项目代码、出生年月等，无论你是否觉得有必要这样做。

即使你刚才为了记住数字 75 对应的单词而绞尽脑汁，我也希望你能意识到当你能记住这个单词时那种畅快的感觉！据说我们的工作记忆只能处理 5 到 9 件事情，事实可能的确如此，但是，这份清单意味着你可以在你喜欢的任何时候，在你的脑海中创建 100 个图像，并使用它们来记住另外 100 件事情。这一切都归功于那 10 个辅音字母。这不是超级思维能力还能是什么？

数字故事

一旦你记住了你的清单，你可以用几种不同的方法来使用它。你可以像之前使用押韵关联时一样，用它来记住事物。一个很好的使用方法

---

① 在接下来的内容中，我们假设你已经写下了你自己的单词表（或者根据你的需要修改了我的单词表）。如果你没有完成这一步，你可能会在接下来的几页中遇到麻烦。在此提醒你一下。

是将其用作日历：如果你在每月 25 日预约了牙医，你只需将牙医的形象同钉子（NL=25）关联起来。下次你想知道你和牙医的预约时间时，你只需想象你的牙医脑袋上钉着一串钉子（这一景象绝对能满足你个性中更具报复倾向的方面），然后，你就会想起看牙医的时间是 25 号。或者，你可以用这个方法来记忆事件和年份。在信息能与数字联系起来，或者你需要储存的信息很多时，这种方法是有用的。

你也可以对清单使用故事技巧，根据成对的数字创作出一个故事，然后利用这个故事来记住长串的数字。在你与牙医的约定时间里加上月份，让那位可怜的牙医被蜜蜂蜇一下（Bee=9，第九个月=9月份）。你也可以创建比这长得多的数字序列，绝对没有任何问题。我现在依然记得在 2007 年上半年的一次电视节目中使用的那个 10 位产品代码——3314070801。毕竟，谁能忘记曼密苹果为了躲避蟒蛇卡奥而滚过一扇门，结果却被一只鸭子打死的画面呢？其中曼密苹果、门、卡奥、死、鸭子分别对应我自己的数字清单中的 33、14、07、01、17，这记忆起来简直是小菜一碟。①

创造你自己的特殊词汇

我猜你已经知道你可以用 1~100 的清单来做一个 1~1 000 的清单。你所需要做的就是每个单词使用 3 个辅音字母，而不是 2 个。想出 1 000 个单词并不是一件轻而易举的事，我打赌刚才那 100 个单词已经让你有点儿吃不消了。但你应该明白，如果你想，你可以做到的。方法都是一样的。

通过这种方式，你还可以创造出更长的特殊单词。例如，如果你需

---

① 因为我把代码分成两数一组，所以我可以忽略数字 0。07 就是 7（卡奥 Kaa）。当我想到我的记忆图像时，我知道任何代表小于 10 的数字的图像都会以 0 开头，所以我要做的就是根据需要把 0 加上去。

要记住一个个人取款密码，你可以通过关联 100 个单词列表中的两个图像来实现这一点，就像我对产品代码所做的那样。然而，你也可以用这四个字母创造一个新词。将数字转换成辅音字母，并在它们之间插入元音字母，组成单词。比如，我原来的个人取款密码是 4865，可以转换成"ravejail"。这个单词本身并不存在，但我可以毫不费力地想象它：4–8–6–5=Ra–Ve–Ja–iL。接下来，你只需把"ravejail"和你的信用卡关联起来就可以了[想象一下那些疯狂（rave）的囚犯（jail）一边跳舞一边互相扔你的信用卡]，就这么简单，你再也不会忘记你的密码了。下面你自己试验一下：你能为 1066 年（黑斯廷斯战役爆发的年份）想出什么样的图像来确保自己永远不会忘记它？

欢迎来到费克塞斯 10 000 超级记忆俱乐部

我知道我曾答应过你，要给你提供一种能帮你记住 10 000 个东西的方法。我前面提到过的多米尼克·奥布莱恩有他自己的一套方法，托尼·布赞也是如此，还有其他不同的方法。下面是我自己的记忆方法。

幸运的是，这种方法并不需要你想出 10 000 个由 4 个辅音组成的新单词，但是它仍然需要一些训练，而且它结合了你在本节中学到的一些记忆技巧。你还记得我们曾经讨论过记住一个有 10 个条目的购物清单有多重要吗？现在想来，那种方法是多么简单啊！当时，我曾向你解释过，你可以通过向连续的 10 个条目添加某种特殊的属性（比如颜色）来扩展那份清单列表。我们接下来要做的基于同样的原则，但使用方法略有不同。

以你那 100 个单词的清单作为起点。接下来，创建一个新的 100~9 999 的数字清单，方法是将 1 到 100 之间的两个数字组合起来（例如：10 + 01 表示 1001，98+87 表示 9887）。

如果你把这个新清单写下来，你会发现你有 99 组 100 个数字。第一组从 01 开始，也就是 0100 到 0199。下一组从 02 开始，也就是 0200

到0299。第33组从33开始（3 300到3 399），以此类推，一直到最后一组，从99开始。

如果在100个单词的清单中，你选择用"曼密苹果"来表示数字33，那么以33开头的任何数字（3 300到3 399）的关联都将以"曼密苹果"开头。对于该组中的任何其他数字，你只需将曼密苹果的图像与代表其他数字的图像组合起来即可。如果你使用我的清单，3301的图像将是一个被用作谋杀武器的曼密苹果（33 + 01=mammee+die），3351的图像是一个漂浮在拿铁咖啡中的曼密苹果（33+51 = mammee + latte），3333是一对曼密苹果（mammee+mammee），3399是一个婴儿正在吃曼密苹果（33 + 99 = mammee+baby）。你可以随意夸张，让图像更加令人难忘，比如，想象一杯热气腾腾的拿铁、一个硕大无比的婴儿，怎么样？现在，你有一个从3 300到3 399的数字清单，所有的数字都从曼密苹果开始。下一个100（3 400到3 499）的清单从马（34=MaRe 母马）开始。从本质上说，你可以将包含100个条目的清单"加倍"，创建出用于9 999条信息的关联。① 这可不是个小数。

为了解释基本记忆法，我们在数字上做了大量的工作。但是你应该注意，我们真正在处理的是图像。虽然这种方法的确可以用于记住门禁密码和账号，但它的主要好处是我之前强调过的——你可以把任何你能想象到的东西输入这个系统中，比如一本书的内容，或有史以来最长的购物清单。你可以选择你想要记住的东西。

现在，你可能会想："这一切的意义是什么？"大脑不可能储存那么多信息。你不可能一次记住10 000件事，即使掌握了这样一种超强的记忆方法。但事实并非如此。事实上，情况似乎正好相反，至少当我们谈论的是图像而不是文字的时候。在一些实验中，实验人员要求测试对象快速连续地浏览大量图像。之后，又向他们展示了一组新的图

---

① 我知道，还差一条信息，因为我答应过你可以记住10 000条的。但你肯定能自己记住余下的那一条，对吧？

像,并要求他们指出在这组图像中哪些是他们之前见过的。在迄今为止规模最大的此类实验中,实验人员使用了 10 000 张图像,测试对象的记忆准确率达到了惊人的 99.6%!进行此次实验的实验者莱昂内尔·斯坦丁得出的结论是:"人类对图片的识别记忆能力几乎是无限的。"斯坦丁在他的实验中"仅仅"使用了 10 000 张图像,但他声称,如果受试者看了 100 万张照片,他们平均可能记得其中的 986 300 张照片,而这还是在没有采用相关记忆方法的情况下得到的结果!因此,能够记忆 10 000 张图像的记忆方法不仅仅是可行的,甚至可能过于保守了。

你的记忆力是灵活的

虽然我们现在还在谈论记忆技巧这一话题,但我想我应该提一下另一个问题:你记住的东西会在你的记忆中停留多久?似乎只要你需要,你就能想起你曾经记住的东西,但不需要了,就会忘记(在记忆大量信息时,有必要经常回过头复习一下,巩固你的记忆。如果不这样做,可能会导致你过早地忘记其中部分内容)。如果需要记忆的是一张购物清单,那之前用过的购物清单不可能总是在脑子里,不可能在你试图记住新的购物清单时还来干扰你。一旦你"用完"了曾经记过的信息——比如说,从商店回到家中之后——这一信息往往会自动消失。为了绝对确保你的记忆关联是"空白的",只需浏览你的整个图像集,不将其与任何东西关联起来。你可以用这种技术清除整个记忆宫殿。在宫殿里面走一走,但只想象你在那里看到的物体,不要把它们与任何东西联系起来。

反过来说,如果你想把已经记住的内容保留下来,你只需要偶尔对自己重复一遍(或者在你的记忆中过一遍),确保所有信息都记在脑子里。在你记住一份新清单之后,最好是立即连续记忆两到三次,几小时后再检查一次。在那之后,你只需要在第二天回忆一次。如果那些信息还在脑子里,那么一周之后你还会记得的,但你应该再次检查一下,因为你仍然需要它。

顺便问一下,你还记得那张包含10件物品的购物清单吗?

我想是的。

现在我们再来看这个问题:关于人类只能记住5~9件事的说法到底是怎么回事?这种说法当然没错,现在依然如此。诀窍就是用正确的方式来界定这几件事物。如果你把下面这个数字序列"85、63、02、75、58、71、22、05"看成16个独立的数字,那就不适合工作记忆。但你也可以把它看成4组数字,每组包含4个数,这样每组记起来就更容易了。最重要的是,你可以用你学过的记忆技巧,使每一组数字都变得有意义。人们早就知道,我们是采用分组的方式在大脑中处理事物的。然而,我们花了很长时间才意识到,同样的分组技术也可以应用于记忆方法。这就是我们的天性。例如,你会发现很难按顺序记住51个随机的字,但如果你把它们组合在一起,组合成具有意义、你能理解的单词,你就能记住很多。

你还记得前面那句话的内容吗?这很能说明问题,因为这个句子由51个字组成(此外还包括4个逗号、2个数字、1个顿号和1个句号)。

对了,在我们继续下一章之前还有一件事需要说明一下:如果你在这一章中一直想要记住太阳系中的9个行星,那我现在告诉你,它们依次是:水星、金星、地球、火星、木星、土星、天王星、海王星和冥王星。(当然,冥王星最近降级了,不再被称为行星了。现在,它与谷神星、妊神星、鸟神星和阋神星一样,都被归为矮行星,都位于海王星轨道外的柯伊伯带上。不过,我想提醒你,不要试图通过展示你对这个事实的认识来打动别人,那只会让人感到扫兴。)

现在,我问大家一个有关良心的问题:当你意识到上面这部分主要是一些天体的时候,你是否跳过去没有细读呢?如果是这样,我也不会怪你。这本书很厚,内容很多,里面有很多信息需要你消化理解。我怀疑你是否愿意花一年时间来读完此书。但是想象一下,假如你能以现在阅读速度的 2~5 倍的速度阅读，那会是一种什么情况呢？我想你完全还能在这一年中再读完另一本书，肯定没问题。要想在当下这种信息密集型社会中高速前进，快速吸收知识和信息的能力是必不可少的。就像命运安排好的那样，这刚好就是你的下一个超能力所能让你做到的。在接下来的一章里，你不仅会学到比现在更快的阅读速度，而且还会学到更高明的阅读技巧。

说实话，你早就应该读完本书了。

第 7 章

如何快速阅读

——唤醒你的阅读力

当今增长最快的实体是信息。

——凯文·凯利

所有你希望有时间去做的事情

我们收到的信息超过我们的接受能力

　　为什么把快速阅读能力这部分内容放在本书的最后呢？把这部分内容放在这样一本大部头的书的开始，不是更明智、更有帮助吗？没错，的确如此，但那样的话就不会那么有趣了。

　　当然，我也是想阐明一个问题：也许你以前从来没有考虑过快速阅读这种能力，如果是这样，我希望现在，当你读到此处的时候，你已经意识到快速阅读能力对你来说是多么有用。

　　我们在学习、工作或发展个人爱好的过程中，需要主动或被动地学习具体信息。除此之外，还有大量的信件需要我们处理。如果你和我一样，那么你家里也有一大堆书，你一直想找时间读一下。当然，你偶尔也会读完其中的一本两本，但那堆书增加的速度似乎比你的阅读速度更快。

　　而那堆书只不过是一些低俗的犯罪小说。你甚至没时间接触那些你已经挑选出来的、觉得自己应当读的书——那些非小说类的书籍，其主题看起来非常有趣，但是你永远都无法集中精力去阅读。走进书店几乎是一种折磨——你看到了所有你想看或应该看的书，但你知道，除非你能先读完家里的一些书，否则，买再多的书都没有意义。

可惜你根本没时间去读那些书。

或者,也许,你已经放弃阅读了,甚至从十几岁开始就是如此。你不再买书,也很少去书店,你手里拿的这本书可能是别人送给你的礼物。阅读对你来说是一个陌生的领域,一提到阅读你想到的可能是上学期间枯燥的记忆,会让你感到了然无趣。你可能偶尔会读一两本月刊杂志,但你有没有注意到现在的杂志变得有多厚?读完一期杂志可能需要几天的时间!

快速浏览大量信息的能力不仅仅是一种引人注目的可以用于炫耀的技巧,事实上,它还是一种智力方面的超能力,能让你的生活变得轻松得多,不管你是为了考试而死记硬背有关二战的知识,还是要寻找某个营销项目的相关信息,或者只是觉得早上看完一份报纸就很困难。

现代信息加工

今天,我们能够以人类历史上前所未有的方式接收信息,包括娱乐信息和专业知识。一个货源充足的报摊里的信息比你一整年所能吸收的信息还要多。它每个月,甚至每一天,都会更换补充新的信息。难怪我们如此容易遭受信息过载的困扰,因为能够拿来分享的信息实在是太多了!

最近我在和一个好朋友共进午餐时,他表现出了这种"信息压力综合征"的所有迹象。当时他刚开始用社交媒体,一共关注了5个用户,他们的消息内容与我朋友的工作有关,所以他比较感兴趣。这5个人每发一条消息,他的手机就会发出提示音。就在我们吃午饭的过程中,这5个人总共发了一百多条消息,但需要消化的文本可能更多,因为消息内容与工作相关,所以80%的消息引用了更多的文本,包括各种文章或者我朋友可能感兴趣的网页,所以他的确应该读一下其中的内容。当然,他必须在日常工作之外做这些。

难怪我们有时会觉得自己快被淹死了。

有许多策略可以更有效地处理这些信息，从专业角度讲可以大致称之为"快速阅读"。有人提出，快速阅读能够把你当前的阅读速度提高10倍。这一想法颇具吸引力，因而速读文化几乎创造了一个属于它自己的完整神话。对大脑和眼睛功能的误解导致了这样一种情况：直到今天，人们都在学习童话故事里的技巧。但是也有人教授一些有用的技巧，尽管他们可能不明白为什么这些技巧会起作用。换句话说，在自助领域内一切照旧，没有任何改变。

在本章里，我将努力消除人们对此最严重的误解，消除人们可能有的一些不切实际的期望，而一些实用、有效、能迅速提高阅读水平的技巧会保留下来。我会逐一教给大家。

"快速阅读"这种说法就容易误导人，它应该被称为"高效阅读"，因为事实上，你最迫切的需求并不是提高自己的阅读速度。你自己就可以读得更快，完全没有问题——只要不需要记住所读的内容，你就可以一直快速地读下去。问题的关键是，既要读得更快，还要理解和记住所读的内容。要做到这一点，你需要一些技巧，让你甚至在开始阅读之前就能更有效地过滤和分类相关的信息。我们就从这一点入手。

如何打开一本书

高效阅读的技巧

如果你打算认真对待阅读——练习高效阅读，这和其他训练一样，需要你付出努力——你应该首先确保你的阅读条件比较令人满意，但遗憾的是，我们经常忽视高效阅读所需要的基本条件。

正如奥运会三级跳远运动员需要检查助跑、风速和风向等状况一样，你也需要优化你的阅读环境，以获得最好的成绩。

正确的条件

1. 书或杂志应该与眼睛保持合适的距离。对大多数人来说，应当是距离眼睛 40~50 厘米。

2. 书与你之间的倾斜角度应当是 30~45 度。

3. 书的摆放高度要合适，保证阅读时无须太低头。如果过于弯腰低头，脖子可能会疼，用不了多久，你就会开始打哈欠。

4. 阅读时要保证光线明亮，否则眼睛很快就会疲劳。你还应该确保光线不会在书页上反光，因为光线闪烁和反光会使阅读变得更加困难（当你在阅读用光滑纸张印刷的书籍或杂志时，可能会比较麻烦）。

5. 光源应该在你的上方，或者在你右肩的后面，成一定的角度。这会尽量减少你的手或头可能产生的阴影。如果你是左撇子，并且用左手作为引导手（稍后将详细介绍），那你应该把光源置于左肩后面。

6. 阅读时你的座椅必须舒适，但不必是带软垫的扶手椅。阅读时坐这种椅子会很舒服，但并不能真正帮助你提高阅读效率。有太多人懒洋洋地坐在扶手椅上读书时不知不觉中睡着了，所以最好不要使用这种带扶手的椅子。你需要一把舒适的椅子，但同时也需要在阅读时坐直身子。

我猜你平常阅读时的条件达不到上述要求。但是请记住，你可能并不总是想要高效阅读。高效阅读或快速阅读，是一套技巧。你在特定的场合、在阅读特殊文本时会需要采用这种技巧。坐在扶手椅上阅读并没有什么不对，恰恰相反，我认为这是非常可取的。但是有个前提：只有在不需要高效阅读的情况下才可以坐在扶手椅上阅读，而我们在本章要学习的是高效阅读。

高效阅读

你可以把阅读描述成一个多层次的过程。首先，你需要掌握字母和单词的概念，这样你就可以从眼睛给大脑提供的视觉印象中得出意义。其次，你需要能够将这些视觉印象（你读到的单词）相互联系起来，并赋予它们意义，然后根据你自己的具体经验进行解读，与其他相关的思维模式联系起来，并进行分析和评判。但是阅读并没有到此为止，你还需要能够将信息储存在你的记忆中，并在需要时以可与他人交流的形式再次检索到它。

当有人说他们读过什么东西的时候，他们不一定是指上述所有情况，但上述过程仍然是对我们所说的"有意义的"阅读的一个很好的总结。因为如果你不打算记住自己所读过的东西，你就不会费心去读它，对吧？同样，如果在你需要的时候，你无法检索到信息或者无法用来交流，那就没有必要储存信息了。幸运的是，由于你在上一章中对自己的记忆力进行了强化训练，所以你已经有了一个良好的开端。（你是否开始看到所有这些能力是如何联系在一起的？）

阅读能力和记忆能力都遵循同样的原理：当你发现自己记不住某件事的时候，其实是因为在你有机会记住的时候，你根本没有费心去记住它。我们通常要等到意识到自己已经忘记的时候才决定要记住某件事——当然，此时已为时太晚。

我不是建议你试着记住你读过的所有东西，这个主意不切实际。你应该通过阅读来获得对所读内容的理解。理解一个事物是为了使它具有意义，而通过阅读来理解内容是记忆存储的必要条件。如果你用另一种方法来做，通过阅读来记忆，就像人们经常在考试前一晚做的那样，你会发现比较有趣的一点：当你为了记住而阅读时，你记住的东西比你为了理解而阅读时要少很多。要知道，理解需要你分析自己读到的东西，并把它放到语境中，从而把信息编织到你的大脑网络中，使其固定下来。但如果你没有反思自己读到的东西，那你永远做不到这一点。

理解也是一个相当复杂的过程，不仅需要识别某个单词，还需要能够据此发出声音、创建关联或意义。此外，你还需要能够把它放在一个符合语法的上下文中，让这个词在语境中具有自身的意义。然后，你必须为这个语境选择单词的正确含义，并把它与你大脑中已经存在的关联和想法联系起来。如果你在不同语境中遇到了一个熟悉的单词，你甚至可以在原有的基础上进行构建。

要想在阅读的同时完成这一切——这一过程用时大约几百毫秒，听起来可能非常短暂，但时间仍然足够长，以至于你会因为读得过快而把事情搞糟——你必须能够调整你的阅读。高效阅读意味着知道什么时候加速，什么时候减速，知道哪些内容需要读，哪些内容可以跳过。高效阅读不只是速度的问题，而是使用最小的能量消耗来达到最佳的文本吸收效果。很快地阅读能节省很多时间，但是如果你能确定自己的阅读目的，并且使用下面的技巧来更好地组织你的阅读方法，那你可以节省同样多的时间，甚至更多的时间。

目标和方向

你永远不可能百分之百地理解你所看到的内容，即使你能够做到，也肯定不会很高效。当你为了学习而阅读（或以其他方式获取信息）时，你会下意识地过滤你的印象，以确定对你来说比较重要的内容。但如果能够有意识地进行过滤，效率会更高。也就是说，要学会选择你需要的信息。要想知道哪些是自己需要的信息，你必须在心中有一个明确的阅读目标。你阅读是为了找到某个特定问题的答案吗？如果是这样，那就提前准备好问题，这样就不至于含混不清，你就会确切地知道自己在寻找什么。你阅读是为了尽可能多地理解某个主题吗？如果是这样，那就注意研究该主题是如何定义的，注意在这一定义中重要的人物、事件以及原因。

如果你在开始阅读之前，知道自己想从一篇文章中得到什么，知道自己想从中学到什么,那就更容易快速找到你想要的信息。抱着寻找答案的目的主动阅读会节省你很多时间。

聚精会神地阅读

在你想要理解一篇文章时,动机是一个重要的因素。但同样重要的是你的专注力。或者,更确切地说,专注于正确内容的能力。实际上,我们会一直专注于某件事(除非我们睡着了或意识不清)。即使有时你可能感觉自己走神了,无法再继续看那份似乎永无尽头的年度报告,转而开始幻想会计部的那位同事,你仍然是在集中精力,只不过你开始把注意力放在计划之外的事情上了。因此,问题的关键不在于集中精力,而在于成功地把注意力集中在正确的事情上。

如果你能找到与其互动的方法,那就更容易专注于某件事。尽可能从多方面来感知它——不仅使用你的视觉,还要利用你的触觉、听觉、嗅觉和味觉。如果专注的对象是会计部那位同事,我怀疑你需要很多帮助才能弄清楚如何做到这一点。但是说到阅读,很难想象还有什么比视觉和触觉(因为你手里拿着书)更有意义的了。当然,你也可以把书弄得沙沙作响或者咬一下书的封面,但我怀疑这对你集中注意力没有多大帮助。

为了让自己把注意力集中在文本上,你需要找一些其他事情来做。如果你被要求集中精力观赏一幅画,你可以看一下画家使用了多少种颜色,或者他画了多少栋房子。这可以让你更多地参与到这幅画作中,而不仅仅是目不转睛地盯着看。阅读时,你也完全可以做同样的事情,比如针对文章提问(她描写了多少栋房子),然后寻找答案。你刚刚在前文中读到:寻找答案是一种快速在文本中找到你想要的信息的方法。这也是保持注意力集中的好方法。

把注意力集中在文本上的其他方式包括"标记"文本。如果你在所读的内容上加上下划线和注释,你会更容易记住文本内容,因为它会更好地融入你的思维网络，并添加更多的感官印象（在书的空白处用不同颜色的荧光笔做标记），从而增加文本参与程度。

提醒一下：不要错误地认为，只要你有足够的决心，就可以无限期地专注于一件事。如你所知，大脑需要定期的休息。一定要时不时地休息几分钟，做做白日梦（或许可以幻想一下那位同事）。如果你不这样做，你的学习曲线就会崩溃。

从总体上把握阅读内容

下一点尤其重要。可能你阅读所有文本的方式都是一样的，无论是看晨报、小说、非小说类书籍，还是阅读从网上下载的 pdf 文件，你可能都是从头开始，按部就班一直读到最后。事实上，你应该用不同的方式阅读不同种类的材料，否则你可能会无缘无故地浪费时间。

非小说类书籍

如果你在读一本非小说类的书，想从中有所收获，那你的阅读方式应当与你阅读小说的方式截然不同，因为读小说的首要目的是欣赏优美的语言和激动人心的故事。要理解一部小说的情节，从头开始阅读是个不错的主意。但说到非小说类书籍，从第一页开始按部就班地阅读绝不是什么好主意。

我有两个好朋友，他们自从有了孩子之后就开始一起玩拼图游戏。他们玩的不是那种只有 200 个部件的儿童拼图游戏，而是那种有超过 2 000 个部件的拼图，那种需要 2 块拼图垫的复杂游戏。理想情况下，拼图的画面应该比较复杂、混乱，画面中各种可爱的小角色都在忙于各种各样的事情。然而，正如我所提到的，由于这两位朋友都已为人父母，所以他们的拼图经常被扔在地上，几乎从未开始过，直到有一天我带着一瓶酒来到他们家，并且拒绝离开，直到 6 小时后我拼好了这一拼图的大部分内容为止。由于我一直坚持要去他们家完成他们的拼图，所以他们一直需要买新拼图。当他们买回一盒新拼图之后（他们买的拼图十分复杂且庞大，让人惊叹，我根本不可能全部弄乱之后再替他们拼出来），总是按照同样的程序来做。他们先是恭恭敬敬地拆掉盒子的塑料包装，翻转盒子，从各个角度研究上面的图案。然后，打开盒子，把里面的部件倒在拼图垫子上。接下来，他们翻转所有部件，将带图案的一面朝上摆放，把属于边角的部件仔细地放到一边，把颜色或图案相似的部件归拢到一起，把明显搭配的部件立即拼在一起，其他的部件留到以后再说，到时候很容易就能看出它们的位置了。

复杂庞大的拼图需要采用这种系统的拼图程序，一步一步地进行，最终逐渐完成整个拼图。通常我会在他们把颜色相似的部件归拢到一半的时候按响他们家的门铃，此时他们刚要准备放弃。

这种程序与你阅读非小说作品的方式有相似之处。就像拼图游戏一样，如果你在阅读时心中有所期待，那阅读起来会更容易。不要毫无目的地仓促开始，阅读之前一定要对文本内容有一个大致的了解。在玩拼图游戏时，你需要先研究盒子上的图案，查看说明，把边角部件单独分出来。与此类似，在阅读非小说类书籍时，你需要先：

- 阅读书的封底和目录。
- 打开书，查看各个章节的标题。
- 翻到书中某一章，研究一下该书的章节结构。
- 除了常规文本内容，还要注意其他所有细节，比如副标题、摘要、表格、脚注、图片、斜体字、结论、插图、图表和统计数字等。
- 读一两个段落，感受一下作者的写作风格，了解一下文本中信息量的大小。
- 研究一下该书的结构，以及其中重要的部分。

通过这种方式，你会对文本结构和相关主题有一个大致的了解，也会预先对这本书的主题有一定的了解。让我们再回到拼图游戏中比较一下：如果没有提前做好上述准备工作，而是直接打开书，翻到第一页，马上开始读，这就好比是在拼图游戏中从右上角开始拼图，然后坚持从那里开始完成整个拼图，一次拼一块，持续拼下去。

所不同的是，我不会带着一瓶酒出现在你家门口，心里想着要去拯救你。

杂志

你可以用阅读非小说类书籍的方法来阅读杂志。因为，我猜你家里不只是有一堆没读过的书，应该还有一堆杂志需要阅读。如果是这样，我建议你每个月开始做以下事情：把你积累的一大堆杂志都拿出来，快速浏览每一本，每一页都只用一秒钟。如果你有节拍器，就用节拍器；如果没有，那就在脑子里数秒。如果哪一页看起来很有趣，把这一页折起来，或者干脆把它撕下来。当你浏览完这一堆杂志之后（用时应该不会超过几分钟），你就可以重新开始阅读。

这一次，把注意力集中在你选择的页面上——拿出那堆你撕下的杂志页面，或者翻阅杂志，寻找有折角的页面。手里拿着荧光笔，在你选择的每一页上标出你感兴趣的内容。每一页用时不要超过 2 秒。

这一步结束之后，回头阅读你重点标记的文章。（在阅读过程中，你完全可以使用你刚刚学到的阅读非小说类书籍的方法。这种方法既适用于阅读整本书，也适用于阅读文章。）这样一来，你就可以在不到一小时的时间里读完一大堆杂志，并且还能读到最有趣的内容。当然，这种方法可能会使你错过一些你会觉得有趣的文章。但从另一个角度来说，到时候你读到的杂志数量远比你现在能读的要多！

略读、跳读和关键词

在快速阅读领域，你偶尔会听到"略读"和"跳读"这两个术语。略读是指快速阅读整篇文章，以便对其内容有个大概的了解。跳读是指快速浏览文本，以找到特定的信息。

过去曾有人对快速阅读提出过异议：快速阅读实际上只教会你如何略读，其效果不如常规阅读那么好。如果你问我对此的看法，我会说这完全是定义不同而已。我认为，阅读这一概念包括两部分内容：理解文本，以及从中提取有用的信息（例如，问题的答案、新知识或者惊险刺激的感觉）。如果你同意这就是阅读的目的，那么你可以随意调用让你达到目的的方法，只要它们有效。批评者声称，略读所产生的文本理解程度永远比不上仔细阅读。没错，事实的确如此，快速阅读者的那句口头禅"无论读得多快，理解都不会受到影响"是不正确的。但这也取决于你读得到底有多快。你不需要达到世界冠军的速度，每分钟阅读 25 000字。高效阅读能够帮助你找到最佳阅读速度，能让你的阅读速度比以前快得多，同时还能保持充分的理解力。你不应该读得比这再快了，因为你会发现这一速度已经够快了！

即使当你读得较快、不能充分理解文本的时候，你仍然可以很好地利用快速阅读。假设快速阅读让你丢失了很多信息，你不得不读 3 遍才能全部理解。即便如此，你所用的阅读时间可能依然少于你以前的阅读方式——那种慢条斯理、没有准备、漫无目的的阅读。

不要因为太没耐心、无法慢慢地仔细阅读文本而感到不安。并不是每个单词都同样重要，大多数单词实际上非常枯燥，并且经常重复出现。在美国的一项研究中，各种印刷文本的节选被汇编成包含 134 000 个单词的样本。其中，102 个词反复出现，比如"the"和"of"，这两个单词占据了所分析的 134 000 个单词中的 30 598 个。英语中充满了语法所必需的单词，但是当你在寻找信息时，这些单词是完全不相干的。你刚才读的最后一个句子中①有 22 个单词，其中 10 个单词（略少于一半）都是类似下面这样的词汇：are, of, that, for, but, which, when。

---

① 原句为：Our languages are full of words that are necessary for grammatical purposes, but which are completely irrelevant when you're looking for information.——译者注

但从另一角度来说，有些词你应该多加注意。在文本中找到你所需信息的一个好办法（甚至在你开始阅读之前就找到）是快速跳读，寻找其中某些关键词。要知道，有些词往往就出现在重要信息之前。当你略读或跳读一篇文章的时候，如果你同时也在留意这类单词，就可以让自己保持较快的阅读速度。当你看到这类单词的时候，它们就像信号旗一样，对大脑发出警示信号，提醒你放慢速度，密切关注即将出现的信息。

类似的关键词和关键短语有下面这些：

以前（previously）
现在（nowadays）
早些时候（earlier）
另一方面（on the other hand）
然而（yet）
认为（believes）
总之（in conclusion）
观点（opinion）
声称（claims）
表明（demonstrates）
证明（proves）
因此（therefore）

从根本上说，关键词后面紧跟的通常是某种观点。在阅读文本时，快速扫描，找出这些词以及与其类似的词，然后阅读紧随其后的内容。这样一来，甚至在阅读文本之前，你就能够开始理解其中比较重要的内容。

正如你所看到的，以正确的方式处理文本本身就是一门艺术。但是，如果能有意识地采用高效快速的阅读方法，你不仅可以提高阅读速度，而且还可以更容易地找到你所需要的信息。这听起来就像是美国影星查理·辛所说的"双赢"的典型案例。不过，现在是时候看看你的实际阅读速度了，它可能远不及你能达到的那种速度。

唤醒超级阅读力

把你的阅读速度调到最高档

现在是时候让我们来看看你每次看到家中那堆让你惭愧、没有阅读的书时都希望做的事情了：真正的快速阅读。它并不像听起来那么复杂。大多数情况下，只需要你采用一种新的思维方式，以及对文本的不同态度，结果很快就会出来。我的许多朋友在使用了你即将学习的技巧仅仅一分钟后，阅读速度就提高了40%~60%。如果把这些技巧和你对有效阅读的理解结合起来，你将会拥有非常高效、省时的超级阅读能力。准备好一个新书架吧，因为你将会读更多的书。

超 级 练 习
你目前的阅读速度

为了看到你以后取得的进步，你需要知道你现在的阅读速度是多少。所以，我想让你去那堆没读过的书中选出一本来，无论是非小说还是小说，都可以，请选择你平常阅读的、具有代表性的图书，也就是你熟悉的那类书籍。非小说类书籍的阅读时间比小说类图书总要长一些，因为里面包含了更多的信息，但是如果你在所有的练习中都使用同一本书，你就可以看到自己的进步。

1. 打开书，翻到全是文字的一页。
2. 将手表或手机上的计时器设置为 2 分钟后发出提示音。
3. 启动计时器，从这一页最上面的第一句话开始，以你习惯的速度阅读。
4. 听到提示音后，立即停下来，在你读到的地方做一个小标记。现在你知道自己 2 分钟能读多少内容了。

但我们要做得比这更详细一点，你需要计算你每分钟的阅读字数。对于英文，你无须去数你刚读过的每一个单词，你可以这样做：数一下这一页 3 行文字中的单词数量，然后除以 3，这样你就可以估算出这本书中每行文字的平均单词数，然后乘以一页纸的行数，再乘以你读过的页数，得出一个总数。计算一下最后一页你读了的行数和单词数，因为你可能没有读完这一页，然后将其加到前面的总数中。最后，用得出的总数除以 2（因为你花了 2 分钟阅读），得出的结果就是你每分钟的阅读字数。就这么简单。

每分钟约 250 个单词的阅读速度被认为是平均阅读速度，每分钟 400~600 个单词的阅读速度被认为是一流速度。如果你的阅读速度接近每分钟 600 个单词，那么你就属于顶级阅读者，你可能读了很多书；如果你的阅读速度低于每分钟 100 个单词，那你就有某种阅读障碍，可能需要专业人士的帮助。

无论你的阅读速度是多少，现在你对自己选择的文本类型的个人阅读水平已经有所了解了。我可以保证，做了下面的练习之后，你很容易就能够超过那一水平。然而，一定不要拿自己和别人比较，而是要看你在自己的具体情况下所取得的进步，这才是最重要的。你的努力一定会有回报的。即使通过这些练习，你的阅读速度每分钟只增加了 50 个单词，但每小时仍可增加 3 000 个单词，这也不算太寒酸。

我曾经计算了一下自己阅读非小说类书籍的速度，当时大约是每分钟 600 个单词，对此我非常引以为豪。但如果你问一下速读大师，这根本算不上什么了不起的成就。即使你现在是顶级阅读者，也只是那些没有接受过快速阅读训练的人中的佼佼者而已。无论现在你处于什么水平，你都可以在短时间内显著提高你的阅读速度。

一定要记住，即使你在快速阅读，你的速度也会有所不同，就像现在一样。今天，如果我强迫自己，我每分钟可以读 1 200 个单词，但这只能坚持一小会儿，并且需要付出很大的精力。你需要吸收的信息越多，需要学习的事物越多，你的阅读速度就需要越慢。如果你累了，速度也会减慢。即使经过快速阅读训练之后，你的速度也会根据阅读材料的复杂程度、周围的干扰程度、你当天的情绪、你的动力以及你集中注意力的程度而变化。

想象一下开车时的情景：你的车速会根据各种各样的因素不断发生变化——路况、天气、交通状况、你对道路的熟悉程度，以及你前往目的地的动力。阅读也是一样。所以，当世界速读冠军霍华德·伯格告诉《瑞典日报》，他每分钟可以阅读 2.5 万单词时，他并不是指在日常生活中，而是指他在比赛中的最高速度。换句话说，快速阅读技术并不能保证你总能以光速阅读，但它们确实能保证你总能读得更好。

读得更好更快

你在读眼下这些句子的时候，我猜你正在从左到右一个句子一个句子地读，一次读一个词。如果哪个句子稍微有点儿复杂，比如其中包括复杂的引用、逗号和生僻的术语，你可能会回读，以确保自己能够理解。这就是我们过去学到的阅读方法：一个词一个词地读。遇到不确定的地方，就回去再读一下。

然而，这种方法是完全错误的！至少，如果你问一下阅读速度快的人，他们会告诉你这种方法不正确。

从这本书中抬起你的眼睛（先读完这一段，否则你会错过要点），盯着你周围的某个东西看一下，可以是一朵花、桌子上的一支笔或者是附近的什么东西。请注意，无论你怎么努力，都不可能只关注那一个物体。不管你愿不愿意，你都能意识到你眼睛盯着看的那个物体周边的事物。

好了，我们言归正传。

阅读速度快的人认为，阅读文本的时候，也会发生这种情况：当你盯着一个单词看的时候，你也会看到这个单词旁边的两三个单词，并且也能理解它们。

我们可以这样想一下：在你刚开始学习阅读的时候，你可能会一边读一边把单词拼出来——结结巴巴一个字母一个字母地拼，一直到最后才明白这个单词是什么。比如：i……ill……illiii……ttt 这哪是个单词啊？……ee……rrr……a……c……y…… 啊，明白了，原来是"illiteracy"（文盲）这个单词！慢慢地，你学会了根据单词的形状来识别单词。时至今日，即使你的阅读能力很一般，你在阅读时也不用把单词拼出来了。你看到"car"（轿车）这个单词时，它的形状会让你立刻想到"car"，而不用去关注组成这个单词的各个字母（在这方面，"illiteracy"这个词实际上可能是一个非典型个案）。

你的大脑完全有能力一次处理一整组字母，所以你无须一个字母一个字母地拼读，直接可以"看到"整个单词。同样，阅读速度快的人认为，大脑在处理一组单词时也没有任何问题，所以你也可以一下子理解一组单词。

超级练习
采用切分点

不要逐字逐句地阅读，在一行文字中找 3 个间隔均匀的切分点，让你的视线能够停留在上面，这样每次都能捕捉到整组单词。如果每行的文字很长，你可能需要 4 个点。其目的是，只需看这 3 个地方，你就能读完整行文字，因为你在每个地方处理的是四五个单词组成的一组单词。

1. 打开你选择的阅读练习用书，翻到上次停下的地方，然后设置 2 分钟的计时器。

2. 采用这种新方法阅读整整 2 分钟。但是不要读得太快，以免无法理解你读到的内容。

3. 数一数你读完的页数，看看这次你多读了多少。

当我把快速阅读的方法教给我的朋友们时，要想让他们的阅读速度提高 50% 以上，只需要让他们使用 3 个切分点，无须读完整行文字。我想你肯定也注意到了这种方法对你产生的巨大影响。

现在，我们需要讨论一下回读的问题。除非绝对必要，否则尽量不要回去再读一下。通常情况下，你并不是理解能力出了问题，而是对自己的理解能力缺乏安全感或者缺乏信心，这才导致你产生回读的冲动。当然，我们都会有这样的时刻——我们意识到自己走神了，刚才读过的内容一个字也没有进到脑子里。但大多数情况下，你能够吸收所有你读到的东西，即使你不这么认为。理解这一点的唯一方法是让自己停止回读。如果你习惯于这样来来回回地读，一开始会感到很不安，会觉得自己根本没有理解刚刚读到的内容，因而想回读一下，确定一下。

不要这样做。

告别回读

  1. 打开书，一口气读完两页，注意一次也不要回读。
  2. 再读一遍这两页中的内容，看看你第一次读的时候是否漏掉了什么重要的内容，或者看一下如果不回读，究竟会漏掉哪些内容。

我想你会发现，第一次读的时候，你就能理解其中大部分内容。

  美国教育家伊芙琳·伍德是快速阅读的先驱。在20世纪50年代后期，她研究了快速阅读者的眼球运动情况，她的发现为今天以快速阅读的名义所教授的大部分内容奠定了基础。除了以上关于阅读切分点和回读的观点，伍德还发现了普通读者和快速阅读者之间的其他差异。
  她注意到，快速阅读者的眼睛不会停留在每个单词上，也不仅仅在单词组合之间跳来跳去，它们还会沿着对角线的方向向下移动。
  当他们的目光到达一行的最右边时，快速阅读者不会像你我那样将目光移到左边的空白处，从第一个单词开始读起。
  相反，他们会以对角线的方向将目光移到下一行开始的地方，这就为他们的阅读创造了一个向下的"之"字形的模式，其中切分点的顺序从左到右，然后从右到左。
  几乎所有有关快速阅读的技巧都是基于这一发现。伍德的支持者声称这并没有什么奇怪的。事实上，这完全是人类的自然反应，人看照片和图像时的方式与此完全一样。在看照片时，你的眼睛会把整张照片都看进去，眼光不会沿着一条直线移动，从一个细节看到下一个细节。当然，假如你看的是一堵砖墙，如果你被要求从左到右逐个地看每一块砖，以此来把握你所看到的东西，那就太荒谬了。

这是对速读大师有利的论据。然而，我发现他们在看图片和阅读文本之间的比较还有很多不足之处。首先，照片或图像的信息不是线性编码的，而是空间编码的，分布在图像的表面。你必须在图像上移动你的眼睛，收集你所需要的信息，这样才可以看清图像表现的内容。你的眼睛会优先考虑图像中那些看起来最重要的部分，然后填补剩下的部分。但是在文本中，信息是线性编码的，因为文本是从左到右一个字一个字写成的。因此，我们可能也想对文本进行线性解码，逐字逐行阅读。这没有什么好奇怪的。

此外，快速阅读文化似乎也忘记了人眼是如何工作的。眼睛与大脑这一系统是这样设计的：我们一次只能专注于一个微小的点，非常非常微小的一个点。在我们的整个视野中，我们实际上只能聚焦于视网膜中央凹或黄斑的区域。这一区域只占了我们视野的 1.5 度。我们的大脑在这个小点上花费的资源比视野中其他部分花费的资源的总和还要多。因此，在看照片时，我们目光的移动速度快似闪电，在照片上来回移动，直到我们的视网膜中央凹或焦点扫描了足够多的地方，让大脑能够填补剩下的部分，从而确定所看到的到底是卡通人物达菲鸭的照片，还是一张塑料薄膜。这对快速阅读技巧有一定的启示。

伍德本人进行的研究的细节似乎已被时间的迷雾所湮没。我试图弄清这些研究究竟是如何进行的，并且想了解她用来观察眼部运动的工具，但都没有成功。为此，我曾联系过根据伍德女士关于人类阅读方式的观点创建的公司"伊芙琳·伍德阅读动力学"，但他们也无法提供任何帮助。然而，她在研究自己的读者时，似乎只是坐在他们对面，在他们阅读时看着他们的眼睛。

今天，我们有了比伍德那个时代更先进的测量眼球运动的技术，但实际上早在 19 世纪，我们就知道，我们在阅读时会不断地让眼睛停留在文本的不同地方。要知道，当我们的眼睛移动时，我们无法阅读，或者说无法接受任何其他视觉印象。事实上，那时候我们几乎什么也看不见。

只有当我们的眼睛静止时，我们才能看见。如果你想要证明我的这种观点不正确，因而让你的目光慢慢地在空中移动，然后声称自己什么都看得见，那我要告诉你的是，你的眼睛并不是真正地连续移动，而是动一下，停一下，动一下，停一下，如此反复，直到整个"扫描过程"完成，只不过其中的停顿非常短暂，你根本注意不到。在这一过程中，大脑也会帮助你。它会把视觉信息收集在一起，然后以单一连续的动作呈现给你。

我们在读句子的时候，实际上是在让我们的视网膜中央凹沿着文本一行一行、一点一点地移动到下一个焦点，这就是现代科学与伊芙琳·伍德（以及其他所有人）的快速阅读理论发生冲突的地方。要知道，视网膜中央凹太小了，只能容纳8~10个字母，也就是大约一两个单词的样子。视网膜中央凹之外的地方，一切模糊。在偏离视网膜中央凹只有5度角的地方，你都看不清12号字体打印的字母。

你明白其中的道理了吗？

没错。这立刻推翻了快速阅读者关于你一次可以理解3~4个单词的理论。但就在几页之前，你读到的是你可以通过你的周边视觉来理解单词。你甚至还练习过跳读这种方法，记得吗？难道所有那些内容都不正确吗？我让你经历这些难道只是为了让我自己高兴吗？

不尽然。

虽然看你做练习的样子很有趣。

我知道每个人的时间都很宝贵，我好不容易才引起你片刻的关注，我可不想把它浪费在琐事上。我想让你自己做一下这些练习，这样你就会发现它们的确有用。问题在于如何解释它们为什么会起作用。对我们眼睛内焦点的了解，摧毁了快速阅读理论的支柱之一。我自己也很惊讶地发现，我通过周边视觉吸收的东西比我想象的要少得多，因为我做阅读练习的经历和你一样。我觉得，把每一行的视觉接触点减少到3个，提高了我的阅读速度，而且我一直在从我使用的3个点周围获取信息，而不是一次只读一个单词。我上当了吗？我的计时器坏了吗？并非如此。

事情是这样的：即使你读不到那些单词，你仍然可以获得切分点周围那些字母的信息。你焦点右边的 15 个字母，虽然还在焦点之外，但大脑已经开始处理它们了。（如果你是西方人，情况就是这样。但如果你习惯了从右向左阅读，比如像读希伯来文那样，你的大脑就会处理你焦点左边的 15 个字母。）

你仍然可以察觉出单词的形状和长度，并识别出具有某些特征的字母，这意味着你将做好充分的准备，等你稍后把注意力转移到这些单词上时，由于前期的准备工作，你就能更快地理解它们。在本章的开头，我曾经说过，如果你熟悉文本类型，或者多少知道它是关于哪方面内容的，你就能读得更快。同样的原则也适用于此。

换句话说，即使像快速阅读者声称的那样，我们无法一次阅读 4~5 个单词，但我们仍然有可能同时识别 4~5 个单词，即使这些单词处于我们眼睛的焦点之外。要真正理解单词，我们需要移动我们的切分点 3 次以上，但这种移动比伊芙琳·伍德和她的追随者所意识到的更快，也更微妙。

像你和其他成千上万的人一样，我通过在阅读时尽量少用切分点，学会了在不丧失理解力的情况下更快地阅读文本。现在你已经知道了其中的奥秘，也了解了有关眼睛的焦点、识别能力和运动的真相，是时候让我向你解释为什么我相信这种技巧能让人们更有效地阅读了。顺便我还要解释一下为什么我要费神教你这些。

几年前，在我开始研究快速阅读技巧之前，我从来没有想过自己阅读中的切分点的问题。但在我开始思考和阅读之后，我阅读的每一行都形成了一种特有的节奏，这提高了我的注意力和阅读速度。这种节奏大致是一二三、一二三、一二三、一二三、一二三，它可以用来保持注意力，同时保持匀速阅读。它不是利用大脑收集信息的方式的技巧。这就是一行中要有几个切分点的原因。意识到每行中的 3 个切分点之后，我可以集中注意力将目光移到切分点之间的位置，而不是其他地方。这样一来，我的主观阅读体验就像伍德所描述的那样——我每行只需看 3

个点，因而阅读速度快了很多。

事实上，我在文本中使用的切分点数量比我意识到的多得多。前文中，当我让你把目光从页面上移开，盯着一个物体看时，你是否真的通过快速移动焦点得到了视觉印象？但实际上，我使用了7个甚至10个切分点，并将它们与一些外围的字母形状解码结合起来。这一过程完全是在无意识中进行的，即使我想有意识地这样做也做不到，它完全超出了我的意识控制范围。我只能对我所做的事情形成主观的看法，并且这一看法和你的一样——3个切分点可以极大地提高阅读速度。

基于以上原因，我打算继续推荐这种方法，而且我也会因此而感觉良好。即使这种方法更多的是一种隐喻、一种务实的方法，而不是对眼睛如何工作或者阅读如何展开的准确描述（这些主张是由快速阅读的支持者提出的），它仍然是一种提高阅读效率、提高注意力的极佳方法，因此我可以保证，你的阅读速度会立刻得到提高。

跟踪目标

上述问题已然全部解决，现在让我们继续探讨另外一种技巧。你见过那些在阅读时坚持边读边用手指指着文本的人吗？

他们知道一些你不知道的事情。

或者更确切地说，他们知道一些你曾经知道但又忘记了的事情。现在是你加入他们的时候了。在你心生不安、抱怨指读会让你看起来读得很慢之前，我希望你停下来思考一下这样几个问题：你是否曾经有过这样的时刻——使用自己的手指来获取某种信息，比如，查电话号码的时候？查字典的时候？查百科全书词条的时候？给别人展示杂志中内容的时候？专心致志做记录的时候？加减数字的时候？

在做这些事情的时候，你是否曾经用手指指过相关内容？

我想你肯定这样干过。你在阅读的时候，会这样做吗？可能不会。但为什么不这样做呢？我们的眼睛被设计成用来跟踪运动中的物体，但眼睛自身的移动是很艰难的。事实上，除非有物体可以跟踪，否则我们的眼睛无法顺畅地直线移动。一旦它们失去了可以直线跟踪的目标，就会像玻璃上的弹球一样上下弹跳。如果你要读得快，你就必须学会让眼睛尽可能地直线移动（直线当然是最快的）。此时你需要有可跟踪的目标，比如你的手指。

至于如何做到这一点，有几种略有不同的方法。我建议你全部尝试一下，看看哪一种方法最适合自己。基本的方法是把食指放在你正在读的那一行的下面，用它一直指着书，并从左向右滑动，眼睛跟着食指移动。在读到这一行的末尾时，将手指抬起1厘米左右，然后移动到下一行的开始处，放下手指。

你不需要把手指一直拖到每行的最后。当一行中还剩几个单词时，你就可以抬起手指，然后移动到下一行的开始。你的眼睛仍然有时间读完那一行的最后几个字，并在下一行开始时赶上你的手指，因为手指换行的速度比眼睛慢得多。

你的手指也会帮助你保持阅读节奏，防止你在没有注意到的情况下放慢速度。

如果你不想用食指，可以试试其他手指。你可能会发现手指或者手把文字或光线挡住了。如果是这样，你可以随便使用窄一点的跟踪目标，比如削尖的铅笔，把手从你关注的区域移开。

为什么不马上试一试呢？翻回上一页，再读一遍，读的时候用手指或笔作为跟踪目标，看看目光有了跟踪目标之后会对你的阅读速度产生多大的影响。

郑重提示
— 把握节奏 —

如果你发现自己很难跟上节奏，可以使用节拍器，在任何音乐商店都能买到。还有一些智能手机应用程序以及在线网站可以帮你把握节奏。设定一个适当的节奏,但一定要让自己觉得舒适,然后在节拍器的每一次提示音中换行。

这种方法的缺点是,你不能在需要放慢阅读速度的时候把速度降下来。所以,与速读大师给出的建议不同,我建议你在"认真"阅读时不要使用节拍器。不过,当你还在为帮助阅读的手指确定均匀的速度时,节拍器不失为一个极佳的练习工具。

突然加速

好了,到现在为止,你几乎了解了所有加快阅读速度的基本技巧——除非不得已,否则不要回读;每行只取3个(或4个,对于较长的行而言)切分点;用手指作为跟踪目标,把握阅读节奏。

最后,我想让你尝试一项练习。乍听起来,这种练习可能很荒谬,但我认为当你开始在现实生活中运用速读技巧时,它会对你非常有用——我想让你在不理解任何内容的情况下练习阅读。好了,为了不破坏给你带来的这个惊喜,等你全部做完这个练习之后,我再解释给你。

超 级 练 习
快速读书

这个练习分为几个阶段,所需时间比平时稍长,但是每个完成练习的人都会得到蛋糕和礼物。

第一步

在你用来练习阅读的书上标记一下你当前所读到的位置,这将是你在整个练习中的起点。在计时器上设置 2 分钟时间,用你现在掌握的所有技巧,以最快的速度阅读。计时器提示音响起时,停止阅读,在你读到的位置标上"1",看看自己读了多少。

第二步

接下来,马上重复你在第一步中的做法,只不过这一次,你要在同样时间内多读一整页的内容。如果你在前面的步骤中读了 4 页,那么这次你要读 5 页。从书中标记"1"的地方向后翻一页,在新的一页上写下数字"2",这个数字所在的位置就是你的目标。回到你标记的起点位置,在计时器上设置 2 分钟时间,然后马上开始阅读。

第三步

你有没有在设定时间内读到数字 2 标记的位置?如果没有,你可能是在试图理解你所读的内容。我说过你不该这么做的!让我们再试一次。看一下你在第二步中读到了哪里,然后从你读到的那个位置往后翻一页,用数字 3 标记一下。此处就是你的新终点线。如果你在第一步中读了 4 页,那么这次你要读 6 页。接下来的操作想必你现在已经清楚了——在计时器上设置 2 分钟时间,从起点位置开始,一直读到终点!

第四步

这是整个练习的最后一步,同时也是最为疯狂的一步。你要像之前那样,再做一遍同样的事情。如果此时你不明白这一切的意义,我也能够理解,因为这一切让你感觉就像双眼如飞,翻页的速度比超人换衣服的速度还快。但是请你一定要对我有耐心,我说过会有一份礼物给你的,而实际上你刚才已经自己得到了这份礼物。我们再做一次:再向后翻一页,用数字 4 标记一下位置(如果你在第一步中读了 4 页,那么这个标记距离你的起点应该有 7 页之远）。如果你想，可以把这个数字写得滑稽一点儿，活跃一下阅读的气氛。

现在回到起点位置，在计时器上设置 2 分钟时间，平静一下，深呼吸，然后开始冲锋阅读！你可以在规定时间内一口气读到数字 4 标记的那个位置的！！！

你的礼物

当然，上述四个步骤中你读的前几页每次都是相同的，因为每次都是从起点开始读的。因此，读了 4 遍之后，其中的一些内容可能会给你留下印象，这并没有什么特别之处。要想理解你刚刚所做这一切的意义，接下来你应该读一些完全不同的内容。

从你标记数字 4 的那一页开始，采取和第一步相同的做法，以最快的速度读 2 分钟，其间可以用你的手指（或其他东西）指着，在每一行做 3~4 次停顿。只不过这一次，你要确保自己能够理解所读的内容。你不需要记住每一个细节，但是必须理解文本的大体意思。

设置好计时器，开始阅读吧！

把你这次读的数量同你在第一步中读的数量比较一下，应该会有很大的不同。不过，这次你理解了自己所读的内容。

当你第一次用手指辅助阅读的时候，你会以你认为自己能达到的最快速度阅读，但实际上你可以读得更快，只不过你因为对自己的能力缺乏信心而裹足不前。用跑步的术语来说，这就好比是我们前面讲过的"4 分钟内跑完一英里"的例子（你还记得吗？）。在不担心理解的情况下多读几遍，会让你体验到某种极快的阅读速度，可以让你的大脑更容易接受你的实际能力。这就是我答应送给你的礼物。

至于蛋糕，骗你的，没法兑现。

如果你坚持使用快速阅读的方法，同时采用相关技巧，精心组织、调整你的阅读，你就会读得又快又好，一天读完一本书对你来说不再是什么了不起的大事。如果你能继续把你掌握的新的记忆技巧运用到阅读中去，你很快就能以你从未想过的方式吸收信息和知识！

如果你继续在你的日常生活中使用你最近掌握的各种超能力（这是重点），你周围的人迟早会注意到这种变化，除非他们也具备了这些超能力！他们可能无法准确地说出发生了什么变化，但他们肯定会发现你比以前聪明了很多。当然我并不是说你以前不聪明。如果他们趁你睡觉的时候开始测量你的头骨，看看它是否二次发育了，你不要感到惊讶。

我这样说，并不完全是开玩笑。

下一章是本书的最后一章，它和其他章节有点儿不同。在下一章中，我收集了很多人似乎已经拥有的超能力[1]，比如预见未来、魂魄离体、事件预测或与离世的人交流等。

就我个人而言，我认为能够按需使用的创造力是一种比魂魄离体更实用的超能力。如果我必须选择，能够每天调节我的幸福似乎比能够梦游鬼神世界更有价值。但这可能只是我自己的看法。如果你觉得除你已经掌握的超能力之外，最好还能唤醒潜伏在你那 90% 未曾使用的大脑中的其他令人惊叹的能力，我也表示理解。

我将在下一章中详细解释如何做到这一点。

---

[1] 至少，如果我们根据有多少人只要收费就会动用这些能力来判断。

第 8 章

看清真相
——唤醒你的判断力

我想提出一个在我看来似乎极为矛盾、
颇具颠覆性的学说，以供读者思考。该学说认为：
如果没有任何理由认为某个命题是正确的，
我们就不应该相信它。

——伯特兰·罗素

我要亲眼见到才能相信。

——塞恩·皮特曼

学会判断错误的观点

理解鬼魂、自助与科学

  由于我在舞台上和电视上的表演给人一种能真正读懂人心的感觉，所以人们经常问我玄学方面的问题：我是否具有某种超自然的能力？我是否能感知光环或能量场？灵魂世界到底是什么东西，它真的存在吗？许多问我这些问题的人可能希望我的回答是肯定的，但遗憾的是，我不相信这些事情。不过，我确实发现，对超自然现象的信仰是一个很好的例子，解释了当人类大脑需要寻找模式和因果关系时会发生什么。许多人声称拥有的超自然能力也是这种本能需要的结果。所以，实话实说，我在前面说谎了。我无法教你如何与神灵沟通，也无法教你如何预见未来，因为这些能力与其说是建立在大脑中尚未开发的潜能上，不如说是建立在错误的希望、强大的想象力以及大脑对事物意义的渴望上。我希望你不会对此太失望。

  不过，我的确为你准备了一种更重要的超能力。要知道，相信超自然现象的机制和自助产业的某些方面有很多联系，而本书归根结底也是其中的一部分。但事实远不止这些——有些我们认为是科学真理的事情，其实属于迷信，就像相信山上的房子确实闹鬼一样。你在接下来的几页中获得的这种超能力会让你具备 X 光一样的透视能力，使你发现人类在认知方面令人恼火的错误倾向，让你看到我们的判断能力有时是如何让我们相信不真实的事情。

有人可能会问，这有什么大不了的呢？我们的确应当密切留意自己思维模式中的小问题，其中原因有很多，最重要的一点是：基于对世界的准确认识做出的决定比基于不准确认识做出的决定更合理。如果你相信地球是平的，你就永远走不了多远，因为你十分担心会从地球边上掉下去！而且，你今天所相信的许多东西很有可能是不太正确的（即使你认为地球是圆的）。我们都有各种各样实际上不正确的观点。也许你没有，但我是肯定有的。正因为如此，我觉得很有必要在这本自助书的最后讨论一下其中一些错误观点，并解释一下我们为什么会相信这些观点。

你肯定已经注意到了，我对科学很感兴趣。但即使是科学，也不能完全摆脱荒诞不经的想法，其中也有迷信的活动空间，尤其是某个领域的专家开始解释另一个领域的工作原理时，比如，大脑与思维的工作原理，或者健康方面的问题。著名的生物化学家莱纳斯·鲍林曾经向任何愿意听的人解释，大剂量的维生素 C 可以预防癌症。这是一个十分有趣的观点，竟然出自 1954 年诺贝尔化学奖和 1962 年诺贝尔和平奖得主之口。但这并非个例。卡里·穆利斯（1993 年诺贝尔化学奖得主）在一个 10 岁的孩子猜到他是摩羯座之后，就确信占星术具有重大的价值。布赖恩·约瑟夫森（1973 年诺贝尔物理学奖得主）过去常常谈论人类与生俱来的心灵感应能力。

我们都有点儿像电影《爱丽丝漫游奇境记》中的白棋女王，她相信"早餐前有 6 件不可能的事"。我自己就是这样的人（我知道这很令人震惊），并且你也看到了，科学家也是如此。作为某一领域的专家并不意味着你自然也会成为另一领域的专家。（有趣的是，有的物理学家和化学家在没有任何专业知识的情况下就一厢情愿地认为自己有资格对人类心理学发表观点，这种情况比心理学家指导自然科学家工作的情况更普遍。）所以，我希望现在你能意识到，要理解我们的心理运作机制，需要的不仅仅是常识和内省（即使看起来是这样），这项工作其实要复杂得多。

什么是正确的，什么是错误的

当我们拒绝倾听时，就会出问题

要了解我们对这个世界的真正认识程度，弄清楚哪些观点可能正确，哪些观点可能不正确，最好的方法是听取科学家的意见，因为他们的工作就是精确地找出各种问题的答案。但遗憾的是，我们与科学的关系常常有些尴尬，这使得我们对科学持谨慎态度。科学家通常被认为为人冷漠、缺少热情。有时，这种评价是完全准确的，因为他们中的许多人天赋异禀，没有意识到其他人可能不像他们那样认识这个世界，或者像他们那样有得天独厚的条件，这可能会让他们显得桀骜不驯、孤芳自赏，其中有一些人可能真的认为我们都是无知愚昧的外行。

如果公众能更好地理解科学方法和科学对我们社会的贡献，也许他们会更感激科学家所付出的努力，并且能在科学没有达到我们期望的时候有更多的理解。如今，在我们的社会中，科学常常被视为一种纯粹的"意见"，与任何其他意见并无二致。正如一位自称拥有超自然能力的作家所说的那样："科学拒绝接受通灵现象的现实，因为他们害怕这会对他们的世界观造成伤害。"这位作家完全忽略了一点，即科学是唯一不把事物视为理所当然的世界观，而是选择系统地检验各种想法和信念，包括关于超自然的想法和信念，从而辨明真伪。这使得科学比其他大多数信仰体系更开放。就其本质而言，科学不是静止不前的，它会随着新发现的出现而做出相应的调整。科学是唯一一个随着新发现不断自我修正的系统。而传统的宗教信仰不是这样，它们往往建立在那些从未更新过的"古老智慧"的基础上。

科学不能解释一切，这是事实。还有很多东西有待发现，尤其是涉及人类大脑的工作原理的时候。但是，我们说科学无法解释某些东西，甚至包括在令人毛骨悚然的废弃疯人院里的诡异经历，并不意味着某种超自然的解释一定是正确的。这样说的意思是，科学不像超自然的信仰，不喜欢对它以前无法证明的东西妄下结论。

不管怎样，正如我所提到的，科学正面临一些公众形象问题。这些问题很大程度上是由我们对其从业者的看法造成的，最终导致像我这样的外行错过了本可以让我们生活更轻松的知识。以中枢神经系统为例，它已经被研究了几个世纪，而我们仍然在不断地探索它。然而，关于我们的大脑是如何工作的，仍然有一些古老而过时的观点，比如我们只使用了大脑10%的容量，或者我们的思维可以存在于我们的身体之外，等等。假如我们觉得值得花精力去倾听那些穿白大褂的专家的意见，我们就会意识到上述观点其实都是错误的。

总体上说，我们可能没有跟上科学的最新发展。但从另一角度来说，我们有时太容易相信那些披着"科学发现"外衣的东西。一些研究表明，你用来描述某事的单词越长、越难，我们就越有可能相信你，不管你实际上在说些什么。并且，如果采用"科学术语"进行解释，我们也很难发现这种解释的不当和不连贯之处。这就是在保健品商店里，一些比较可疑的产品往往会以令人印象深刻但晦涩难懂的图表和复杂的文字进行营销的原因。当今时代，好医生正竭尽全力让病人更好地了解自己的病情，并让他们更多地参与自己的治疗，但庸医仍然相信，他们只需要利用我们对白大褂、权威人物和晦涩术语的信任。这样做的确有效，只要看看顺势疗法你就明白了！

我们的报纸和电视节目往往跟我们一样，都缺乏判断力，这也无助于我们辨明真伪。我们会很自然地接受报纸所提供的"事实"，因为其中的内容肯定是真实的，否则就不会出现在报纸上，对吧？就像我曾就媒体习惯这一问题采访过的一位女士告诉我的那样："我经常读《瑞典快报》和《瑞典晚报》，因为这样就能了解全部真相。"事实果真如此吗？对此我只能报以微笑。人们竟然对这两份仍在刊登每日星座运势的劣质小报有如此高的评价。比起一次性得到"全部真相"并配以许多花花绿绿的大幅图片，打破砂锅问到底的科学方法显得相当枯燥。我们大多数人非常想弄清楚人类大脑及其功能的真相，但遗憾的是，我们所掌握的事实往往被过度简化，最后完全失真。比如，我们在某个地方读到（实际上到处可以读到），给儿童播放莫扎特的音乐会让他们变得更聪明。[1] 那些精英学者和科学家也没有时间向我们解释到底是怎么回事。因此，我们每天获得的信息都充满了各种各样的承诺，比如：如果你是从薯片中摄取胆固醇，那并没有太大危害；科学家已经发现了一种新基因，可以让我们所有人活到200岁；维生素C可以预防癌症；我们应当学会更好地利用我们大脑的右半球；一种新药即将问世，这种药能提高我们的记忆力，提高性生活质量，让我们的身体更健康……这些说法从来没有受到过质疑，因为任何质疑的人都会立刻遭人嫌弃。

超级练习
判断正误

你对这个世界了解得越多，你就越容易为自己的生活做出正确的决定。接下来，我列出了14种说法，这些全都是常识，并且都在某种程度上影响了你的世界观。请判断下列每种说法的正误。正确答案附后。

---

[1] 著名的莫扎特效应实际上是在一项针对成年人而非儿童的研究中发现的，研究结果表明，只是在听音乐时，认知能力能够持续增强几分钟，并没有发现能让智力得到永久性提升。这就是事实的真相。

1. 当第一批人类出现的时候,最后一种恐龙已经灭绝了。
2. 抗生素能杀死病毒。
3. 电子比原子小。
4. 天主教会直到 1992 年才承认伽利略是对的,承认地球确实绕着太阳转。
5. 地球绕太阳一周需要一年的时间。
6. 太阳是一颗恒星。
7. 人类的脊椎和长颈鹿的一样多。
8. 人类往往只使用大脑容量的 10%。
9. 剪头发会让它长得更快。
10. 大脑消耗的能量相当于 10 瓦灯泡的能量。
11. 宇宙有 6000 年的历史。
12. 澳大利亚的首都是悉尼。
13. 有些人有一种特殊的能力,他们能够用意念的力量弯曲金属物体。
14. 大脑的平均重量在 1 100 到 1 300 克之间。

正确答案:1. 正确,2. 错误,3. 正确,4. 正确,5. 正确,6. 正确,7. 正确,8. 错误,9. 错误,10. 正确,11. 错误,12. 错误,13. 错误,14. 正确。

你答对了多少?如果你答对的数量超过 12 个,那你就属于这一测试的佼佼者。如果你答对的数量少于 10 个,这就表明你可能需要一张借书证,需要多读书了,或者至少,你应该试着每隔一段时间切换一下电视频道。

如果你的测试成绩不太理想,下面这些事实可能会让你的心情好起来:相当数量的英国人不相信地球绕着太阳转,大约有一半的美国人不相信进化论；然而，大约同样数量的人相信超自然能力，49%的美国人相信恶魔附身是真实存在的。在意大利，埃切瓦里亚主教在1997年发表了一份声明，声称90%的残疾人是非处女婚后所生。①

对世界的这种错误认识并不一定表明你没受过教育。在美国大学进行的研究表明：整整1/4的大学生不相信地球绕太阳一周需要一年的时间；近1/3的大学生认为抗生素能杀死病毒；69%的大学生认为我们只使用了人类大脑容量的10%；超过1/3的美国大学生还认为（就像古希腊哲学家亚里士多德一样），我们在看东西的时候，眼睛会散发出"神秘的能量"。

在继续探讨更多有关超自然的想法之前，我们需要看一看那些我们"知道"是科学事实的东西。要知道，这两者之间通常没有什么区别。

有一种极为荒谬的想法认为，我们只使用了我们大脑容量的10%，而另外那90%可能能够做各种令人兴奋的事情，比如心灵感应和心灵遥控（用意念的力量移动物体）。另一种比较典型的荒谬想法与大脑半球有关，认为如果我们能更多地与具有创造力的右脑建立联系（例如，用我们的左鼻孔呼吸——如果你相信一些理论支持者的说法），我们的生活会更有趣。下面让我们快速浏览一下这些错误的观念。

关于大脑10%利用率的错误观念

如果你觉得自己不如一般人聪明，就用你的指关节重重地敲击桌子的边缘。你没有这样做吧？对此我丝毫也不奇怪，因为我们都喜欢认为自己是聪明人。那些来听我演讲或观看我的节目的好心人经常在活动结束后走到我面前，告诉我我所做的事情多么令人振奋，尤其是考虑到科学说我们只使用了我们大脑的10%，也许我所做的就是找到一种方法来

---

① 他可能是对的，虽然原因不是他认为的那样。1997年，大约90%出生在西方的人，无论他们是否残疾，他们的父母在他们结婚时都不是童男处女。

利用那余下的90%。

唯一的问题是，科学并没有这样说。关于我们智力的错误观念在我们的文化中根深蒂固，而其中最根深蒂固的谬论认为普通人只使用了他们大脑的10%。这个观点已经被现代几乎所有有关大脑的研究证明是错误的。

例如，研究人员曾使用核磁共振扫描人的大脑，以此判断大脑的哪些部分在思考问题时被激活，结果没有发现"休眠"区域。很明显，整个灰质部分都被利用了起来——如果哪一区域没有得到利用，那实际上就是一个信号，表明大脑出现了严重问题。你也可以通过研究大脑受损的人来判断我们是否使用了整个大脑。如果某个人在中风或头部创伤后大脑组织受损，那么不管损伤发生在哪个部位，都会导致功能受损。即使脑部物质损失远低于90%，这种损失也会对患者的精神、人格、情绪、能力和行为产生毁灭性的影响。最后一个例子：对脑细胞进行的电刺激或化学刺激总是会引发某种精神或身体活动，无论刺激大脑的哪个部位都是如此，并且大脑中没有哪一部分游离于活动之外。换句话说，我们使用的是整个大脑的全部潜能。我们不可能一次使用所有的部分，因为不同的区域负责不同的活动，但是我们会综合使用所有的部分。

从进化的角度来看，大脑是一项重要的生物投资。为什么自然选择会赋予我们如此大而复杂的器官，而仅仅让我们利用它的1/10呢？

这种错误观念可能源于20世纪早期著名的心理学家威廉·詹姆斯的一句话。詹姆斯说，他怀疑大多数人的潜能利用率是否超过了10%。他说的是潜能，而不是大脑。1936年，当戴尔·卡内基的励志经典之作《人性的弱点》出版时，詹姆斯的这句话在该书的前言中被引用。不幸的是，他的原话被篡改了——10%这个百分比不再与潜能有关，而是变成了与大脑直接相关。从那以后，人们就开始以讹传讹了。然而，尽管有大量相反的证据，关于大脑10%利用率的错误观念却流传了下来。从某种程度上说，这是由于它能给人安慰，因为它表明，无论你的日常生活多么凄凉无望，你都拥有大量未开发的资源。然而，能带来安慰并不意味着这种观念就是正确的。

这里也涉及经济刺激因素，因为励志大师利用这个神话来销售书籍、CD 和课程。其中的关键一点是，如果我们能学会利用大脑的其他"神秘"部分，我们就会找到财富，就能成功。或者，你就能够释放你自身的超自然能力，接触神鬼幽灵——当然，这一切取决于你听从哪位大师的鬼话。

听到我们有如此巨大的未利用的能力储备肯定令人欣慰，如果这个想法能与神经科学联系起来，那对那些试图从中赚钱的人来说就更好了。

我们大多数人可能凭直觉认为这种说法是没有道理的。等下次你再听到有人说我们只使用了 10% 的大脑时，问问他，这是否意味着他可以接受失去 90% 的大脑。我想没有多少人会同意这样做。

长筒靴与人字拖

每个人都听说过左右脑的区别：左脑与语言、理性、线性、数学、科学和细节有关，而右脑与空间、直觉、情绪、创造力、艺术和整体有关；大脑的左半球就像西方的军工复合体，而右半球具有东方的神秘感和诱惑力；左半球无聊透顶，右半球则滑稽好笑！

这是完全错误的。

我在本书的前文中讨论了大脑左右半球之间的一些差异，比如它们调节不同情绪状态的方式。事实上，左脑和右脑之间最显著的差异与它们的空间意识有关。右脑受伤的人往往会忽略他们身体左侧的环境，甚至于一些人连身体左侧的衣服都不穿，只会吃盘子里右边的食物，下棋时他们的左翼没有丝毫防御。然而，大脑左半球受伤的人很少表现出对他们身体右侧环境同样的忽视，即便偶尔出现这种行为，往往也是暂时的。这种现象通常被解释为大脑右半球将所有的空间注意力集中在身体右侧，而大脑左半球则两边都能处理，如果需要。① 这表明左右脑之间存在着相当显著的差异。然而，它并没有反映出两种截然相反的思维方式，也无法解释两个半球具有不同"人格"的神话。

不过，还有其他方面的区别，这些区别至少在表面上更符合对大脑的传统划分，即"法西斯左派"和"嬉皮士右派"。你可以将其总结如下：

1. 左半球控制着身体的右侧，右半球控制着左侧（眼睛除外，左右眼似乎与两个半球都有联系）。

2. 左半球擅长处理线性事件，比如逐字逐句地阅读。右半球可以同时看到很多东西，比如几何形状，并能掌握它们的意思。

3. 左半球更擅长文本，右半球更擅长上下文。左半球分析某人所说内容的字面意思，而右半球则理解通过语调传达的潜在含义。

4. 左半球分析细节，右半球概述整体。左半球管理各个组成部分，右半球将其组合到统一语境中。

然而，这并不意味着大脑左右半球相互独立完成这些事情。对于大脑中发生的任何事情，左右半球都起着至关重要的作用，而且它们也可以承担彼此的责任，比如在大脑受到损伤的时候。在类似上面这样的总结列表中，左右脑之间的差异可能看起来是静态的。但实际上差异是变化不定的。似乎这两个半球都为大多数任务做好了准备。在我们自己的心智发展过程中，它们或多或少地在不同的领域占据主导地位。因此，我们的大脑是不对称的，但它们也是极为对称的，这是数百万年进化的

---

① 你还不明白吗？不妨这样想：如果右脑可以跟踪身体的左右两侧，而左脑只能跟踪右侧，这就说明了以下几点：如果右脑受损，那么大脑中就不再有一部分能够跟踪身体的左侧，因而左侧的事物就会被忽视。但是如果左脑受伤，什么也不会发生，因为右脑仍然在那里照顾身体的左右两侧。明白了吗？

结果。进化到今天，左右脑之间的差异已经变得没那么重要了。如果我们想要了解我们的思维运作过程，就必须把大脑作为一个整体来研究，避免单纯为了方便而把思维能力分为"左"和"右"两类。我并不是要贬低这种不对称在大脑各种功能的表现方式上的重要性。问题在于，人们过于简单地认为，大脑的两个半球在某种程度上代表了两种对立的思维方式，而我们右脑的能力被压抑得太久了。你从关于大脑 90% 的能力未被利用的错误观念中认出这个想法了吗？它们都是由相同的一厢情愿的想法所催生的。

已经提出的开发创造性右脑的方法包括：花更多的时间做白日梦和做梦、超然冥想、瑜伽、催眠、生物反馈。正如你所猜测的，市场上不乏关于这一主题的自助励志书籍、CD 光盘和课程，其中所提供的大部分自助材料实际上是关于普通的创造性开发，只不过被赋予了更适于市场销售的外观。不过，其中很多内容确实针对个人发展提出了一个相当不现实的想法，它往往会让人们梦想自己成为一个焕然一新、令人艳羡之人，而这实际上永远都不可能实现，因为这种想法是基于对人类工作方式的错误理解。

这类自助书籍和工具不仅会伤害你的自尊、掏空你的钱包，而且还会浪费你宝贵的时间。毫无底线的治疗师和自我标榜的人生导师非常乐意为你提供各种方法，释放你隐藏的潜能，并开始了解你的"另一个自我"——当然，他们为的是赚取一笔可观的费用。大脑左右两个半球相互对立的观念之所以难以根绝，真正原因可能就是因为可以利用它来赚钱。

永恒的对立

人类需要简化世界才能理解它。然而，有时我们把简化版与现实混为一谈，并且选择相信这些简化版，仿佛它们是真的一样。迷信就是这样产生的。把人脑分成两个独立的"角色"就是一个很好的例子，说明了人类一直以来的迷信观念是如何被简单地修改以跟上时代的发展。我们有必要更仔细地研究一下这个问题，以理解我们是如何运作的，以及我们为什么相信我们所做的事情。这不仅适用于我们对大脑的认知，更广泛地适用于我们看待自己的方式。

这种对心智活动的二元划分法远非一个新概念。在中国，有"阴"和"阳"之分；印度教徒有"佛性"（智慧）与"灵性"（头脑）之分；托马斯·霍布斯则认为有激情与理性之分，而激情又分为欲望与厌恶；我们在日常生活中都会使用"理性思维"与"直觉"这种二分法。在19世纪末，许多人对大脑的左右半球颇为着迷，就像当前人们表现出浓厚兴趣一样。一些法国科学家认为，左脑是文明的源泉，而右脑则是我们天性中更原始的部分的家园。大脑两个半球也与男性和女性不同的人格特质有关。正如一位法国医生所言："'男性大脑'和'女性大脑'的概念很好地解释了两个半球之间的差异，其中一个更聪明、更稳定，而另一个更容易兴奋、更容易疲劳。"我想让你猜一下哪个说的是男性，哪个说的是女性。

20世纪70年代，随着罗伯特·奥恩斯坦的《意识心理学》的出版，现代版本的双性大脑理论开始流行起来。在这本书中，奥恩斯坦声称，到目前为止，社会过于强调左脑思维。他建议我们应当释放右脑的创造力。这个想法很快流行起来，并且得到了宇宙学家兼作家卡尔·萨根等人的支持。正如我之前所说，科学家有时对可疑的心理学观点过于不加批判。关于男性大脑和女性大脑的观点后来被女权主义思想家重新提了出来，因为他们认为我们人性中创造性的、直觉的、女性化的一面需要从压抑的男性左脑中解放出来。①

---

① 然而，任何试图认真对待这种性别隐喻的尝试都注定失败。女性通常被认为是比男性更具直觉、更善于表达情感，这意味着她们可能更能利用右脑，但她们也比男人更爱说话；相反，男性的空间意识比女性好，但是语言能力与左脑有关，空间意识与右脑有关。这真是太难了！也许我们最好还是忘掉这一切，继续进行其他方面的研究。

很可能对大脑及其能力的这种划分实际上是一个古老主题的现代变体。大脑的这两个半球反映的不是某种现实,而是一种隐喻性的挂钩,我们可以把文化导致的偏见挂在上面,并为我们自己矛盾的天性找到一种解释。这是一个古老的观点。一开始,它甚至不是关于我们的大脑,而是与我们的双手有关。

纵观整个人类历史,不同的文化对人的每只手,或者更广泛地说,对身体两侧的重视程度不同。积极的特质通常与身体右侧有关,而消极的特质则与左侧有关。亚里士多德曾给出了一张完整的对立表,其中右侧代表的是有限制、单数、奇数、光明、正直、善良以及阳刚,而左侧代表的是无限、复数、偶数、弯曲、邪恶以及阴柔。在新西兰的毛利人眼中,右侧代表的是生命,左侧代表的是死亡。在基督教《圣经》中,从正面角度提及右手的地方有超过100处,从负面角度提及左手的地方大约有25处(没有从负面角度提及右手的地方)。同样的划分在世界各地的许多文化中经常出现,屡见不鲜。这并不意味着这种划分是正确的,也不意味着这一切有什么奇妙或神秘之处。这种涉及"左"和"右"的普遍象征,"右"总是代表积极的一面,实际上反映了一个简单而熟悉的事实[1]——在所有社会中,大多数人是右利手。

如果你把下面这两个方面结合起来,一方面是一个明显的事实,即我们更喜欢我们身体中占支配地位的部分,另一方面是人类希望能把世界划分成明显的两个对立面,你很快就会得出这种象征性的分类结果,即积极正面的属性划归右边,消极负面的属性划归左边。

罗伯特·奥恩斯坦在他的书中所做的一切(以及一个世纪前那些法国人所做的一切),就是重拾这种古老的象征,将其运用到20世纪70年代非常盛行的一个研究领域——人类的大脑。

---

[1] 有人曾经提出,左撇子的大脑功能是颠倒的。事实证明,这也是一种错误观念。

报纸上就是这样说的，所以肯定是真的

我们很难发现事实真相的原因之一是，我们不断地受到海量信息的轰炸，这些信息根本没有经过事实检验，却以事实的形式出现。在信息泛滥的当今社会，分清事实与虚构比以往任何时候都要困难。因为所有的报纸和新闻节目都想首家报道有趣的故事，所以他们并不总是有时间去核实新闻的真伪，正如我们一家瑞典晚报的记者所言："速度胜于事实。"这就是媒体不断制造此类科学"真理"的原因，其背后往往是某些大公司的支持，因为这些大公司正迫不及待地想向我们出售新药物和新产品。你我都希望能理性思考问题，做出合理的决定。因此，我们应该如何面对这种困难的局面呢？我将给你举两个简单的例子，说明当媒体过于急于求成时会发生什么，以及这会如何在更广泛的层面上影响人们的世界观。我要提到的这两样东西是你会觉得对健康非常重要的，即 Ω-3 脂肪酸和抗氧化剂。

Ω-3 脂肪酸

Ω-3 是多不饱和脂肪酸的总称，在种子、坚果、鱼类和其他食物中都有发现。Ω-3 脂肪酸对健康有几种益处——它们可以预防心血管疾病，能够帮助胎儿正常发育。因此，我们有理由得出结论，吃富含 Ω-3 脂肪酸的食物对我们有好处。然而，几年前，儿童用 Ω-3 脂肪酸补充剂的市场激增。在英国进行的一项广泛的科学研究得出结论，服用 Ω-3 脂肪酸的学龄儿童会因此变得更聪明。不过，只吃有营养的食物还不够。要想达到益智的效果，儿童还必须服用补充剂。任何不给孩子买 Ω-3 脂肪酸补充剂的父母基本上都是不负责任的失败者。现在，最激烈的炒作已经平息，但 Ω-3 脂肪酸补充剂在市场上的强势地位至今仍然不输当年，这在很大程度上是由英国人的一项研究以及随之而来的强烈兴趣所引起的。要知道，到目前为止，这是唯一一项关于 Ω-3 脂肪酸对儿童认知能力的影响的研究。

然而，非常遗憾的是，这项研究从未进行过。

或者说，这项研究至少不是以媒体报道的方式进行的。实际情况是这样的：杜伦中学董事会启动了与一家 Ω-3 脂肪酸胶囊制造商的合作。他们的想法是在期末考试前给杜伦中学 5 000 名应届毕业生每人发放 Ω-3 脂肪酸，然后测量结果。但问题是，整件事很快就演变成了廉价的宣传噱头。市议会看到了提升该市品牌的机会，于是发布了新闻稿，很快吸引了全英媒体的关注。他们满怀信心地宣布，孩子们在考试中会取得比平时更好的成绩，这一声明得到了市议会和制药公司的认可。报纸和新闻节目对此大力宣传，甚至连医学界一些德高望重的人，如医生、科学家罗伯特·温斯顿都被吸引住了，他们甚至在研究完成之前就开始称赞 Ω-3 脂肪酸对儿童的好处。当时，也有一些科学家进行了干预，奉劝他们不要这样做，因为在事实发生之前宣布自己的预期结论有悖科学精神。科学方法完全取决于反证观点，而不是证明某人已经相信的东西。市议会对这项研究已经如此信任，而生产胶囊的公司又明显有利可图，这些都是潜在的偏见来源。此外，诸多媒体对此事大肆宣传，这也给学生（和他们的父母）施加了很大的压力。他们必须表现得更好，因为整个国家都在期待他们取得好成绩。因此，无论结果如何，都无法确定任何积极的效果究竟是因为孩子们服用的 Ω-3 脂肪酸补充剂引起的，还是因为他们在压力之下刻苦学习引起的。更糟糕的是，组织这项研究的人也忘了在研究中加入一个对照组。在研究药物或补充剂的效果时，通常的做法是加入一个没有服用药物或补充剂的对照组，让他们完成与服用药物或补充剂的那一组同样的任务，这样才能发现和比较两者之间的差异。但是，在杜伦中学进行的这一"伟大"研究中根本没有对照组。他们只是猜测如果没有服用 Ω-3 脂肪酸，学生们会取得什么样的成绩，而这种猜测还是基于去年的班级成绩。

当所有这些缺陷被指出时，没有人再声称这项研究是科学的了。所有用科学术语描述测试的新闻稿都被撤回了。而今天，所有人都假装整个事件从来没有发生过，一切妄想都化为泡影，所有媒体也都偃旗息鼓了。

然而，这次活动仍然是成功的，足以永远改变关于 Ω-3 脂肪酸的"事实"。它一路传播，也传到了我们瑞典。现在我们明白了，Ω-3 脂肪酸是一组重要的脂肪酸，我们确实需要它们，但是只要通过合理健康的饮食就可以得到足够的脂肪酸。然而，为什么市场上仍然有这么多的补充剂在销售？为什么每一家正规的药品生产商都依然在生产儿童系列装的 Ω-3 脂肪酸胶囊？这全都是拜杜伦中学进行的那项"科学"研究所赐——那项从未进行过的研究。

（有人可能会问，学生们的考试结果如何呢？是这样的，在媒体都打道回府之后，孩子们照常吃药、考试。至于他们的考试成绩，他们的表现比不服用 Ω-3 脂肪酸的情况略差。也许他们只是受够了整件事？）

抗氧化剂

大量服用抗氧化剂成了我们的一种消遣方式，并且似乎越来越流行。它已经从一种在售的药物发展成为我们喜欢拥有的东西。我这样说并没有丝毫夸张。今天早些时候，我去附近的 7-11 便利店买饮料，在商店橱窗里看到了这样的广告语："隆重推荐'Vitamin Well'牌抗氧化剂！谢天谢地，终于到货！"

像这样的广告越来越多。如果我顺手买走的那瓶调味绿茶的标签上没有一个小小的心形图标，上面自豪地写着"抗氧化"，那我可以说是够不走运了。现如今，所有食物中都添加了抗氧化剂，所以，这种东西显然对我们非常有益。但是为什么呢？什么是抗氧化剂呢？

抗氧化剂有益健康背后的理论是这样的：在我们的身体里，有一种化学活性物质叫作"自由基"。自由基的好处很多，比如消灭我们的免疫系统捕获的有害细菌。但是当自由基出现在不该出现的地方时，它们也会造成伤害。它们会削弱血管，损害 DNA，进而导致衰老和癌症。正因为如此，有人认为自由基可能是导致人体细胞老化以及各种疾病的原因。请注意，这只是一种理论，我们并不知道这种理论是否正确。抗氧化剂是一种化合物，可以中和体内的自由基。所以，有人就提出这样一种观点：既然自由基是有害的（比如导致疾病和衰老），而抗氧化剂可以中和它们，那么多服用抗氧化剂应该是有好处的，这样就可以延缓衰老、预防疾病。[1]

但谁说自由基总是有害的呢？相反，它们对身体至关重要，因为它们能够帮助免疫系统杀死细菌。所以当你对抗感染的时候，最好吃那种不含抗氧化剂的食物，从而培养你的自由基。

自由基导致衰老和疾病的理论也没有得到证实，所以我们不知道该理论到底是真是假。另外还有最后一个疑问：难道仅仅因为我们身体里的抗氧化剂对身体有益，就可以顺理成章地认为如果我们摄入更多的抗氧化剂，效果就会更好？我个人也认为这在一开始似乎是合理的，但这正是问题所在：所有的事情在一开始似乎都是合理的，但这并不能说明它们就是正确的。在很多情况下，它们实际上是奇幻思维的结果，就像相信磨成粉的公牛阴茎可以治愈阳痿一样。事实上，我们并不知道我们额外摄入的抗氧化剂会对我们产生什么影响。也许人体会吸收它们，的确会对我们的身体有些好处；也许这样做只不过是画蛇添足，因为人体根本无法吸收，最终只能排泄到厕所里；也许它们会变成完全不同的东西；也许它们会待在体内，就像一团没人需要的东西；或者，它们甚至会直接产生有害的影响，比如在它们中和掉所有的自由基后，会使我们非常容易受到感染。事实上，最相关的研究结果显示，癌症患者摄入额外的抗氧化剂后，死亡率会上升。

身体是一个非常精细的平衡系统，尽管这可能不那么容易相信，尤其当你看到保健品商店不断地告诫我们，如果我们想活到下周，必须吃

---

[1] 你还记得不久前有消息说喝葡萄酒对身体有好处吗？这一切都归因于一个简单的事实：葡萄酒中含有抗氧化剂。在一家诊所的候诊室里，我看到一张义愤填膺的海报，好像是当地县里出的海报。海报上用醒目的大字解释说，抗氧化剂并不是喝酒的正当理由，因为普通食物中也含有抗氧化剂。例如，一个圆葱中的抗氧化剂含量与一杯葡萄酒中的含量是相同的。我不知道你是怎么想的，但如果有人让我在一杯阿玛罗尼葡萄酒和一个生圆葱之间做出选择，我对圆葱连看也不会看一眼。这张海报的有趣之处在于，它批评了葡萄酒是抗氧化剂理想来源的观点，却根本没有质疑通过大量服用抗氧化剂来对付我们体内所有自由基的行为。

各种各样的补充剂。通过添加大量体内已有的某种物质来扰乱这种平衡，很难说是一个好主意。但"Vitamin Well"牌抗氧化剂才不信这一套。此类产品的生产厂家非常清楚，我们觉得科学太严肃、太无聊，我们更喜欢速效产品，最好是能带给我们某种仪式感的产品，就像喝神奇的魔法药水那样。我们对此类事物的兴趣已经延续了几千年。

在"抗氧化剂"这个科学术语对应的英文"antioxidant"中，其前缀"anti"看起来很高级，再加上名字中间的字母"x"，使得"antioxidant"看起来不仅仅只是一种化合物。这种煞有介事的构词法可以把任何东西推销给你。

不太理想的环境

我们往往一听到科学就会感到强烈的厌恶，因为我们觉得科学比较枯燥、无聊和狭隘。此外，有些人说科学只不过是一种"理论"。从某种程度上说，的确如此。万有引力也只是一种理论，但我们有充分的理由相信这一理论是正确的。不管人们怎么想，科学也恰好是现存的最开放的理论体系，因为科学不同于其他的信仰体系，它需要在新的证据面前不断地进行自我修正。

但是，当我们想到那个穿着白大褂、戴着难看的眼镜、自鸣得意、高高在上的家伙时，我们会心生忐忑，此时上述的一切都不重要了。我们更愿意相信那些我们的直觉能够"理解"的事物。容易理解的事物，通常是由迷人、感性的人提供给我们的，并且就像我说的，理解起来比较容易。但每当这样做的时候，我们也在破坏我们正确理解世界的机会。

然而，有时候，那不是我们的错。我们无法不去相信一些事情，不管它们有多疯狂。这方面一个典型的例子是人类与生俱来的错误理解。

与生俱来的错误理解

为什么会看到不存在的东西

进化塑造了我们处理信息的系统,其目的非常重要:在混乱的世界中寻找模式。我们的大脑通过放大环境中的微弱信号来做到这一点,使其更好地从周围的噪声中脱颖而出。这种非常有用的能力有一个副作用——它使我们的感官非常善于辨别模式,即使它们接收到的信息完全是随机的,它们也能做到这一点。我们在观看云彩、烟雾或水中泡开的茶叶时,几乎总能从这些事物的轮廓中发现其他事物。有些人认为,任何事情的发生都绝非偶然。持这种世界观的人会急于为这些随机模式寻找超自然的起因或神秘的起因。如此一来,我们在互联网上看到烤焦的面包上出现了耶稣的脸,看到火星上的人脸,或者在美国世贸中心遭遇袭击后升起的烟雾中看到了也许是 21 世纪最有争议的幻象模式——魔鬼的脸(或者,看到的是本·拉登的脸,这取决于你询问的对象)。

此时此刻,我并不是说随处看到各种模式会让你变成某种阴谋狂人。就像我前面说过的,这是人类心理处理信息的一个综合方面。通常,我们会毫无理由地将某个模式应用到某个事物上。并不是说我们"想"在月球或火星上看到一张脸,我们只是看了一眼,然后一切就自动发生了。

为什么黑猫是厄运的象征

有史以来,人类从并不存在的模式中创造了无数神话。神话都是我们祖先创造的诗意描述,用来解释宇宙、自然事件和生命本身的奥秘。这些神话中的一个版本就是我们所说的迷信。迷信是一种尝试,试图理解世界的运转方式,但其中包含着我们把事件本身和我们想象出来的原因错误地联系在一起的错误理解。我们的认知器官坚持要发现各种模式,因此我们确信存在某种因果关系，即使根本没有证据支持这一点。例如，在瑞典，我们认为把钥匙放在桌子上或者黑猫从我们身前经过，都预示着厄运即将来临。当然，没有自然法则支持这一观点，也没有任何算法表明把金属器物放在由3个以上垂直支撑物支撑的平面上，或者目睹特定物种的单色个体沿着与我们自己前进方向垂直的路径行进，会导致我们睡过头、撞上电线杆或者考试不及格。

然而，如果哪一天我们真的把钥匙放到了桌子上，那么此时只需发生一个不幸的事件，我们就会看到事物之间"明显的联系"，因为我们在认知过程中总是试图把模式强加于混乱。到了第二天，我们小心翼翼，坚决不把钥匙放在桌子上。如果这一天我们不像前一天那样遭遇不幸，那么我们就会更加相信事物间的这种联系。当然，我们无法以此来检验某个理论，因为这和前文练习中翻看卡片K（而不是卡片A）的做法如出一辙。我们往往不会去寻找可能与我们的想法相矛盾的情况（"即使我把钥匙放在桌子上，运气依然不错"）。相反，我们只寻找支持我们当前想法的证据（"果真如此啊，我把钥匙从桌子上拿走了，现在我的好运又回来了"）。人类喜欢寻找对自己有利的证据来证明自己的想法，不会寻找对自己不利的证据。这种倾向是迷信行为的基石之一。而且，我们人类还善于创造自我实现的预言，这让整个事情变得更加扑朔迷离。如果我们坚信钥匙和桌子的结合会带来厄运，我们就会下意识地确保自己倒霉。当然，前提是我们注意到了钥匙放在桌子上。

如果有关迷信观念的因果关系真的成立，那是因为我们人为地创造了这种因果关系。

把钥匙放在桌子上，从梯子下面走过，以及不说"祝你好运"，这些都是迷信的例子，我们中的很多人可能对此已经有了免疫力。但这种思维方式对我们的影响比我们想象的要深远得多。这其实只是一个积极错觉的例子。积极错觉通常能帮助我们保持快乐的心情。关于这一点，你在前文中读到过。大多数成年人认同的一种积极错觉是，世界是可以控制的。我们相信我们可以通过努力工作、仔细规划、借助合适的工具、技术和科学，实现大多数目标。自然灾害、疾病、战争、社会和经济问题都是我们可以解决的问题。我们不相信混乱和随机事件会对我们的生活产生重大影响。因为还有另一种积极错觉能让我们更关注积极的事情，而不是消极的事情，并且因为我们感觉到了这种控制的错觉，所以我们经常把自己看作积极事件的原因，即使我们实际上与它们没有任何关系。比如，有人说："我喂了我的仓鼠，所以它没有饿死。"这就是一个准确的结论，证明某人的个人行为导致了积极事件的发生。而如果有人说："如果夜里很冷，我就把车库里的灯开着，因为这样第二天早上汽车发动起来会比较容易。"这就不是一个准确的结论，在这件事中，无法证明某人的参与导致了积极事件的发生。你我都有许多这样的想法，并且我们也都相信自己已经验证了这些想法。因此，我们可能会这样想："我知道这听起来很奇怪，但实际就是如此。"事实上，我们可能只使用与钥匙那个例子中相同的方法对它们进行了"验证"——我们只注意到了这些想法正确时的情况，却忽略了其不正确时的情况。这并不说明你很傻，这甚至压根不是你的错；这是一种自动的生存机制。混乱状态越少，就意味着可控性越大；可控性越大，就意味着压力越少。反过来说，这就意味着我们可怜的自我遭受的身心磨难会越少，从而增加我们获得积极情绪体验的机会，而这种体验正是积极错觉所追求的目标。

另外，如你所知，当我们正确的时候，我们会感觉很好，这使得我们更容易只关注那些"模式"准确、我们正确的美妙场合，很快就会忘记那些"模式"不准确、我们期待的多巴胺没有出现的场合。然而，我们只会把积极错觉运用到自己身上。除非你对自己的印象极差，否则你一定会认为你的成功是你自己能力的结果，而你的失败则是令人遗憾的环境造成的。因为我们从内心真正了解的只有自己，所以这个结论并不适用于他人。但我们却在实际中更进一步——我们颠倒了这一原则！我们常常觉得别人的成功完全是运气使然，而他们的失败却是他们自身缺陷所造成的必然结果。当然，我们不可能都这么想，也不可能都是正确的。

我们对某个特定事件的体验受到环境和我们个人期望的影响，其他任何事情都不可能影响到我们，因为人类的思维方式就是这样运作的。环境和期望帮助我们过滤信号，从中提取与我们相关的信息。这是一种了不起的能力，也是人类大脑的独特之处。你可以把世界上所有的信息塞进计算机，然后告诉它如何处理这些信息，但它依然难以回答哪怕是十分简单的问题，因为它不知道哪些信息是相关的，不知道在所有可能的解释中，哪个是正确的。计算机缺乏理解所必需的环境。

人类特别擅长把握环境，过滤掉不相关的数据，但这有时也会导致我们走捷径，把某些事情看得太重要。例如，我们往往认为个性特征是"物以类聚"的。一个身体方面富有魅力的人也一定很聪明，受过良好的教育，平时表现也很出色。当然，这些事情之间不一定有联系。但每当我们注意到一种积极的特征时，我们就会下意识地添加一些我们喜欢的其他特征。比如，写字漂亮的人可能也很聪明。书写较差的学生论文的得分通常来说低于书写较好的论文的得分，即使论文的实际内容完全相同！当我们发现自己不喜欢的东西时也是一样的：身着黑色队服（所有坏蛋都会选择的颜色）的球队总会因为侵略性动作而受到比穿白色队服（英雄的颜色）的球队更严厉的处罚。

因此，错误的理解是由多种因素造成的，而所有这些因素都是与生俱来的：首先，我们渴望发现模式，即使其中除了随机噪声什么也没有。其次，我们能发现其实并不存在的因果关系。再次，我们倾向于寻找并高估任何支持我们假设的东西。我们的期望也经常使我们成为"聚类错觉"的受害者，相信相似的事物（比如积极的品质）是相互关联的。最后一点，我们往往会高估我们自己在所有事情中所起的作用。此外，所有这些根深蒂固的人类特征都与我们理解和控制世界的需要是一致的。所有这一切的结果是，我们最终在放钥匙的时候会非常小心谨慎，在走路时会保持警惕，防止任何哺乳动物从我们身前经过。

或者，还有一种结果，那就是相信刚刚发生的事情是由我们的祈祷引起的。

认识到错误的理解的原因之后，我们也更容易理解 20 世纪 50 年代在太平洋美拉尼西亚的一些岛屿上发生的事情。在第二次世界大战期间，食物用飞机运送到岛上。几年后，岛上居民希望飞机能给他们带来更多的食物。于是，他们用草和树叶建造跑道，沿着跑道两侧点燃篝火，而且还建造了一个小木屋，坐在里面的人戴上木片充当耳机，把竹枝当作天线。小屋里的人扮演的是飞行控制员的角色，其他人则等待着飞机降落。他们做的一切都没错，看起来和以前一模一样，但是没有丝毫作用，没有飞机飞抵岛上。美拉尼西亚人对此感到惊慌失措。他们漏掉了什么？哪个环节出了问题？可别忘了，上次跑道建好之后，飞机就来了，所以这样做肯定有效！岛上居民把相关性误认为因果关系。

在嘲笑无知的当地人之前，先看看镜子里的自己。仔细想想你就会明白，他们的跑道和你的幸运笔之间的差异其实只是程度不同而已。

有些事情看起来并不偶然

统计分布如何导致迷信

有时候，事情发生的频率比纯粹随机的情况下预期的要高。人类的生育能力就是这方面的一个典型例子：它似乎受到了比科学目前所能理解的更多因素的影响。一个广为人知的现象是，一对夫妇多年来一直试图怀孕，尝试未果之后决定收养一个孩子，结果在收养申请获批后的一周内怀孕了。也许这种现象可以通过测量应激激素对生殖的影响来解释。他们对生儿育女的强烈关注可能加剧了他们的压力，以至于影响了他们的生育能力。但是，怀孕也会受到外部因素的影响。随便问一个助产士，她都会告诉你，月圆之夜出生的婴儿比其他时候多。是什么神秘力量造成这种现象的呢？

一种可能的解释是上面两种说法都是错误的。

的确如此。不仅关于月圆之夜的说法是错误的，而且人们收养孩子之后又怀孕的说法也是错误的。你不必告诉我，因为我相信你认识一些人，他们在决定收养孩子后就成功怀孕了。我不是说他们没有怀孕，我的意思是说，这一切同其他任何事情相比并没有什么特殊之处。没有数据表明收养（或者换一个词，减压）和怀孕之间存在某种关系，就像没有数据表明月圆和分娩之间存在某种关系一样。问题是为什么这么多人相信此类说法。①

我们接受了许多可疑的观念，不是因为它们像迷信一样满足了我们某种重要的心理需求，而是因为它们似乎是基于我们现有证据得出的最合理的结论。它们是我们自己的经验告诉我们的产物。相信怀孕和收养之间的联系并不一定是非理性的，它可能是对当时情况的一种完全理性的分析，只不过碰巧不正确而已。我们的注意力自然会转移到收养后马上怀孕的夫妇身上，因为他们证实了我们的理论。但我敢打赌，你肯定没有注意到那些决定收养后却没有怀孕的人，对不对？更不用提那些没有收养孩子就成功怀孕生育的人了。事实上这并不奇怪。那些决定收养后怀孕的人自然会与任何愿意倾听的人分享这一不寻常的事情。如果幸运，他们甚至可能得到一些媒体的关注。这使得我们更有可能听到他们的事情，而不是那些收养了孩子却依然没有自己孩子的夫妇。你最后一次听到某人完全没有考虑过收养但却有了自己的孩子这种好故事是什么时候？就是这个道理。因此，从表面上看，夫妇在刚收养孩子之后生育的概率似乎有所上升，这对许多人来说成了一个不争的事实。这并不是说他们非常想相信它，只不过这似乎是他们从所获得的信息中能够得出的唯一合理的结论。我并不是说人们产生错误的认识是因为他们不聪明或者容易上当受骗，外行以及本应更明智的专业人士（包括助产士）都会犯这种认识上的错误。人很容易犯错误，你我也不例外。实际上，这仍然与前面提到的应该翻看卡片 A 还是 K，是同样的道理。不过，这一

---

① 在阅读了所有这些我们存在错误认识的例子之后，为了不让你失去希望，一定要想一想很多我们认识正确的情况。更何况，经过这长达数百页的智力优化训练之后，你已经使自己变得更加敏锐了。

次，这些卡片决定了你会相信什么，以及你的现实会是什么样子。

随机分布不均匀

我们在混乱中发现秩序和模式的神奇能力是非常重要的一种能力，但我们经常忘记我们看到的模式其实只是一些假设，需要经过测试，才能断定它们是否准确，是否真的是一种有待发现的模式，或者只是随机现象。但遗憾的是，我们经常跳过这一部分，直接开始相信那些实际上并不存在的东西。我们以热手效应为例。几乎所有的篮球运动员都听说过它。

当某个篮球运动员连续几次把球投进篮筐之后，他似乎找到了打球的"节奏"，收获了信心，这使得他更容易投中下一个球，一个接一个。此时人们会说这名运动员"手感好""热得发烫"。这种现象被称为"热手效应"。相反，几次连续的失误往往会使他们失去信心，接下来还是投不中。篮球运动员、篮球教练和篮球迷都非常熟悉这种现象。

问题出在一个微小而恼人的细节上——这种被充分记录的现象并不存在。研究人员在对数以万计的投篮进行了细致的研究之后得到了一组数据，这些数据传达了一个明确的信息：球员在某一次投篮中的表现如何，与他上一次投篮的结果完全无关（如果非要说有什么关联的话，那就是统计数据实际上表明，球员在投失一球后，状态应该会略微提升一些）。值得注意的是，参与这项研究的球员仍然坚持自己的想法，认为投中和投失会接连出现，尽管有压倒性的证据证明事实并非如此。他们的教练也是这样想的。

为什么每个人都对一些根本不存在的东西如此认同呢？我们已经讨论过一种原因，前面已经介绍过了。如果你提前预料到某个结果，比如你认为投中和投失会连续出现，那么你就更容易记住符合你预期的投中或投失，忘记不符合你期望的。

另一个更重要的解释是：人类似乎对真正的随机性有一种非常歪曲

的认识。无论我们对结果是否有预期,这一解释都适用。

超级练习
随机与否

这里给出的是一连串的投篮结果。X 表示投中,O 表示投失。你认为,下面的内容是一个随机序列,还是说它证明了投中和投失是连续出现的?

O XXX O XXX O XX OOO X OO XX OO

在你做决定之前,先思考一下这个问题,然后再继续往下读。我们稍后再回到这个问题。

随手抛几次硬币,数一下正面和反面的次数,此时我们希望结果会是正反面交替出现,但实际情况并非如此。由于随机分布产生的变化比我们预期的要小,我们经常发现真正随机的结果呈现的"臃肿"数据看起来一点儿也不随机。如果你把一枚硬币抛 20 次,结果连续 4 次得到的都是反面,那么在下一次抛硬币之前,你就会开始感到心里没底。如果这次得到的也是反面朝上,你心里就会想:"真不敢相信!连续 5 次抛到反面,这得是多大的概率啊?!"如果你碰巧也戴着你的幸运帽,你很可能会把这个结果归功于它,并拒绝把它摘下来,就像许多运动员为了保证成功而做出的各种迷信小动作一样。但是,我可以告诉你我们在上面讨论的不太可能的结果的概率:这一概率是 1/4。也就是说,你抛 20 次硬币,有 25% 的机会得到 5 次反面朝上。这与你选择的帽子无关。同样,篮球运动员之前的投篮结果并不重要,即使他们在一场比赛中投篮二十

几次，连续投中 5~6 次。前面练习中的投篮结果属于什么情况呢？你可能不认为那是偶然结果，但那一序列完全是随机的：与前一次投篮结果相同（XX 或 OO）的投篮次数等于与前一次投篮结果相反（XO 或 OX）的投篮次数。如果你认为这看起来不是很随机，那么恭喜你，在这一点上你并不孤单——在对此展开的专门调查中，62% 的受访者说这一投篮结果有力地证明了"热手效应"确实存在。

很容易理解为什么他们会这样认为——这一结果看起来确实像是手感热得发烫，前 8 投 6 次投中，前 11 投 8 次投中。但随机事件就是这样发生的。球员、教练和球迷所犯的错误在于他们对自己所看到的现象的理解：他们看到的是一个完全随机的序列，但他们把它理解成了一种模式。

这种错觉的另一个典型例子是股票市场。人们认为股票市场的波动在很大程度上遵循着看不见的规律，但实际情况并非如此。随机起伏的序列在我们看来并不是很随机。如果其中真的存在某种规律，那么就应该能够预测股票市场的表现。这样一来，我们又回到了原来那个话题。短线交易员在交易所上班的第一天，应该被强制要求参加基础统计的速成课程。

恢复正常

让我们以为我们的迷信思想能准确反映现实的最后一个因素是这样一个事实：任何非正常的事件之后通常都会有正常事件发生。经过一些不寻常的事情之后，一切又恢复正常。拍一部像样的电影或者跑得很快，是你所期望的；而赢得奥斯卡奖或打破世界纪录则比较罕见。当我们打破了原来的正常状态，比如，平时身体比较健康或者考试经常考个及格分数，突然一下子得了流感，或者考试得了个 A，之后我们很快就会恢复原来的状态——不久就不再流鼻涕了，或者考试成绩又回到原来比较稳定的 C。这个简单的道理似乎让人难以理解。

这种恢复正常的现象可以用来解释下面这个显而易见的事实：当学生在学校表现得特别出色并得到奖励时，他们之后的表现会出现回落，不像之前那么出色。同时，表现得特别差的学生通常会在下一次有所进步，不管他们得到了什么样的奖励或惩罚。这种现象给那些试图决定我们是应该依靠奖励还是惩罚来管理学生的人带来了没完没了的麻烦。从表面上看，结论似乎是奖励很少起作用，而惩罚总是有效果的。然而，这是一种错觉——学生未来的成绩不受奖惩的影响，而是取决于学生平时表现的好坏，因为他们一定会恢复到那个状态。基于同样的原因，获得奥斯卡奖的导演下次不一定能拍出同样出色的电影，除非这是他的一贯水平；刚刚打破世界纪录的运动员在下一次比赛中肯定不会还跑得这么快，因为那不是他的正常水平。

替代疗法，比如顺势疗法，也是如此。身体的自然状态是健康的，而我们大多数人没有意识到身体的康复能力是多么强大。如果你的脚疼或者头疼，而你不采取任何措施，你的身体通常会自行处理好（假设你的伤不是太严重），即使这可能需要一段时间。这就是为什么当有人推崇草药、顺势疗法或水晶疗法的优点时，我会觉得非常有趣。他们会说："确实有效啊！他们给了我一小瓶饮料，把一块黑色的石头放在我的额头上，这样做了3个星期后，我扭伤的脚踝就好了！"他们没有意识到的是，3周之后，身体自然会恢复到正常状态，也就是说身体会自愈。替代疗法之所以有效，是因为无论如何，你都会好起来。

我希望你能看到对回归正常状态的无知是如何导致迷信观念的形成的——你观察到不寻常的行为，做一些别人声称会对你有帮助的事情，并将回归正常状态误解为是你自己行为的结果。或者，换句话说是这样的：

"救命！这里有只雪貂！"

"哦，不要紧。表演一段有趣的雪貂舞就没事了。"

"谢谢！几小时后，那只雪貂离开了。看来跳舞确实有效啊！"

"伙计,刚才我开玩笑的……我的意思是,你还欠我200美元呢,因为我教会了你那段神奇的舞蹈!"

你可以用这种方式构建整个信仰体系,并维持那些十分荒谬的想法。不了解随机分布是什么样子,不了解不寻常的事情是如何回归正常的,再加上人类倾向于把自己的行为视为所有事情发生的原因,这些因素综合起来会让你遭受比买昂贵而无效的药丸更糟糕的命运。

你经常需要在没有太多信息的情况下快速猜测哪种选择最好,于是你的大脑逐渐学会了走一些相当重要的捷径。这在很多时候是非常有用的,但同时,它也会导致你得出完全错误的结论。迷信的想法就是由这些捷径和猜测导致的,因为你的大脑已经为奇幻思维做好了准备。批判性思维和逻辑思维不会自己发生,你必须培养这两种思维能力。

从短期来看,迷信对你有好处——即使你每次参加100米短跑比赛前做的那种祈祷好运的小动作实际上没有什么用,但这样做仍然会让你感觉更好,而且会对你的表现有一点点影响。然而,迷信和奇幻思维会对社会产生比较深远的消极影响,比如当我们感觉不舒服需要看医生的时候。

替代疗法的问题

奇幻思维和令人着迷的利润空间

很少有知识领域像医学和健康领域那样,不得不与许多错误的、有害的观念斗争。在18世纪,放血是治疗一切疾病的灵丹妙药,当然,前提是你不能一直流血。如今,癌症患者前往墨西哥购买杏仁提取物苦杏仁苷,因为销售这种提取物的网站已经被禁止。在菲律宾,当地人仍然有他们的"通灵外科医生"。这些"医生"通过表演一些简单的魔术来假装给病人做手术,表现得好像他们移除了患者身体中本来就从未存在过的东西,而他们的治疗并没有丝毫改变病人刚来时的那种可怜的状态。在信奉基督教的美国,一些著名的治疗师利用耶稣的力量来治疗疾病。在整个西方世界,充斥着五花八门的所谓治疗师,更不用说向世界各地绝望的艾滋病患者提供的没有任何效果的迷信活动和药物了,其代价抵得上一个小国的国内生产总值。(治疗艾滋病的"疗法"可以说是令人眼花缭乱——我不是在开玩笑——其中包括向患者臀部注射臭氧气体,向患者体内注射过氧化氢,或者让患者用力捶打自己的胸部来刺激免疫系统,等等。)

我想再强调一遍,即使"一点点的迷信"也绝不是无害的。通常,迷信付出的代价不仅仅是金钱,而且还会危及健康甚至生命。既然如此,那究竟是什么导致如此多的人依然执迷不悟,继续相信那些已经被一次又一次证明是完全无效的治疗方法和理论呢?其中的一个原因是,替代疗法提供的条件非常诱人。患上某种无法治愈的疾病,或者哪怕只是可能感染这种疾病,会让人感到生命受到严重威胁,所以人们会抓住任何一根暗示病情不会太严重或者说它有可能治愈的救命稻草。因此,最受欢迎的虚假疗法针对的是那些常规医学无法解决的问题,比如癌症、衰老和风湿病。这绝非巧合。医学领域正是充分利用了我们这种奇幻思维,原因很简单——只要能够康复,花多少钱我们都愿意。

此外,我们并不真正了解正规医疗是如何起作用的。在我们的心目中,打针、吃药就能使我们康复。正规医疗也很神奇,但在我们看来比较乏味、单调、过于专业、难以理解。相反,替代疗法则神奇且有趣,以我们能够理解的文化和社会符号为基础。常规打针、吃药的效果是看不见的,但如果菲律宾的一名"通灵外科医生"装模作样地从我的体内取出某个可怕的、血淋淋的东西,告诉我"这就是吞噬你灵魂的东西,现在我把它摘除了",我就能够理解他的意思,就像我小时候理解童话故事一样。所不同的是,我从来不会让任何人在我生病的时候用童话来治愈我,但有许多人就是愿意这样做。

郑重提示
― 替代疗法永远有效 ―

回归正常状态以及身体的自愈能力,能够保证你尝试的任何治疗方法都带来一定的效果(人们求医问药治疗的所有疾病中,有一半的疾病实际上可以由身体自己治好)。为了便于讨论,让我们用"棒棒糖"这个词来指代任何形式的替代疗法(选择你最喜欢的一种)。如果你在生病后马上吃一根神奇的棒棒糖,你就可以看到它对你多有效——你的症状极有可能刚一露头就逐渐消失了。换句话说,这根棒棒糖治好了你的病!如果症状再次出现,只要再买一根棒棒糖就可以了,症状会在不知不觉中消失。棒棒糖可是到处都有卖的。

相反,如果症状持续不减,你想要回买棒棒糖的钱,卖棒棒糖的售货员会向你解释说你的想法有问题:棒棒糖明显减缓了疾病的发作,因为病情没有变得更糟。这种事情需要时间,再过几个星期,情况就会好转。所以,棒棒糖还是起作用了,只不过治疗效果比较慢而已。

神奇棒棒糖唯一会遇到严重麻烦的时候是第三种情况:不管你吃了多少棒棒糖,病情都变得越来越糟。对于棒棒糖销售员来说,此时此刻,问题比较棘手。但是他们的解决办法是把他们产品的失败归咎于你——你吃棒棒糖的时间不对,或者吃得过快,或者吃得过慢,或者你在其他方面没有保持良好的生活方式。另外,你可能在接受治疗期间吃了其他糖果——谁告诉你可以吃其他糖果的?难怪没有效果!

所以说,正如你所看到的,无论你得的是什么病,没有什么是一根棒棒糖不能治愈的。如果它不能治好你的病,责任一定在你身上。

"整体医疗"并不指真正意义上的"整体"

有一种被称为"整体医疗"的替代疗法。这是一种保健与医疗的方法，基于这样一种观念，即西方的唯物主义还原论医学没有发挥它的作用。传统西方医学的目的是找出疾病的生物学原因，并用抗生素或手术等方法对其进行治疗。它所强调的重点是内在原因以及如何应对。整体医疗的支持者认为这还不够。他们想要将心理甚至精神层面的因素融入他们对任何特定疾病的病因和治疗的理解中。这种想法的确很好。今天，我们知道影响健康的因素有很多（比如我们的环境和社交网络），而不仅仅是我们体内发生的一切。一些医学机构，比如斯德哥尔摩的卡罗林斯卡医学院，目前正在仔细分析这一观点，并且正在研究如何以一种被称为"综合医学"的新方法，将其与科学医疗结合起来。这是一个有趣的项目，我们都必须等待最终的结果。

总的来说，我认为整体医疗的问题是缺乏整合。要知道，对于任何特定的健康问题，这一领域的治疗者往往只寻求身体外的解释，而完全无视任何医学上的解释。他们声称，许多身体疾病是由于身体、心理和精神之间缺乏平衡造成的。一位曾在几家大公司工作过的颇受欢迎的健康教练显然对健康有着全面的认识，因为有一次，他在一次演讲中非常严肃地指出："如果你咳嗽，那就意味着有什么东西需要出来——这是你的身体在告诉你，你有重要的话要说，而你却在阻止它。"

我原来以为我咳嗽是因为喉咙发干呢！

整体医疗也倾向于将康复的责任转移到病人身上。根据《整体医疗杂志》的说法，康复完全是你"个人努力达到平衡"的结果。这种说法其实并不陌生——如果你的问题是由体内失衡引起的，那么从道理上讲，你就是解决这个问题的最佳人选。从维护整体医疗的角度出发，我想指出，他们所认可的治疗方法本质上是没有争议的，比如注意饮食、坚持锻炼。整体医疗中的某些内容——如果我们不去看那些比较荒谬的部分，而是专注于其背后的理念——也并非一无是处。比如，他们强调病人应当为自己的康复负责。这是一个好办法,只要你不因病人没有完全康复而责怪他。遗憾的是,这种情况经常发生。整体医疗的医生有句常被人引用的座右铭——知道你有什么样的病人远比知道你的病人得了什么病更重要。

这是不对的。

当然,医生了解你以便在诊断或开处方时从整体上把握情况,这很重要。但据此我们就能说这比知道病人得的是什么病更重要吗?整体医疗的医生提供的尽是这样一些毫无内涵、华而不实的励志信息。关于整体医疗的一本教科书中写道:"如果不能成长和开发自己的潜力,人就会生病。"显然,所有关于病毒、细菌和癌前病变的东西都与生病无关。病人应该为自己的康复负责的观点似乎经常被曲解为病人自己造成了自己的疾病,而整体医疗的医生只需要找出其中的原因就可以了。你只要思考一下他们对科学医学的这种完全漠视的态度,就会发现其中的危险——你的咳嗽可能会被诊断为是由压抑的情绪引起的,只要通过聊天释放这种情绪就可以了,无须找喉咙专家检查。①

美国知名作家苏珊·桑塔格曾写道,有人认为疾病是由精神压力引起的,单凭意志力就能治愈,这种想法表明我们对疾病的物理特性依然知之甚少。曾经,我们把结核病归罪于受结核病折磨的人,认为他们生病是他们自己的过错(他们可能在个人成长方面没有取得足够的进步)。但是后来,一位多事的科学家一不小心发现了结核杆菌。真是多管闲事啊!但即便如此,也没有阻止整体医疗的医生。后面你会看到的。

整体医疗的观念还意味着,治疗师可以使用任何他们喜欢的方法,不需要以任何其他方式验证其效果,只要相信它有效就可以了。正如一个社会心理学家兼整体治疗师所说的那样:"我不知道该怎么做,全凭直

---

① 再比如说,你花钱请一位虹膜专家来检查你眼睛里的斑点,并据此来判断你得了什么病。也许你认为这样做是有意义的,因为毕竟眼睛是"心灵的窗户"嘛!实际情况怎么样呢? 虹膜学与关于人体的每一个既定事实都背道而驰,并且已经被证明是完全无用的经验术语。你可以用虹膜学来诊断病人,就像你可以通过观察茶叶来诊断他们一样。但如果你选择后者,至少有人能喝到一杯茶。

觉，我觉得这样就可以了。"我不知道该怎么做？！你真的想要一个对工作持这种态度的治疗师来为你治疗吗？

这里还有一句来自某个脊椎按摩师兼运动机能学家的名言："我的治疗包括在正确的时间发出正确的指令，触摸身体最敏感的两个部位，以释放情感中的痛苦记忆。疾病只不过是精神生活受到压抑后的表现，所有的治愈都是通过爱和宽恕在灵魂中发生的。"我同样想问的问题是，那个家伙从来没有得过流感吗？

现在，你可能会认为我引用的只不过是两个不入流的小人物的话，很少有人会支持他们。但事实并非如此。相反，我这样做是很有把握的。我可以随手举出一个令人十分恐惧的例子：路易丝·海。

路易丝·海是世界上最成功的励志作家之一。因为我和她从某种意义上说算是同行，所以我想在此我应该给海一些额外的关注。她的书《生命的重建》于1984年出版，在全世界引起了轰动。2006年，当瑞典语译本出版时，全球已售出1 700万册。海在她书中汇编了一长串她认为自己在为教会工作时发现的生理疾病的精神原因，这份清单还包括她自己的"新的思维模式或用于创造健康的主张"。

在《生命的重建》一书中，有一个关于几百种身体疾病的索引。这些疾病包括瘫痪、消化不良、眼部感染、瘙痒等，每一种疾病都给出了导致这种疾病的心理原因，同时给出了康复所需要采用的新的思维模式。当然，说到这里，一切看起来没有任何害处。并且，当我读到引发耳朵疼的原因时，我情不自禁地笑出声来。书中写道，耳朵疼显然是由"生气、不想听、噪声过大、父母吵架"引起的。真是这样的吗？在这短短的一段话里，海使整个耳医学行业失去了合法性。你从那个谈论咳嗽起因的教练那里是否也发现了这种思维方式？它被称作"交感巫术"，我很快就会对此进行详细解释，现在我们只需先多吸收一些海的"智慧"。根据她的说法，耳朵疼显然很容易治愈，你所要做的就是遵循以下的思维模式："周围一切和谐安静，带着爱心倾听那些美好的事物，很多人爱我。"在你的耳朵真正疼起来之前，这些只是并无恶意的玩笑。耳朵疼非常痛苦，会让你再也笑不出来。

令人不安的是，海的书实际上可能鼓励人们不去看医生。如果你耳朵疼，你应该去看医生，坚强地挺过来，并试着改变他们的想法。

当遇到像艾滋病这样严重的疾病时，如果还不去看医生，那是非常危险的。海认为，如果你得了艾滋病，很可能是因为你"感到无助和绝望，感觉没有人在乎你，认为自己不够好，否定自我，对性行为有负罪感"。这是什么鬼话?！首先，艾滋病是由 HIV 病毒引起的。和"对性行为有负罪感"有什么关系？有没有人从中嗅到了对艾滋病毒传播方式的无知？我承认，确诊艾滋病很可能会让病人产生绝望情绪，但绝望情绪绝不是艾滋病的起因。这里我们应该感谢"伟大"的海，多亏她提出了康复的办法！你所需要做的就是这样想："我是宇宙的一部分，我很重要，生活爱我，我爱生活。我无所不能，我爱自己并欣赏自己的一切。"果真如此，谁还需要抗反转录病毒药物治疗？如此看来，海不仅没受过教育，而且简直就是个危险人物！

现在，也许你觉得我对我的这位励志大师同行太苛刻了，而且不应当把不必要的注意力花在某个人身上，因为这本书本来已经够厚的了。但别忘了，30多年来，海一直在向全世界数百万人传播她的危险思想，而且她还为艾滋病患者提供了20年的心理团体支持！我们前面是怎么评价严重的疾病和绝望的？还记得吗？海的奇幻思维带来了几方面的好处。它为数百万人带来了希望，同时也为她自己赚到了数百万美元。但有一件事它却没有做到，那就是治愈疾病。鉴于她已售出 1 700 万本书，并激发了这么多盲目的模仿者，我想我完全可以放心大胆地对她严苛一些，反正也无法改变什么，因为海和她的整体医疗团伙已经以巨大的优势获胜了。

交感巫术

我们相信一些事情的原因很简单，因为它们讲得通。我们相信投射测验。比如观看形状有趣的墨渍，可以对我们的心理做出一些有意义的解释。我们认为可以通过观察一个人的笔迹来了解他的性格。通过分析我们对模糊图像的理解，或者分析我们的笔迹特征，可以发现我们自身的一些特点，这是讲得通的。同样，吃肉会导致心脏病也是讲得通的，因为牛排旁边的脂肪看起来是用来堵塞动脉的。当然，吃一些比你自己能力更强的动物的性器官研成的粉会提高你的性能力。

这种认为结果与原因在某种程度上相似的思维属于一种奇幻思维，被称为"交感巫术"，即同类治愈同类。如果世界真的是这样运转的，那就太方便了。我们希望它这样运转，因为它适合我们对模式和事物联系的需求。但遗憾的是，一个人的笔迹所能揭示的，实际上是书写者书写时是否用了很大的力量，或者书写时是否匆匆忙忙。无论那些所谓的笔迹专家怎样认为，我们都无法仅仅通过观察书写中字体的形状就断定写字之人是邋遢还是浪漫。经典的罗夏墨迹测验已经被证明会产生随机的结果，就像它所依据的弗洛伊德理论一样。牛排有弹性的部分在经过消化之后就不那么有弹性了。为了吃掉动物的性器官而杀死动物是愚蠢和残忍的。

有时候，我们关于什么"应该"是真实的信念掩盖了事情的真相。谈到健康，我们对交感巫术与生俱来的信念导致了像顺势疗法这样的特殊想法。顺势疗法是一种医疗实践，由塞缪尔·哈内曼在18世纪晚期创立，至今仍有大量的支持者，而且自从哈内曼提出最初的一套规则以来，它实际上一直没有改变过。

这就是顺势疗法的起源。

顺势疗法在今天是一门大生意，而且只会越做越大。顺势疗法制剂几乎随处可见，到处都有卖的。出于这个原因，我选择它作为我们最后一个例子，以此说明我们自己的思维是如何让我们陷入麻烦的，然后我们再继续否定那些超自然能力。

顺势疗法

《禅与摩托车维修艺术》一书的作者罗伯特·波西格曾经这样说过："科学方法的真正目的是确保大自然不会误导你，让你以为自己知道一些你实际上不知道的事情。"然而，要想做到这一点，你还必须遵循科学的方法并验证你自己的想法。不过，塞缪尔·哈内曼并不喜欢这样。大家都知道，作为一种医疗实践，顺势疗法完全是基于什么"应该"是正确的想法，而不是基于实证研究。以下这种思想就是我们从交感巫术中学到的：同类制剂治疗同类疾病。顺势疗法的核心原理也十分清楚地证明了整个实践是多么无用，尽管我承认其中确实存在某种基本的逻辑，比如哈内曼提出的无穷小定律（剂量越小效果越好）。哈内曼认为，如果有什么东西让你生病了，比如豚草，那它应该也有可能治好你的病。他想说的并不是用豚草里的活性物质来做解药，而是说要利用这种植物。我不太清楚哈内曼当时是怎么想的。这就好比说，如果你的脚趾头被踢疼了，那么再踢一次，疼痛就会消失。但正如我所说的，哈内曼并不是完全有科学依据的。有了这个奇怪的想法，他接着做出了"革命性的"发现，奠定了整个顺势疗法的基础——他注意到，他给健康人吃的引起疾病的"药物"越少，这个人出现的症状就越少。这真是惊天动地的大事啊，不是吗？他基本上自己就弄明白了，我的脚趾受伤越少，就越不疼。但是等一等，事情远不止此，这种胡言乱语不过是他重大理论的前奏——根据他的发现，治疗的浓度越低（正如前面所讲的，这里的"治疗"等同于最初导致疾病的"药物"），它的疗效就越好。

你听懂了吗？为了保险起见，我再解释一遍。最初的发现是，我用豚草摩擦你皮肤的次数越少，你出现的皮疹就会越少。据此，哈内曼最终得出的结论是，如果你已经有了皮疹，我可以通过让你接触豚草得到改善，但是，你接触得越少，你就会变得越健康。再读一遍刚才这个句子。我知道你已经在想：这难道不会让我们得出荒谬的结论吗？如果尽量不使用豚草，也就是完全不用它来擦你的身体（完全不擦当然是让你接触豚草的最低程度了），那样你的疹子就会治好。换句话说，通过给你无穷小的剂量（只要使用的物质是正确的），我们就可以治好你的病？没错，这正是顺势疗法的基本理念。

但是，他们当然不会这样解释。

顺势疗法有丰富的科学术语和复杂的解释。遗憾的是，没有任何科学证据表明他们的药片和制剂真的有效。这并不是说它们没有经过测试，相反，它们经过了严格的测试，而且效果从来没有超过安慰剂。之所以如此，其中一个原因可能是它们里面除了糖和水什么都没有。由于哈内曼认为药物越稀释越有效，所以顺势疗法药物是通过稀释的方法制备的。（然后，为了使其效果更好，它们还要在坚硬而有弹性的表面上被撞击10次，然后"被激活"。我想，对此我就不予置评了。）"荒谬"都不足以形容这种稀释。如果含有某种药物成分的制剂是顺势疗法的治疗师给你的或者你在天然药物药店购买的，你可以打赌你的瓶子里连一个这种物质的分子都没有。他们使用的典型的顺势疗法稀释剂被称为C30（可以查看一下瓶子和药罐上的标签，他们总是把稀释比例标在那里），这意味着药物是按照如下比例进行稀释的：1滴原来的物质配上100滴水，溶液就被稀释成1比1 000 000 000 000 000 000 000 000 000 000 000 000 000 000 000 000 000 000 000（1后面跟60个0）。我们可以将其想象成一个直径1.5亿千米的水球（1.5亿千米相当于从地球到太阳的距离）。我们在这个水球的一边，太阳在另一边。光穿过这个距离需要8分钟的时间。想象一下把一个分子的活性物质放在这个水球里面——这就是C30的浓度。你也可以购买稀释成C200的溶液，甚至更高等级的稀释溶液。这意味着活性物质被稀释的倍数比宇宙中原子的总数还要多，而且多得多。① 当你在药店里买了一罐充满希望的药，或者付钱让顺势治疗师为你制作制剂时，你就会得到这样的结果。在瑞典，出售顺势疗法制剂是合法的，原因很简单，它们被认为没有任何医疗效果！如果不是顺势疗法制剂的主要生产商布瓦龙公司在 2009 年的销售收入达到 2.72 亿欧元，整个事件可能还只是一个有趣的故事，而这仅仅是一家公司的情况。这些制剂产生的唯一可衡量的效果是对人们钱包的影响。当然，如果你得了流感，只用水和糖来治疗，可能会对你的健康有害。

替代疗法的好处

我必须承认，到目前为止，我一直对你有所隐瞒：尽管我在这里说了很多关于替代疗法的坏话，但我不得不承认，其中大部分内容，包括顺势疗法，实际上是有效的，并且说实话，效果还相当不错。准确地说，它们和安慰剂一样有效，因为这正是替代疗法的初衷。我个人十分重视安慰剂的作用。即使在科学医学中，安慰剂也占了康复过程的很大一部分。如果你想通过安慰——我的意思是，如果你想通过替代疗法得以康复，一定要去诊所，不要随便从商店货架上买一罐什么东西就了事。真正的奇迹发生在诊疗过程中。要知道，替代疗法的医生在诊疗时十分耐心，注意听你介绍病情，对你表现得非常理解，并且对自己的医术很有

---

① 你可能会认为，当你向顺势疗法治疗师解释这一点时，他们会脸红。但是他们很快就做出了回应：水中没有活性物质的任何分子，是无关紧要的，因为水有记忆，它能从药物分子那里得到印象。我们甚至不需要问为什么水分子（非常小）不能从植物分子（相比之下非常巨大）那里得到印象，因为那就好比说公共汽车能够在肉丸子上留下印记。但更重要的是，考虑到如此高的稀释度，地球上所有的水应该已经包含了现有的所有顺势疗法药物的治疗剂量。这意味着你已经有了顺势疗法的药物，就在你的自来水里。似乎这还不够，顺势疗法治疗师还经常提供药丸。这些药丸是糖制成的，所以现在我们必须考虑到糖分子的"记忆"能力。糖水在比宇宙中所有原子都多的水中稀释后，水就有了记忆，水干了之后，这种记忆就转移到了糖中。怎么样，明白了吧？你刚才说要多少钱？给我来两罐。

信心，因为他们经常看到他们治疗的积极效果。这方面，很多传统医学需要向替代疗法学习。与到家庭医生那里看病时的简单快速相比，到愿意倾听病情的顺势疗法医生那里看病更像是与一位优秀的治疗师聊天，或者至少像是与一位私人教练聊天。① 而且，你也不必听医生小心翼翼地告诉你哪种药可能对你有效，因为替代疗法的医生知道你肯定会好起来，知道哪种药会让你好起来。所有这一切都让人感到非常欣慰，也正是你需要听到的，因为这样就能触发你自身的安慰剂机制，加速你的康复（前提是你的病不是很严重）。这样一来，你肯定会回归正常状态（但是，我在这里可能已经破坏了你对替代疗法的信任，因为我泄露了其中的秘密）。

是时候开启你的判断能力了

纵观人类历史，我们一直将迷信思维应用到当时最流行的知识领域。你刚才读到的这些例子也反映出了这一点：现在，我们的很多迷信思想发生在健康领域，发生在我们对理解科学的渴望中。几个世纪以前，同样的心理机制使我们相信我们可以和死人对话。稍等一下，对了，我想现在仍然有人相信这一点。

如果到目前为止，你认为开发你的心理判断能力是有用的，那就请稍等片刻，你马上会看到它多么有用。接下来，我将开始向你解释如何与死者对话，如何让灵魂离开自己的身体，以及鬼魂到底是什么。

---

① 遗憾的是，情况并非总是如此——至少有些顺势疗法治疗师坚信他们所做的一切都是正确的，认为他们的制剂可以治愈任何疾病。比如我的同事尼克拉斯·海兰，他曾在电视上讲述顺势疗法制剂如何治好了他的阅读障碍。阅读障碍指的是阅读方面的学习障碍。关于这种疾病的起因，我们只知道它与大脑中信号的认知和解码有关，此外几乎一无所知。但对于顺势疗法治疗师来说，似乎一口水就能治好它。

> **郑重提示**
> **— 你最后一次这样问自己是什么时候 —**
>
> 我们必须进一步弄清楚我们对世界的一些认识是如何产生的，是因为这些认识是经过证明的，还是因为我们认为事情"应该"是这个样子的？其中有多少我们确信的东西实际上是奇幻思维的结果，是我们自己无法理解事实真相的结果，比如随机分布的实际情况，再比如身体内部运作方式？我们真的看到了其实并不存在的模式和起因吗？每当你觉得某件事是真的或有道理的时候，问问你自己：
>
> 是吗？果真如此吗？还是说，这只不过是我的大脑想要相信它？
>
> 如果想要更准确地认识世界，这是一个很好的开端。

关于超自然的一些说法

为什么相信比怀疑更困难

无论是在工作中，还是在追求个人兴趣的过程中，我都对超自然的传闻做了大量的研究。到目前为止，我还没有找到任何证据可以让我相信鬼魂存在，塔罗牌或占星术可以预测未来，或者人们真的可以和鬼神对话。然而，这并不意味着我反对超自然的想法。相反，我非常希望有人能向我解释为什么会发生这样的事情（最好是用我能理解的方式）。果真如此的话，我的世界肯定会发生翻天覆地的变化。然而，这种情况并没有发生，事实上根本没有任何人向我解释为什么那些现象是真的，甚至连不合理的解释也不曾有过。我听说过存在这些现象，但就是不知道它们背后的机制。因此，除非能有人给我做出解释，否则我将继续就这一问题提出我自己的观点，这样你就知道你需要驳倒哪些观点才能让我相信你能和我死去的祖母说话。

一旦我们开始定义这些概念，你很快就会意识到，如果我们想要坚持我们对世界最基本的假设，我们就不能再相信超自然现象。将你的X光透视能力应用到这个领域，你不仅会了解到人类历史上那些最严重的误解是如何产生的，而且还能得到大量的餐桌话题，足以持续一整年。

对大脑的双重思考

当涉及我们的大脑和感官时，我们似乎在两种不同的态度之间摇摆不定。一方面，我们总是小心翼翼地戴上自行车头盔，以保护我们的头部免受伤害。我们知道，事故中的脑损伤会严重损害我们的思考、理解和反应能力。我们认为大脑是思维活动的中心，完整的大脑是持续进行正常思维活动的必要条件。正因为如此，我们也认为，大脑的功能是由我们熟悉的生理和心理原理所决定的。

到目前为止，这都很容易理解吧？很好。但你看，这种态度会给其他关于我们自己心智能力的流行观点带来问题。当一本新书或新玩具声称我们的思维活动与我们的大脑功能不一致时，"大脑是我们思维活动的中心"的信念很容易被抛到一边。我们饶有兴致地读过很多文章，看过很多纪录片，其中有些人声称我们的精神自我能够离开大脑，甚至可以完全离开我们的身体，此时我们依然可以感知外面的世界，或者可以与鬼神进行交流。

下决心只信其一会让我们丧命吗？人类的心智是否等同于大脑的心智功能？如果答案是否定的，那么这就与我们迄今为止所掌握的关于大脑如何工作的所有知识相矛盾。听起来我们不太可能错得那么离谱。今天，我们可以通过核磁共振扫描来观察大脑是如何产生思维的，就像我们很久以前就能观察到手臂上的肌肉是如何举起物体的一样。所有的证据都表明了同样的事情——我们的精神自我等同于大脑内部的事件。但如果这是真的，那么人们拥有超常能力就不可能是真的，因为这与自然法则告诉我们的有关大脑功能的种种相矛盾。我们不可能二者兼得。因此，如果要相信超自然现象，我们必须首先否定所有神经科学研究。这仅仅是个开始，后面我们还要提到鬼神呢。

鬼神之说

超自然现象的一个有趣的方面与鬼神有关。自从有了人类，就有了对神灵、鬼怪的信仰，而且这种信仰似乎不会很快消失：我们中的大多数人听过别人讲的鬼故事；我们中的许多人似乎与鬼神有过某种形式的接触，对方试图与他们交流。问题是，就像我刚才解释的那样，很难理解意识（比如某个鬼神）是如何在没有身体的情况下存在的，同时还能不与我们相信的自然法则产生矛盾。但是在我们探讨这一问题之前，鬼魂就遇到了麻烦，比如体重问题。

21克

有一个确凿的证据可以让我们相信我们有灵魂，或者是有其他什么东西，那就是人在死亡的那一刻身体失去了整整21克的重量。这种体重下降不能用任何可以观察到的、离开身体的可见或可测量的东西来解释，比如液体或热量。然而，我们的身体的确变轻了，有些东西离开了我们，可能是灵魂进入精神世界，继续存在。如果离开身体的不是灵魂，至少它也是某种神秘的、无法解释的东西。（相信超自然现象的人往往会在找不到更好的解释时将这种现象说成"至少有某种东西"。但是对此没有解释的真正原因很简单——因为这种现象不是真的。）

1901年，受人尊敬的外科医生邓肯·麦克杜格尔开始尝试在人死亡的那一刻为其称体重。你可以想象得到,这并不是个简单的过程,所以当邓肯的第一个病人在同年 4 月 10 日去世,体重秤显示死者体重减轻了 21 克时,他并没有过早地宣布胜利。邓肯没有就体重减少的原因给出解释,而是决定在第二次实验中加以证实。遗憾的是,邓肯没能给更多的病人称体重,因为每一次尝试都因为这样或那样的原因失败了,最终,他能研究的所有濒死病人都死了。从那时起,许多研究者重复进行这个实验,但从来没有人得到过类似的结果,甚至没有人见过 2.1 克的体重差异,更不用说 21 克了。就连邓肯本人除了第一次尝试,也再没有见过。我们不知道那一次究竟发生了什么,也许当时他的体重秤没有校准。但现在我们知道,人死后体重并不会减轻。

不管西恩·潘和娜奥米·沃茨主演的电影《21 克》有多精彩,事实就是如此。

灵魂的本质

虽然如此,但是与灵媒和算命先生交流沟通的鬼神和灵魂可能根本没有重量。我们死亡时身体不会变轻这一事实并不能证明我们不会以灵魂的形式继续存在。的确如此,这样说比较客观公平。

所以让我们仔细研究一下鬼神与灵魂。当某个拥有神秘能力的人声称自己在与死者交流时,我们有时会忘记一个潜在的假设,那就是确实有一种特殊的方式可以做到这一点。不过说实话,这种可能性非常小。如果你想联系某个已故的人——让我们具体一点,假设你想和你的叔叔古西对话,而不是其他人——那么此时,我们就已经遇到了障碍。让我们从一个毫无争议的假设开始:你的身份是你的经历、你的记忆、你从中得出的结论,以及你让它们影响你当前行为的方式的总和。大多数人会同意这一点。

你之所以能记住你的经历,是因为它们改变了你大脑中的细胞网络。如果你有其他的经历,或者对你的经历有不同的反应,这些网络就会和现在的不同。你可以说，在你的大脑中形成的强连接和弱连接的网络是与你精神身份对等的有形身份：正是你所拥有的这些独特连接，让你的思维成为只属于你自己一个人的思维。我希望你仍然愿意同意我的这一观点。

你使用微弱的电流和神经递质（流经大脑的能量），通过电化学方式激活自己大脑网络中的特定部分进行思考。但这种能量本身并不是你的思想，因此最好把它看作通过触发细胞网络来激活你思维的工具。

人死亡后，大脑不再接受氧气和血液，网络也无法激活，细胞会死亡，大脑中的网络最终会崩溃和分解。你古西叔叔的大脑也不例外。他死亡之后，他的脑细胞网络，也就是让古西成为古西的那个独一无二的迷宫，已经不复存在。

这使得他在死后仍然可以与人交流的前景变得相当黯淡。但我想帮那些能与灵魂沟通的灵语者一个忙，为他们辩护一下。作为你身体存在的组成部分，那些在你的大脑中移动的微弱的能量、微弱的电流和化学物质如果在你死后仍然保持活跃，会出现什么情况呢？当身体开始分解时，会产生少量的热量，这些热量会离开身体，所以为了论证起见，让我们假设大脑中的能量也离开了你的身体，并且以某种方式独立存在（当然，事实并非如此）。但是即便如此，也没有任何作用。能量不是结构化信息，不会自动地遵循某种结构或秩序，除非有什么东西迫使它这样做，比如细胞网络。但你大脑中的网络早已不复存在。即使在你活着的时候，这种能量参与了你的人格塑造，但在你死后，它也无法呈现出你的人格结构。人死如灯灭，一切都将不复存在。

如果我们继续相信我们对大脑功能的了解（我猜你肯定打算这样做，因为你刚刚读了一部关于如何训练大脑的鸿篇巨制），那么，要继续坚持相信鬼神的存在，实际上只有两种选择：

第一，这些年来，我们对大脑的认识一直是错误的。它不需要氧气和血液来发挥作用，我们死后它也不会分解，任何与此相反的结论都是一场骗局。即使在身体灯枯油尽之后，大脑仍然保持着它的电化学特性，即使人死之后，古西仍然是古西。当我们认为我们在与"另一个世界"的死者交流时，我们实际上只是在与被埋葬的人的大脑进行心灵感应。他们对"另一个世界"的描述可以用他们正在经历的强烈幻觉来解释，因为他们被埋在六英尺深的地下，处于感官完全丧失的状态。这是一个有趣的、有点儿病态的想法，我想很少有灵媒会接受，因而我们就得出了第二种结论。

第二，在古西死亡之际，神秘的事情发生了，出现了一个与他的大脑网络一模一样的复制品。由于古西的大脑在他一生中都在发生变化（他的身份也是如此），所以在死亡之前，大脑网络的复制工作不可能提前完成，只能在死亡到来的那一刻复制完成。这种大脑网络的复制品也不能由任何物质构成，因为那样就会产生质量，而整个幽灵世界非常重要的一点是其非物质性。但是，这一复制品仍然必须能够绑定能量，这样才能激活它的各种思想网络。换句话说，古西的灵魂是一个非物质的克隆体，其中包含了古西死亡那一刻大脑中无限复杂的网络的一个精确复制品，这个网络能够通过心灵感应进行交流。根据我们都认为理所当然的自然法则，这似乎是不可能的。①

我们对传统意义上的鬼魂解释就到此为止了。没有必要放弃对它们存在的所有希望，因为对于那些看似无法解释的现象，还有一种比它们是鬼魂的说法更令人兴奋和有趣的解释。

灵媒和灵语者越来越意识到，我们对世界的了解使得他们更难宣称自己能和死人对话（我还没见过任何人声称自己能与埋在地下的大脑进行交流）。有时，他们会尽量回避这个尴尬的问题，声称自己并没有直接

---

① 好像这还不够。如果我们看看大脑和身体是如何工作的，就会发现另外一个给鬼神之说带来麻烦的棘手问题。要知道，要想鬼魂存在，我们不仅需要以某种非物质的方式克隆大脑，还需要以同样的方式克隆更多身体部位。大脑没有自己的感觉器官，完全依赖其他器官，比如眼睛。如果没有眼睛，没有连接眼睛与大脑的视觉神经，我们的大脑就不能接收任何视觉信息。然而，鬼魂们的视力似乎都很好，听力更不在话下。要想达到这一点，克隆出来的鬼脑还需要配备一套克隆的鬼眼和鬼耳，以及与之相连的鬼魂神经。可怜的古西叔叔的鬼魂越来越像一个透明的蛋头先生。

与鬼魂交流，而是"表现出一种与死者相似的特殊人格"。只是我一个人这样想，还是说他们这是在承认他们并不是真的在跟古西说话，只是在模仿他们想象中的古西的行为？感觉上当了，想把我的钱要回来。

神秘的身体体验

还有另外一种鬼魂或灵魂，它会在我们依然活着的时候突然离开我们的身体一会儿。这种体验被称为"灵魂出窍"（或者用新世纪的话说是"星体投射"），是一种非常有趣的现象。当某个人有这样的体验时，他们感觉他们的"自我"好像位于自己的身体之外。他们几乎无一例外地发现自己悬停在半空中（经常就在天花板的下方），有一种向下看自己躺在床上或坐在椅子上的感觉。这种经历让人感觉很可怕，通常会持续几秒钟，然后就停止了。这种经历在世界上的每一种文化中都有报道，不过可惜的是，很难对它们进行研究，因为它们是自发发生的，时间很短，在一个人的一生中可能只会出现一两次。

这些十分真实的体验已经孕育出一个完整的产业，人们著书立说、发行光盘，声称可以教你如何在身体之外进行星体旅行。

然而，这种商业化的灵魂出窍体验完全是基于自我暗示和想象。正如你现在所了解的，你的思想不可能存在于你的身体之外。

你也不可能奇迹般地对这样的旅程产生真实的视觉印象，除非你的眼睛一直睁着，但实际上不可能，因为你一直闭着眼睛坐在椅子上，戴着耳机听着鲸鱼发出的声音。别误会我的意思，我不介意你喜欢在人工合成的海浪冲击声中放松身心，并把它看作一种体外（或在体内）旅行的方式。实际上，这是个非常好的主意。我在听自己喜欢的音乐时，有时也会感到身心放松、心情舒畅。这是一种非常有益健康的活动。几千年来，萨满教徒一直在做同样的事情，以获得对各种事物的洞察力。但是不要因为看到了一些东西或者真的"去了"另一个地方而混淆了你的想法和幻想，因为这并没有发生，即使感觉上是这样的。但为什么感觉到它的发生还不足以说明问题呢？奇怪的是，许多人坚持认为不是这样的，认为他们的灵魂出窍之旅是真实的——他们中的许多人之所以这样认为，可能是因为他们不知道大脑和感官的工作原理。

但我们如何解释这种真实的现象——那些本来不打算离开自己身体的人，却不知何故离开了？我们也许能从下面这一事实中发现一点线索：95%的灵魂出窍体验发生在当时生病的人身上，另外，75%的这种体验发生在右脑受损的人身上。这一发现引起一些科学家的思考：这种体验是否可能是由感觉器官的某种紊乱造成的？正常情况下，我们所有的感官印象都被整合到一个三维的空间体验中，也就是我们自己的身体以及身体在空间中的位置的心理"全息图"。但是，比如说，如果我们的触觉和视觉印象不一致，以致我们看到的不是我们感觉到的东西，那就扰乱了我们自己的全息图。如果你碰巧看过我的电视节目《心智风暴》的第一季，你可能还记得我做过的一个实验。在那个实验中，我通过混淆一个女人的视觉和触觉，让她"感觉"木板上发生的事情就像是发生在她自己手臂上一样。似乎灵魂出窍是一种视觉错觉，这种错觉是由于许多不同感官印象的同时出现压制了视觉系统。在这个过程中，我们体验到了自己身体的缺陷，我们对事物的体验仿佛是在我们自身之外。① 这也与患者自己的报告相吻合，他们总是声称"感觉"自己看到了自己，而不是说他们真的看到了自己。这就构成了真实体验和自动暗示的星体投射之间的全部差别。

但是，即使灵魂出窍的体验和右脑的损伤之间存在某种联系，为什么5%没有脑损伤的人仍然有这种体验呢？毕竟，对于导致这些体验的原因，我只是给出了一种可能的解释，尚未证明它们一定是由此引发的。

---

① 这一理论似乎是正确的，因为通过对右脑的某个部位进行电刺激发现，患者大脑这一区域每次被激活时，他都能成功地获得灵魂出窍的体验。

会有人未卜先知吗

在这个开明的时代，我们可以适应大多数的生活方式。当我们翻看一本女性生活方式的杂志时，如果在整形手术和瑜伽水疗广告旁边看到了关于那些能未卜先知、传递来自另外一个世界信息的算命先生、塔罗牌大师或者通灵之人的广告，我们眼睛都不会眨一下，不会感到丝毫惊讶。① 接到此类的广告电话，我们也是这般反应。

接下来，我将赋予你与他们似乎拥有的完全相同的能力，以此结束本章关于超自然现象的讨论。不过，需要你自己来决定这究竟是一种超级能力，还是只是派对上哗众取宠的把戏（或者是一种赚钱的方式）。无论如何，你都会学到无比宝贵的经验——这一切背后的驱动力其实都是我们自己的虚荣心。

不过，我们首先需要弄清楚灵媒到底是什么。与许多人所认为的不同，灵媒是一种相当新的事物。

灵媒简史

在过去，与鬼魂世界的交流是村里的智者、萨满教徒或巫医的专属领域。与鬼魂接触需要漫长而复杂的仪式，即便如此，即便你成功地与其建立了联系，你也无法知道你真正接触的是谁或什么——它既可以是人，也可以是动物。

直到 19 世纪中期，美国才出现了能够根据需要联系已故亲人的新式现代灵媒。这种发展代表了一种全新的事物——商业灵媒。他们不惜重金，环游世界各地，成为他们那个时代的摇滚明星。首先登场的是凯

---

① 在我写作本书的时候，最近一股热潮刚刚开始传到瑞典，那就是与天使对话。其实这和跟鬼魂对话几乎如出一辙，只不过它显得更具基督精神。当然，这股天使风潮来自美国，我认为很明显这只不过是一种文化产品。

蒂·福克斯和玛吉·福克斯姐妹,但很快就涌现出一大批效仿者。福克斯姐妹在美国和英国各地进行通灵表演,所到之处座无虚席、一票难求。这让人们看到了通灵行业的巨大商机。当然其中也不乏一味求财的招摇撞骗之徒。现代技术使这些新时代的灵媒能够以工业规模展示超自然现象,与世界每一个角落的已故亲属取得联系,并以令人惊叹的方式向生者传递神秘的信息。

当然,他们的通灵力量之所以如此有效,是因为它们全都是假的。但这并不重要。要想真正理解19世纪灵媒行业的巨大繁荣,你需要了解这个国家当时的状况。当时,理性的思考是指路明灯,迷信只属于没有受过教育的人(这很难与这个国家现在的状况联系起来)。与此同时,他们也生活在一个新的、革命性的发明随处可见的时代——某种在今天看似奇幻的事物,明天就可能变成现实。因此,从某种程度上说,他们当时生活在一个极其"魔幻"的时代,只不过提供魔法的是科学。

灵媒的流行反映了这个新世界的特点。在降神会的通灵表演现场,观众中肯定有很多真正的信徒。但在那些持怀疑态度的人当中,灵媒同样很受欢迎,因为这些人追求的是娱乐价值,还试图抓到并揭发灵媒的欺骗行为。而灵媒也不介意帮这些人一把。由于灵媒经常受到攻击,所以他们中的一些人认为与其受制于人,不如先发制人。当时,经常能看到有人来回转换自己的职业身份,一会儿是如假包换的灵媒,一会儿是揭露通灵骗局的正义之士(他们揭露骗局是如何进行的)。这似乎应该引起很大的混乱。但请记住,那是一个充满质疑和巨变的时代,人们早已习惯了今天的真理在明天变成谬误。正是因为这个原因,人们可以参与通灵活动,暗地里满足他们对奇幻思维的深层心理需求。

然而,社会环境只是灵媒炒作变得如此激烈的几个原因之一。另外一个重要原因是那一时期人们所面临的社会压迫。在当时的美国,情绪是受到严重压抑的、维多利亚式的。灵媒通常是年轻女性,她们赚到的大笔收入都来自私下会面。这种私下会面可能是年轻男人可以与一个年轻漂亮的女人单独相处的唯一机会(灵媒没有女伴陪护)。对于许多男人来说，这是一种无法抗拒的体验，任何女性灵媒都会得到一群反复到访的男性客户的支持，因为他们暗地里都希望能与她们结婚。

还有一种情况也变得非常普遍，那就是给为数不多的人一起举行私人降神会，在那里你接触的鬼魂会在黑暗中突然现身。然而，这一鬼魂往往是灵媒本人或者她的一位朋友，装扮成鬼魂的模样。唯灵论者（这是真正的信徒对自己的称呼）对此的解释是，很明显，鬼魂需要肉身才能得以现身。至于为什么很少有人愿意揭露这种骗术，为什么降神会的访客都是男人，还有另外一个原因。要知道，鬼魂几乎总是穿着一件薄薄的半透明的裹尸布，给人展示一下自己的肌肤是防止他们制造麻烦的一个好方法。在维多利亚时代的伦敦，"seance"（降神会）这个词甚至开始被用作"放荡狂欢"的暗号。

性压抑、极为恶劣的社会情绪、规则不断被改写的时代，以及对超自然事物改变所有理性的渴望，这些因素共同引起了19世纪末20世纪初灵媒和唯灵论者的巨大兴趣。但是，天下没有不散的筵席。至少，人们曾经是这么认为的。据美国报纸《先驱报》报道，曾参与掀起这股热潮的玛吉·福克斯在其职业生涯即将结束时向公众披露了通灵的真相，这对灵媒的信誉造成了不可逆转的损害。报道中这样写道："玛格丽特·福克斯·凯恩夫人最近从英国回来，在美国将做短暂停留。她打算抽出很短的时间做一次演讲，只讲一次。这将使那些还没有痛改前非或放弃骗人把戏的唯灵论骗子感到羞耻和震惊。"要证明《先驱报》宣布唯灵论死期的做法是多么为时过早，我们只需打开一本女性杂志，看看最后几页中的广告。

今天的灵媒

我并不是说所有的灵媒和通灵者都是骗子，尽管其中一些人确实是。我想说的是世上有两种灵媒：第一种是那些真正相信自己主张的人。这群人占了算命师中的绝大多数。他们同他们自己的客户一样，都是奇幻思维和确认偏差的牺牲品。剩下的属于第二种——纯粹的骗子。

近年来关于"冷读"的讨论很多。最初，冷读只是指灵媒不经准备直接解读某人（比如利用塔罗牌），也就是说事先并不了解此人。与此相对应的是"热读"，指的是灵媒已经提前得到了客户的信息。然而，冷读在今天的含义略有不同。它已经成为一种技术（冷读术）的名称，用于归纳一般性的表述，并将它们与统计上合理的猜测相结合，使他们所说的话听起来独具个性，即使事实并非如此。这有点儿像占星术。这项技术可以让你产生一种错觉，让你对一个从未谋面的人了如指掌——包括他死去的叔叔的信息——或者能从茶叶中看到他的未来。从这个新的意义上练习冷读的人不一定相信他们所做的是真实的。他们故意利用客户，在客户不知情的情况下使用一套诡计来获取信息。我还记得在斯德哥尔摩霍尔格特市场上有个算命先生，他想用一个经典的伎俩说服我相信他的超能力。我当时不忍心告诉他，我每天晚上在舞台上都用与此一模一样的方法。

不过，这类欺诈行为涉及范围较小。大多数研究过冷读术的人是魔术师，或者是想弄清楚灵媒行为的人，而不是灵媒本人（当然，也有例外）。灵媒很少使用这些讨巧的花招，因为他们不需要这样——他们的客户从一开始就相信他们。

4 个心理学技巧你也可以做到

如果你曾经拜访过某个高明的灵媒或算命大师，你就会知道他们告诉你的一些关于你自己的事情是无法用所谓的花招或千篇一律的说法解释清楚的。那个算命先生知道一些你从未告诉过别人的事情。也许，对方还会给你做出一两个预测，结果证明这些预测是正确的。这怎么可能呢？如果真有这样的事情的话，那就证明真的存在超自然能力，对吧？

我真希望是这样的，但这并不能真正证明什么，只能证明我们的思想偶尔会发生十分可怕的扭曲。

你甚至不需要学习冷读术就能够再创同样的效果。要想成为一名高明的灵媒，你只需要学习以下4个简单的心理技巧。

歧义与语境

让我们谈谈你使用的语言。正如我们在本书中早些时候提到的，我们的话可以有几种不同的解读方式。即使当我们竭尽全力尽可能准确地表达自己时，仍然可能造成不同的理解。毫无疑问，你肯定遇到过这种情况——你以为自己已经在电子邮件中表述得十分清楚了，但对方还是误解了其中的意思。

我们都是语言意义错觉的受害者。发生这种情况的时候，我们认为一句话的意思完全包含在这句话之中。这是不对的。这就是为什么戏剧学者依然对于哈姆雷特的独白到底是什么意思争论不休。这种错觉在我们的思维方式中根深蒂固，导致我们无法理解语言和句子，永远无法完全确定其本身的意义。一句话在某种情况下的意义，除了取决于文字，还取决于语境、说话者和听话者之间共有的知识、理解，以及听话者的想法和期望。最后一点是灵媒之谜的重要部分——灵媒对你所说的话的意义取决于你的想法和期望。

在所有的交流中，听话者对信息意义的贡献至少和说话者一样大。在解读塔罗牌和手相时，几乎所有的意义都来自听话者。如果你告诉我，在不久的将来，我将面临一项挑战，这可能指的是任何事情。此时此刻，是我，作为听话者，决定你谈论的是我下个月要参加的考试、周五的约会，还是我正在找一份新工作的情况。无论是哪种情况，我都会同意你的意见。这种技术需要将在某种程度上总是正确的表述，比如"你将面临挑战"，同合适的语境或对我的了解结合起来，比如知道我正在上学，或者知道我目前还单身，从而制造出一种错觉，让我觉得你所说的很有针对性，完全符合我的个人情况，比如："我看到你在未来的亲密关系中会面临挑战。"甚至，你的话听起来像是在给我提出具体的建议，比如："你应该考虑你的资源中哪些对你最有帮助，然后集中利用这些资源。"我可以选择你说的这些话对我来说意味着什么。

如果环境发生改变,比如我不再是个学生,而是一个想找一份新工作的人,那么同样的一句话可能产生全新的意义。这就是意义错觉。如果你惊讶于某个灵媒如何能知晓你的一切,你只是忽略了一个事实,那就是你在他们的表述中注入了你个人的理解。

关于这种错觉是如何起作用的,我们在这里给出的最后一个例子是由卡罗尔·博尔特所著的《答案之书》提供的。《答案之书》收集了大量一般性的表述,当你发现自己陷入困境或不知道在特定情况下如何继续前进的时候,你应该随机查阅这些表述。想一个你想要得到答案的问题(也就是提供一种环境),然后随手翻看这本书,查找答案。你会发现自己会得到很多至理名言,比如,"等为上策","行动会改善一切","采取冒险的态度"或者"听从专家的建议"。《答案之书》非常适用于创造性思维,但同时你一定要明白,这些答案本身毫无意义。说到底,这一切都取决于你如何看待它们。你必须把这些答案放到与你相关的环境中,这样它们才会看起来是重要的真理。《答案之书》有点儿像可以放进口袋的灵媒,而且咨询费要低得多。

我们继续往下进行?稍等一下,让我们看看《答案之书》是怎么说的。书中写道:"当然要继续。"说得很有道理。

掌握话术

算命大师还有一些锦囊妙计,以确保他们每次都能算准。灵媒会在开始之前告诉你他们"注意到一些神迹和心灵感应"。有时候,这对他们可能没有任何意义,但对你却有意义。这只是一种手段,确保你会努力去发现他们所说的每句话的意义。即使他们说的某些话当时对你来说毫无意义,但以后可能会有意义,或者当时你只是没有认真思考。

也就是说,即使他们说得一点儿也不靠谱,但责任也完全在你,因为是你没有能够正确理解其中的意义!最后一点,通灵算命也不完全是通灵者一个人的独角戏,客户也应该积极参与进来。这意味着灵媒可以依靠你来提供他们需要的所有信息。如果你不这样做，你就会显得顽固执拗，在这种情况下，往往无法产生心灵感应。换句话说，灵媒所说的一切都是真的，问题就在于你是否认为这是真的。

等你以后尝试自己的通灵能力时，碰巧说了一些不准确的话，你可以这样解释："它可能现在对你没有任何意义，但以后会有的。"或者这样解释："我的工作就是接收信息，并不知道它们是什么意思。但是，我却知道这些信息都是给你的。"你甚至可以非常厚颜无耻地直接问他们："你认为这可能意味着什么？仔细考虑一下。"或者，干脆说："信息不是很清楚，我可能有点儿误解它了。你认为这可能是关于什么的？"灵媒一直使用这样的表述。他们不需要为此感到内疚，因为你是前来向他们咨询的人，所以你要从他们说的话中找到意义。

渴望关注

你可能认为我们足够聪明，当有人利用这些伎俩来对付我们时，我们肯定能识破。但我们并没有，原因很简单，就如同我们找替代疗法的医生看病一样——我们渴望被看到、被倾听，渴望有人给我们建议，渴望与众不同，因此我们希望有关灵媒的传说是真实的。它可以告诉我们，是什么让我们所有人都与众不同，而我们也准备尽一切努力来做到这一点。一位曾为好莱坞名人服务过的著名灵媒曾经说过："为名人做灵媒赚钱很容易。我的收费极高，但做一次活动只需要30分钟，而且大部分时间是他们在说话，我根本不需要付出多大努力。"

为了能得到关注，我们愿意付出很多。下面给出的是20世纪70年代一位病人和一位名叫伊丽莎的治疗师之间的对话记录：

病人：男人都是一个德行。

伊丽莎：哪方面？

病人：他们总是在某些特定的事情上烦扰我们。

伊丽莎：你能举一个具体的例子吗？

> 病人：是我男朋友让我来你这里的。
> 伊丽莎：你男朋友让你来的？
> 病人：他说我大部分时间情绪不高。
> 伊丽莎：听说你情绪低落，我很难过。
> 病人：这是真的，我不开心。
> 伊丽莎：你觉得来这里能让你不再不开心吗？
> 病人：我需要一些帮助，这似乎是肯定的。
> 伊丽莎：如果你得到了帮助，这对你意味着什么？
> 病人：也许我可以学会和妈妈相处。
> ……

每个和伊丽莎交谈的人都带着强烈的情绪，都觉得伊丽莎是一个敏感、称职的治疗师。有一次，一位病人甚至要求记录医患对话的观察者离开房间，这样他们就可以单独继续他们的亲密对话。如果不是因为一个小小的细节，这一切根本算不了什么：伊丽莎是一个计算机程序。医患之间的交流是这样进行的：病人在键盘上输入他们的问题，伊丽莎的回答利用打印机打在纸上。伊丽莎算不上一个很先进的计算机程序——即使按当时的标准来看，"她"也是很原始的。伊丽莎根本不具备语言理解能力，只是从病人的表述中获取信息，然后对病人做出反馈。该程序寻找诸如"我感觉……"之类的关键短语，然后自动回复："是什么让你感觉……？"或者直接用问题的形式重复对方的表述，比如，对方说"A做了B"，该程序会立刻回复："A做了B？"当出现程序无法理解或利用的句法时，它会采取一些通用的回复，比如"继续""你能想出一个具体的例子吗""你对此怎么看"，或者，它会利用前一个回答中的信息，比如"这和……有什么关系吗"。然而，伊丽莎没有能力进行任何分析，无论是对语言还是心理方面的变化。

尽管如此，作为一名治疗师，伊丽莎的表现还是很出色的，这要归功于那些渴望被看见和被倾听的病人，以及他们根据语境理解伊丽莎的回答的能力,尽管参与者知道伊丽莎只不过是一个计算机程序!要知道,他们不是真正的病人,而是被要求扮演病人角色的测试对象,前来评估计算机程序。即便如此,没过多久,这些参与者就变得认真起来,十分重视他们与伊丽莎的关系,甚至有些人要求和电脑单独待在一起。

这种技巧——稍微改变别人刚刚提供给你的信息,然后反馈给他们,回避任何你不能回答的问题——是许多灵媒使用的一种技巧,无论是有意识还是无意识。

如果你是那个头戴围巾的灵媒,你所需要做的就是与你的客户进行眼神交流,面带理解的表情,并且,要像伊丽莎一样,重复反馈他们刚刚告诉你的一切。这也能够带来另一种好处,许多灵媒在利用它,那就是:如果能等上一段时间之后再把信息返还给你的受害者,甚至可能等到你们下次见面的时候,你就可以进一步让他们相信你具备真正的超自然能力,因为你知道你本无法知道的事情。他们会忘记你们第一次见面时自己曾告诉过你这些事情!

牵强附会,何患无辞

关于我们对未来的期望,常常可以用几个不同的事件加以证实。一旦某件事发生了,我们就会把它当作证据,证明我们的预期是正确的,尽管在此事发生之前,我们可能不愿意把类似的事件作为充分的证据。如果我们事先不太明确自己的期望,我们就更容易在事后夸大事实。简单地说就是:我确信我下周会生病,结果没有生病,但腿受伤了。你看,我说什么来着,果然应验了!我告诉过你我会很痛苦的!

我们能够按照我们想要的方式重新解读事物的因果关系,这也是你在扮演灵媒时对未来的预测似乎正确率极高,超出你实际水平的另外一个原因。如果我预测一位著名的政坛人物将在四月或五月死去,而阿诺德·施瓦辛格在三月底出了车祸,那么我的预测是否准确呢?我们可以这样解读此事:"虽说阿诺德现在已不涉足政界,但他过去是政坛人物,并且很有名。他确实没有死于此次事故,但受了重伤。我知道我说的可能是四月或五月,但是三月的最后一个星期距离我说的时间非常近。"我刚才所做的一切就是在重新解释我的预测。有时候,解释起来有点儿困难。

类似的想法经常被作为证据,证明某人确实拥有预见未来的超能力。但实际上,它所证明的只是我们能够创造性地思考问题。对于我们所遇到的任何事情,总会有其他可能的解释,而进化使得我们非常善于找到最能支持自己世界观的解释,或者支持我们已经决定相信的事物的解释,即使我们可能需要不时地牵强附会,把本不相关的事物强行联系起来。

如果你想通过预测炫耀自己的本领,比如,预测你的客户将在未来6个月内前往尼泊尔山区,但他们在那段时间唯一的旅行是到位于新泽西山区的酷乐山滑雪场玩了几天,你仍然可以大言不惭地声称自己的预测十分准确:"我算得真的很准啊!当时我看见你就站在雪峰之上!我想我只是搞错了那个山峰的位置。"

一定要小心谨慎,擦亮眼睛

在你看来,算命大师可能大多是提供一种有点儿过时的娱乐形式,而这种娱乐并没有什么真正的害处。怎么说呢,这是一种相当昂贵的娱乐形式,即使你只是为了好玩才给灵媒打电话。2010年,瑞典灵媒最普通的收费是每分钟2美元以上,也就是每小时超过120美元!今天,看一场2个小时的电影的娱乐费用大约是10美元,给尼贝里夫人打电话的价格是它的24倍。尼贝里夫人的广告吹嘘她是"瑞典和德国最好的算命大师"。(我想说的是这纯属胡说八道!)

尼贝里夫人和她的同行所做的,不管他们的目的是什么,就是以每分钟2美元的收费来传递没有任何内容的信息——顶多是这样!除非他们是凤毛麟角的善良的灵媒,否则他们也会十分乐于充当别人的生活导师,尽管他们缺乏相关资质。而且他们往往还会篡改和歪曲痛苦之人的最珍贵的记忆。由于灵媒事实上根本无法与已故的古西叔叔对话,所以他们必须通过想象进行编造，而这些编造出来的内容最终会与你的真实记忆相混淆。这意味着你这样做是在花100多美元来冲淡你对自己最爱的叔叔的记忆。

作家艾萨克·阿西莫夫曾说过，如果我们仅凭某种东西给人带来的安慰和解脱进行判断，我们就根本不能批评任何行为。换句话说，即便某种东西让你心生喜悦，也并不能证明它的存在。

在接受灵媒的建议时一定要小心谨慎，因为他们没有受过专业训练，无法为在生活中挣扎的人提供建议。而且，前来寻求帮助的客户一开始就比较脆弱，这就使得这种做法更加危险。给人建议是一种极其微妙的行为，很容易处理不当。例如，如果你不明白你给出的建议在对方看来可能与你的本意完全不同，这就可能会出现问题。当然，有些心理学家和治疗师的水平也非常差，尽管他们受过专业训练。但是，如果你要向处于焦虑和悲伤中的人收费，因为你给了他们生活的建议，那么此时单凭一句塔罗牌或鬼魂"带给我启示"是远远不够的。如果你没有接受过治疗培训，那你就不仅是个骗子，而且还是个危险分子。

我真心希望你可以随意把这些当作聚会上唬人的把戏。

理解不可能的巧合

当绝对不可思议的事情发生时

如果真如我所说，超自然现象只是我们大脑缺陷的产物，那为什么有那么多人的经历都不能用偶然来解释呢？历史上数百万人都曾亲身体验过超自然的强大力量，他们不可能都错了吧？

关于这个问题，我是这样理解的。

"这其中肯定大有玄机，否则不会所有人都这样认为。"——这种想法在我看来并不可信，大众的想法并不等同于真理。在人类历史的大部分时间里，人类一直相信地球是平的。即使在我们知道了它是球形的之后，世上一些最聪明的人仍然相信太阳绕着地球转，而不是地球绕着太阳转。很多人长期相信某件事情并不意味着这件事一定是真的，甚至也不意味着它有任何道理，只是意味着这里有一个需要解释的现象。

人类无法看到统计上可能发生的偶然事件之间的关联的真相，比如幸运的投篮命中或某人读了某书后中了彩票，这在很大程度上限制了我们对一些看似无法解释的现象的解释。

其中一种情况是难以置信的巧合。比如：两个很久没联系过的朋友在电影院坐到相邻的座位上，并且他们在当天都曾想到过对方；某人拨错了号码，电话的另一端是一个他20年没联系的老同学；你正要和女朋友谈论一件很久以前发生的事情，结果她首先提起了这件事！诸如此类的事件经常被突出强调，证明其中定有"玄机"。它们看起来如此不可思议，并且能让我们如此动容，因此我们无法断定它们可能是偶然事件，其中肯定有什么道理。

但这些事情到底有多不可思议呢？许多"不可能的巧合"实际上是相当普遍的。我们之所以不这么认为，还是因为我们不擅长统计，而且我们低估了人类大脑一天中所能想到的东西的数量。此外，我们也不清楚我们打算把多少不同的事情看作"不可能的巧合"。

这里有一个很好的例子：你举办了一次聚会，邀请了22个人来你家做客。令人难以置信的是，在聚会过程中，你发现其中2个客人是同一天生日。一周后，你去参加一个聚会，到场的有20多个客人。结果奇迹再次出现，其中2个客人的生日是同一天！事实上，在你接下来参加的两场人数超过20人的聚会上，你又发现了生日相同的人。你这是怎么了？你变成了某种生日磁铁，专门吸引生日相同的人吗？这种情况发生的概率一定非常小。20个人中有2个人生日相同，并且连续出现4次！这种情况发生的概率有多大？

这种情况发生的概率其实非常大。23人中有2个人同一天生日的概率略高于50%，如果有35位客人，这个概率会增加到85%。这让很多人感到惊讶，但回想一下之前的抛硬币练习你就会发现，在正反面概率各占 50% 的情况下，连续得到 4~5 个相同的结果也没什么了不起的。所以，很抱歉，你根本不是什么生日磁铁。不过，别灰心，该参加聚会还是要参加的。

关键在于理解

我们每天都要经历很多事情，与人见面、打电话、想念某人、吃午餐、购物等。当我们在寻找有意义的巧合时，所有这些事情都会被考虑进去。我们的行为方式有点儿像我预测阿诺德·施瓦辛格时那样：虽然某个特定事件发生的概率微乎其微（著名政客去世），但类似事件（阿诺德遭遇车祸）发生的概率要大得多，因为可以视作类似的事件有很多。假设你是一位经济学家，前往莫斯科参加一个会议。会议期间，你遇到了自己的高中经济学老师。这真是难以置信的巧合！但如果你遇到的不是高中经济学老师，而是斯德哥尔摩经济学院的一位同学，难以置信的程度会不会少一些呢？或者如果你去的不是莫斯科，而是意大利的罗马，或者法国的巴约讷，那情况又会怎样呢？如果你们不是在会议上见面，而是在酒吧见面，情况会怎样呢？如果你遇到的是高中的暗恋对象，情况会怎样呢？单独来看，每一个巧合都发生的可能性很小，但其中一个或类似事件发生的可能性则要大得多。当我们经历其中一件事情时，我们之所以会感到神奇，是因为我们考虑的是这些事件一起发生的可能性有多低，而不是考虑其中一件类似事件在某个时间发生的概率是多少。我们刚才讨论的生日悖论也是这个道理。如果你觉得这是不正确的，那可能是因为你计算的是某个人和另外一个具体的人生日同为具体某一天的概率，并没有意识到在聚会上会出现多少不同的组合。23 人可以分成 253 对不同的组合，其中一对中的某个人在某一天过生日的概率是 1/365。当然，这对每一对中的两个人都是一样的。在 253 对可能的配对中，两个人生日同一天的可能性突然增加，大大超过 50%。因此我们可以看到，令人难以置信的巧合被统计学证明是可能出现的。

愿意相信

那么，为什么"不可能的"经历会给我们留下深刻印象，使我们相信神秘的力量在起作用呢？一方面是因为它们会影响我们的情绪，另一方面是因为我们愿意相信，希望这是真的。对许多人来说，说不存在超自然能力，说心灵感应和与灵魂交谈很可能是不真实的，这是在贬低人类和世界，会让事情变得不那么令人兴奋。如果神秘力量真的存在，那世界就会更加生动有趣。对此我表示认同，那样的话会有趣得多。像现在这样推翻整个鬼神世界，我个人从中得不到任何乐趣。但是，我也不想为了相信超自然力量的存在而关闭我的理性思维。130年来，人们对人类超自然能力的各个方面进行了持续不断的艰苦探索，但没有取得任何可信的结果。当然，你也可以说（许多人也这样说过），这并不能证明什么。所有这一切只是表明，130年来，我们所有的努力都未能证明世上存在人们所说的某种超自然的能力。

通常来说，如果我们为某事付出了很多努力却没有取得任何进展，那我们就会放弃此事。我们没用130年的时间就让大多数人相信太阳不是绕着地球转的。在这种情况下，我们选择相信科学，尽管我们无法亲自验证它。但是，当涉及我们自己的超自然能力时，我们不相信科学，因为我们太希望真的存在超能力了。

我曾采访过一位著名的瑞典电视明星，她相信自己具有通灵的能力。在我们的谈话过程中，她声称自己能与鬼魂说话。我解释说，从我们的大脑以及我们本身的工作原理来看，我无法理解她是怎么做到的。然后，她改变了方向，声称她的信息不一定来自鬼魂，但她知道当她遇到陌生人时，她能从某个地方收到"无法解释"的信息，她会得知与这些陌生人有关的事情，尽管没有人告诉她。因为她是一个专注、有同情心的人，有很强的创造力和想象力，所以我并不觉得太奇怪。不过，我也不觉得这有什么超常之处。我把我的这些想法告诉了她。

这让她再次改变了方向，她告诉了我一些她经历过的令人费解的巧合，比如偶然遇到了她一直想要联系的人。因为她这个人很聪明，所以我还没来得及张嘴说话，她就替我说了出来："我知道这纯属偶然，也知道这就是个趣闻，根本不能证明什么。"

我告诉过你她很聪明，但是，她又接着说道："但我就是相信（我具备这种能力）。"在她看来，"我就是相信"这几个字比她能找到的任何证据都重要。

如果我们一方面想坚持我们对超自然维度的信仰，另一方面又想保留我们对现实运作方式的认识，那么最终我们只会剩下这一个观点——"我就是相信"。这位女性很聪明，知道所有的证据都不利于她自己的信念，知道她的经历可以用自然而又非常有用的方式来解释，她没有理由相信她所相信的。但这就是信仰的本质，它不需要正当理由。你认为为什么在伽利略的发现之后的近400年里，天主教会一直坚持他们关于太阳系的信仰，直到1992年才公开承认地球不是绕太阳转的？原因只有一个——"我就是相信"。

就像叛逆的孩子一样，我们之所以坚持我们的信念，是因为我们想要这样，对所谓的证据和逻辑不屑一顾，并且根本不予理睬所谓的"即使我们决定不相信童话故事，这个世界和世上的人也足够令人惊奇、激动和震撼"。

唤醒超级判断力

正确认识世界

有一些不正确的想法有什么大不了的？真的有那么糟糕吗？不是所有不正确的想法都是不好的，但有些的确不好。鉴于安全的想法和危险的想法并不总是那么容易区分，所以我们一定要尽量减少不正确的想法。奇幻思维对你来说可能有点儿可爱，但是想想犀牛的遭遇吧。现在，犀牛几乎灭绝了。1975年至1990年间，90%的非洲犀牛遭到偷猎者捕杀。

偷猎者想在黑市上以高价出售犀牛角，因为有人认为犀牛角会提高男性的性能力。犀牛并不是唯一因为具有传说中的神奇特性而遭到大规模屠杀的动物——犀角通常被研成粉末出售。

更不用说对孩子进行割礼的卑鄙行为了。除少数出于医学需要的情况外，对男孩和女孩的割礼百分之百是出于纯粹的迷信和偏见。在其他方面相当开明的国家中，每年有成千上万的儿童遭受这种惨无人道的伤害，根本没有任何科学或健康方面的原因！每每写到这件事都会让我义愤填膺。

当然，世人有不同程度的迷信。在瑞典，桌子上不能放钥匙的迷信永远不会使麋鹿灭绝。我对幸运帽的迷信不会让我伤害别的孩子。我想说的是此类事物背后的机制。有人说我们可以接受某种迷信，但不能全盘接受，可问题是其中的界限很难划清。事情是从什么时候由"可以接受"变成"不能接受"的呢？

就拿占星术这个看似无害的东西来说吧。我相信我们都能觉得下面这个观点有点儿奇怪，即你出生时，距离地球很多光年的天体所在的位置，对今天的你的影响要比社会、文化和遗传因素对你的过去的影响更大（并且它们还会继续影响你的现在）。尽管如此，美国前总统罗纳德·里根还是让他妻子最喜欢的占星家琼·奎格利左右了他的决定。里根想要在太空建立核导弹系统保卫美国。他听取了一位女士的建议，这位女士对天空中气态物体的运动有着深刻的见解。核卫星竟然和占星术联系到了一起，想来的确令人感到恐怖。

与美国总统相比，瑞典首相的权力小得多。然而，我仍然认为，如果我们的首相开始接受某个斯文加利式人物[①]的建议，我们会感到有点儿不安，甚至会感到潜在的危险。

即便是在最理想的情况下，正确认识世界也是一个脆弱而棘手的过程，我们需要随时保持警惕。如果我们试图根据自己的需要随意开启和

---

① 斯文加利，美国影片《斯文加利》的男主人公，擅长邪术与控制。——译者注

关闭批判性思维，就有可能会彻底失去对世界的批判性认识。我们这是在拿我们正确认识世界的能力冒险。如果不能培养我们的批判能力，我们也会使自己容易受到那些心地不善者的观点和要求的伤害。正如科学家斯蒂芬·古尔德曾经说过的："当人们没有学会理性判断，只是一味盲从自己的希望时，政治操纵的种子就埋下了。"

或者，就像我们一开始所说的：如果你能对世界有一个更准确的认识，你就能对自己的生活做出更明智的决定。

从表面上看，不迷信的人似乎有点儿冷漠，缺乏想象力。但不迷信的真正意义是，当你面对挑战时，你会知道如何应对，避免被奇幻思维或不存在的模式所左右，并且能够看穿错误观点。拥有这种判断力不会使你的世界变小，因为即使你不相信超自然现象的存在，你也依然可以对存在本身的壮丽充满好奇。本书就是我自己对人类从未停止的好奇的直接产物。知道我们人类是如何运作的，或者知道这个世界是如何运转的，并不会消除你生活中的任何奇迹。

理解太阳和地球之间天文学上的关系，了解使天空如此绚丽多彩的光学现象，丝毫没有削弱日落的美丽。

说到日落提醒了我，我马上就要去看日落了。再见！

后记

明白事理的人使自己适应世界，
不明事理的人想使世界适应自己。
因此，一切进步都取决于不明事理的人。

——乔治·萧伯纳

事实上，自助思想并没有那么古老，即使它的确可以追溯到20世纪30年代，当时戴尔·卡内基推出了他的《人性的弱点》。自助思想直到20世纪后半叶才在西方大规模流行起来。我们现在看到的是一个已经持续了80年的浪潮的顶峰。从某种意义上讲，你可以说，自卡内基时代以来的所有励志作品和心理学研究共同为本书的创作铺平了道路，但这样说可能难免有自吹自擂之嫌。

你可能采用各种不同的方法读了本书。你可能极为认真地一页一页读完，或者只是随意翻看了一下；你可能带着明确的目的读了本书，从中寻找特定信息，或者只是随便读了一下当时自己感兴趣的内容；也许你花了4天的时间快速读完，或者你在过去6个月里把它当作你的个人工作手册；也许书中哪个地方不小心惹恼了你，让你觉得本书不过尔尔，或者也许你发现自己同意书中的观点。但不管你属于哪种，只要是其中任何一种，就表明你已经读过本书了。当然，我也希望你已经领会了我努力阐述的一些观点。

构成这部大部头作品核心内容的超能力十分有效、实用，并且有可能改变人生，但如果你只是单纯地阅读，效果不会太大。你必须开始使用这些超能力。在本书中，我给你提供了很多练习，希望你能找到最适合自己的超能力。我知道你可能还没有全部尝试过，这没关系。虽然我们已经接近本书的结尾了，但你的超级大脑之旅才刚刚开始。我希望4年后，你还能回头再读一下这本书，从中发现一些你还没有尝试过的东西。如果你一开始觉得"超能力"这个词有噱头之嫌，我也可以理解。但如果你已经开始在现实生活中使用它们，即使只是其中的几个，你就会知道其实本书远非搞噱头那么浅薄，其中有大量实质性内容。我还记得当我演示心理记事法时的情形，以及我第一次使用能让我记住100个互不相关的事物的方法时的情形。当我意识到我真的可以做这些事情的时候，那种感觉比得到任何漫画书中的超能力都要酷。按照我在这本书中描述的方法，我每天都在锻炼自己的心理能力。只要你想得到，你就能够得到这些能力。相信我，你肯定有这种愿望。我希望你在未来的学习、练习中一切顺利，成为真正的自己。

并且越来越好。

现在，我该关灯、穿上外套回家了，所以暂时就写到这里吧。如果你曾经读过我的其他作品，你就会知道我这个人不擅长说再见。如果本书是你读的我的第一本书，那你正好赶上了一个略微特别的结尾。你会发现，这一次我比以往严肃多了，一本正经地在与诸位道别。

最后这几页不仅是本书的结尾，也是从我第一本书《读心》开始的一个较长写作项目的结语。《读心》是我为期5年写作历程中的第一步。在这5年期间，我用了3本书（确切地说是4本书）阐述了我们人类是如何思考、沟通和相互影响的。《读心》的主要内容是关于你和他人如何相互沟通的。第二本书《影响力法则》介绍了一些我们很少注意到，但仍对我们的生活和我们所做的选择产生了巨大影响的诸多技巧。第三本是《人人有得》(*Everybody Gets Some*)，这是我写作过程中走的一段弯路，不过也是我之前写过的内容的一个实际例证和延伸。

本书是这一历程的最后一部分。长期以来，我一直想从不同的角度，向你展示你可以如何利用你对人类运作方式的了解来优化你自己、你的生活以及你的人际关系，从而过上你所能拥有的最精彩的生活，因为你是唯一能够决定你自己生活中迪斯科闪光球灯大小的人（越大越精彩）。

由于我必须把我想说的话全都写进去，所以本书的篇幅也比以往的作品长了很多。可能有一天我会写一些发生在我们脑海中的其他不可思议的事情。我们人类一直在不断地学习，所以说我毫不怀疑，10年后，新的科学发现会使我在这些书中所写的大部分内容变得不真实。如果真是那样的话，我将不得不重写这些书，但我现在不想这样做。如果你还没有读过我以前写的书，有时间的话，尽管找来读一读。读完之后你会发现，你在本书里读到的一些东西可能会变得更清楚易懂。如果你已经读过我之前写的书，那就再读一遍，或者把它们送给你希望能变得更优秀的人。

不管怎样，我们体验的是一段艰苦的阅读之旅。感谢你加入这一旅程中，无论你是半路加入还是全程参与。但现在，我们这段旅程，连同这篇后记，到此已经结束了。从现在开始，你只能靠你自己了，我要放开你的手，让你开始独闯江湖。

当然，我们可以先在这里坐一会儿，观赏一下正在冉冉升起的朝阳。我不着急，等你最终合上书起身离开后，我就从那边的门走出去，那扇崭新的大门。你会忙着练习你刚刚学到的所有超能力，所以即使我消失了一段时间，你也注意不到。我觉得那扇门看起来非常令人兴奋。等你完成训练之后，我保证会再回到你身边，靠近你，低声问道："你现在想做什么？"

让我们拭目以待吧！

亨瑞克·费克塞斯